新 世 纪 地 方 高 等 院 校 专 业 系 列 教 材

自然科学概论

（第四版）

主　编　李红敬　　文祯中

编　者　李红敬　　文祯中

张　娜　　王利明

科学小站

微信扫码

◎扫扫看

◎自然科学知识

◎互动交流

南京大学出版社

新世纪地方高等院校专业系列教材

编 委 会

前　言

自然科学是研究自然界物质形态、结构、性质和运动规律的科学。包括数学、物理、化学、天文学、地球科学和生命科学等。它不仅可以推动经济的发展,而且是人类思想文明进步的巨大动力和认识世界能力的源泉。

现代学科高度融合、相互渗透,自然科学的研究方法和技术手段被应用于研究人文、社会科学。科学技术的发展,使计算机、多媒体以及其他现代化研究手段为人文、社会科学的研究提供了极为便利的条件,大大提高了研究效率。社会科学,如教育学、社会学等,都日益向定量化发展。自然科学的命题、判断已广泛应用于社会科学之中。自然科学、社会科学、技术科学之间通过相互渗透和相互交叉,形成一批边缘学科或综合学科,推动社会经济效益在日益显著提高。这种跨学科的研究,不但可以提高研究的效率,而且可以保证研究成果具有广泛的应用性。没有自然科学的知识,就不能适应交叉学科发展的要求,更不能学好人文社会科学。

当今自然科学的基础理论和思维研究方法越来越深入地浸透到了社会科学的各个领域,无论理科还是文科大学生,由于科学技术之间的千丝万缕的联系,使我们不得不在主攻某一门学科、某一项技术时,必须学习、运用、借鉴其他的科学和技术成就,特别是科学的思想和科学研究的方法。单一的文科或理科知识已不能有效地担当起这一责任。它需要工程技术与人文、社会科学的紧密结合,协同作战。时代的发展给高等学校提出了培养全面素质人才的要求,未来社会发展需要的人才是综合型、复合型、全面发展的人才。

本书旨在将内容极其丰富、学科门类繁多的自然科学进行浓缩而又不失其系统性,将那些深邃的理论和繁难的计算通俗化而又不失其科学性,其文字凝练,深入浅出,融知识性、科学性、趣味性和前瞻性于一体。丰富和提高读者的科学知识、科学方法、科学态度和科学精神。

《自然科学概论》的编写过程主要参考了文祯中、孟振庭和张瑞琨等编写的"自然科学概论"方面的书籍,在此表示感谢。本书由李红敬教授负责设计、汇总、修改、定稿,文祯中负责全书的协调和管理工作。编写分工:文祯中负责绪论编写,第一章和第六章由王利明编写,第三章和第五章由李红敬编写,第二章和第四章由张娜编写。《自然科学概论》内容跨度广,编写难度大,限于我们的知识结构和水平,仍可能存在各种缺点和错误,敬请同行专家和广大读者批评指正。

编　者

2019 年 1 月

目　　录

绪　　论

第一节　自然科学研究的对象、性质和作用

在现代科学知识体系构成中,自然科学与社会科学、综合科学共同构成了现代科学的三大门类。自然科学是以人类生产活动为基础而产生的,并通过明确自然界的规律性而建立,它能进一步提高人类生产效率,促进人类生产活动,但其发展又直接受到生产和技术状态的限制。

一、自然科学研究的对象

自然科学是研究自然界中各种自然现象或事物的结构、性质和运动规律的科学。因此,自然界的物质形态、结构、性质和运动规律等都是自然科学的研究对象。

二、自然科学的性质和特点

自然科学作为反映自然物及其运动形式的本质和规律的一种知识体系,与人类其他类型的知识相比,具有自己特有的性质,主要表现在两个方面:

(一)自然科学是关于自然的系统化的知识

自然科学不是零星知识的简单堆砌,而是根据一定的原则,对实验数据、资料、经验公式进行整理,从而得到的一个有机的知识整体。从这个意义上讲,古代人们在生产实践中积累起来的实用知识,仅仅是经验知识,还不能称之为科学。真正的自然科学是在近代才产生和发展起来的,并形成了自身的理论体系。

自然科学作为反映自然物的知识体系,具有自己鲜明的特点:① 客观性。其研究对象、内容和评价标准都是客观存在的,离开了客观性就不能称其为科学。② 逻辑系统性。它揭示了事物、现象和过程的本质联系,并把科学材料用准确的概念、范畴,通过判断和推理的逻辑程序表示出来。③ 计量性。自然科学的研究离不开质量、长度、时间三个基本量纲,这是自然科学与其他科学的重要区别。④ 无阶级性。自然科学的内容反映的是自然界的规律,这些规律在人类社会出现以前就已存在,不属于任何特定的阶级,是任何阶级所要共同遵守的,因此,自然科学知识具有鲜明的无阶级性。

(二)自然科学是认识自然的社会活动

作为认识自然的一种社会活动,自然科学包括了人类认识自然的思维活动和实验活动,与其他社会活动相比,主要有三个突出的特点:① 思维活动与实验活动紧密结合。自然科学是在人的理性思维与实验相互作用中产生和发展起来的,思维结果依赖于实验的验证,实验活动又依赖思维的指导。思维活动和实验活动的相互作用,推动自然科学的发

展。例如相对论和量子理论的建立,就是"以太漂移"和"紫外突变"两个实验推动的结果。② 具有特定的研究方法。自然科学的发展,已形成一套系统的研究方法体系,即自然科学方法论,包括获取感性知识的观察和实验方法,进行理论思维的归纳与演绎、分析和综合方法,建立理论体系的公理化方法,以及系统方法、信息方法、控制方法和各种现代综合性方法。③ 具有特殊的组织形式。是指对自然科学的研究形成了规模巨大的集体研究组织,包括具有强大技术基础的大型科学研究所和实验室,从而使科学活动成为现代化工业劳动,并需要雄厚的物质基础和昂贵的仪器设备支持。

三、自然科学的社会作用

自然科学约 400 年前才开始取得独立地位,现代自然科学至今也只有百余年的历史,但它对人类社会的发展产生了十分巨大的影响,主要表现在以下几个方面:

(一)自然科学是知识形态的生产力

自然科学属于生产力,它能够极大地提高社会生产力的整体水平,推动社会的进步和发展,这是现代自然科学最基本的社会功能。

自然科学主要通过向生产力三要素的渗透,来体现出它的生产力属性:① 通过教育的途径,使劳动者掌握新的知识和技能,从而提高其劳动能力;② 通过技术发明的途径,使自然科学成果不断转化为新的生产工具,应用于生产过程;③ 通过新技术、新工艺,扩大劳动对象的范围,提高劳动对象的质量;④ 通过提供新的、合理的社会组织和管理方法,实现更广泛的协作。

自然科学作为生产力,是以知识形态出现和存在的,除具有渗透性外,还有明显的潜在性、馈赠性和储备性。所谓潜在性是指自然科学是知识体系,而不是特定的技能,只有通过技术等中间环节,才能进入生产过程,变为直接的现实生产力,同时由于经济、社会等条件的限制,也需要待条件成熟时才能转化为物质生产力。馈赠性是指当自然科学偿还了由于发现它所耗费的代价,就会一劳永逸地被社会所使用,推动生产力的发展,这种馈赠性可以持续几百年、几千年甚至千万年。自然科学由于是一种知识形态,不像工具那样可以直接利用,往往有一个储备过程,这种储备性,除表现为从其理论的产生到实际应用有一定的时间间隔外,还表现为这种理论以后可以随时再认识应用到实践中去,有着永远储备的作用。

自然科学进入生产过程,扩大了人类对自然界的利用、支配和改造能力,使传统生产方式不断更新,新的生产领域不断开辟,社会生产力不断发展。17 至 18 世纪经典物理学体系的建立,促进了以蒸汽机使用为代表的第一次产业革命。19 世纪中期,电磁学理论的创立,使人类进入了电气化时代。20 世纪初,现代物理体系的形成,深刻地揭示了物质、运动和时间之间的统一性。人类对物质的认识从宏观向微观和宇宙扩展,由此,电子学、半导体、固体物理、激光、计算机、自动控制等新的科学与技术的发展,标志着人类社会开始进入信息化时代。

自然科学作为生产力,越来越显示出巨大的作用,邓小平(1988)提出了"科学技术是第一生产力"的论断。其主要依据是:科学技术成为生产诸要素的主导要素,成为决定生产力发展的第一要素;现代科学技术的明显超前性,是科学技术成为第一生产力的客观依据；现代经济发展中，科学技术已成为主要的驱动力；高科技及其产业的崛起和发展，是"科学技术是第一生产力"的重要体现。

（二）自然科学对现代经济的发展有巨大的推动作用

对于现代经济社会的每一重大突破，自然科学技术的进步都起到了关键的作用。自然科学对经济的推动作用是通过多种途径实现的：首先是通过经济工作者的影响，为经济理论的形成和发展提供新思维方式和研究手段；其次，通过科学→技术→生产的过程，有力促进经济的发展；第三，通过资源开发深度、广度的增加，经济管理的科学化和产生的信息效果，改善经济发展的条件。

当今科学和技术的进步，使经济发展对其依赖程度大大增加。商品的技术密集程度越来越高，20 世纪 80 年代以来，物化在产品、商品中的科技含量达到了高集聚的程度。第二次世界大战后产品的科技含量每隔 10 年增长 10 倍。在 20 世纪中，50 年代，代表性产品钢材的每千克科技含量不到 1 元；60 年代，代表性产品汽车、洗衣机、电冰箱，每千克科技含量是 30～100 元；70 年代，代表性产品微机的科技含量是每千克 1 000 多元。20 世纪末期，随着高科技产业的发展，其代表性产品首推软件，它没有什么重量，科技含量却极高，若以每千克价格计算，其科技含量将比 70 年代提高千倍、万倍。科学技术应用于生产的周期愈来愈短，如 19 世纪，电动机从发明到应用共用了 65 年，电话用了 56 年，无线电通讯用了 35 年；到 20 世纪这种时间间隔大大缩短，如雷达从发明到应用约 15 年，电视用了 12 年，从发现核裂变到制成反应堆仅用了 4 年，集成电路从无到有仅用了 2 年，激光器仅用了 1 年。特别是电子技术问世后，其变革速度明显加快，其中电子计算机技术的发展是最典型的代表，从 1973 年研制成功第一台微机处理机到目前已更新了五代。

现代科学技术已成为影响经济增长的决定性因素，激烈的经济竞争已成为科学技术的竞争。

（三）自然科学是促进社会发展的革命力量

自然科学的进步，必定形成巨大的生产力。生产力是人类社会发展中的决定因素，生产力的发展必将引起生产关系的变革和社会形态的变更。马克思把科学看成是"一种在历史上起推动作用的、革命的力量"。

生产工具是自然科学的"物化"，而生产工具的发展状况又是社会生产力水平高低的标志。从人类社会的发展史看，从原始社会发展到奴隶社会，再发展到封建社会和资本主义社会，都是由于科学技术的进步、生产工具的革新和社会生产力的发展，致使旧的生产关系不能适应生产力的发展需要，从而被新的生产关系所取代。如蒸汽机的广泛使用，实现了生产的机械化，从而使资本主义的工厂制度彻底取代了封建社会的工场生产制度，促进了资本主义制度的建立。

（四）自然科学对人类思想文明的进步起着巨大的推动作用

自然科学的不断发展，已成为人类不断更新观念、建立新的思维方式、形成正确世界观的重要基础和源泉。

1. 自然科学是人类一切思想的基础

自然科学是人类在认识自然和改造自然的长期实践中创造积累起来的精神成果，它帮助人类探索未知，创造新知，改变人类无知、愚昧、盲目的状态；为人类认识世界和改造世界提供科学的手段和方法;帮助人类解释和说明事物;提高人类对事物的预测能力。因此,自然科学的进步,也为社会科学对社会的认识、思维科学对思维的认识提供知识基础和方法。不同时代人类的哲学思想和思维方式之所以不同,一个主要原因就是不同时代有不同的科学,正如马克思说过,"自然科学是一切知识的基础"。

自然科学的思想方法已越来越广泛地渗透到自然科学以外的领域中去,并在这些领域获得了日益重要和卓有成效的应用。现代科学技术的进步,不仅为人类认识自然和改造自然提供更加有力的工具,也为一切科学认识提供越来越强大的研究手段。

2. 自然科学提高了人类认识世界的能力,是人类破除宗教迷信、摆脱无知状态的根本思想

当人类对自然规律还处于蒙昧状态时期,自然界主宰着人类。经过长期的劳动实践,人类不断地积累生产技能和经验。当人类把自己掌握的生产经验上升到理性知识的时候,才能够逐渐摆脱愚昧,从而正确地去认识自然,并指导自己去改造自然。

自然科学的发展能够战胜宗教神学对人类思想的束缚,是破除宗教迷信的有力武器。科学与宗教从根本上来说是完全对立的。宗教迷信是生产力低下的产物,是在科学不发达的情况下,人们面对不可抵御的自然力时在头脑中所产生的一种盲目的、非科学的崇拜,它把人的生死祸福归因于命运,把命运的主宰归之于鬼神。奴隶主、封建主又把这种迷信同君权联系起来,以强化他们的统治。这种神权和君权结合的迷信思想是千百年来束缚人民思想的两大绳索,是麻醉人民的精神鸦片。自然科学以理性和实践为基础,其发展将加深人们对自然现象的规律性认识,从而使人们逐渐摆脱宗教得以滋生的温床——愚昧无知状态。

自然科学从一开始就向宗教神学发起了挑战。哥白尼(1543)《天体运行论》,成为自然科学从宗教神学中独立的宣言。康德的拉普拉斯星云说尖锐地批驳了"宇宙神创论",地质渐变论取代了造物主的作用,而能量守恒和转化定律、细胞学说以及达尔文进化论的建立,提示了自然界辩证演化图景。自然科学的发展终于使神创论彻底破产。

第二节 自然科学的体系结构

自然科学的体系结构是指自然科学系统中各组成要素之间的有机结合方式。自然科学体系的形成是以自然界的客观存在为基础,或者说自然界为自然科学体系提供了现实的原型,但客观存在的自然界不会自发地产生自然科学体系,自然科学体系的形成和发展不能脱离人们认识自然和改造自然的科学实践活动。因为自然界的存在为自然科学体系的形成提供了依据,提供了现象的可能性,要使这种可能性转变为现实,还得求助于科学和实践。只有在认识和改造自然的实践活动中,才能逐渐地了解自然事物的本质和发展规律,才能为自然科学体系的形成和发展提供日益丰富的信息和源源不断的动力。

自然科学体系结构是随着人们科学实践的长期演进而形成的,它经过了一个从低级到高级、从简单到复杂、从零散到系统的发展过程。

一、自然科学结构的演化

自然科学结构是指自然科学的各个组成部分之间的结合方式,在科学体系中占据什么样的地位,以及它们决定科学整体功能的机制。它是在长期的社会实践中逐步演化形成的。

(一)古代自然知识的排列

人类社会的上古时期,实践上没有出现明显的产业分工,人们也尽量比较全面地认识客观世界,各种知识都包罗在统一的哲学当中。人们通过在哲学内部对各种知识做系统的排列,逐渐确立了自然科学在哲学中的位置。

最早进行知识排列的是古希腊哲学家柏拉图(Plato,公元前427—前347),他从客观唯心主义的理念出发,将知识分为三类,即辩证法、物理知识、伦理说。古希腊思想家亚里士多德(Aristotle,公元前384—前322)以人的活动为准则,把纯认识活动的学问叫做理论的哲学,把研究人的行为的学问叫做实践的哲学,将有关艺术、创作、演讲等活动的学问称之为创造的哲学,在理论的哲学中有物理学、数学和形而上学。古希腊原子论者伊壁鸠鲁(Epicurus,公元前342—前270)以"哲学是要认识自然规律"的论断为出发点,将哲学分为三类,即关于自然学说的物理学、关于认识世界方法和道路的规范学、关于怎样获得幸福的伦理学。

我国殷周时期就出现了知识分类的萌芽,《周礼》中将知识分为六艺,即礼、乐、射、御、书、数。汉代以后,知识分类往往和图书分类联系在一起,如刘歆提出的"七略"分类法,即成辑略、诸子略、诗赋略、兵书略、六艺略、数学略和方技略。

古代知识的排列中,已初步确立了自然科学的一部分知识,这些知识虽然是零乱的,带有经验和直观性,却为自然科学的建立奠定了基础。

(二)近代科学结构

从15世纪后半叶到17世纪,在文艺复兴运动的推动下,自然科学得到了繁荣,以哥白尼(Copernics,1473—1543)的日心说为代表形成了新兴的科学体系,这是近代科学诞生的标志。这个时代,科学得到了空前的发展,科学知识大量涌现,一系列知识门类应运而生,并先后从哲学中独立出来,成为一门门独立的学科。

17世纪,英国思想家培根(F. Bacon,1561—1626)开始从宏观上对自然科学知识结构进行了研究。培根根据人类思维方式的特征把科学分为三类:

$$科学\begin{cases} 记忆的科学:历史学、语言学等 \\ 想象的科学:文学、艺术等 \\ 判断的科学:哲学、自然科学等 \end{cases}$$

培根的分类原则不是根据研究的对象与方法划分的,而是根据人类思维方式的特征进行分类的。把本来客观的东西按主观特征来归类必然会出现许多矛盾,使之不能形成协调一致的统一体系。

法国空想社会主义者圣西门(Saint-simon,1760—1825)提出了以研究对象作为科学分类、揭示和描述科学体系结构的原则,把所见到的一切现象划分为四个方面:

圣西门把一切现象看成是孤立的表面的东西,没有把科学看成是揭示事物的本质联系,因此不可能把握各学科间的内在联系,是形而上学的。

黑格尔(G. W. F. Hegel,1770—1831)以发展的思想重新确立自然科学体系,把自然的、历史的和精神的世界描写成一个过程,通过揭示事物运动变化中的内在联系,依次排列了各门学科,即数学、力学、物理学、化学、地质学、植物学和动物学等。但该分类体系是建立在客观唯心主义的基础上,主观臆造出来的绝对精神的演变,这就从根本上否定了科学的客观内容,不能从根本上揭示学科之间真正的内在联系。

19 世纪中叶,自然科学的发展进入了一个新的时期。化学的原子论和周期律、物理学的能量守恒和转换定律、生物学的细胞学说与进化论,这些成就进一步揭示了自然界普遍发展与普遍联系的规律,为科学地建立自然科学分类体系奠定了基础。恩格斯正是基于这样的现实,确立了科学的辩证唯物主义分类原则,建立了科学的"解剖分类"理论。

恩格斯(F. Engels,1820—1895)的自然科学分类,揭示了近代自然科学的静态结构和动态发展,实现了客观性原则和发展性原则的统一,是研究自然科学体系结构及发展规律的指导思想。

(三)现代科学结构

进入 20 世纪,科学发生了很大的变化,以相对论和量子力学为代表的新理论辩证地否定了机械论的自然观和世界观,使人们由过去牛顿(I. Newton,1642—1727)的三维观念转变为爱因斯坦(A. Einstein,1879—1955)的统一的四维时空连续观。这一根本的变革,导致了科学结构的改变,影响着人们对科学结构的认识,同时自然科学研究不断向纵深领域发展,许多新的物质层次结构被揭露出来,并对已揭示出来的物质各层次的性质、规律开展了全面的研究;利用已揭示出来的规律去研究相邻科学,开辟了许多新领域;科学与社会的相互作用日益加强。所有这些都要求人们对科学做出新的概括和总结。

日本学者岩崎允胤和宫原将平在恩格斯科学分类理论的基础上,根据各物质运动形态的层次性进行分类,构建了自然科学的多层次体系结构。并且在构建体系结构时,注意到了在物质的各种运动形态互相过渡和互相转化的层次上,还存在着一些横跨于许多层次之间的一定的共同侧面。

各门科学的分类

主系列的运动状态

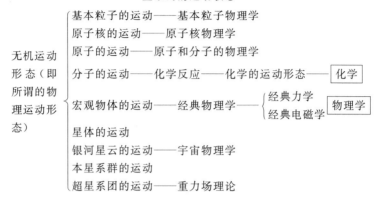

带支系列的主系列运动状态

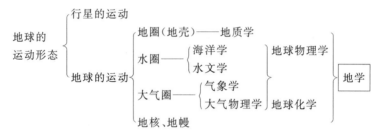

支系列的运动状态

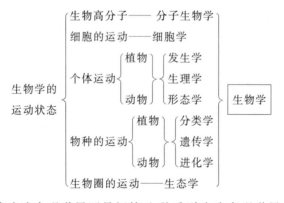

　　钱学森按照直接改造客观世界还是间接地联系到改造客观世界,将自然科学划分为三个层次,即基础科学、技术科学和工程技术。并认为马克思主义哲学是概括一切、指导一切的理论,它通过自然辩证法与社会辩证法(历史唯物主义)这两座桥梁把自然科学、数学和社会科学连接起来。

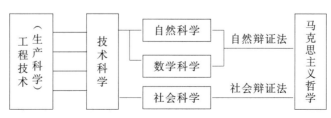

科学结构的划分将随着科学的发展而有所变化。事实上,已被人们接受而且正在发展的综合性科学(交叉科学)必将形成一组新兴学科,它包括管理科学、环境科学、城市科学、能源科学、材料科学、系统科学、信息科学、体育科学、预测科学、技术经济学等,从而使一个新的科学知识体系逐渐形成。这个知识体系的突出特点就是综合性科学(交叉科学)的出现,并在整个科学体系中占有十分重要的地位。

二、自然科学的层次结构

层次结构也叫门类结构,是科学的一级结构,主要说明各大门类的基本构成情况。现代自然科学一般可划分为三个层次,即基础科学、技术科学和生产科学三个层次。

基础科学是一般的基础理论,是研究自然界中物质的结构和运动的科学,它肩负着探索新领域、发展新元素、创造新化合物和发现新原理等重大任务,是现代科学与技术总体结构的基石,拥有巨大的潜在生产力、高水平的社会智力储备和超前的竞争力。基础科学包括力学、物理学、化学、生物学、天文学和地球科学等。

技术科学是将基础科学知识转向实践应用的中间环节,是研究通用性技术理论的科学,它一方面是基础科学的应用,另一方面又是生产科学的理论基础。技术科学集中研究如何把基础科学理论物化为生产技术,它研究的不是最普遍的规律,而是特殊范围的规律。技术科学具有多学科的综合性,因为它是研究几个学科共有的规律,所以比基础学科具有更大的综合性,如岩石力学、土力学都是介于基础科学与生产科学之间的技术科学。

技术科学目前已发展成为众多的科学群。技术科学一方面按基础科学的应用可分为应用物理、应用化学、应用生物学、应用天文学、应用地学和应用数学;另一方面,按工程技术的通用理论可分为材料技术科学、能源技术科学、信息技术科学、计算机技术科学、自动化技术科学、环境技术科学、生物工程技术科学等。

生产科学也叫应用科学或工程科学,主要是研究基础科学和技术科学的理论在生产过程中的具体运用,从而提供改造自然的方法和手段。技术科学是解决比较远期的生产方向问题;基础科学是储备知识、创造知识,离解决实际问题更远些、更间接些;而生产科学直接决定生产中需要解决的实际问题,这是生产科学区别于技术科学和基础科学之处。每一生产过程要涉及许多基础科学和技术科学领域,生产科学具有明显的综合性,如内燃机,研究它的工作过程,需要热力学、空气动力学和化学动力学等知识;研究它的结构强度,需要应用理论力学、材料力学、固体物理学等知识。

生产科学的研究对象是具体的技术原理、结构和工艺。日本学者星野芳将技术分为12个方面,即动力技术、采掘技术、材料技术、机械技术、建筑技术、通讯技术、交通技术、控制技术、栽培技术、饲养技术、捕获技术和保健技术等。虽然不同领域的技术有各自不同的形态,但都包含了材料、能源、控制和工艺四个基本要素。

随着科学的发展,在自然科学和社会科学之间出现了一个新兴的学科群,这个学科群叫交叉科学或综合科学。交叉科学的兴起和发展,是科学进入一个全新历史阶段的标志,是历史发展的必然。交叉科学可分为四类:① 根据应用的目的和目标把有用的相关知识组合成一个新知识体系。如材料科学、空间科学、能源科学、环境科学、体育科学、城市科学等。② 根据科学在宏观总体上变化发展的事实,探索其规律和驾驭利用其规律的理论和方法的知识体系,如科学学、未来学、自然辩证法和科学技术发展史等。③ 根据科学各门类、各工作领域的共同需要所创造出来的方法知识体系,如控制论、系统论、信息论、协同论、混沌理论、管理科学、决策科学等。④ 根据社会科学与自然科学中相关的两个学科组合而成的新的知识体系,如技术经济学、管理心理学、经济生态学等。

自然科学分为不同的层次,各层次特点和功能各不相同,但各层次之间存在本质的内在联系,从而形成了一个有机统一的整体。

三、自然科学的学科结构

自然科学的基础科学包括力学、物理学、化学、生物学、天文学、地球科学和数学等,每门基础科学都包括若干分支学科,并由此形成各自学科的体系结构。

(一)数学的结构

数学是研究数量关系与空间形式的科学。数学在自然科学的体系结构中具有特殊的地位。马克思曾经说过,任何一门自然科学,当它正确地运用数学之后才能成为一门完整的学科。在现代科学技术中,如果不借助数学,不与数学发生关系,就不可能达到应用的准确度与可靠性。

经过长期的发展,现代数学的学科已成为一个多层次、结构严密的庞大体系,大小分支学科数目已不下几百个,其中最基本的学科有 12 个,即数论、代数学、几何学、函数论、泛函数分析、微分方程、概率论、数理统计、运筹学、控制论、计算数学和数理逻辑。

从数学和现实生活的联系来看,大体可分为两大类,即纯数学和应用数学。纯数学研究从客观世界中抽象出来的数学规律的内在联系,也可以说是研究数学本身的规律,大体上可分为三类,即研究空间形式的几何学、研究离散系数的代数学和数论、研究连续的函数分析和函数方程,它们被称为整个数学的三大支柱。应用数学是研究如何从现实问题中抽象出数学规律,以及如何把已知规律应用于现实问题,如概率论、数理统计、运筹学、控制论、计算数学和数理逻辑。

(二)力学的结构

力学是研究力与运动的科学,研究对象是物质的客观运动。力学是物理学中最早建立和发展起来的一门学科,由于其广泛的应用性,不断向综合、应用、系统方向发展,从而形成一个庞大的科学体系。力学是随着人类认识自然现象和解决工程技术问题的需要而发展起来的,在实践中又对人类认识自然和解决工程技术问题起到极为重要和关键的作用。

力学分为力学理论和应用力学两部分。力学理论包括理论力学、分析力学、统计力学、电动力学、相对论力学和量子力学,应用力学包括计算力学、固体力学、爆炸力学、流体力学、岩石力学、生物力学、物理力学和溶解力学。根据研究物体的性质可分为质点力学、质点组力学、刚体力学和连续介质力学等四大类,根据问题的性质又分为运动学、动力学和静力学三类。

研究机械运动规律及其应用的经典力学是力学研究的主要部分。19 世纪是经典力学的黄金时代,形成了分析力学、统计力学、流体力学和电动力学四个主要分支。20 世纪以来,出现了以研究物体运动速度可与光速比较的相对论力学和研究微观粒子运动的量子力学,是现代力学的重要标志。

(三)物理学的结构

物理学是研究物质运动规律及其基本结构的科学。当代物理学经过科学本身的发展、壮大以及和现代技术的相互作用形成了庞大的学科体系,它以经典力学、经典电动力学与相对论、量子力学、热力学和统计物理为基础理论,形成了九门分支学科——凝聚态物理学、光物理学、声学、原子分子物理学、等离子物理学、核物理学、粒子物理学、计算物理学和理论物理学。

物理学的研究领域极其广泛:在空间尺度上,它从基本粒子的亚核世界(10^{-15} cm)到整个宇宙(10^{28} cm);在时间标度上,从小于10^{-21} s 的短寿命到宇宙纪元(10^{17} s)。

(四)化学的结构

化学是研究物质分子的组成、结构、性质及其变化规律的科学。化学成为学科已有约 300 年的历史。随着人们所研究的分子种类、研究手段和任务的不同,化学不断派生出不同层次的分支——无机化学、物理化学、有机化学、分析化学、高分子化学、环境化学和放射化学等。

第二次世界大战后,化学发展速度大大加快,一方面是高分子化学和元素有机化学理论的成熟以及化工发展的促进;另一方面是计算机技术、激光技术等先进研究手段的引入。到 20 世纪末期,化学在基本理论、研究经验的积累、研究手段和方法的应用、研究领域的广度、应用范围等方面都达到了较高的水平。化学与其他自然科学的相互渗透,产生了一系列边缘学科——计算化学、激光化学、固体化学、地球化学、材料化学、矿物化学、土壤化学、行星化学和星际分子天文学等。

(五)生命科学

生命科学是研究生命现象以及生物与环境之间关系的科学。生物物种千差万别,但都具有新陈代谢、繁殖、遗传、发育和进化等共同的特征。生物学研究的中心就是一切生物所共有的这些基本生命现象。生物学的研究内容广泛、学科繁多,按研究对象的传统分类包括动物学、植物学和微生物学;按结构层次可分为宏观的群体生物学、系统生态学,以及微观的分子生物学、细胞生物学;按研究方向可分为形态学、解剖学、生理学、细胞学、遗传学、分类学、生态学、进化论等;与其他学科相渗透,产生了生物数学、生物物理学、生物化学和生物地理学等交叉学科。

(六)天文学的结构

天文学是研究宇宙中各类天体和天文现象的科学。随着研究方法和观测手段的发展,先后创立了天体测量学、天体力学、天体物理学、光学天文学、射电天文学、空间天文学、天体演化学和宇宙学等分支学科。天文学与其他学科相互借鉴、相互渗透,又形成了天体生物学、宇宙化学、考古天文学以及天文地球动力学等。

天文学的发展依赖于观测手段的进步以及物理学和数学为主的天文"理性工具"的发展。目前利用地面光学天文设备、地面射电天文设备、X 射线天文设备、远红外线天文卫星、紫外天文设备和 γ 射线空间天文台可观测手段以及由物理学、数学提供的理论手段,已使"恒星演化理论"和"热大爆炸宇宙学理论"相互衔接形成一个整体,是人类第一次能够科学地描述宇宙从诞生一直演化到今天的全过程。

（七）地球科学的结构

地球科学是研究地球以及太阳和其他外部因素对地球影响的科学。当代地球科学的基本任务是整体性地认识地球，包括它的过去、现在，并预测它的未来发展和行为。地球科学的应用性是基于人类对地球不断提高的认识，增强社会的功能，有效地探索、开拓和合理利用自然资源；避免或减轻自然灾害，避免和保护自然环境不受破坏和干扰；预测和调节环境变化和全球变化；从总体上协调人类社会和自然系统之间的关系，维护生物圈和人类社会生存、持续发展的地理环境。

地球科学按照地球的组成部分包括固体地球科学、海洋科学、大气科学和空间科学，按地球的物理和化学过程可分为地球物理学和地球化学，按各组成部分间的特定领域可分为地理学、环境科学、生态学、土壤学等。

四、自然科学的知识结构

自然科学的知识结构是指一门学科所包含的要素之间的有机结合方式。一般来说，一门学科的知识体系是由科学的事实、概念、范畴、定律、逻辑形式构筑起来的。

（一）科学事实

事实是科学结论的基础和根据，没有事实的系统化和概括，没有事实的逻辑认识，任何科学都不能存在。但事实本身并不是科学，事实只是在以系统的、概括的形式表现出来，并且作为现实规律的根据和证明时，才能成为科学知识的组成部分，即科学事实。科学事实大体包括经验事实、观测资料和实验数据等。

（二）科学的概念和范畴

科学的概念是构成科学理论的细胞，是科学研究的成果和经验的结晶。它由具体概念和抽象概念组成，前者直接反映某种现象的状态和表面性质；后者则由理性思维所把握，反映客观事物的规律和本质。它们之间的联系和转化，使科学概念在内容和形式的结合上构成一个体系结构。范畴是反映具体学科的对象、内容和方法特点的一般概念，是反映客观事物本质联系的思维方式，是各个知识体系的基本概念。

一个特殊的理论有其特有的概念。新理论的建立，或提出前所未有的新概念，或加深、扩展、限制已有的概念，或论证了概念之间的新联系。概念内容的新陈代谢和充实修正，乃是科学进步的表现。

从概念内容所反映的客观对象的性质和层次考虑，将概念分为实体概念、属性概念和关系概念三类。反映某种物质客体的概念称为实体概念，如原子、细胞、磁场等。反映对象所具有的特质概念称为属性概念，如惯性、温度、抗腐蚀性等。反映对象之间关系和自然过程内部机制的概念称为关系概念，如电磁感应、熵、光合作用等。

从概念的内涵进行分类，依据概念是反映事物的固有属性，还是反映本质属性，可分为类概念和科学概念。概念的这种划分，反映了人们对自然的认识过程。如古代的自然哲学中就有原子的思想，认为世界上的一切事物都是由极小的和不能再分的微粒组成的。19世纪初，道尔顿提出原子论理论，初步揭示了原子的若干性质，原子概念才由类概念转化为科学的概念。

（三）科学原理、定律和学说

科学原理、定律和学说是科学知识结构中的主要组成部分，它们运用概念揭示事物的本质联系，都属于规律性的知识，但它们之间又有某种差别。

原理所反映的是特定条件下的自然事实。对原理的了解必须注意到它是在什么条件下发生的事实。与原理近似的是定理，定理的提法在数学上用得较多，在自然科学中，用定理来表达某些原理时，着重反映一定条件下的数学必然性，即要加上数学表达式。

定律是对客观规律的一种表达形式，着重强调自然过程的必然性，如能量守恒定律。与定律近似的是定则，通常以假定方式来表达自然过程的必然性。如判断磁感线与对电流作用力的方向的"左手定则"。科学定律的本身也是有结构的，它分为具体定律和抽象定律。前者是依靠仪器对客体进行观察并归纳所得资料的结果，如落体定律等；后者是运用抽象概念进行判断推理的结果，如万有引力定律等。它们之间相互联系，表明科学认识由一级本质到二级本质层次的推进过程。

学说是在自然科学中，对自然过程原因的解释，是为解释自然事物、自然属性、自然定律的原因而提出的见解。由于对因果关系的认识是复杂的，往往一时难以确凿证实，学说常表现为假说的形式。

（四）科学方法

科学方法是指研究事实与发现规律的方式。任何一种科学理论，在解释某些现实过程的性质时，总是与一定的研究方法相联系。

方法是人们发现客观规律的一种手段，是获得规律性知识的必要条件，是创造性思维的集中表现。科学方法在应用中一般分为三个层次：① 各学科特有的特殊方法，如物理学中的光谱分析法、化学中的催化方法；② 各门学科通用的科学方法，如观察法、实验法、系统方法等；③ 哲学的方法，是建立在一般科学规律的基础之上的，能够应用于知识的一切领域。

按照一个完整的科学认识过程，科学方法一般分为感性方法、理性方法和综合方法。感性方法是人类认识自然的起点，是获得自然信息的方法，包括观察法和实验法；理性方法是对观察实验所获得的成果进行分析，以达到新的科学认识高度的思考步骤，包括假说方法、数学方法、逻辑方法和非逻辑方法等；综合方法适用于科学认识的各个阶段，属于科学方法的理论，包括系统论方法、信息论方法和控制论方法等。

（五）科学理论

科学理论是在大量经验知识积累的基础上，运用逻辑加工，建立科学的基本概念和基本关系，借助逻辑和数学方法而总结出来的科学认识的知识体系。

科学理论是客观过程和关系的反映，是由一系列概念、范畴、原理、定理、公式等组成的逻辑系统，可表示为：

```
            理论系统
 (公式化)→ ↑ ←(系统化)
         原理、定律、学说
   (推断)→ ↑ ←(假说)
          概念、范畴
              ↑ ←(科学抽象)
          科学事实
```

科学理论的基本特点和要求是：外部的证实和内在的完备。两个特点的相互作用和相互补充，意味着科学理论系统地反映了客观事物的本质。科学理论有两个重要的功能——解释功能和预见功能。前者是揭示存在事物的本质，后者是从科学理论逻辑地推导出关于未知事实的结论。解释功能和预见功能是不可分的，它们的共同作用显示出科学理论在整个科学知识体系中占据核心地位。

第三节　自然科学的历史演进

人类在地球上已生活了 200 多万年。在长期的生产实践中，人们不断地积累着生产经验和劳动技能，又不断地用这些经验和技能改进劳动工具和其他劳动资料，这个过程是技术发展的过程。人类在实践中积累的认识，在理论上的不断总结和概括，就是自然科学的发展过程。

一、科学的起源

科学的起源是指作为科学"物质"的那些实际材料和有认识作用的信息的最初由来。

人是从动物演变而来，从猿到人，劳动起到了关键的作用。劳动必须具备一定的工具，在制造工具的过程中产生了技术。最初的技术是在 100 万乃至 200 万年前产生的用"以石击石"的方法制造石器的技术；第二种技术是用火和人工取火技术；第三种技术是植物栽培技术和动物饲养技术；第四方面的技术是制陶技术、纺织技术、建筑技术和运输技术。

随着这些技术的产生和发展，人类积累了越来越多经验形态的自然知识，如制造石器要求人们摸索岩石的性质和对石头进行加工的方法，农耕和畜牧要求人们了解并遵循动植物生长、繁育的规律。这些在生产实践中产生并以经验形态存在于技术中的自然知识，尽管是简单、粗糙而零散的，没有上升为理性知识，更没有形成独立的、系统的、分门别类的知识体系，但毕竟是对于自然事物和自然规律的一种反映。这些经验形态的自然知识就构成了自然科学的最初形式。

进入奴隶社会以后，社会生产力有了很大的发展，产生了体力劳动和脑力劳动的分工，出现了一批专门从事科学活动的知识分子，他们可以专门从事对自然现象的研究，总结生产经验，创造文字，建立理论。

距今 6 000 到 4 000 年,底格里斯河和幼发拉底河流域、尼罗河流域、黄河流域的文明逐渐形成,这些地区人类关于自然的知识逐渐深化,产生了准科学。此时的准科学仅限于与当时的生产、生活直接相关的天文学、数学、医学和化学。天文学方面,在埃及和巴比伦,已知道了恒星和行星的区别,并能够测定太阳的视直径以及月球、地球的体积,并采用一年为 365 天的太阳历。数学方面,由于尼罗河的泛滥,土地测量非常盛行,产生了几何学,能求出长方形、三角形、梯形和圆的面积,知道勾股定理的实际应用,提出圆周率的值为 3.16,并能求一元一次方程。医学方面,被视为古埃及医学大全的埃伯斯纸草书,内容十分广泛,记载有 700 种药剂,涉及腹部疾病、肺病、痢疾、咽炎、眼病、皮肤病、血管神经疾病、妇科病、儿科病等。化学方面,金属、玻璃、涂料的使用及医药品的调制等,使化学知识丰富起来。

这一时期产生的知识,有突出的经验性特征,因此称为准科学,是古代科学产生的先导。

二、古代自然科学的形成

(一) 古代自然科学的发展

经过"准科学"时代的数千年以后,古代自然科学逐渐形成,其标志是"希腊科学"的诞生,以后又经历了"阿拉伯科学"时代和"中国科学"时代。

1. 希腊科学的诞生

古希腊被认为是人类科学的发祥地,在其文化鼎盛时期(公元前 6 世纪—前 4 世纪)产生了科学。泰勒斯(公元前 624—前 564)被尊为"科学之父"。古希腊奴隶制的建立是与铁器的使用同时代的,这使得希腊奴隶社会的生产力一开始就建立在较高的水平上,它对古希腊文明的产生具有重要的意义。由于城市发达和商业的发展,古希腊出现了僭主,贵族政治开始向民主政治转化。社会政治领域民主化(梭伦[①]改革、克里斯梯尼变法)的重要结果是形成了逻辑论证工具,使古希腊人既能广泛吸收埃及、巴比伦的优秀成果,又不受传统的束缚,处在"自由"的精神状态下,从而摆脱了实用的观念,重新审视自然事物的本来面目。

古代希腊科学分两个时期,从公元前 600 年至公元前 300 年,称为希腊的古典时期。这个时期形成了以一个或几个学术带头人为领导的学术团体——学派,如伊奥尼亚学派、毕达哥拉斯(Pythagaras,公元前 580—前 500)学派、原子论学派、柏拉图学派、亚里士多德学派等。从公元前 300 年到公元前 30 年,叫希腊化时期或亚历山大里亚时期,是指世界学术中心从雅典转移到亚历山大城,出现了阿基米德(Archimede,公元前 212—前 137)和欧几里得(Euclid,公元前 330—前 275)等著名科学家。

在古代希腊科学中,取得一定成绩的有数学、天文学、力学、生物学、医学、气体动力学、声学、气象学、电学和磁学。希腊人对数学发展的突出贡献是在定义和公理的基础上建立起抽象逻辑体系,突出代表是毕达哥拉斯学派。毕达哥拉斯学派将抽象的理性方法用来研究几何学(科学史家称欧几里得《几何原本》是古代科学的最高峰),并开始了数论

---

① 梭伦(Solon)(公元前 630—前 560),雅典政治家。

研究,将自然数区分为奇数和偶数、素数和完全数、三角数和平方数,同时还发现了无理数。阿波罗尼乌斯(Apollonius,公元前262—前190)提出了圆锥曲线理论,由此产生了《球面学》。天文学方面,毕达哥拉斯是第一个主张大地是球形的人;欧多克斯用几何角度解释天文学,开辟了数学天文学的发展道路;希帕克(Hipparchus,约公元前190—前125)发明了许多天文观测仪器,是西方第一个编制星表的人;托勒玫(Claudius Ptolemy,100—170)编制了第一部古代天文学百科全书——《大综合论》;建立了亚里士多德-托勒玫地心说。力学方面,阿基米德发现了杠杆原理和浮力定律,开创了静力学和流体力学。生物学方面,亚里士多德通过解剖和观察,记述了约500种动物(其中50种绘有解剖图),并对生物进行了初步分类。医学方面建立了初步的解剖学和生理学知识,对许多疾病进行描述并提出了适当的治疗方法。

2. 阿拉伯科学时代

阿拉伯科学是古代科学史的另一主流。在欧洲进入中世纪最黑暗的500年时,崛起了一个对人类文明进程影响很大的帝国——阿拉伯帝国。到8世纪,阿拉伯帝国成为当时世界科学技术的中心之一。阿拉伯人维护和发展了古代科学,为人类搜索、整理和保存了许多宝贵的资料。在数学、天文学、化学和医学等领域有很大的发展。数学方面采用了阿拉伯数码,发展了三角学知识和代数知识。《花拉子密算术》和《阿尔热巴拉和阿尔穆卡巴拉》这两本著作对后来的数学影响极大。天文学方面,阿尔·巴塔尼(Al-Batani,约858—929)编制了天文年表,测定了黄道倾角值,并发现了太阳偏心率的变化。在化学方面,炼金术向实用化学方向发展,近代化学脱胎于炼金术,人类许多的化学知识来自于炼金术,直接导致了近代化学实验方法的产生。开始使用天平,并利用蒸馏、结晶、升华、焙烧等方法炼金。在医学方面被称为阿拉伯"医学之王"的阿维森纳(980—1037),著有百科全书式的《医典》。

3. 中国科学时代

中国是四大文明古国之一,是文明古国中唯一没有出现严重文化断层的文明。在整个古代,中国的科学技术经过起源、发展和完善,达到了非常高的水平,形成了以实用经验知识为主的独立体系。主要成就在天文学、数学、农学和医学等方面。从战国到秦汉,许多门类都形成了具有自己特色的体系,经过汉唐千余年的发展,到宋元达到了高峰。在数学方面,是筹算、珠算以及相应计算工具的创造者。最早的数学著作《周髀算经》成书于公元前1世纪。汉代的《九章算术》是我国数学体系形成的标志,其特点有:① 采用按类分章的数学问题集的形式;② 算式都是从筹算记数法发展起来的,这些算式表示法紧密地依赖于数字在图式上的位置;③ 以算术、代数为主,几何也偏重于量的计算,很少涉及图形的性质;④ 重视应用,缺乏理论阐述。祖冲之(429—500)推算出的圆周率(3.1415926)被称为"祖率",在世界上保持领先水平达千年之久。天文学方面,是世界历史上天文观测记录最系统、最完整的国家:对太阳黑子、哈雷彗星的记载是世界最早的;绘制的星图、图表是世界上领先的;公元前1世纪出现了关于宇宙结构理论的盖天说,公元2世纪则有浑天说和宣夜说;汉代已形成了古代历法体系,创造了许多先进的天文仪器,如水运浑天仪、候风地动仪①、黄道游仪、混天铜仪以及宋代苏颂建筑的"水运仪象台"和元代郭守敬②创制的简仪。在物理学方面,公元前4世纪成书的《墨经》(墨翟,约公元前478—前392)中含有光学、力学、声学等物理知识;在世界上首先提出光的直线传播原理;北宋沈括(1031—1095)的《梦溪笔谈》介绍了人工磁化方法制作指南针,并提出了地磁偏角的概念。化学和化工方面主要表现在造纸技术、火箭技术、漆器和瓷器制作技术。医学方面创造了独特的中医理论和切脉诊断病情的方法;传说神农氏是中国医药的始祖(距今约5 000多年),现存医药文献近8 000种,最重要的有公元前3世纪的《黄帝内经》(战国时期)、汉代张仲景(约150—219)的《伤寒杂病论》和《神农本草经》、唐代"药王"孙思邈(581—682)的《千金方》、明代李时珍(1518—1593)的《本草纲目》。此外,我国古代还有百科全书式的著名著作:一是贾思勰的《齐民要术》;二是北宋沈括的《梦溪笔谈》,其内容涉及数学、天文、物理、化学、医学和工程技术等方面的知识;三是明代宋应星(1587—1661)的《天工开物》,它包括了谷物栽培加工、纺织染色、制盐制糖、酿酒榨油、烧瓷造纸、冶金舟车、火药兵器等18个部门。说到中国古代的科学技术,自然不能不说古老的四大发明:指南针、造纸术、印刷术、火药。四大发明是中国古代科学技术繁荣的标志和中国人聪明智慧的体现,更重要的是改变了近代人类文明史的进程。

(二) 古代自然科学的特点

古代自然科学的发展,形成了几个明显的特征:

(1) 内容上形成了描述宏观低速运动规律的理论。古代自然科学在内容上形成了以地球为中心的宇宙观理论体系,这种理论对太阳系的认识是模糊不清的。尽管描述了宏观低速物体的运动规律,但对宏观物体的认识还只是初步、表面和笼统的整体认识。

(2) 形成了自然科学的基本形态。古代自然科学的形态,主要包括三部分,即自然哲学、理论知识和实用科学。自然哲学是古代自然科学的一种重要知识形态,许多自然知识都包括在哲学之中。理论知识是对经验知识进行概括形成的知识体系,古代自然科学中开始成为理论知识的有力学、天文学和数学。实用科学是古代人在生产实践、医疗和日常生活中所积累的经验知识,基本上是对工艺技术实际效益的认识,但对制约这些效益的自然规律尚未深入理解。

(3) 形成了研究自然界的方法。古代自然科学的研究方法主要有原始的观察法、实践法和演绎法,以整体的笼统考察为主,缺乏分析。对自然现象的理解,以直观信仰和主观猜测为主,没有严格的科学证明。

三、近代自然科学的产生及特点

近代自然科学于16世纪产生于欧洲。哥白尼发表的《天体运行论》是近代自然科学诞生的标志。前后持续了约350年左右,到19世纪结束。

---

① 张衡(78—139),欧洲18世纪后才出现地动仪,著名科学史家李约瑟称张衡是"地动仪的鼻祖"。
② 郭守敬(1231—1316),在天文学、数学、水利工程等方面做出了很大贡献。1970年国际天文学会将月亮背面的一个环形山命名为"郭守敬山"。

（一）近代自然科学的发展

近代自然科学经历了两个主要的历史阶段，即早期发展阶段与晚期发展阶段。从16世纪中期到18世纪中期为早期近代自然科学发展阶段，起点是哥白尼天文学革命兴起，终点是牛顿和林耐在自然观上相继向神创论的回归，主要科学标志是机械自然观的建立。从18世纪中期到19世纪末期为晚期近代科学发展阶段，起点是康德（I. Kant，1724—1804）的天体演化学说的兴起，终止点则是19世纪末物理学危机的发生，主要标志是辩证自然观的兴起。近代自然科学经过两个阶段的发展，形成了比较完整的基础科学体系。

物理学方面，以牛顿为代表的经典力学体系在早期近代科学发展时期已经形成，并向天文学和其他基础学科领域渗透，形成了天体力学、流体力学等分支学科。同时，光学、热学、静电学、静磁学也初具规模。19世纪初，以托马斯·扬（Thomas Young，1773—1829）为代表的光波说的兴起拉开了物理学革命的序幕，其间热力学和电磁学得到了充分的发展，不仅直接推动了近代早期物理学范式的变革和近代晚期物理学体系的形成，而且为第二次工业革命的兴起奠定了科学基础。

化学方面，波义耳（R. Boyle，1627—1691）的元素定义、贝歇尔（J. Becher，1635—1682）和施塔尔（G. Stahl，1660—1734）的燃素假说代表了早期化学发展的两个主要阶段。拉瓦锡（1777）[①]的氧化说是化学进入晚期近代化学发展时期的起点，特别是道尔顿（J. Dalton，1766—1844）化学原子论的建立，标志着近代化学进入了成熟发展时期。在这期间原子分子论的建立和元素周期率的发现，标志着近代基础化学的理论规范基本上形成。在无机化学领域，特别是在以三酸两碱为主体的无机化工领域，已形成了比较完整的无机化工体系。在有机化学领域，以有机提纯、有机分析、有机结构、有机合成为基本分支的有机化学体系也基本形成。

在生物学方面，林耐（C. Linnus，1707—1778）的生物分类学代表了早期生物学的主要成就，而生物进化论、细胞学说、微生物学和遗传学是19世纪生物学的四大杰出成就，标志着近代生物学科规范的形成。

在天文学方面，日心体系的确立与天体力学的奠基代表了早期近代天文学的主要成就，天体演化学、天体光谱学代表了晚期近代天文学发展的主要成就，特别是以太阳光谱和恒星光谱为基本分支的天体光谱学，成了20世纪初兴起的天体物理学的先导。

地质学以提出地质学三定律为发端（1669），以莫诺（A. L. Moro，1687—1764）和伍德沃德（J. Woodward，1665—1728）为代表的第一次"水火之争"为动力，以地质考察为实验基础，在18世纪初具规模。从18世纪末开始，以维尔纳（A. G. Werner，1749—1817）和赫顿（J. Hutton，1726—1797）为代表的第二次"水火之争"的兴起，使近代地质学进入一个新的发展阶段，此时已奠定了大地构造学说的基础。

数学方面，1637年前后创立的解析几何是近代数学发展的起点，以后以微积分为主体的数学分析得到了新发展。18世纪末至19世纪初，数学进入全面发展的新阶段，极限理论为数学分析建立了严格的理论基础，非欧几何和高等代数成为两个迅速崛起的新兴学科，同时无穷集合论建立了统一的数学基础。

[①]　拉瓦锡（Antoine Laurent Lavoisier，1743—1799），被誉为"近代化学之父"。

（二）近代自然科学的特点

近代自然科学经历了 16 世纪的革命,取得了独立的地位;17 世纪牛顿力学的建立,为近代科学奠定了基础;经过 18 世纪的消化吸收,到 19 世纪,近代自然科学达到了全面发展和近乎完善的程度。其特点是:

（1）形成了比较完整的自然科学体系。近代自然科学由理论自然科学、实用自然科学和技术自然科学三部分组成。理论自然科学是指近代自然科学开始摆脱对事物单纯现象的描述,进入整理材料、进行理论概括阶段的科学。理论综合是近代自然科学的显著标志,其中牛顿力学体系的建立,是人类知识的第一次理论大综合。19 世纪自然科学理论综合的特点,在于形成"伟大整体的联系的科学",一方面表现在不仅以物理、化学、生物、天文、地理、数学为基本分支的基础科学体系已经形成,而且这六大基本分支都有划时代的理论突破,本身形成了比较完整的科学体系;另一方面,还形成了贯穿于若干自然科学领域的全局性原理和学说。近代实用自然科学是指近代自然科学演化为以科学实验为基础,以科学理论为指导,形成了系统的总结。技术自然科学是将基础知识在实践中应用的中间环节的科学,是研究通用性技术理论的科学。技术科学是在 19 世纪形成的,是在基础科学取得重大成就的基础上,由于生产的需要而迅速发展起来的。

（2）建立了揭示客观低速物质运动基本规律理论。这个时期,人们从认识宏观物体的形态、运动,发展到认识物体运动的能量;从研究物体的静态现象,转向研究物体的发生、发展过程。

（3）否定了直观信仰的认识原则。近代自然科学的认识论特征是对直观信仰的否定,人类的认识开始从事物的表面现象进入到事物的本质,由笼统的综合进入到精确的分析,从绝对不变和无联系性发展到普遍联系和发展性。

四、现代自然科学的产生及特点

从 19 世纪末 20 世纪开始,自然科学的发展进入到现代自然科学时期,其主要标志:人类对自然的认识,不仅在宏观低速领域更加全面深刻,而且深入到微观、高速和宇宙领域,在更深更广范围内揭露自然界的本来面目及规律性。

19 世纪末,以牛顿力学为中心的经典物理学取得了辉煌的成就,使科学家错误地认为物理学已达到顶峰,似乎成了最终的绝对真理,认为整个物理世界都可以归结为绝对不可分的原子和绝对静止的以太这两种原始物质。正当人们陶醉于物理学大厦已经建立的时候,出现了以太漂移实验、光电效应实验、黑体辐射实验等为传统物理学不能解释的一系列新的实验事实。这样原来认为不可分割的原子解体了,原来认为固定不变的元素可以蜕变为另一种元素,原来认为物体的质量与运动无关,现在电子的质量随运动速度的变化而改变。新的实验事实猛烈地冲击着经典物理学,经典物理学面临着危机,而这场危机导致了一场深刻的物理学革命。在这场革命中产生了相对论、量子论和微观物理学这样全新的科学理论、科学思想和科学方法,从而为现代自然科学的全面发展奠定了基础。

（一）现代自然科学的发展

大体上以第二次世界大战结束为相对分界线,现代自然科学可分为两个前后联系的时期:战前的变革时期(即现代自然科学的形成时期)和战后的大发展时期。

　　现代物理学是现代自然科学革命的前导和主流,现代自然科学革命发端于19世纪末20世纪初的物理学三大发现:X射线、放射性和电子。战前物理学本身经历了一场从研究领域到基础理论的深刻革命。就研究领域而言,物理学从传统的宏观、低速领域跨入微观和高速领域;就基础理论而言,量子论、相对论和核物理的兴起,则从根本上改变了经典物理学的基础面貌。战后至今是现代物理学的发展时期,在这一时期,像20世纪初那样急风暴雨式的科学革命已成为过去,但由于现代物理学自身理论与实验之间循环发展机制的作用,由于相关科学的相互渗透和影响,特别是第三次工业革命的影响,使现代物理学在核物理学、基本粒子物理学和凝聚态物理学方面取得了显著的成就。

　　20世纪初的现代生物学革命是以19世纪末的近代生物学危机为前导的,当时社会达尔文主义、新达尔文主义和生物学神秘主义三股思潮曾给近代生物学以极大的冲击,从而导致了以现代遗传学兴起,以生物进化论变革和神经生物学为两翼的现代生物学革命序曲的开始。战后,以分子生物学兴起为核心的生物学革命是现代生物学发展的主旋律。分子生物学从分子层面阐明了生物遗传规律,深化了人们对生命活动的机制和生命本质问题的认识,目前分子生物学已渗透到生物学的各个领域,导致了遗传工程的兴起,从而展示了人工合成生命的光辉前景。分子生物学的发展,将进一步丰富和发展物理学、化学的研究内容,影响医学和当代技术的发展方向,显示出它是当代自然科学新的带头学科。

　　现代物理学革命对化学影响最深的领域是基础化学领域,特别是元素化学、物理化学和分析化学这些基础化学分支。基础化学的变革又推动无机化学、有机化学两个基本化学分支的变革和生物化学、高分子化学这两个新兴化学分支的兴起。到20世纪初期,化学实现了近代化学到现代化学的变革。由于物理学、生物学和化学的相互渗透,同时也由于材料科学技术、能源科学技术向化学的进一步渗透,现代化学在战后进入了一个新的发展时期,其中:元素化学的主要成就集中反映在对超铀元素的探索和原子量基准的改革;结构化学的主要成就表现在现代化学键理论的形成;分析化学则实现了以仪器分析和电脑分析相结合为核心的第三次变革;无机化学在人工单晶、无机纤维、半导体材料和超导体材料方面取得了突出成就;有机合成化学主要表现在石油化工的飞速发展,以及染料、农药、医药这三大传统有机合成的新发展;生物化学的发展体现在光合碳循环和光合磷酸化过程的发现、DNA双螺旋结构的发现、遗传密码的破译、遗传中心法则的发现等;高分子化学方面主要表现在高分子化学合成的催化理论的发展,以及合成橡胶、合成塑料、合成纤维、耐高温高分子材料、精细高分子材料等领域的蓬勃发展。

　　现代物理学革命对天文学的影响表现在使天文学实现了从近代天文学到现代天文学的历史变革,其标志是促进了天体物理学的兴起。天体物理学的兴起,不仅使观测天文学和天体演化学发生了变革,而且推动了现代宇宙学的兴起。第二次世界大战结束后,由于空间技术革命对现代天文学的影响,使现代天文学进入新的发展阶段。射电天文学已发展为全波天文学并成为现代观测天文学的主体,光学天文望远镜的物镜口径已达到8 m,开发出了太空天文望远镜。作为现代天体演化学主体的恒星演化学有了显著的发展,并产生了星际分子学这一新兴天体演化学的分支。宇宙结构模型的研究与宇宙演化理论融为一体,大爆炸宇宙论和稳恒态宇宙论成为当代宇宙学的两大学派。

　　战后地球科学也有了很大的发展,不仅在理论上有了重大的突破,而且已由现象描述走上理论综合的道路。新的分析地质学的建立使地质学摆脱了孤立的描述状态;板块构造学说的建立,开创了人类对地球史认识的新阶段;自然地理综合体概念的形成和综合研究方向的兴起,使地理学建立起比较严密的理论体系。20 世纪 60 年代以后,地理学以应用作为主要发展方向。一方面向经济部门提供咨询资料,由此建立了应用地貌学、建筑气候学、工程水文学、旅游地理学等分支学科;另一方面是建设方向,产生了地理预报、环境科学等专门化学科。由于现代技术的突飞猛进,新技术、新方法、新手段开始引进地球科学。50 年代的地理数学化引发了地理计量革命,并建立了计量地理学。60 年代以后电子计算机技术和遥感技术的引入,带来了地球科学研究手段的现代化,并建立了地理信息系统和地理遥感等分支学科。

19 世纪末至 20 世纪初,数学也像其他基础学科一样,进入了一个急剧的变革时期,主要标志是现代数学基础的变革,如法国布尔巴基学派提出的数学结构的观点,把数学看成是关于结构的科学,给出三种基本的结构:代数结构、顺序结构和拓扑结构,并按照数学结构重建数学基础和现代数学体系。同时,数理逻辑、抽象代数、泛函分析、解析数论等数学分支学科相继兴起。第二次世界大战后是现代数学的发展时期,现代数学向着既高度分化又高度综合、既高度抽象又日趋具体的方向发展,形成了应用数学显著发展、纯粹数学迅速发展和新兴数学初步发展的新格局。其中应用数学形成了以横向性应用数学(主要指系统论、信息论和控制论等新的横向学科)、管理性应用数学(主要指运筹学等新的应用数学)、技术性应用数学(主要指计算机科学、计算数学等新的应用数学)和工具性应用数学(主要指数学物理方法、统计物理等传统应用数学)。当代纯粹数学的前沿有抽象代数、泛函分析和拓扑学。新兴数学的代表是模糊数学和突变理论的形成。

(二) 现代自然科学的特点

现代自然科学是近代自然科学的继续和发展,但与近代自然科学相比,有自己突出的特点:

1. 科学理论有新的革命性突破

(1)科学理论的思想性突破。爱因斯坦不但开辟了物理学的新纪元,而且为现代宇宙学奠定了理论基础。量子论思想的建立又向着未知的完全不能纳入经典物理学体系的微观世界跨进了一步。地球科学中的新全球构造观经历了大陆漂移—海底扩张—板块学说三个发展阶段,否定了大陆固定、海洋永存的传统观念,开创了人类对地球史认识的新阶段。DNA 双螺旋结构的分子模型,实现了人类对遗传物质基础认识史上的一次划时代的突破。

(2)科学理论的层次性突破。描述和揭示宏观物体低速运动规律的理论进入到微观世界,不断突破对微观世界更深层次的认识,并形成了科学理论。这样人类对自然界的理论探讨,从基本粒子、原子、分子,到细胞、生物个体,到地壳、天体、星系,所有的各个层次都得到了比较深入的了解。

(3)科学理论的解释性突破。一是解释范围向更高程度的普遍性和更大范围的全局性发展。二是解释统一性的突破。相对论力学从时间、空间、运动、质量、能量这些相互联系上揭示了自然的统一性,量子力学则从波粒二象性上揭示了这种统一性。三是解释原因的突破。现代自然科学,不仅是深入到微观领域,并且以微观过程的机制解释宏观过程的因果性。

（4）科学理论的应用性突破。表现在微电子、生物工程和新材料"三大前沿学科"的出现。科学理论在应用范围上不仅广泛地转化为技术作为直接生产力，而且作为直接经济、社会政治、思想的力量也得到不断发展。

2. 科学形态上形成了大量综合科学

现代自然科学一方面向微观深层和大宇宙的"纵向"发展，另一方面又向横向发展。这一发展的革命性标志是综合科学的形成：采用多学科的理论和方法对某一自然物体或现象进行综合研究，形成了环境科学、能源科学、海洋科学、生态科学、空间科学、地球科学、天体物理学等学科；综合各种科学和技术的理论和方法，研究客观世界中一些普遍关系，形成了信息论、控制论、系统论、协同论、耗散结构理论和突变论等；各门学科在发展过程中，出现"融合"、"嵌入"等关系，产生了生物物理学、地质力学、生物地球化学、天文物理学、科学学、管理学、潜科学学、技术经济学等众多的边缘交叉型的综合科学；科学技术和生产的发展，对技术提出了更高的要求，技术的综合性更强了，一种技术往往是综合了十几个以上的学科。

综合科学的形成，使 20 世纪的自然科学形成高度分化又高度综合的趋势，形成严密而庞大的体系，使整个科学向整体化方向发展。

3. 科学认识上建立了新的思维方式

以无限可分性代替了绝对基本性；以概率统计代替了机械决定论；以潜在性代替了既成性；以数学的抽象性代替机械直观性；以多元互补取代一元性；以系统分析取代机械还原论。

（三）现代自然科学的发展趋势

1. 在宏观层次上，科学系统的发展主要表现为加速地朝着整体化、高度数学化和科学技术一体化方向发展

在科学系统中，各门类科学、各层次学科不断地纵横分化，同时带来更多的机会增强它们之间的交叉或非线性相互作用，加速纵横综合，导致纵横整体化的趋势。

数学科学是一门典型的横断科学，因其高度的抽象性、应用的广泛性、严格的逻辑性和语言的简明性，从而向各门科学广泛地渗透，为组织和构造知识提供方法，从横断面上把条分缕析（单科深入）的分支学科联结为一个整体。在各门科学，特别是理论科学中，数学化程度日益增高，乃至在社会科学中也将广泛地采用数学语言、数学模型和数学方法，从而增强科学的抽象性、普遍性和统一性。

科学与技术互相依赖，更多地发生融合，乃至朝着一体化的方向发展，即科学与技术组成一个有机系统。这种趋向表现为：科学系统与技术要素的交集将增大，相互作用面将扩大，科学技术化与技术科学化将不断地增强。未来技术，特别是高技术，就是科学化的技术，而未来科学的发展、新领域的开拓，都依赖于技术发展的最新进展；只有科学技术化，才能使科学能力产生巨大的飞跃。

自然科学与社会科学等门类科学的概念、方法和观点将在更深层次上相互引用和渗透。在未来社会发展中，所面临的许多重大问题，都迫切地需要更多的门类科学的汇流，才能有效地得到解决。

在新世纪里,科学与社会将会发生强相互作用,科学将高度社会化,社会将高度科学化。创造性的科学活动将普遍地成为人类社会的主要活动,科学研究将由国家规模向国际规模发展,科学将以多种形式广泛地向社会的经济、政治、军事、教育等领域渗透,特别是向社会文化系统扩散,科学将演变成为主宰社会发展的支配力量。在新世纪里,科学发展与人类社会持续发展,必须保持协调一致。

2. 在中观层次上,科学系统内部各门学科之间发生非线性相互作用,导致协同发展;同时在社会环境系统中,还要朝着偏向人类的目的性方向发展

科学系统内部各门学科的发展总是处于不平衡状态,从而各自的地位也在不断地发生变化。在新世纪里,信息科学、生命科学、数学科学、物理学、空间科学、地球科学、材料科学、心理科学和认知科学及其交叉学科等,将会得到持续快速地发展。其中,数学科学是整个科学发展的基础和控制因素,物理学是自然科学的基础;生命科学因其研究客体的极端精巧和复杂性,以及社会多种需求(人类生存环境、食物、健康、污染、福利等)所产生的紧迫性,将成为新的科学革命的中心;研究复杂客体的心理学和认知科学将成为后来崛起的高峰,在生命科学之后的年代里可能成为新的科学革命的中心;信息科学将对改变未来社会结构、人类生产和生活方式产生巨大的作用。

3. 微观层次上,发现科学问题和解决科学问题是科学发展的动力

科学系统的发展就是不断地发现问题和解决问题的过程,同时也是科学概念、科学定律和科学理论不断形成和增长的过程。因此,有无科学问题,特别是有多少重大科学问题和难题,是判断科学发展趋势的重要标志。科学问题往往蕴藏在科学理论与科学实验之间、不同理论之间的冲突之中,科学问题的提出、确认和解决,是科学自主发展的内在动力。而未来社会的需求和面临的重点问题,也要转化为不同层次的科学问题,解决这些问题,就形成了科学发展的外部动力。

数学科学统一化的趋势将增强,纯粹数学(核心数学)将成为统一的核心。当代数学的发展趋势:① 更高的抽象性。数学的抽象特点在当代达到了高级程度,现代数学更多地研究各种广义的“量”和各种抽象的空间,以高维、高变量和非线性问题为主,是当代数学高度抽象趋势的突出反映。② 广泛的渗透和应用。当代数学科学的发展,涌现了一系列边缘学科,如数学物理、数学化学、生物数学、数理经济学、数理地质学、数理语言、数值天气预报等,表明数学的应用突破传统的范围向人类一切知识领域渗透。③ 计算机的深刻影响。计算机本身是抽象数学的应用成果,反过来计算机又日益成为数学研究本身的有效手段,它极大地扩展了数学应用范围与能力,同时通过科学计算、数值模拟与图像显示等改变着理论数学研究的面貌。

生命科学将在新的高度上揭示生命的本质,从而使整个生命世界的研究统一起来,将形成崭新的生命观。在未来的自然科学中,生命科学将成为龙头学科。很多科学家已把分子生物学、细胞生物学、神经生物学和生态学列为当前生命科学的四大基础学科。由分子生物学、细胞生物学与遗传学的结合,将促进发育生物学的发展。发育生物学将成为21世纪生命科学的“新主人”,神经科学(或脑科学)将代表着生命科学发展的下一高峰,然后促进认知科学与行为科学的发展。生态学直接为人类生存环境服务,将对国民经济的持续协调发展起到重要的作用。

物理学研究领域将朝着时空尺度的极端方向和复杂系统方向发展。物理学内部各分支学科的相互渗透、交叉更加强烈;物理学的基础研究与应用开发相互结合将更加密切,与应用技术结合紧密的分支学科将有更多的发展机会。以研究物质结构和运动在各个层次上的基本行为,提出基本概念、发现基本规律为目标的理论物理将始终处于学科发展的前沿。基础力学将深入揭示非线性运动的规律,而在自然科学的其他分支、应用科学及工程技术的广泛领域里,应用力学将有更大的发展。围绕自然界的许多客观现象,如全球气候问题、环境问题、海洋问题、自然灾害问题等将会不断提出新的力学问题。同时采用对同一问题在不同尺度上的研究方法,而将不同层次的现象联系起来,有可能是力学发展的突破口。

化学从分子间到复杂物质体系的研究将成为主要的发展方向。光合作用是化学科学21世纪研究的头等重要问题,而围绕该主题的分子反应动力学是化学的中心研究领域。从社会发展的需要来看,能源、材料、资源、环境等社会发展中的重大问题与化学关系密切。

空间科学将利用空间飞行器在更广阔的空间和更遥远的行星上探索宇宙,以及在空间飞行所获得的微重力环境中研究物质运动将充满着动人的前景。创造更大的观测设备,特别是月基天文台的建立将成为全球天文界共同奋斗的目标。

地球科学正处于重大变革时期,其发展将形成行星地球的统一理论,从而确立起整体观和系统观,深刻认识人与地球和谐共荣的关系。科学家预测:21世纪的地球科学将是"认识预测、调节"地球的"科学巨人"。未来地球科学的发展将集中在五个领域:① 以地球物质循环和物质分配的框架入手,加深对地球整体性的认识,并从深层次调整"人地关系"。② 以全新的地球系统观来研究地球的本质面貌。③ 以非线性、复杂性方法研究地球。④ 采用多学科特别是跨学科的研究方式。⑤ 计算机技术、空间技术、分析测试技术、生物技术和材料等高技术在地球科学研究中的应用。

信息科学的发展将形成一系列新的理论,从而引起一场信息革命,使社会生产、生活方式和社会结构发生巨大变化。

参 考 文 献

[1]　解恩泽,等.自然科学概论.长春:东北师范大学出版社,1988

[2]　李继宗,等.自然科学基础.上海:复旦大学出版社,1987

[3]　王志勤,等.自然科学与高技术概论.北京:中共中央党校出版社,1993

[4]　王德胜,等.自然辩证法(第二版).北京:北京师范大学出版社,1997

[5]　21世纪初科学发展趋势课题组.21世纪初科学发展趋势.北京:科学出版社,1996

[6]　童鹰.现代科学技术史.武汉:武汉大学出版社,2000

[7]　林成滔.科学的故事.北京:中国档案出版社,2001

[8]　文祯中,陆健健.应用生态学.上海:上海教育出版社,1999

第一章　宇　宙　世　界

对于人类而言,宇宙充满了无穷的奥秘。自古以来,人类对神秘的宇宙就充满了好奇,对其进行着不懈的探索,在宇宙的起源、演化、组成、结构等问题方面,积累了极为丰富的知识,形成了众多的理论,从而建立并发展了天文学这门自然科学的基础学科。

第一节　宇宙的形成和演化

一、大爆炸宇宙论

(一) 大爆炸宇宙论的形成过程

对宇宙起源的最初描述来自于神话作者,他们编造过许多关于创造宇宙的荒诞故事。不过当时的宇宙通常只涉及地球本身,并把其余的一切统统视作"天"。中国古代的"盘古开天地"的神话传说就是一例。在西方世界流传最为广泛的创世神话,要算基督教《圣经》的第一篇《创世纪》了。有人认为这个故事出自巴比伦神话,只是后来赋予它优美的诗意,加上了道德说教而已。

1842 年,奥地利物理学家多普勒(Christian Johann Doppler) 发现了一种新的现象,即光波源和观察者在做相对运动时,观察者接收到的频率和波源发生的频率不同:两者相互接近时接收到的频率升高,相互离开时则降低,这种现象被称为"多普勒效应"。例如,当火车朝向我们开来时,我们听到的笛声越来越尖;当火车离我们而去时,笛声越来越低。笛声音调的这种变化,是由于声源的运动,使我们接收到的声波的频率发生了变化。多普勒效应不仅适用于声波,也适用于光波。光源向我们运动时,我们所看到的光就会向可见光谱的高频端(紫端)偏移,称之为紫移;当光源离我们而去时,光谱就会向光谱的低频端(红端)偏移,称之为红移。天文学家通过测定正常光谱线向光谱紫端或红端偏移的大小,可以计算出各个恒星相对于我们运动的方向和速度,即所谓的视向速度。因此,它的最突出的用途就表现在对恒星的研究上。1868 年,英国天文学家哈金斯(William Huggins)测量了天狼星的视向速度,宣布它正以 46.5 km/s 的速度离我们而去。1914 年,美国天文学家斯里弗(Vesto Melvin Slipher) 的测量结果表明,除了少数几个最近的星系以外,所有的星系都在背离我们飞驰而去,而且距我们越远的星系其红移量就越大。1951 年,德国物理学家爱因斯坦创立了广义相对论,使得红移现象得到了科学的解释,并为星系的退行研究提供了科学的理论方法,从而为现代宇宙学奠定了基础。1927 年,比利时天文学家勒梅特(G. Lemaitre) 提出了大尺度空间随时间膨胀的概念,建立了勒梅特宇宙膨胀模型。20 世纪初,美国人斯里弗(V. M. slipher) 发现了恒星谱线的红移现象。1929年,美国天文学家哈勃(Edwin Powell Hubble) 通过分析恒星的红移现象,提出了著名的哈勃定律:一个星系的退行速度与这个星系离我们的距离成正比。也就是说,离我们越远的星系远离我们而去的速度就越快。哈勃定律包含了这样一个含义:宇宙处在不断地膨胀之中。这一推论使人们产生了一个疑问:为什么宇宙会膨胀?这一问题导致了爆炸宇宙理论的诞生。

1932年,勒梅特从宇宙膨胀理论出发,提出了一个宇宙演化学说,认为整个宇宙的物质最初聚集在一个"原始原子"里,他称其为"宇宙蛋"。后来,这个"原始原子"发生了猛烈的爆炸,碎片向四面八方散开,于是形成了我们所称谓的宇宙。1948年,美国天文学家伽莫夫(Geoge Gamow)把上述概念加以具体化,形成了大爆炸宇宙理论,因而被公认为是该理论的创始人。为了解释宇宙的物质来源,一些天文学家,如英国的邦诺(W. B. Bonnor),提出了宇宙收缩的观点,从而与宇宙膨胀观点一起,建立起"宇宙振荡"的理论。1965年,桑德奇计算得出宇宙的振荡循环周期为820亿年。无论宇宙只有膨胀,还是收缩与膨胀循环发生,这些理论所描绘的都是一个演化的宇宙。所以,大爆炸宇宙模型又称为"演化宇宙模型"。

1948年,英国天文学家邦迪(Hermann Bondi)和戈尔德(Thomas Gold)提出了一种"稳恒态宇宙"模型,后由英国天文学家霍依尔(Fred Hoyle)加以发展和推广。他们同意星系的退离而去,宇宙在膨胀,但膨胀并不具有一个开始的时刻。当最远的星系达到光速时,那些星系的光便无法来到我们这里,于是就永远地离开了我们的宇宙。在我们宇宙里的星系四散离去的同时,我们的宇宙里又有新的星系不断地在老的星系中间形成。因此,宇宙维持着稳恒状态,空间中星系的密度总是保持不变。稳恒态理论是目前唯一可以与大爆炸理论相抗衡的宇宙起源理论。但是观察证据不支持这一理论。

(二)大爆炸宇宙论的宇宙诞生与演化

大爆炸宇宙理论认为,宇宙处在周而复始的膨胀和收缩的循环之中。在一个循环周期的初始,宇宙物质在万有引力的作用下相互吸引,高度聚集在一起,形成一个高密度的球体。由于放射性物质所释放的热量在球体内的积累,球体的初始温度高达数十亿度。因此,宇宙的开端是一个致密酷热的原始火球。原始火球形成后,内部温度进一步提高,当热量蓄积到一定程度,便发生了爆炸,宇宙从而进入膨胀期。在大爆炸发生后数分钟的极短时间内,膨胀使宇宙的温度迅速下降至数亿度,导致大量氦和氢的形成。宇宙膨胀前2.5亿年内,宇宙物质以辐射为主,保持稀薄气体的分散形式,宇宙空间内充满了炽热的电离气体。电离气体对于辐射是不透明的,辐射只能不断地遭到吸收和再发射,从一个原子传到另一个原子。后来,宇宙电离气体的温度继续下降,达到数千度,原子核开始俘获自由电子而形成稳定的中性原子,宇宙开始变得透明,使辐射几乎可以自由地穿行其中。2.5亿年后,辐射物质逐渐凝聚而形成星云,进而演化为今天的各种天体,从而使宇宙膨胀转为以实物为主。

引起宇宙膨胀的宇宙大爆炸的能量毕竟是有限的,宇宙膨胀不会永远持续下去。引力在不断地减慢膨胀的速度,并最终将使膨胀停止,导致宇宙的坍缩,转而进入收缩期。随着收缩的进行,星系和恒星将要相撞,最后它们重新聚集到一起,天空将再次以数千度黑体辐射的温度燃烧。在此高温下,所有的复合原子都将分裂成为氢原子。10万年以后,所有物质的密度和温度将被挤压到无限大,一个新的致密酷热的"宇宙蛋"将形成,同时一场新的宇宙大爆炸就酝酿成熟,宇宙的一个新的振荡周期又将开始。

根据哈勃定律,我们可以计算各星系退行的速度,并由此来推算出我们所在的这一宇宙膨胀期的起始时间和终止时间。回溯计算的结果是,宇宙大爆炸开始于 200 亿年以前,这就是我们所处的宇宙的年龄,它是哈勃常数的倒数。以上计算忽略了作用在膨胀物上的万有引力。如果宇宙没有物质,它的年龄是 200 亿年。由于宇宙具有物质,它的膨胀率一定会越来越慢。如此推算,过去宇宙膨胀退行的速度应比现在快,所以它的年龄应小于 200 亿年。考虑到这一因素,推算出的宇宙年龄为 130 亿年左右。根据宇宙黑体辐射研究和相对论,美国天体物理学家奥菲尔(R. A. Alpher)和赫尔曼(Robert Herman)1975 年提出,宇宙的半衰期为 1 190 亿年左右,即宇宙演化的一个周期包括 1 190 亿年的膨胀期和大体相同的收缩期。照此算来,我们现在的宇宙再经过大约 1 000 亿年,就会开始普遍的收缩,宇宙的终结也会因此而到来。

(三) 宇宙的未来

宇宙大爆炸是否还会再次发生? 这个问题的答案有多种,结论主要取决于宇宙中是否存在有足够的物质形成足够大的引力,来把退行的星系拉回来。如果宇宙中不存在足够多的物质,它们的引力不足以把退行的星系吸引回来,则宇宙就会永久地膨胀下去,这样的宇宙被称为开宇宙。如果宇宙中物质的密度超过了某一个临界值,退行的星系就可以被吸引回来,这时的宇宙就有一个边界,被称为闭宇宙。我们目前还没有能力来验证宇宙是开的还是闭的。

如果宇宙是开的,那么星系将单纯地连续无限地向外做膨胀运动,各个星系将一起听其自然地独自停留在空间中。宇宙的膨胀过程将一直继续到它的不可避免的结局:宇宙的热寂。辐射将由于红移而继续丧失能量,最终整个宇宙的热状态将由于热量由高温区向低温区的传递且各处相同,从而使热传递将不再发生,宇宙将永远地保持在这个死寂的平衡状态中。

如果宇宙是闭的,那么几十亿年以后,引力将减缓宇宙的膨胀,而且在一个短时期内全部停止下来,然后在引力的作用下星系系统将开始坍缩,星系由退行转为加速的收缩运动。在这种条件下,可能会发生星系的碰撞。每个星系中巨大的星际云以极大的速度迎面相遇,在气体中传播的冲击波将把气体加热到上亿度。热气体遇到从其他星系来的气体,更进一步被压缩和加热。此时的天空将越来越亮,直到各处都与恒星一样灿烂。收缩使得每个星系所能利用的空间不断减小,越来越多的星系拥挤地聚集在一起,恒星开始相互碰撞,并越来越频繁。这将击碎一些恒星,把千万度高温的气体抛向空间去。与此同时,宇宙黑体辐射将得到更多的能量,直到在整个天空构成一个燃烧着的上万度的灿烂光辉。这时的天空将比恒星还要热,恒星将停止发光。辐射不是离开恒星而是倒流,流入恒星的外层,将其蒸发掉,暴露出下面的核燃烧火焰。最后恒星将被消灭,一切将成为一个巨大的气体球,向内的坍缩也将更快。那时,离全部物质混合时期只剩下约万年。然后,就出现大爆炸本身倒转过来的过程,膨胀过程中所形成的核将在几分钟内迅速分解,温度也将迅速上升。随后,在某一个时刻,宇宙将被压缩到一点而告终结。

二、天体系统

宇宙中的天体数目众多,但它们并非均匀地分布于宇宙空间,而是具有结群现象。一定数量的天体结合在一起,构成了天体体系,各种等级的天体体系,构成了一个多等级的天体系统体系。最高级别的天体体系称为星系团,一个星系团包括几百个甚至几千个星系。在星系团所在的空间区域,星系特别密集。目前已经发现的星系团约有 2 700 个,其中最著名的是室女座星系团,距离我们约 6 000 万光年,它也是距我们最近的星系团,具有 850 万光年的直径,包含有 2 500 个星系。次一级的天体体系称为星系群,它是由一些相互邻近的星系结合而成的天体体系。我们所处的星系群称为本星系群,由 50 多个星系所组成。再次一级的天体体系称为星系,是由大量恒星系统组成的天体系统。在目前的观测技术所能观察的宇宙范围内,有星系约 10 亿个,其中我们所在的星系是银河系,其余的统称为河外星系。从外表上看,河外星系都表现为天空中的模糊光点,因而有时也称为河外星云。河外星系中重要的有大麦哲伦云和小麦哲伦云,它们是除了太阳、月球和银河外天空中最显著的观察目标,与我们的距离分别是 17 万光年和 20 万光年,是银河系最近的近邻。但是,由于它们位于南极附近的上空,北纬 20 度以北地区的人们是无法看到的。1519 至 1522 年,葡萄牙航海家麦哲伦(Fernão de Magalhães)受西班牙国王之命,率船队进行历史上第一次环球航行时发现了这两个星系,因而以他的名字命名。本星系中距离我们最近的星系是仙女座大星云,它是一个肉眼就可看见的星系,距离我们 220 万光年。

恒星由于它们距地球都极其遥远,在我们看来它们的相对位置似乎保持不变,故而称其为“恒星”。宇宙中恒星的数量繁多,肉眼能见的就约有 6 000 颗,占黑夜所见天体的绝大多数。银河系内有恒星 1 000 亿～2 000 亿颗,太阳就是其中之一。在天空中,恒星看起来都是光点,仅在亮度和星光颜色方面有所差别,因此人们很难辨别它们。但是它们在天空中的相对位置几乎不变,相邻恒星构成的图形几乎固定,所以,人们就把相邻几个恒星所构成的图形称为星座,并据此来辨别它们。在人们可以观测得到的范围内,整个空间共有 88 个座星,每一个星座都有自己独特的形状。例如,大熊座像个勺子,仙后座像个字母 W,仙女座像个一字,天鹅座像个十字,猎户座像个正方形。在恒星的周围,都有数颗围绕它运动的行星,它们构成了恒星系统,如太阳与其八大行星共同构成了太阳系。行星一般都还有自己的卫星,如地球的卫星月球。此外,宇宙中还有数种小天体。虽然它们的质量很小,但数量巨大,如太阳系中约有 70 万颗小行星、数十亿颗彗星、数万亿计的流星颗粒等。

三、银河系

（一）银河系的形状

在晴天的夜晚,特别是在没有月光的夜晚,可以在天空中看到一条白茫茫的光带,人们称之为“银河”。银河实际上是由 1 000 亿～2 000 亿颗恒星所组成的星系,太阳就是这些恒星系统中的普通成员之一。银河系与其他河外星系有着类似的结构,由银核、银盘和银晕三部分组成(见图 2 - 2)。

1. 银核和银盘

银河系的核心部分称为银核,它是银河系中恒星最为密集的部分,形状近似于球形。银核的中心称为银心。银核的四周在银道面的方向上也聚集着大量的恒星,它们构成了银盘。银盘的形状像个铁饼,厚度随着与银心的距离的增大而逐渐减小。一般情况下,人们也把银盘和银心统称为银盘。如此,银盘的直径大约是 8 万光年,中心厚度约 2 万光年,边缘厚度约 1 000 光年。如果从垂直于银道面的方向上看,银盘实际上不是一个恒星均匀分布的盘子,而是从银核伸展出来的两条旋涡状旋臂。旋臂的突出特征是其中包含有稠密的星际尘埃和密度较高的星际气体。这两种星际介质通常一起出现,它们的产生一般与年轻的恒星相关联。因此可以认为旋臂是银河系中恒星的摇篮,在这里恒星仍在剧烈地形成着。

在银河系中,太阳居于银道平面附近,距银心大约 2.4 万光年、距银盘边缘大约 1.6 万光年的地方。这样的位置,使得人们在地球上观察银核受到极大的限制。由于稠密的星际物质挡住了我们的视线,致使可见光到达不了地球,所以,我们对银核的了解很少。当然,它们也为我们阻挡了来犯的天体,保护了地球上的生命。(见图 1-1)

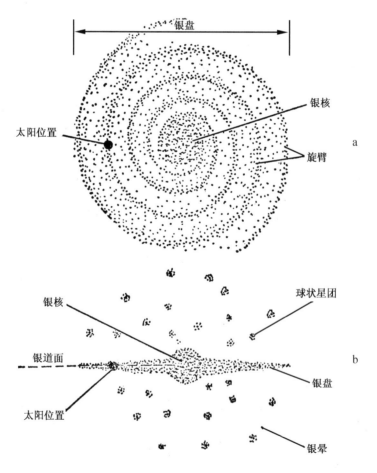

图 1-1 银河系的结构(a 正视图;b 侧视图)

2. 银晕

银河系中银盘和银核之外的空间里,也存在着一些恒星。它们也环绕银核运转,当然属于银河系。在这些区域,恒星较为稀疏,称为银晕。银晕在体积上占据了银河系的最大部分,并且还占有银河系 80% 的质量。但是,银晕里的恒星的密度远小于银盘和银核,并且银晕中的恒星不如银盘里的明亮,所以,它不像银盘和银核那么明显;晕族恒星往往是暗淡的和稀疏的,这增加了我们观测的难度。当它们聚集成球状星团时,观测起来就容易多了。目前我们已知的球状星团有 150 余个。在晴朗的夜空,它们有的用肉眼看起来就像一块暗淡的光斑。借助于望远镜,它们看起来是基本上呈球状的壮观的恒星集团,中心比较明亮密集,越向边缘越稀薄。在银河系远离我们的另一端,可能还存在一些球状星团,只是它们被银道面的尘埃所遮蔽,我们观测不到。尽管晕族恒星因模糊而难以观测,然而我们仍可以借助球状星团的分布范围来确定银晕的边界。对球状星团的观测研究表明,它们都是一些年龄很老的恒星,并且球状星团中没有晕际尘埃和气体。这充分表明,晕族恒星的年龄要大大老于银盘和银核中的恒星。

(二)银河系的自转

20 世纪 20 年代,天文学家不仅知道了银河系的形状,而且还了解到一些有关银河系的动力学情况。大量恒星的视向速度研究证明,银盘上的恒星沿着五个近于圆形的轨道围绕银河系中心旋转。太阳附近区域的恒星运动速度有这样的规律:距银心较太阳近的恒星运动得较太阳快,逐渐超过太阳,而距银心较太阳远的恒星运动得较太阳慢,逐渐落在太阳的后面。如果画出整个银河系的自转曲线(图 1-2),就会发现恒星运动速度的分布规律,是银河系大部分恒星的自转方式符合开普勒(Kepler)第二定律,即恒星运动速度随其与银心的距离的增加而减小;但是在银心附近,银河系自转的特征发生了强烈变化。银河系像固体那样自转,其自转曲线几乎近于直线,这表明恒星的运动速度是与它到银心的距离成正比的。总之,银河系自转的规律是:在银盘外区,恒星运动速度随着其到银心距离的增大而减少;在银心附近,恒星运动速度随着其到银心距离的增大而增大(见图 1-2)。

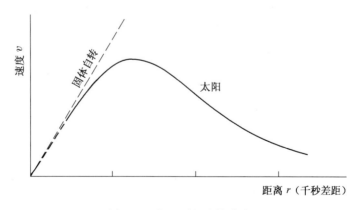

图 1-2　银河系的自转曲线

太阳围绕银心旋转的速度是不容易精确确定的,最佳的计算结果大约是 250 km/s。由于太阳是约在 46 亿年前形成的,所以太阳以这么大的速度绕银心旋转大概已有 20 周了。

第二节　太阳和太阳系

一、太阳系的结构与起源

（一）人类对太阳系的认识过程

在古代,由于人类对天体的了解很少,因而他们便用神话来弥补这些空白。当时人类对"天"和"地"的认识的核心思想,就是"地心说"和"地球静止说"。古埃及人认为,天空是女神纳特(Nut)的化身,她弯着她那缀满群星的身子,俯临于地球之上。在她的身上,有一条河在流动,太阳神拉(Ra)每天在河上从东向西走去,日落时降入冥府。古印度人认为,地球是由位于四只大象背上的四根柱子支撑着,而大象又是站在一个大龟的背上。围绕着这一切的是一条大蛇,太阳、月亮和星辰都附着在蛇皮上。在古代中国,有三种天地结构学说。一是盖天说,认为天像一个硕大的斗笠,扣在像一个盘子的地上,日月星辰附着在斗笠上旋转,转近了就看得见,转远了就在人的视野中消失了。二是浑天说,认为天像一个蛋壳,地像蛋中的蛋黄,浮在水上或被气托着,位于天球的中央,天体都随蛋壳式的天球运转,太阳转到地上就是白天,转到地下就是黑夜。三是宣夜说,认为天体都自然漂浮在虚空中。

公元前 600 年以来,希腊科学开始繁荣起来,其中最重要的内容之一就是天文学。古希腊人试图借助于模型来表示他们的看法,最先企图建立一个内在一致的天体运动模型的希腊思想家是毕达哥拉斯。他正确地推论出地球、月亮和其他天体是球形的,并提出天体是缀在围绕静止不动的地球周围的一些更大的同心球上的,天体运动就是这些球体各自独立地旋转的结果。这些圆球的运动,形成了天空的和谐,称作"圆球的音乐",这种音乐只能为那些有才能的人听到。后来的古希腊天文学家观察到,天空中有五颗最亮的星,像月亮和太阳一样改变着它们的位置。他们称之为行星(原意为"游荡者"),并给这五颗行星起名为水星、金星、火星、木星和土星。为了说明行星的运动,经过几代人的努力,最后托勒密建立了一个以地球为中心的宇宙模型,用它可以极精确地说明所有观测到的天体运动,并能预言太阳、月亮或任何一颗行星未来某个日期的位置,从而也使他成为最后一位伟大的地心理论家。托勒密的模型不仅赢得了一般认识和科学见解的拥护,而且与很快被人们所接受的人类在宇宙中的地位的见解相协调。随着基督教的成长,对于灵魂的关心占据主要地位,地球被看做是上帝与魔鬼争夺人类灵魂的舞台。把地球当做物质及精神的中心似乎是恰当的。13 世纪,圣托玛斯(st. Thomas Aquinas)把托勒密模型纳入他的思想体系,而圣托玛斯的哲学不久即被作为罗马天主教的正式教旨。这样一来,地心说在古代欧洲十分盛行,统治时期长达千年之久,而日心说就成了异端邪说。

托勒密体系提出仅 300 年之后,即为日心模型所代替。推翻托勒密古老体系,是曾经影响西方世界思想的巨大变革的一个结果。在哲学、艺术和科学中,许多长期以来确立的思想,由于这个改革而发生极大的动摇。这次发生于 15—17 世纪的巨大变革,被后人称为文艺复兴。敢于与官方教条持对抗见解的,是 15 世纪的红衣主教库萨的尼古拉(Nicolas of Cusa)。他认为地球是运动的,但是从未公开发表过这些观点。获得普遍承认的日心体系的第一个模型是由波兰医生兼业余天文学家哥白尼在其《天体运行论》一书中提出的。但由于害怕被批评,直到临终他才出版此书,并在序言中声明日心模型只不过是计算行星将来位置的一个方便的方法,不应该把它看做真正的事实。尽管如此,该模型不久即被证明是知识界的一颗炸弹,那些很快认识到该模型简单明了、说理性强的数学家尤其感到震惊。之后,部分天文学家对哥白尼体系进行了研究和改进,其中以丹麦天文学家第谷(Tycho Brahe)的工作最为突出。以他留下的大量行星运动数据为基础,数学家开普勒画出了椭圆形的火星轨道,并证明太阳位于椭圆的一个焦点之上,进而发表了他的研究结果:行星运动三定律。1609 年,意大利数学和物理学家伽利略(Galileo Galilei)制成他的第一架望远镜,使日心体系有了有力的证据,并使天文学进入了望远镜时代。基于对天体的观测,伽利略先后写出了《星际使者》和《关于两大世界体系的对话》两本著作。这两本著作,尤其是后者,使他遭受了宗教裁判所的酷刑和审判,但对普及哥白尼和开普勒提出的太阳系模型起到了巨大作用。

(二)太阳系的组成部分

太阳是一个多成分的天体系统,有恒星、行星、矮行星、卫星、小行星、彗星、流星,以及行星际气体和尘埃物质。

太阳系是一个以太阳为中心天体的天体系统。说太阳是太阳系的中心天体,是因为太阳系的一切成员都在环绕太阳公转。太阳之所以会成为太阳系的中心天体,是因为它的质量占到了太阳系总质量的 99.9%,具有足够大的引力,使太阳系的一切天体都环绕它运行。太阳是太阳系中唯一的一颗恒星。

除了太阳外,太阳系的其他主要成员是行星和卫星。行星是环绕恒星运转的天体,而卫星是环绕行星运转的天体。环绕太阳运转的行星有 8 颗,即通常所称谓的"八大行星",自太阳向外依次是水星、金星、地球、火星、木星、土星、天王星和海王星,它们是太阳系的主要成员。太阳系的空间直径为 1.2×10^{10} km,在银河系中属于中等。八大行星均近似地在一个平面上沿固定的轨道环绕太阳运转。八大行星的体积和质量差异很大,最大的木星的直径达 143 000 km,质量达 1.9×10^{27} kg,而最小的水星的直径仅有 4 878 km,质量仅有 3.3×10^{23} kg,前者分别是后者的 29.3 倍和 5 780 倍。

小行星是沿着固定轨道绕太阳运转的小天体。由于它们绕着太阳公转,故属于行星类天体,而体积又远小于八大行星,故称为小行星。太阳的小行星大多位于火星和木星的轨道之间,形成了一个环状的小行星带。小行星的数量巨大,有 70 万颗以上。目前已经掌握运行轨道并被编号命名的小行星已有 10 万余颗,其中有 1 000 余颗是我国天文学家发现的。小行星的体积很小,最大的直径也仅相当于月球直径的 1/5,其余的一般在 50~70 km 以下,小的仅有 200 m。

卫星是沿着固定轨道绕行星运转的天体。在八大行星中,除了水星和金星之外,其余的 6 颗行星均有自己的卫星。拥有卫星最多的行星是木星,有 61 颗卫星绕其而行。土星也有 31 颗卫星。月球是地球唯一的一颗卫星。

彗星是绕太阳运转或行经太阳附近的云雾状天体。彗星大多由冰物质组成,质量约 10^{15} kg 的数量级。平时彗星只有一个彗核,是不可见的。当彗星接近太阳时,在太阳引力的作用下,分为彗头和彗尾两部分,彗头又分为彗核、彗发和彗晕。彗核由冻结的气体和尘埃所组成,几乎集中了彗星的全部物质。彗发是彗核周围的弥漫气体,彗晕则是彗发外围的巨大的氢气层。彗尾是彗星漫长的蒸气状尾部,出现在彗头的背日方向,形如扫帚,因而彗星又称为"扫帚星"。彗星在距太阳 3 个天文单位时,在望远镜中呈一模糊光点,不足 2 天文单位时开始有彗尾,彗尾达到最长时约 10^7 km,但密度仅有 10^{-18} 大气压。彗尾有离子彗尾和尘粒彗尾两类。前者平直,由失去一个电子的一氧化碳组成,呈蓝色;后者弯曲,由直径约 10^{-4} cm 的尘粒组成,呈黄色。彗星的运行轨道有椭圆、抛物线、双曲线之别,其中将椭圆轨道的彗星称为周期彗星,将公转周期短于 200 年的称为短周期彗星。彗星的质量因彗发和彗尾的形成而逐渐消耗,其寿命平均为几千个公转周期。最著名的彗星是哈雷彗星。1682 年 11 月 22 日晚,这颗特大的彗星像一把倒挂的大扫帚,突然出现在伦敦的夜空,引起了人们的极大恐慌。1750 年英国天文学家哈雷(Edmond Halley)在研究这颗彗星 1682 年的轨道时,发现它的轨道与 1531 年和 1607 年的两颗彗星的轨道惊人地相似,从而推论它们是同一颗彗星,它的出现周期为 76 年,并预言它的下次出现时间为 1758 年。1758 年圣诞夜,人们找到了这颗彗星。1759 年春,它通过了自己的近日点。对这颗星的计算和预言的成功,是天文学史上的一个惊人的成就。为了纪念哈雷的这一功绩,人们把这颗彗星命名为哈雷彗星。除去一次例外,间隔 75~76 年的哈雷彗星重返,自公元前 240 年以来,一直是有记录的。1910 年哈雷彗星出现时,太阳、哈雷彗星、地球依次位于一条直线上,因而天文学家预测它的彗尾将扫过地球。这又一次引起了许多人的极大恐慌,认为世界末日即将来临。然而,彗尾的物质极其稀薄,密度仅为地球表面大气密度的十亿亿分之一,虽然地球从它的尾部穿过,但是地球没有受到任何影响。哈雷彗星最近一次光临地球上空是在 1986 年。

(三) 太阳系的起源

第一个"科学的"太阳系起源的理论是由法国哲学家和数学家笛卡儿(Rene Descartes)于 1644 年提出的,他使太阳系的形成由神学问题变为科学问题。他认为太阳系是由天空中某个质量很大的不断旋转的气体在尘埃圆盘中形成的,物质聚集在这个巨大的旋涡的边缘,从而形成了太阳、行星和较小的天体。在以后的 300 年里,由于当时观测数据非常稀少,而出现了大量的解释太阳系起源的理论。这些理论大致可分为偶遇假说、后继形成假说和星云假说三类。

星云假说认为太阳和行星是由星际物质同时形成的,故而又称为同时形成理论。该假说最早由康德于 1755 年提出。他认为,最初曾有一团巨大的由冷气体构成的圆盘状星云缓慢地绕中心轴自转,这团致密的尘埃和气体凝团在正在收缩的太阳星云中生成。这团气体云以不同的部分为核心,相互吸引和积累而长大,位于外部的形成行星和卫星,位于中部的则凝聚形成了太阳(见图 1-3)。

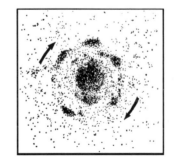
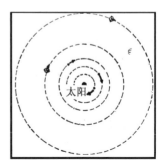

图 1-3 康德的太阳系起源方案

1796年,拉普拉斯(Piene Simonde Laplace)提出了一个改进的方案。他认为,围绕中心轴自转的星云在其各部分相互引力作用下不断收缩的同时,其转速也越来越快,最后自转速度增长使该云团的外层摆脱了引力的束缚,结果从主体抛出了一系列的环。随着收缩过程的进行,连续的环在距中心较近的距离上断开,终于形成了行星和卫星(见图1-4)。

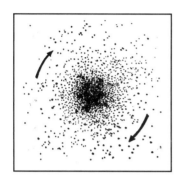

图1-4 拉普拉斯的太阳系起源方案

星云说自康德提出以后,经受住了时间的考验,200多年间未受到挑战,成为关于太阳系起源所有理论中最著名的一个。尽管后来有许多人对该理论的某些前提提出修正,但它仍是现代模型的基础,现代提出的关于太阳系起源的假说大都属于星云说。

二、太阳的特征与演化

(一)太阳的特征

太阳与地球的平均距离是1.496×10^8 km,天文学界通常以此距离作为衡量天体之间距离的长度单位,称为天文单位。太阳的半径是地球半径的109.3倍,约为695 000 km;表面积约是地球表面积的12 000倍,约为6×10^{12} km^2;体积约是地球体积的1 300 000倍,约为1.52×10^{12} km^3。太阳的质量是地球质量的333 400倍,约为1.989×10^{27} t;平均密度为1.41 t/m^3;日面重力加速度是地球的27.9倍,约为2 730 m/s^2。太阳的内部从里向外可分为三个层次,依次为产能核心区、辐射输能区和对流区(见图1-5)。太阳产能核心区不停地发生着热核反应,产生巨大的能量,这些能量通过辐射、对流等方式,经过辐射区和对流区传到太阳表层,最后以太阳辐射的形式,向太阳系空间发出巨大的光和热。太阳表层通常被称为太阳大气,也可以分为三个层次,由里向外依次为光球、色球和日冕。

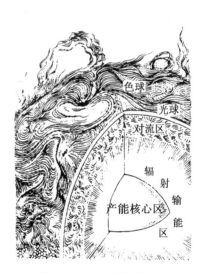

图1-5 太阳的结构

从地球上看太阳,太阳有一个球形的明确轮廓,它就是太阳光球的边界。光球是一个很薄的层次,厚度仅约300 km。光球的平均温度约为6 000℃,太阳的光辉基本上是从这里发出的。光球是整个太阳最亮的部分,但是光球上的光度并不是均匀分布的,其上经常会出现一些过暗或过亮的斑点,它们被称为黑子和光斑。色球是太阳大气中间层次,平均厚度约为 2 000 km。它的密度比光球还要稀薄,几乎是完全透明的。它的温度高达几千乃至上万度,但它发出的光只有光球的几千分之一,在令人目眩的光球作用下,平时人们看不到色球这层气体。但是,每当日食来到时,这层气体就表现为日轮的一个美丽的玫瑰色花边,故而称之为色球。色球的边缘呈锯齿状,这是强烈的上升气流。有时上升气流特别强烈,腾空而起成为气柱,上升到数万乃至数百万千米的高空,然后再落回太阳表面,或消失在宇宙空间中。这样的气柱在一段时间内像耳环一样挂在日轮的边缘上,故称之为日珥。日冕是太阳大气的最外层,物质十分稀薄,仅有地球地面大气密度的一万亿分之一。日冕的亮度仅及色球的千分之一和光球的百万分之一,因此平时是无法在天空中看到的,仅在日全食时使用特殊的观测工具才能看到。日冕的形状经常变化,厚度处处不同。日冕的最独特之处在于它的高温。它的温度约是 5×10^5℃,不但高于光球,而且也高于色球。日冕为什么会有如此的高温,目前仍是一个谜。在如此的高温下,氢、氦等原子被电离成带正电的质子(氢原子核)、氦原子核和带负电的自由电子。这些带电粒子的运动速度极快,以至于不断有带电粒子挣脱太阳引力的束缚而奔向太阳系空间。这种带电粒子流被称为太阳风。

太阳是整个太阳系的主要光源和热源,在日地距离为日地平均距离、太阳位于天顶、不考虑地球大气层对太阳光线的削减作用的条件下,地球表面单位面积上、单位时间内可以得到的太阳能为 8.16 J/min,这个数字称为太阳常数。由此数推算,地球所截获的太阳热能为 1.04×10^{19} J/min。由此进一步可以推算出,整个太阳的总辐射热能为 2.31×10^{28} J/min。地球所得到的太阳能仅占太阳总辐射能的 $1/22 \times 10^8$,对于太阳来说,这点热能是微乎其微的,然而对于地球来说,这部分热量是非常重要的,它足以支持整个地球表面上全部无生命的和有生命的自然过程的维持。

太阳上的情况在不断地变化着,这体现为光球上的黑子和光斑,色球上的日珥、耀斑和日冕形状的变化,这些方面的变化统称为太阳活动,其中以太阳黑子和耀斑为主要形式。太阳活动有强弱的变化,太阳活动处于低潮时的太阳称做宁静太阳,太阳活动处于高潮时的太阳称做扰动太阳,太阳活动主要是指扰动太阳的活动。

(二) 太阳的形成与演化

1. 恒星演化模式

作为众多恒星中极普通的一颗,太阳与其他恒星有着相似的演化模式。因此,了解恒星的演化模式,有利于探讨太阳的形成与演化过程和未来发展情况。目前人类对恒星的演化过程已经认识得比较清楚了,并把恒星演化过程划分为幼年期、壮年期、老年期和临终期几个阶段。

恒星的幼年期主要是指由星际云形成原恒星过程的时期。天文学家认为,一切恒星最初都是从星际气体云形成的,换言之,即星际气体云是恒星诞生的地方。星云密度越大,星云物质引力越大,恒星形成的速度就越快。当星云相互碰撞并粘在一起时,则形成大质量的星云,这种星云中的物质本身产生相当大的使它们趋向于收缩的自引力。一旦星云开始坍缩,在它达到非常小的尺度以前,没有什么力量能够制止它,坍缩继续下去,使星云集聚成许多个小碎块。这些小碎块继续坍缩,形成了具有一定密度和温度的原恒星,从而使恒星的演化进入了幼年期。在原恒星形成的坍缩过程中,不仅其体积迅速减小,而且其内部的物理条件也发生了极大的变化,密度迅速增加,坍缩所释放出的引力能使其内部温度迅速由−6℃左右上升至$5×10^6$℃左右。在这样的温度下,其表面温度也高到足以使其成为一个可以看见的天体,其内部核聚变开始进行,这就宣布了一颗原恒星的结束和一颗恒星的诞生,从而使恒星的演化过程由幼年期步入壮年期。

恒星演化过程进入壮年期后,其光度与表面温度的关系表现为在赫罗图上位于主星序,以后各演化阶段也均符合赫罗图所表现出来的规律性。所谓赫罗图(见图1-6),是恒星各演化阶段光度与表面温度之间的关系图。1913年,美国天文学家罗素(Meury Norris Russell)以恒星的光度(绝对星等)为纵坐标,以恒星的表面温度为横坐标,做出了一张图,来表示恒星光度与表面温度的关系。之后,赫兹普隆(E. Hertz Sprung)也沿着同样的思路进行了工作。所以,这种图被称为赫罗图。罗素在制作赫罗图时所能使用的恒星资料,只有太阳附近这一局部地区的恒星资料。在这一区域,光度很大的恒星极为稀少,而中等光度和暗弱的恒星很多,所以他所取的恒星典型中缺少光度很大的恒星。

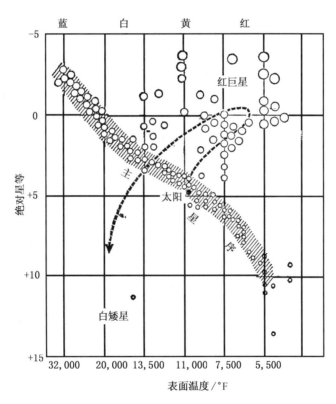

图1-6　赫罗图(虚线表示一颗恒星的演化进程)

在赫罗图上,各类恒星分布的区域有一个明显的规律,即大多数恒星都位于从左上方(热而亮的恒星)到右下方(冷而暗的恒星)的一条窄带上,这条窄带被称为主星序。成年恒星的内部,每时每刻都在进行着物质的核聚变反应,释放出大量的能量。所谓核聚变,就是几个较轻的原子核结合起来而形成较重的原子核,并释放出能量的过程,它是氢弹爆炸的原理,也是恒星上产生能量的过程。这种能量是巨大的。1905 年爱因斯坦提出了狭义相对论,导出了一个最富有革命性的推论,即一定数量的能量与一定数量的质量是等价的,它们之间的数量关系即是著名的公式:$E=mc^2$。式中,E 表示能量,m 表示质量,c 是光速,等于 3×10^8 m/s。该式表明,质量是能量的一种集中形式,可以把一定数量的物质转化为相应数量的能量。由于 c 是一个非常大的数,在公式中又以平方的形式出现,所以很少一点物质便能够提供巨大的能量。假如我们能把 1 g 物质全部转化为能量,就可获得足以使一只 100 W 的灯泡点亮 100 万个昼夜的能量。幸亏发生这种转化的条件是非常苛刻的,否则我们手中的铅笔就会突然爆炸开来,其威力抵得上 100 颗氢弹。恒星的内部时刻都在发生着这种核聚变反应,实现着物质向能量的转化。在核聚变反应过程中,较轻的物质通过聚合释放出巨大的能量并形成较重的物质,形成的新物质又成为新的聚合反应的物质原料,使核聚变过程不断地继续下去,直至形成最终物质铁。恒星上的核聚变反应物质序列为:氢→氦→碳→氧→氖→镁→硅→铁。最先发生聚合反应的物质是氢。当 4 个氢核聚合而形成一个氦核时,伴随着大量能量的释放,恒星的核心必定发生收缩和变得越来越热,外层尚未发生聚合的氢受到热力的作用发生膨胀而变得疏松,使恒星的体积变大。因为恒星主要是由氢组成的,所以由氢到氦的核聚变是一种非常丰富的能源,以至一个恒星的主星序的生存期占了其一生绝大部分时间。经过几十亿年的长时期的演化,累积于恒星中心的氦越来越多。当由氦构成的核心达到一定大小时,恒星的大小和亮度就开始发生显著的改变,它会骤然变冷并迅速膨胀。在这一演化过程中,恒星的核心发生坍缩,它的密度、温度和能量都在增加。与此同时,它的外壳显著地膨胀,表面温度下降,但由于表面积增加了,所以恒星的总光度仍在增加。因此,恒星向主星序的上方和右侧演化,成为一颗大体积、高亮度、低温度的红巨星,从而使恒星的演化过程由壮年期步入老年期。

红巨星形成之后,虽然由氢向氦的核聚变反应已经停止(此种能量已不复存在),然而,随着恒星核心的收缩,物质压缩所释放的能量不断增加。这种能量的累积,又会引发氦核向碳核的聚变,从而使恒星又重新获得核聚变能而升温。当氦核聚变反应接近尾声时,恒星又重复了氢核聚变反应结束时的状况,在恒星外部氢外壳之内形成了一层氦壳层,而碳核收缩成为恒星的内核。在这之后,恒星还会沿着核聚变反应物质序列的顺序,重复性地依次发生氧、氖、镁、硅等一系列的核聚变反应,使红巨星由外向内依次形成上述物质的外壳,直至形成铁核。这样,就使恒星获得了像洋葱头一样的同心圈层结构(见图 1-7)。在上述一系列的核聚变反应过程中,尽管恒星辐射出去的能量越来越多,但是这些依次发生的核聚变反应所提供的能量却一次比一次少。一旦形成了铁核,

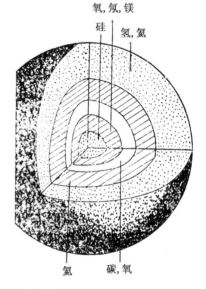

图 1-7　高度演化的恒星同心壳层结构

恒星就耗尽了它的燃料,再也不能获得核聚变能了。因此,铁核的形成,标志着一颗恒星的终结。并不是所有的恒星都能达到这样的结局的。较小的恒星可能在核聚变反应进行到中间的某一个环节,就因为中心温度的较低而中止了核聚变反应。这时便只有引力能作用于恒星物质,恒星便开始发生快速的坍缩,从而使其提前走到了生命的尽头。

在红巨星的演化阶段,外层物质不断膨胀,内部物质不断收缩,二者逐渐分离。外层离开集中了星体大部分初始物质的高温内核后,就形成了行星状星云,它很像红巨星的延伸冷大气。当红巨星外层脱离内核,逐渐膨胀就充满很大的空间而具有很大的体积时,内核就暴露了出来。剥去了"外衣"的内核,将是一个温度和密度非常高而体积很小的天体,即白矮星。在赫罗图上,恒星的位置也由右上方穿过主星序移到了左下方。白矮星的形成,标志着恒星临终期的到来。当所有的核反应都进行完毕时,大多数的恒星都变成白矮星。白矮星形成后,就失去了辐射能而缓慢地变冷,坍缩过程继续进行,直至达到极大的密度,内部压强达到不可思议的程度,连原子核也被压碎而不复存在,像质子和电子这样的原子粒子也不再能够单个存在,而被压挤在一起形成中子。恒星的整个核心被压缩成一个由密集的简并中子所构成的直径仅有几十千米的小球,外层则由于失去了辐射能形成的向外压力的支持也开始向内坠落,并与核心碰撞,结果就产生了一个非常猛烈的冲击波。这种冲击波会迅速传过恒星,点燃碳-氧层,发出耀眼的光芒,导致外壳剩余部分的爆发,并将其以很高的速度吹散至空间。这时,恒星就演化成为了一个超新星。当恒星发生爆发时,它的光度会一下子增大 10 亿倍,成为它一生中最为壮观的事件。如果这种超新星出现在银河系中,那么原来一颗暗弱看不见的恒星会一下子变成天上最亮的天体之一。最大光度能持续数日之久,随后在几年内慢慢减弱下来。这类恒星通常能保持为肉眼所看见的亮度数月之久,然后在肉眼观测中消失,用望远镜能够在原来发生爆发的位置观察到一团迅速膨胀着的气体云。在过去的 2 000 年里,至少出现过 7 次超新星爆发,它们连续几天光辉夺目,盖过天上所有的其他星座。超新星的出现并不是一颗新的恒星诞生的礼赞,而是一颗垂死的恒星辉煌的"葬礼"。并不是所有的恒星都能够演化为超新星,只有那些质量在太阳质量 3.5 倍以上的中质量和大质量的恒星才能够走到这一步,质量较小的恒星将平和地演变为白矮星而终其一生。超新星爆发的过程中,恒星失去了它的外壳,其内核成为一个由中子组成的中子星。中子星没有足够的亮度和温度以使人类观测和发现它们,人们是由于观测到了它所发射出的脉冲电波而发现中子星的。1967 年,英国剑桥大学的贝尔(Jocelyn Bell)和休伊什(Anthony Hewish)在研究射电源的闪烁现象时,偶然接收到一种来自宇宙的奇怪的电波,后来研究得知它是由一种前所未知的恒星发射出的,并因此把这种恒星称为脉冲星。这一发现被称为 20 世纪 60 年代四大天文发现之一,休伊什也因这一新发现而获得 1974 年的诺贝尔奖。目前已发现的脉冲星即中子星已有 300 多颗,它们都位于银河系内,蟹状星云的中心就有一颗。还有另外一种与中子星有关的情况。较大的恒星发生超新星爆发时,便会形成很强大的引力而迫使自己无限制地收缩下去。当它收缩得很小而密度巨大时,就形成了巨大的引力场,没有什么东西能从它的引力中逃逸出去,以至于连光线也无法脱离这颗天体,在其引力作用下发生弯曲而不能向外传播。这颗天体是绝对黑色的,它就变成了一个黑洞。理论上讲形成一个黑洞和形成一个中子星一样容易。但是,黑洞不发射任何种类的辐射,寻找黑洞的工作是非常艰难的。人类是通过研究宇宙中双星(两颗相伴而存的星)现象而发现黑洞的。御夫座 ε 星是一个非常大的恒星,有一段时期,天文学家观测到,ε 星面发生了长达数月的掩食现象,并且光线变曲,于是推测在其附近存在着一个质量和密度是一般白矮星和中子星所无法比拟的天体,从而推测这里有一个黑洞的存在。

2. 太阳的形成与演化

作为一颗普通的恒星,太阳的形成与演化情形与前述恒星的形成与演化规律是一致的,要经过从星云到原始太阳而后再到太阳的各个阶段。

太阳形成与演化的幼年期是原始星云在自身引力的作用下不断坍缩而形成原始太阳的时期,历经约数千万年。太阳的形成过程首先是在银河星云中产生太阳星云,然后是太阳星云演化为星云盘,最后是在星云盘中产生太阳及其行星。太阳星云在引力作用下,太阳星云进一步坍缩,使得旋转着的太阳星云不断加速,因而产生更大的惯性离心力。惯性离心力的分布是不均匀的,赤道上的数值最大,并由此向两极递减。这就形成了太阳星云的不等速坍缩,赤道上的坍缩速度最慢,并由此向两极递增,从而使太阳星云逐渐变为扁平形状而成为星云盘。进一步的坍缩,导致星云盘的中心和绝大部分物质形成原始太阳。

在原始太阳形成的同时,星盘周围的部分物质同时也在进行着太阳的行星的形成过程。

太阳形成与演化的第二阶段为青年期,内部热核反应开始进行,并开始发射可见光。这是太阳的主星序阶段,也是太阳一生中最漫长、最稳定的时期,大约要经历 100 亿年。太阳达到原太阳阶段时具有约一个天文单位的半径,它必须长期地缓慢坍缩才能达到目前的半径。原太阳的表面温度比目前的温度稍低,约为 2 000℃,但其表面积比目前大10 000 倍,所以亮度也必然比目前强 10 000 倍。这时的温度对于起动核聚变反应而言仍嫌太低,因此原太阳获得如此高的温度和亮度的能量,仅有原太阳坍缩而释放的引力能。原太阳缓慢坍缩而产生的引力能一部分以辐射的形式释放,另一部分用于中心的温度增加。当温度升高至 700 万度时,原太阳中心的氢开始缓慢燃烧。至此,原太阳已经演化成为了一颗真正的恒星,称为太阳。氢的燃烧加速了太阳中心的升温速度,当中心温度达到 5×10^6℃时,氢向氦的转变迅速增加核能的生产,成为太阳的主要产能方式。在氢燃烧开始后的 3×10^7 年以后,氢燃烧维持了全部发光,太阳的坍缩也完全停止。此后,太阳辐射掉的能量正好维持一个特定的半径、光度和温度,处于平衡状态。研究表明,太阳目前正处于精力旺盛的主星序阶段,它至少还可以稳定地燃烧 50 亿年之久。

太阳形成与演化的第三阶段为中年期,即太阳的红巨星阶段。太阳在度过漫长的主序星阶段后,便进入中年期。当太阳内部热核反应的"燃烧圈"接近半个太阳半径时,燃烧过的中心部分将发生坍缩。坍缩过程中,它将发出巨大的能量。这些能量一方面使中心温度进一步提高,以致引发进一步的热核反应;另一方面促使太阳外部层次大幅度地膨胀,使得它成为体积巨大、温度极高、亮度很强而密度很小的红巨星。那时,太阳的直径将扩大到现在的 250 倍,水星、金星甚至地球都将被吞没。太阳将在红巨星阶段停留 10 亿年。

太阳形成与演化的第四阶段为老年期,是太阳的脉动变星阶段。红巨星阶段之后,随着核燃料的不断变化,核聚变反应逐渐变得越来越复杂,其体积也时而收缩,时而膨胀。太阳的亮度在收缩时变亮,膨胀时变暗,成为一个亮度时常变化的脉冲变星。不过这一阶段为时不长。

太阳形成与演化的第五阶段即最后一个阶段为临终期,这是太阳的白矮星阶段。这时的太阳内部核燃料已基本耗尽,太阳整体将发生坍缩。坍缩过程中,太阳内部被压缩成一个密度很高的核心,同时释放出巨大的能量,将太阳的外层推出而成为红巨星。红巨星继续膨胀,最终成为行星状星云。之后,揭去外层的太阳,仅留下内部的高密度核心,而成为一颗白矮星。白矮星会缓慢地冷却,并长久地存留于宇宙空间。

三、太阳系的行星和卫星

(一) 行星及其卫星

太阳系有八大行星,根据它们的基本性质(见表1-1),可将它们分为两类。第一类是距太阳较近的行星,包括水星、金星、地球和火星,体积小,密度大,自转速率慢。第二类为距地球较远的行星,包括木星、土星、天王星和海王星,体积大,密度小,自转速率快。如果以地球为界按空间位置来划分,位于近太阳的内侧的行星性质与地球相近,一般称之为类地行星;而位于外侧的行星性质与木星相近,一般称之为类木行星。

水星是八大行星中距太阳最近的一颗行星。它虽称水星,其实上面根本没有水,完全是一个枯寂的世界。由于没有大气层,昼夜温差很大,白天表面温度可达400℃以上,夜晚却在-170℃左右。水星表面布满了大大小小的环形山、平原和盆地,地貌形态与月球十分相似。地球上天亮前后,在东方的天空中有时会出现一颗相当明亮的星,古代中国人通常称之为启明星;黄昏时分,在西方天空中有时也会出现一颗相当明亮的星,古代中国人称之为长庚星。它们实为一颗星,即金星。金星是天空中除太阳和月亮外最亮的星,故人们又称之为太白星或太白金星。金星的体积和质量都与地球相近,也有大气层,所以过去人们一直对在金星上发现生命抱有很大希望。后来的研究证明,金星上的大气成分和温度环境是不可能有生命存在的。在除地球外的各行星中,最受人类关注的就要数火星了。一个多世纪以来,关于火星上是否有“火星人”存在的争论持续了好长时间。火星与地球有许多相似之处,如四季变化、昼夜交替、一昼夜为24小时37分、太阳东升西落等。但是火星表面干燥、寒冷、布满沙丘、岩石和火山口,一片荒凉景象,根本没有什么“火星人”的存在。原来曾被天文学家高度重视并被猜测为“运河”的火星照片上近于平行、等距的线条,只不过是排列整齐、间隔很近的火山口。那个曾经引起人们幻想的“极冠”,只不过是二氧化碳冷凝的干冰。木星是八大行星中最大的一个,体积是地球的1 300余倍,质量是地球的318倍,超过了太阳系中除太阳外的所有其他行星、卫星、小行星及其他小天体的质量的总和。木星上最独特的景观,是它拥有多达61颗的卫星,形成了一个庞大的星系群。木星是一个流体行星,表面是一个高温高压的液态氢海洋。土星是仅次于木星的又一颗巨行星,但其密度很小,仅是水的密度的70%。土星最引人注目的就是它拥有一个美丽的光环。这个光环很薄,厚度只有15～20 km,宽度却达200 km,主要是由无数平均直径不足1 m的石块和冰块所组成。土星也是一个流体星球,表面为液态氢海洋所覆盖。天王星与太阳的距离十分遥远,得到的热量极少,表面温度在-200℃以下。海王星是一颗体积比地球约大4倍的普通大行星,但是它的发现成为18世纪轰动一时的天文事件,原因是它的发现不是天文观测的结果,而是天文计算的成就,所以人们称之为笔尖下发现的行星。海王星距太阳很远,接受到的太阳光能和热量很少,因而其表面又暗又冷,温度在-200℃以下。

表 1-1　八大行星基本数据

行　　星	直径/km	质量(地球为1)	平均密度/(g/cm³)	轨道半长轴/(10⁸ km)	轨道倾角	公转周期	自转周期	卫星数
水　星	4 878	0.055 4	5.46	57.9	7°	88.0日	58.6天	0
金　星	12 112	0.815	5.26	108.2	3.4°	224.7日	243.19天	0
地　球	12 742	1.00	5.5	149.6	0°	1年	23时56分	1
火　星	6 790	0.107 5	3.9	227.9	1.85°	1.88年	24时37分	2
木　星	14 300	317.94	1.33	778	1.31°	11.86年	9时50分	61
土　星	12 100	95.18	0.7	1 427	2.49°	29.46年	10时14分	31
天王星	51 800	14.63	1.24	2 870	0.77°	84.01年	(24±3)时	21
海王星	45 000	17.22	1.66	4 497	1.77°	164.8年	(24±4)时	11

(二) 地球和月球

1. 地球的形状和结构

地球的形状是指全球静止海面的形状,即不考虑地球表面海陆差异和地势起伏的大地水准面的形状。地球整体上看是一个球体,实则是一个赤道比较凸出、两极相对凹进的扁球体。各处的半径不一致,其分布的一个显著特征就是球半径随着纬度的增高而变短,赤道半径最长,为6 378.16 km,极地半径最短,为6 353.76 km,前者与后者之比为300∶299。严格地说,地球与真正的扁球体也是有偏差的,它是一个不规则的扁球体(见图1-8)。地球的包括赤道在内的纬线大体上是正圆,但不是严格的正圆;经圈大体上是椭圆,但不是真正的椭圆。它的南、北半球是不对称的,北半球较为细长,而南半球较为粗

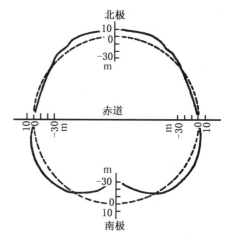

图 1-8　大地水准面对参考扁球体的偏差

短。据此,人们把地球的形状形象地说成是南极凹进而北极凸出的"梨形体"。

原始的地球是一个接近均质的球体,主要由碳、氧、镁、硅、铁、镍等元素组成。经过数十亿年的演化,随着自身温度的变化和重力的分异作用,地球逐渐出现了分层现象,其物质组成、运动形式、物理化学性状等都大致呈同心圆状分布,形成了明显的圈层结构特征。就地球本体而言,由内部向外部可以分为地核、地幔、地壳三个圈层。

2. 地球的物理性质

地球是太阳系中一个中等规模的行星,质量为 $5.98×10^{21}$ t,体积为 $1.08×10^{12}$ km³,平均密度为5.52 g/cm³。地球表面的温度因时因地而异,平均温度大致保持在15℃左

右。地球内部的温度很高,这一点可由温泉热水和炽热岩浆都来自于地下而得到证明。地下的温度随深度的增加而升高,地温梯度在大陆地区约为 0.01℃～0.1℃/m,在海洋地区约为 0.04℃～0.08℃/m,全球平均状况为 0.03℃/m。按照 30℃/km 的地温梯度来推算,地下 70 km 深处的温度将是 2 100℃。在这样的温度下,几乎任何种类的岩石都处于熔化状态而成为岩浆。对地震波的研究表明,地温梯度从地幔层开始向内变小(见图 1-9)。总之,从地面到地心,地温一直升高,至地心温度达到最高。但是温度梯度随深度的增加而减小。地壳表层温度升高很快,温度梯度大致为30℃/km。进入地幔后温度升高速度快速下降,温度梯度变得很小。到了地核,温度仍在继续上升,但是上升幅度已经很小。因此,在地球的内部,地心的高温并不是很突出。

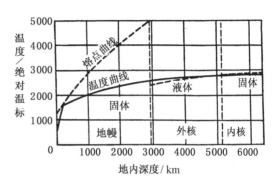

图 1-9　地球内部的温度变化

地球是一个大磁体,有相当强的磁场,表现为磁针在地球上受到磁力的作用而指向一定的方向,即磁感线的方向。地球上各地的磁感线方向不同,地面上有两个地点的磁感线是垂直的,即地磁北极和地磁南极。在那里,磁针的方向垂直于地平面。按照地理学上的习惯,地磁北极位于北半球的地理北极附近,地磁南极位于南半球的地理南极附近。但是按照磁力作用的方向而论,位于北半球的是地磁南极,位于南半球的是地磁北极。因为按照磁体异性相吸的原理,磁针北极指向的是地磁南极,而磁针南极指向的是地磁北极。地球磁感线的方向通常不是水平的,磁针和地平面之间一般总有一个俯角或仰角,称为地磁倾角。这就是说,地理子午线(经线)与地磁子午线之间有着一个偏角,即地磁偏角。习惯上总是把地理子午线看成是正向的,而地磁子午线是偏向的。通常把地磁偏角定义为地磁北极对地理北极的偏角。如果地球是一个均匀的磁化球体,地球两极应该互为对趾点,地磁赤道应是距地球两极各 90° 的大圈,地磁强度和地磁倾角都应该因地磁纬度而异,在地磁赤道上地磁强度最小,地磁倾角为 0°,随着地磁纬度的增加,两者都逐渐增加,至地磁两极达到最大值。然而,地球不是一个均质的磁化球体,因此地磁要素的分布是非常复杂的,而没有简单的规律性。因此,在上述总的分布大势下,地磁各要素的分布都有一定变化。

3. 月球

月球是地球唯一的一颗天然卫星,它与地球构成了地月系。月球与地球的距离平均为 384 400 km,最近距离为 356 400 km,最远距离为 406 700 km。月球的体积很小,直径为 3 476 km,体积仅是地球的1/49.3,质量仅是地球的 1/81.3。其密度也不及地球的大,为地球密度的 1/1.7。月球表面温度变化很大,最高可达 127℃,最低可达 -183℃,二者相差 310℃。月球较小的质量使其上空没有大气和水分,因而月球上没有晨昏蒙影的现象,白昼和夜晚都是突然来临交替的。大气和水的缺乏,也使生命在月球上不能够存在。

月球表面存在着地势的高低起伏。从地球上看,月面上有明暗地区的区别。过去人们曾把比较暗的地区称为"海",其实那里是一些宽广的平原,而比较亮的地区则是高原。

平原地区之所以比较暗，是因为那里存在着大范围的熔岩流。对着地球的半个月面上，较大的"海"有 10 个，它们是位于西部的危海、澄海、静海、丰富海、酒海和位于东部的暴风洋、雨海、云海、湿海、汽海。月球的高原和平原上还分布着一些周围高起、中部低陷的环形山，最大的直径达 295 km，最小的直径不过数寸，它们是一些火山口或陨石坑。此外，月球上还有一些亮线和暗线，其中亮线都是月面上的隆起部分，而暗线则是深陷的裂缝。

月球自身不会发光，只能反射太阳的光辉。在太阳的照耀下，月球永远分为光明半球和黑暗半球。但是，由于地球、太阳和月亮位置的不同，从地球看去，月球的明暗半球的比例总是在不断变化的。月球明暗两部分不断变化的状况称为月相(见图 1-10)。当新月出现的时候，月球和太阳位于地球的同侧，这叫做日月相合，也就是朔。当满月出现的时候，月球和太阳位于地球的相反的两侧，这叫做日月相冲，也就是望。月球逐渐由新月变为满月，又逐渐由满月变为新月。在由新月变为满月的过程中，要逐渐经过娥眉月、上弦月、凸月三个阶段；在由满月变为新月的过程中，要逐

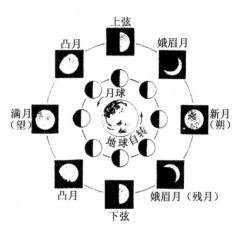

图 1-10 月相的变化

渐经过凸月、下弦月、娥眉月三个阶段。上弦月与下弦月的区别，在于上弦月西半边是亮的，下弦月东半边是亮的。月相变化一个周期的时间为 29.530 6 日，即 29 日 12 时 44 分 3 秒，称为朔望月。

思 考 题

1. 简述宇宙大爆炸理论。
2. 简要回答天体系统的结构。
3. 银河系的形状有哪些特征？
4. 太阳系的结构与起源如何？
5. 简述恒星的演化模式。
6. 简述太阳的成因学说。
7. 简要回答太阳的圈层构造及各圈层的特征。
8. 简要回答太阳主要行星(地球除外)的特征。
9. 月球表面的基本形态特征怎样？
10. 简述月相变化。

参 考 文 献

[1] [美] I. 阿西摩夫. 宇宙、地球和大气. 王涛, 黔冬, 等译. 北京: 科学出版社, 1979

［2］　金祖孟等.地球概论(第三版).北京:高等教育出版社,1999

［3］　[美] F. N.巴什.通俗天文学.王鸣阳,张大卫,译.北京:科学普及出版社,1985

［4］　[美] G. B.菲尔德,G. L.弗舒尔,C.波纳佩鲁马.宇宙演化.欧阳廷,王华,赵南生,译.北京:科学出版社,1985

［5］　潘永祥,等.自然科学发展简史.北京:大学出版社,1984

［6］　[美] K. B.克劳斯科普夫,A.贝舍.自然科学入门(天文学).张卫民,译.北京:知识出版社.1986

［7］　王德胜,等.中国少年儿童百科全书(自然·环境).杭州:浙江教育出版社,1990

［8］　《地理学词典》编辑委员会.地理学词典.上海:上海辞书出版社.1983

［9］　马建华,等.现代自然地理学.北京:北京师范大学出版社,2001

［10］　史培军,等.地学概论.呼和浩特:内蒙古大学出版社,1990

第二章　地球环境系统

人类生活在地球上,以地球为栖身之所,从地球上获取生存和发展所必需的各种自然资源,与地球发生了密切的联系。在长期的地球生活中,人类为了寻求更多的自然资源,防御自然灾害,对地球进行了不懈地探索,从而促使地学的产生和发展。地学是研究地球的科学,包括众多的分支学科,如地质学、地貌学、气象学、水文学、生物学、地理学、生态学、环境学、海洋学等,它们均以地球的某个组成要素或某项内容为研究对象,探索地球资源的开发利用和地球环境的利用改造。

第一节　地　球　环　境

一、地球的圈层构造

(一) 地球圈层构造的形成

原始地球是一个接近均质的球体,主要由碳、氧、镁、硅、铁、镍等元素组成各种物质,没有明显的分层现象。地球圈层的分化过程,与地球的温度变化和重力分异作用有着密切的关系。放射性元素所释放的能量在地球内部的积累,使地球内部的温度不断升高,导致地球物质具有了可塑性。在重力的作用下,物质便发生了分异,逐渐形成了地球的圈层构造。密度大的铁元素首先聚积于地心而形成地核,然后其他元素依次按密度大小而居于其相应的层次,最后地球内部就分化出了地核、地幔和地壳三个圈层。在上述圈层的分化过程中,地球内部产生的气体脱离地球,上升至空中,并在地球引力的作用下,环绕在地球外围,形成了地球的大气圈。地球原始大气以二氧化碳、一氧化碳、甲烷和氨为主要成分。早期大气含有大量的水汽,随着时间的推移,原始大气的温度逐渐下降,大气中的水汽凝结成为液态降水,落至地面,汇集于地表低注之处,便形成了原始的水圈。水的存在,最终导致了生命的出现,形成了生物圈。绿色植物的光合作用产生出游离氧,改变了原始大气的组成,一氧化碳变为二氧化碳,甲烷变为水汽和二氧化碳,氨变为水汽和氮,最后形成以氮和氧为主的现代大气。至此,地球已经不再是一个均质的球体,其物理组成、运动形式、物理化学性状等大致呈同心圆状分布,表现出明显的圈层构造。

根据地球物理、地球化学和其他地球科学的技术手段,人们探测到地球共有六个圈层,自内而外依次为地核、地幔、地壳、生物圈、水圈和大气圈,它们的基本特征见表 2-1。地球的这六个圈层以地表为界,可划分为两部分,其中地壳、地幔和地核称为地球的内部圈层,大气圈、水圈和生物圈称为地球的外部圈层。

表 2-1 地球各圈层基本特征

层 次	厚 度 /(km)	体 积 /(10^{27} cm³)	平均密度 /(g/cm³)	质 量 /(10^{27} g)
大气圈				0.000 005
水 圈	3.80	0.001 37	1.03	0.001 41
地 壳	35	0.015	2.8	0.043
地 幔	2 865	0.892	4.5	4.054
地 核	3 471	0.175	10.7	1.876
地 球	6 371	1.083	5.52	5.976

注：生物圈质量很小，未列出。

(二) 地球的内部圈层

地球的内部圈层是地球表面以下的层次。研究表明，地球内部存在着两个明显的不连续面：一个是位于地表以下(自海平面算起)平均 33 km 处(指大陆部分)的莫霍罗维奇不连续面，简称莫霍面或 M 界面；另一个是位于地表以下 2 900 km 处的古登堡不连续面。这两个不连续面将地球内部划分为地壳、地幔和地核三个层次。

1. 地壳

地壳是地球固体部分最上部的层次(莫霍面以上)，是地球表面的一层薄壳，其厚度大致为地球半径的 1/400，但各处厚度不一，大陆部分平均厚度为 37 km，而海洋部分平均厚度只有约 7 km，各地差异极大。一般说来，高山、高原部分地壳最厚，我国青藏高原地区的地壳最厚可达 70 km，大洋底部的地壳较薄，太平洋洋底地壳最小厚度仅有 5 km 左右。根据物质组成和结构，可将地壳分为大陆型地壳和海洋型地壳两种类型。大陆型地壳有两个层次，上部的硅铝层以氧、硅和铝为主要组成元素，钠、钾也较多；下部的硅镁层也以氧、硅和铝为主，但镁、铁和钙等元素的含量明显增加，物质成分与玄武岩相似，故又称为玄武岩层。海洋型地壳厚度明显小于大陆型地壳，突出特征是具有单层结构，只有硅镁层，缺少或仅有很薄的硅铝层。

2. 地幔

地幔是地球内部莫霍面以下到古登堡面以上的层次，范围是从地壳底界到 2 900 km 之间。根据组成物质的差异，一般以 1 000 km 为界，可将地幔分为上地幔和下地幔。上地幔位于地面以下 33～1 000 km 范围内，二氧化硅的含量较地壳少，氧化镁和三氧化二铁的含量较地壳多，物质成分与橄榄岩相似，故又称为橄榄层。上地幔温度高达 1 200℃～1 500℃，岩石呈熔融状态，因此又被称为软流层，是岩浆的源地，也是板块构造理论提出的重要基础。下地幔位于地面以下 1 000～2 900 km 的范围内，该层所承受压力较上地幔大，温度更高，物质的密度更大，可塑性大，但已非流体状态。组成元素构成上以铁的含量增多为特征。

3. 地核

地核是地下古登堡面至地心的部分。根据物理性质的差异，地核可以地下 5 000 km

为界,分为外核和内核两部分。两者的温度、压力和密度都很大,并且越向地心越大。关于地核的物质组成和结构,目前争论较多。一般认为,地核主要由铁、镍组成,可能还含有少量的硅、硫等轻元素。外核的物质存在状态可能是液体,内核的物质存在状态可能是固体。

(三) 地球的外部圈层

地理的外部圈层是地球固体表面以上的层次,根据组成物质性质差异,可以分为大气圈、水圈和生物圈三个圈层。

1. 大气圈

大气圈是环绕地球的最外部的气体圈层,范围为地球海陆表面至高空 1 200 km 处。由于大气密度是随着高度的增加而逐渐减小的,所以大气上界也是相对的。地球大气的主要成分是氮(78%)和氧(21.0%),其次是氩(0.013%)和二氧化碳(0.03%),此外还有微量的氖、氦、氪、氙、臭、氧、氡、氨和氢等气体。大气层不同高度上的物质组成和理化性质有较大差异,据此自下而上将其分为对流层、平流层、中间层、暖层(又称热成层、电离层)、散逸层等层次。对流层是大气层最下部的一个层次。对流层顶的高度随纬度和季节的变化而变化,赤道低纬度地区平均为 17~18 km,中纬度地区平均为 10~12 km,高纬和两极地区为 8~9 km,夏季高度大于冬季高度。对流层以大气具有强烈的对流运动、温度随高度增加而降低、天气多变等为突出特征。平流层是自对流层顶至 55 km 高空的大气层次。在平流层中,气温随高度的升高先是保持不变或稍有上升,而后显著增高,至平流层顶可达 −3℃。平流层的气流运动平稳,以水平运动为主,大气中水汽、尘埃含量极少,透明度良好,鲜有天气变化。中间层是平流层顶至 85 km 高空的大气层次。该层气温随高度的升高而迅速降低,至中间层顶降至 −83℃ 以下。由于气温垂向分布呈上冷下暖的规律,大气密度的垂向分布为上大下小,因而空气的垂直运动相当强烈。暖层位于中间层顶至 800 km 高空。该层气温随高度增加而上升,空气处于高度电离状态,故该层又称为电离层。散逸层位于暖层顶至大气层上界,又称为外层。其特点是空气极其稀薄,并且几乎完全处于电离状态;气温随高度的升高而升高;受地球引力作用小,一些高速粒子可逃逸到星空间中去,故得其名。

2. 水圈

水圈是指海洋、河流、湖泊、沼泽、冰川、积雪和地下水等水体所构成的一个连续而不规则的圈层。该圈层的物质组成非常单一,以水为主,兼有水中的溶解物质和悬浮物质等杂质。组成物质的存在形态以液态水为主,在高山和高纬地区以固态水为主。按水体类型区分,海洋中的水量约占地球总水量的 97.2%,构成了水圈的主体,其他水体的水量所占比例很小。但是,其他水体以淡水为主,对人类社会的影响巨大,并且存在于陆地之上,对地球环境系统的作用十分突出。

3. 生物圈

生物圈是地球上所有生物及其活动区域的总称。生物圈的一个突出特征,就是它以有生命的动物、植物、微生物等活质为主要组成成分。另外,它的边界不甚明显。它渗透于水圈、大气圈下层和地壳表层之中,但是绝大部分生物集中于地表上下 100 m 的空间范围内。生物圈的生物种类繁多,已知的约有 2.1×10^6 种,但是质量很小,约相当于大气圈的 1/300、水圈的 1/7 000。生物是地球环境系统中最活跃的因素,对地球环境系统的形成和演化有着重要作用和深刻影响。

二、大地构造理论

大地构造理论是关于地壳构造的发生、发展规律和地壳运动等问题的理论。虽然目前所有学说都不能全面解释各种问题,但是新的大地构造学说的不断出现,有力地促进了大地构造理论的发展,其中板块构造学说是目前影响最大的一种。

板块构造学说是 20 世纪初期以来逐渐创立和发展起来的一种大地构造学说,是一个全新的地壳运动模式。这种学说可以很好地解释许多地质现象,日益受到更多人的赞同,迅速发展成为在大地构造理论中占统治地位的学说,被称为"新全球构造理论"。美国地质学家图佐·威尔逊(Tuzo Wilson)将板块构造学说的创立称为是一场"地质革命",许多学者把这一学说与哥白尼的日心说和达尔文的进化论相媲美。板块构造理论的形成,经历了大陆漂移、海底扩张和板块构造三个发展阶段。时至今日,已成为一种较为成熟的大地构造理论。

大陆漂移学说由德国气象学家和地球物理学家魏格纳(A. L. Wegener)于 1912 年提出。早在 19 世纪后期,就有人通过观察地图,发现世界大洋东西两岸的岸线走向具有惊人的相似性。如果把各块大陆做一定距离的移动和一定角度的旋转,就可以把地球上的大陆全部拼合在一起,构成一块完整的陆地。在 19 世纪和 20 世纪的转换时期,奥地利地质学家休斯(Eduard Suess)完成了这种拼合工作,他把地球上的陆地重新组合成为一个单一的巨大陆块,称为冈瓦纳古陆。魏格纳发现这种现象后,产生了一个大胆的假设:地球上的陆地曾经有一个时期是完整统一的联合古陆,后来经过长时期漂移,形成了现在的分布格局。为了证明这一设想,他寻找并发现了大西洋两侧多得惊人的化石、岩石和地质构造方面的接近亲缘的证据。于是,魏格纳于 1912 年提出了"大陆漂移"的理论假说。

人们对海洋长期的考察发现,海底是起伏不平的。在大洋的中部,有一条纵贯大洋的海岭,被称为大洋中脊。在海岭的两侧,地形近于对称地分布,至大洋的边缘,分布着巨大的海沟。进一步的研究表明,大洋地壳的年龄较轻,并且有从大洋中脊向两侧逐渐增大的分布规律;海岭处的热流值(单位面积和单位时间内向外扩散的热量值)明显高于海底的平均热流值,是地热异常带;海岭两侧的大洋地壳对称分布着与海岭平行的正异常和负异常相间排列的地磁异常条带。为了解释这些现象,与魏格纳的大陆漂移说相联系,美国地质学家赫斯(H. H. hess)和迪茨(Dietz)创立了海底扩张说。该学说认为(见图 2-1):大洋地壳是由大洋中脊溢出的岩浆冷聚而形成的,岩浆的不断涌出和新洋壳的不断生成,使原已形成的洋壳受到向外的推挤,从而导致洋壳自大洋中脊向两侧的扩张;当洋壳扩张至大陆边缘

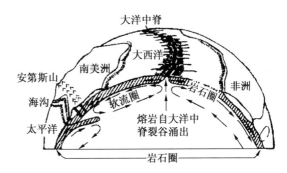

图 2-1 海底扩张示意图

时,由于其密度比陆壳大而伸入陆壳之下,潜入地幔并因熔融而消失,从而使洋壳不断得到更新;海底扩张的驱动力是地幔物质的热力对流,大洋中脊是对流圈的上升处,海沟是对流圈的下降处,大洋地壳浮于地幔软流层之上运动;海底扩张引起了大陆漂移,大陆不是独立于洋壳之上主动地漂移,而是上覆于洋壳之上,在洋壳的驮带下随洋壳一起在软流层之间移动。

随着新的地球科学研究成果的不断涌现和积累,1968—1969 年,美国地质学家摩根(J. Morgan)、勒皮雄(X. Le Pichon)和英国地质学家麦肯齐(D. P. Mckenzie)创立了板块构造学说。1968 年,勒皮雄将全球岩石划分为六大板块,即太平洋板块、亚欧板块、美洲板块、印度洋板块、非洲板块和南极板块。它们是全球最基本的板块,决定了全球板块的基本特点。后来,又有人对地壳板块的划分作了进一步的研究,出现了多种方案,其中目前较为流行的是 12 块板块的划分方案(见图 2 - 2)。关于板块运动的驱动力问题,最占优势

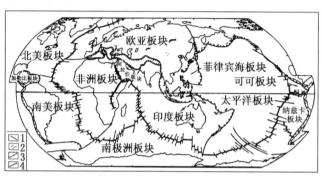

1. 中脊轴线　　　2. 转换断层
3. 俯冲边界　　　4. 碰撞边界

图 2 - 2　全球地壳板块分布图

的答案是热力对流作用,即采用了赫斯海底扩张说的解释。

三、地表形态及其演化

(一) 地貌发育的作用力及其地貌表现

地貌即地表形态,简称地形,是指地表各种形态的总称。地表形态多种多样,各种地貌的规模、外貌、成因不尽相同,但它们的形成和发展都是在一定的地质、地理条件下各种作用力相互作用的结果。地貌发育的作用力有多种,根据来源的不同,可以将它们分为两类,即内力和外力,亦称内营力和外营力,它们在地貌形成和发展过程中的作用形式不同,所形成的地貌表现也有很大差异。所谓内力,是指地球内能积累与释放引起的地壳构造运动和岩浆活动等,包括水平运动、垂直升降运动、褶皱运动、断裂运动、火山喷发、岩浆侵入和地震等。内力作用的结果是形成地表基本起伏,并且对外力作用的性质和强度有着决定性的影响。所谓外力,是指在太阳能和重力能的影响下所产生的流水、风、冰川、海浪等的动力作用。外力作用的结果主要是削平地表基本起伏,塑造各种中、小地貌形态。

地表形态的形成和发展受到内力和外力的作用,其中内力作用使地表变得起伏不平,外力作用则是削高填低,使地表趋于平坦。地表形态的发展方向,主要取决于两者的对比关系。当某一地区的内力作用强于外力作用时,地表将变得高耸和起伏悬殊,地貌以岭谷为主;反之,当内力作用弱于外力作用时,地表将变得单调平坦,地貌以平原为主。另外,内力和外力的作用,还使地壳物质在地球环境中发生迁移和转化,并且这一迁移转化过程的各个环节构成了一个完整的循环圈(见图 2 - 3)。由来自地壳深处的岩浆活动开始,岩浆经

冷凝结晶形成岩浆岩。岩浆岩在地理环境其他成分的影响和参与下,经风化剥蚀和搬运堆积形成沉积物。沉积物经硬结成岩作用形成各种沉积岩,沉积岩和未风化的岩浆在地壳一定深处,由于高温、高压的影响而发生变质重结晶作用,从而形成变质岩。变质岩和岩浆岩在地壳深处可以发生重熔再生作用,成为新的岩浆。这个从岩浆到新岩浆的变化过程,称为地质大循环。如地壳中的各种岩石不经过明显的变质或重溶再生作用,而只经上升剥蚀露出地表,在表生作用下,将形成一套新的沉积岩。这个从岩石到新岩石的变化过程,称为地质小循环。地质小循环是

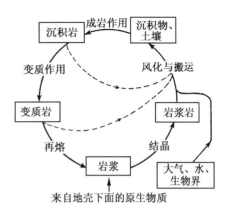

图 2-3 地壳物质循环示意图式

在地质大循环基础上完成的,它说明自然地理环境对地壳物质的循环作用有着重大影响。

(二)地表形态类型

地貌分类是一个十分复杂的问题,分类方案随着分类目的、原则、标准的不同而不同,目前尚无一种为人们所公认的地貌分类系统。我国比较流行的地貌分类系统主要有两种,即地貌形态分类系统和地貌成因分类系统。

1. 地貌形态类型

(1)陆地地貌形态

山地　山地是指陆地上海拔高度大于 500 m,由山顶(山脊)、山坡和山麓(山脚)组成的隆起高地。山顶是山地的最高部分,形态复杂多样,有尖顶、圆顶、平顶等,呈线状延伸的山顶称为山脊。山坡指山顶和山麓之间的斜坡,是山地最重要的组成部分,面积相对较大,集中了大多数现代地貌过程,可以反映山地的演化历史和新构造运动性质。山麓是山地和周围平地间的过渡地带,宽度有大有小,一般为较厚的松散堆积物所覆盖。根据山地的绝对高度、相对高度和山坡坡度,可以再将山地做次一级的形态类型划分(见表 2-2)。

表 2-2　山地分类

形态类型	绝对高度/m	相对高度/m	山坡坡度
极高山	>5 000	>1 000	>25°
高　山	3 500~5 000	500~1 000	>25°
中　山	1 000~3 500	500~1 000	10°~25°
低　山	500~1 000	500~1 000	<10°

丘陵　丘陵是指相对高度小于 100 m、坡度小于 15°、分布零散孤立、没有明显脉络的隆起高地。丘陵的类型多样、成因复杂,我国常见的有方山丘陵、火山丘陵、侵蚀残丘陵、黄土丘陵等。

高原和平原　高原是指海拔高度较高、面积较大、地面起伏较小的耸立于周围地面之

上的平坦地面。平原是指海拔高度较低的宽广低平的地面。高原和平原在形态上并无严格的区分标准,一般以海拔高度200 m为界,将两者加以区分。两者的成因既有内力的又有外力的。

盆地　　盆地是陆地上四周高起、中间低平的盆状地形。盆地的规模大小不一,中部积水即成湖泊。盆地的成因类型主要有两种:一是由地质构造变动而形成的构造盆地,如断块盆地、拗陷盆地等;二是由流水、冰川、风等外力侵蚀作用形成的侵蚀盆地,如河谷盆地、冰蚀盆地、溶蚀盆地、风蚀盆地等。

(2) 海洋地貌形态

大陆架　　大陆架又称大陆棚、大陆浅滩,是陆地向海洋的延伸部分,地面平坦,起伏和缓,坡度较小,水深不大。1958年、1974年和1976年的三次联合国海洋法会议对大陆架的定义和范围都做过不同的规定,现在国际上公认大陆架是沿海国家领土的自然延伸,宽度变化在0～1 300 km之间,平均宽度75 km。我国大陆架的宽度由100 km到500 km不等,水深一般在50 m左右,最大水深约180 m。

大陆坡　　大陆坡又称大陆斜坡,是大陆架向深海的过渡地带,宽度为18～80 km,坡度一般为3°～6°。

海沟　　大陆坡向大洋一侧的深度很大的海底沟谷称海沟。海沟比相邻海洋盆地深2～3 km,宽度为100～150 km。

洋脊、洋隆和海岭　　洋脊即大洋中脊,是大洋底部的巨大山脉,双坡陡峻。中央有裂谷存在,将山脉断裂为两条平行山峰,相对高度约在3 000 m以上,长度达8万km。洋隆是两坡较缓、顶部裂谷不明显的洋底山脉。洋脊和洋隆都有不同强度的构造地震活动。在洋底还有一些没有构造地震活动的小型山脉,称为海岭。

洋盆　　洋盆是指位于洋脊和海沟之间的面积广大、比较平坦的大洋洋底,平均深度为4～5 km。

2. 地貌成因类型

重力地貌　　斜坡上的风化碎屑或不稳定岩体、土体在重力作用下经块体运动而形成的各种地貌称重力地貌。重力地貌的形成过程块体运动包括崩塌、滑坡等。

流水地貌　　由地表流水的侵蚀和堆积作用所形成的地貌称为流水地貌。地表水流包括坡面水流、沟谷水流和河流水流,所以流水地貌也有相应的类型。坡面流水侵蚀的结果是导致水土流失,侵蚀物质在坡面下部堆积形成坡积裙。沟谷水流形成的地貌有沟谷侵蚀地貌和沟谷堆积地貌,前者为不同发育阶段的沟谷,后者有洪积扇、泥石流等。河流地貌包括河谷地貌和河口地貌,前者有河漫滩、江心洲、河流阶地等,后者主要是在潮流作用强大的河口形成的三角港河口(喇叭形河口)和在潮流作用较弱的河口地区形成的河口三角洲。

喀斯特地貌　　喀斯特(Karst)是克罗地亚(前南斯拉夫西北部)伊斯特里亚半岛石灰岩高原地区群众对这里发育的奇特的溶蚀地貌的称谓。19世纪中叶,前南斯拉夫地理学家司威治(J. Cvijic)在研究这里的地貌时,采用这一名称,从而使喀斯特逐渐成为地理学上的通用术语。凡是发生在可溶性岩石地区的地貌统称为喀斯特地貌,我国曾称之为岩溶地貌。喀斯特地貌地表的类型有落水洞、溶蚀盆地、峰林等,地下的类型主要是地下河和溶洞。溶洞中洞穴堆积地貌广泛发育,如石钟乳、石笋、石柱、石幔等形形色色的碳酸钙化学堆积。

冰川地貌 由古冰川和现代冰川的侵蚀和堆积作用所形成的地貌称为冰川地貌,包括冰川侵蚀作用形成的冰蚀地貌、冰川堆积作用形成的冰碛地貌、冰川融水堆积作用所形成的冰水堆积地貌。冰川地貌如果是由古冰川所形成的,所以它们的存在,就成为判断它们的分布地区地质历史时期发生过冰川活动的有力证据。

风沙地貌 风对地表松散碎屑物的侵蚀和堆积作用所形成的地貌称风沙地貌。风吹经松散物质所组成的地表,当风速达到或超过起沙速度时,使沙粒脱离地表而进入气流,就形成风沙流。风沙流对地表岩石有着较强的侵蚀力,常年受风沙流作用的近地表层,往往形成风蚀地貌,如风蚀蘑菇和风蚀柱、风蚀垄槽(雅丹)和风蚀残丘(风蚀城堡或风城)等。风蚀物质在一定条件下由于风力的减小而发生堆积,形成风积地貌,如新月形沙丘、纵向沙垄、金字塔沙丘等。

海岸地貌 由波浪、潮汐、海流等的海水动力作用在海岸带所形成的地貌称海岸地貌。海蚀地貌有海蚀穴、海蚀崖、海蚀拱桥和海蚀柱、海蚀台等,海积地貌有海滩、离岸堤等。

黄土地貌 各种营力作用于黄土而在黄土分布地区所形成的各种地貌形态统称为黄土地貌。黄土是一种灰黄或棕黄色的土状堆积物,质地均一,结构疏松,多孔而直立性好。从全球看,黄土主要分布于中纬度干旱、半干旱地区,面积 13×10^8 公顷,其中的4.9%分布于我国,尤其是黄河中下游的陕北、陇中和陇东、宁南、晋西,是黄土分布最为集中的地区,黄土面积广,厚度大,形成了著名的黄土高原。关于黄土的成因,有风成说、水成说和风化残积说之争。黄土地区的地貌有三类:一是黄土沟谷地貌,即黄土地区分布的众多的大小不一的沟谷。二是黄土沟间地貌,其中顶面广阔而平坦的高地称为塬,长条状的黄土高地或丘陵称为梁,黄土组成的孤立穹状丘陵称为峁。三是潜蚀地貌,有黄土陷穴、黄土桥、黄土柱等。

四、地球大气

地球被厚厚的大气层所包围,它为人类提供了免受紫外线和陨石侵袭的保护、适宜生存的气候环境和丰富的气候资源。大气是多种气体的混合物,并含有一些悬浮的固体和液体杂质。大气及其过程的存在,使地球上的天气和气候变得丰富多彩。

(一) 大气的过程

1. 大气的热力过程

地球表面大气之间进行着多种形式的运动过程,推动与维持这些过程的能源主要是太阳能。太阳不断地以电磁波的形式向周围空间放射的能量称为太阳辐射。太阳辐射的总量非常巨大,每秒钟辐射出的能量约为 4×10^{26} J,其中仅有 22 亿分之一到达地球。看起来这个数值好像很小,但实际上它是自然地理环境各种能量的最主要来源。

由于到达大气上界的太阳辐射主要是由地球的天文因素所决定的,故称之为天文辐射。天文辐射量随纬度和季节而变化,分布的规律是:年总量以赤道为最多,随纬度增高而减少,最小值出现在极点,仅为赤道的 41%;夏半年天文辐射量最大值出现在 $20°N \sim$

30°N，由此向极地减少，且水平梯度较大。根据天文辐射的分布，可把地球上的气候分为7个气候带，即赤道带、热带、副热带、温带、副寒带、寒带和极地。太阳辐射在通过大气到达地面的过程中，受到大气的反射、散射和吸收而减弱，使投射到大气上界的太阳辐射不能完全到达地面。太阳辐射经大气减弱后，到达地面的辐射称为太阳总辐射。地面和大气辐射的波长比太阳辐射的波长要长得多，因此常把太阳辐射称为短波辐射，而把地面和大气的辐射称为长波辐射。大气对短波辐射的吸收较少，使短波辐射易于到达地面；而对长波辐射吸收很多，使地面长波辐射不易散失到宇宙空间，从而对地面起着保温作用。这种因大气存在而影响地面热量散失的作用称为大气保温效应，又称温室效应。

物体之间时刻不停地以辐射的方式交换着热量。在某一时段内物体的辐射收支差值称为辐射平衡，又称辐射差额或净辐射。如果把地面和大气视为一个系统，此系统的辐射收支差值称为地-气系统辐射平衡。地-气系统辐射平衡是随纬度的增高而由正值逐渐转为负值的。在纬度35°处，辐射的收入与支出相等，辐射平衡为零；从35°到赤道，辐射收入大于支出，辐射平衡为正；从35°到极地，辐射支出大于收入，辐射平衡为负。这表明低纬度地区热量盈余，高纬度地区热量亏损。如果高低纬之间没有热量交换，则低纬度地区的温度将因有热量盈余而不断升高；相反，高纬度地区的温度将因有热量亏缺而不断降低。但事实上高、低纬地区多年平均温度是稳定的，因而必定有热量自低纬地区向高纬地区输送。这种热量输送主要依靠大气环流和海洋环流来完成。

2. 大气的动力过程

大气存在着运动，从方向上看，包括水平运动和垂直运动两种形式。引起大气运动的力产生于不同地区气压的差异。大气是有重量的，它施压于地面就是气压。随着海拔高度的上升，大气柱的重量减少，所以气压随高度升高而降低。在地面受热较强的暖区，地面气压常比周围低，而高空气压往往比同一海拔高度的邻区高；在地面热量损失较多的冷区，地面气压常比周围高，而高空气压往往比周围低。气压的空间分布称为气压场。气压场主要有以下五种基本形式：低气压（简称低压）、高气压（简称高压）、低压槽（简称槽）、高压脊（简称脊）和鞍形气压区（简称鞍）。

空气的水平运动（气流）就是风。空气在多种力的作用下，大规模地沿较为稳定的路径运动，就形成了大气环流。大气环流是大气中热量和水分输送、交换的重要方式，对天气和气候具有重大影响。大气运动的能量主要来自太阳辐射，地-气系统辐射差额的分布是不均匀的，南北纬35°之间为正辐射差额区，其他地区为负辐射差额区，这就使自赤道向两极形成辐射梯度及相应的温度梯度。赤道地区的大气因净得辐射而增温，空气膨胀上升，地面形成低压（赤道低压），高空形成高压。极地地区因净失辐射而降温，空气收缩下沉，地面形成高压（极地高压），高空形成低压。如果地球不自转，地表性质均匀，那么在气压梯度力的作用下，高层空气由赤道和极地之间形成一个南北向的闭合环流。这个环流受到地球自转的作用，在地表均匀的情况下，在地球大气圈的经向剖面上，南北半球各形成三个环流圈，即热带环流、中纬度环流和极地环流，并在大气圈下层形成四个气压带（赤道低压带、副热带高压带、副极地低压带和极地高压带）和三个风带（低纬信风带、中纬西风带和高纬东风带）（见图2-4）。"三风四带"是自转行星（有空气的行星）上的普遍现象，因此被称为行星风系（带）。

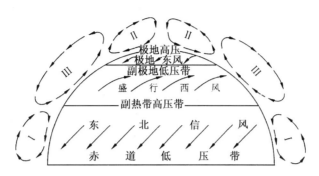

图 2-4　北半球大气环流图式

地球表面并非均匀，而是有着海陆分布和地形的差异，它们对大气环流有着巨大的影响，从而改变了大气环流，形成了实际的全球近地面层气流的分布形势。在北半球，由于中高纬陆地面积较大，大陆与海洋相间分布，因而除赤道低压带依稀可辨外，其他气压带都分裂成一个个范围很大的高低压。北半球主要高低压中心有北太平洋高压（又称夏威夷高压）、北大西洋高压（又称亚速尔高压）、格陵兰高压、冰岛低压、阿留申低压、亚洲高压（又称西伯利亚高压，1月）、北美高压（1月）、亚洲低压（又称印度低压，7月）、北美低压（7月）。这些高低压中心称为大气活动中心。前5个常年存在（阿留申低压在七八月份表现不明显）的、范围和强度有变化的大气活动中心称为常年活动中心，后4个只在某些季节存在的大气活动中心称为季节性活动中心；它们的存在和消失，能促使南北方向和海陆之间的大气热量、水分交换，对广大地区的天气和气候发生重大影响。

在广大地区内，其盛行风向有规律地随季节而变化、带来不同的天气气候现象并以一年为周期的气流称为季风。地面季风与高空反季风的有机结合形成季风环流，它是大气环流的重要组成部分。季风是在多种因素综合作用下形成的，但主要是由海陆的热力差异和行星风带的位移所引起。由海陆热力差异引起的季风称为热力季风，在北半球气流冬季呈顺时针方向流向海洋，夏季相反。在两个行星风带相接的地区，由于行星风带的位移引起不同性质气流的季节性改变现象称为行星季风。在北半球的夏季，南半球的东南信风超过赤道到达北半球，受地球自转的影响成了西南风；冬季北半球低纬地区盛行东北风。这两种风不仅风向不同，而且性质迥异，具有季风特征。季风分布很广，亚洲的东部和南部、东非的索马里、西非的几内亚附近、澳大利亚北部等地都是著名的季风区，其中以东亚季风和南亚季风最为强盛。

3. 大气的水分过程

在一定条件下，大气的动力过程可使大气中的水分发生相变，大气水汽的凝结过程可产生各种形式的降水，大气水汽含量或相对湿度的下降可引起地面水分蒸发。可见，大气和地面的水分蒸发与凝结过程是天气变化的重要内容，同时也给自然地理环境带来重大影响。

液态水转化为水汽的过程称为蒸发。蒸发的水量常用蒸发的水层厚度表示。发生蒸发时，液面温度将降低，这部分热量称为蒸发潜热。影响蒸发的主要因素是水源、蒸发面温度、空气湿度和风速等，其中以温度最为重要。由于温度有年、日变化，因而蒸发速度也有年、日变化。一天内午后蒸发量最大,日出前蒸发量最小。一年中夏季蒸发量大,冬季小。蒸发量的地区分布规律是:海洋多于大陆;沿海多于内陆;低纬地区,在无水源的副热带与内陆沙漠区,蒸发量几乎为零。水分由气态变为液态的过程称为凝结。凝结时释放出来的热量称为凝结潜热,在数值上等于同温度下的蒸发潜热。大气中水汽凝结的条件有两个:一是大气中要有凝结存在;二是大气中的水汽要达到或超过饱和状态。地面或地表面物体上的凝结物有露、霜、雾凇和雨凇等,大气中的凝结物有雾和云。

降水是指从云中降落到地面的液态水或固态水。云滴很小,无法克服上升气流的阻力或蒸发到达地面,只有云滴增大到一定程度时才能形成降水。地球上的降水有着时间和地区上的差异。降水的时间变化主要表现为降水的年内变化。降水的年内变化因纬度、海陆位置、大气环流等因素而不同,大致可分为以下几种类型:① 赤道型:一年中降水有两个高值和两个低值,前者出现于春分、秋分后(4月、11月),后者出现于冬至、夏至后(1月、7月)。这种降水年变型分布在南北纬10°以内的地区。② 海洋型:一年中降水分配比较均匀。此种降水年变型主要分布在中纬度受海洋影响强烈的地区。③ 夏雨型:夏季降水丰沛,冬季降水稀少。此种降水年变型主要分布在季风气候区和中纬度大陆上。④ 冬雨型:冬季有大量降水,夏季降水较少。此种降水年变型主要分布于副热带大陆西岸地区。降水量的地区分布受大气环流、海陆分布、地形等多种因素的制约。世界年降水量分布有两个高值带:一个在赤道附近,另一个在南北纬40°~60°间的中纬度地带。在这两个高值带之间的副热带高压带,盛行下沉气流,即使海洋上降水也很稀少。另一个少雨带在高纬地区,这里温度低,水汽少,降水不多。由于海陆分布和地形的影响,迎风海岸的降水量明显多于内陆。在盛行海洋气流的山地迎风坡上,因受地形的影响,降水量显著增大。例如,印度的乞拉朋齐位于喜马拉雅山的南坡,其年平均降水量高达12 665 mm,是世界上少有的多雨区。

(二)天气系统及天气特征

天气是短时间尺度的大气状态和过程,是气候背景上的振动。一个地方的天气变化,是由大气中大小不同的天气系统所引起的。所谓天气系统是指在一定范围内具有不同空间结构和天气特点的大气运动系统,如气团、锋、气旋等。天气系统的水平空间尺度大至数千千米,小至几百米;时间尺度长至数日或更长,短至几个小时或更短。不同的天气系统具有不同的天气特征。

1. 气团及其天气

气团是在水平方向上物理属性(主要指温度、湿度、稳定度等)比较均匀的大团空气,其水平范围从几百千米到几千千米,垂直厚度可达几千米至十几千米。气团是在一定条件下形成的。因为空气中的水分和热量主要来自下垫面,因此大范围性质较均匀的下垫面是气团形成的首要条件。辽阔的海洋,无垠的沙漠,长年冰雪覆盖的地区等都可成为气团形成的源地。其次,气团的形成还必须具有空气停滞和缓行的环流条件,以使大范围空气能在较长时间内停留或缓慢运行在较均一的下垫面上,逐渐获得与下垫面相适应的较均匀的物理属性。气团分类通常采用地理分类法和热力分类法。地理分类法是按气团源地的地理位置和下垫面性质进行分类的。先按源地的地理位置分为冰洋(北极和南极)气团、极地(中纬度)气团、热带气团和赤道气团;再按源地下垫面性质将前三种分为海洋气团和大陆气团。这样每个半球就有 7 种气团(见表 2-3)。热力分类法是按气团与其流经地区下垫面的热力对比把气团分为冷、暖两类。凡气团的温度高于流经地区下垫面者称为暖气团;反之,称为冷气团。暖气团从源地向冷区(高纬度)移动时,气团低层失热冷却,气层趋于稳定,天气较稳定。冷气团从源地向暖区(低纬度)移动时,低层增温,气层趋向不稳定,易形成对流,可出现阵性降水天气。

表 2-3　气团的地理分类

名　　称	符　号	主 要 特 征	主 要 分 布 地 区
冰洋(北极、南极)大陆气团	A_c	气温低,水汽少,气层稳定	南极大陆和 65°N 以北冰雪覆盖的极地地区
冰洋(北极、南极)海洋气团	A_m	性质与 A_c 相近,夏季从海洋获得热量和水汽	北极圈内海洋水面上,南极大陆周围海洋
极地(中纬度)大陆气团	P_c	低温,干燥,低层稳定,天气晴朗	北半球中纬度大陆上的西伯利亚、蒙古、加拿大、阿拉斯加一带
极地(中纬度)海洋气团	P_m	夏季与 P_c 相近,冬季比 P_c 气温高,湿度大,可能出现云、降水	主要在南半球中纬度海洋上及北太平洋、北大西洋中纬度地区
热带大陆气团	T_c	高温,干燥,晴朗少云,低层不稳定	北非、西南亚、澳大利亚、北美西南部
热带海洋气团	T_m	低层温暖、潮湿且不稳定,中层有逆温	副热带高压控制的海洋上
赤道气团	E	湿热不稳定,天气闷热,多雷暴	在南北纬 10° 之间

2. 锋及其天气

两种不同性质气团相互作用的过渡区称为锋,它是三度空间的天气系统(见图 2-5)。锋的水平尺度与气团相当,长达几百千米到几千千米。其宽度在近地层较窄,一般只有几十千米,窄的只有几千米;在高空较宽,可达 200~400 km。由于锋的宽度与气团相比是很小的,因而常把锋区视为一个几何面,称为锋面。锋面与地面的交线称为锋线。锋区附近气象要素的变化十分显著,等温线密集,左右两侧的气压都比锋区高,气流自外向内流入锋区。

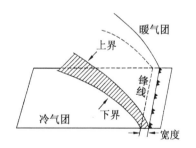

图 2-5　锋在空间上的状态

根据锋两侧冷暖气团的移动方向和锋的结构将锋分为暖锋、冷锋、准静止锋和锢囚锋四种类型,各类型具有不同的天气特征。暖气团向冷气团方向移动的锋称为暖锋,锋前常发生连续性降水。冷气团向暖气团移动的锋称为冷锋,按其移动的快慢又可分为移动缓慢的缓行冷锋(第一型冷锋)和移动较快的急行冷锋(第二型冷锋)。缓行冷锋过境一般在锋后出现降水,急行冷锋过境常出现雷暴、冰雹等强对流性天气。冷暖气团势力相当,很少移动或来回摆动的锋称为准静止锋,它可造成锋下地区长时间的阴雨天气。在我国,江准准静止锋在初夏梅雨时期可造成半月至 20 余天的连阴雨天气。锢囚锋是由暖气团、冷气团和更冷气团相遇把暖空气抬到空中而形成的锋。锢囚锋不仅保留原来锋面的天气特点,而且云层加厚,降水增强,雨区扩大。

3. 气旋及其天气

气旋是指中心气压比四周低、具有闭合等压线的水平空气涡旋。它的直径一般可达 1 000 km。气旋的下层具有旋转性"辐合"气流(北半球为逆时针旋转,南半球为顺时针旋转),在中心区"辐合"上升,到高层向外辐散,又在四周下沉补偿到低层"辐合"气流之中,从而在垂直方向形成环流。气旋过境常形成降水。气旋按其生成的地理位置可分为温带气旋和热带气旋。热带气旋是发生于热带洋面,具有暖心结构的气旋。按国际热带气旋名称和等级标准的规定,中心附近平均最大风力小于 8 级者为热低压;8～9 级者为热带风暴;10～11 级者为强热带风暴;12 级以上者为台风。

4. 反气旋及其天气

反气旋是指中心气压比四周高,且具有闭合等压线的水平空气涡旋,范围巨大,可以与最大的大陆或海洋相比拟。反气旋的下层具有辐散气流(北半球为顺时针旋转,南半球为逆时针旋转),中心区因向四周辐散而形成下沉气流,在高层四周空气向中心辐合以补偿下沉气流,从而在垂直方向上形成环流。反气旋按结构特征可分为冷性反气旋(冷高压)和暖性反气旋(暖高压)。冷高压是中、高纬地区主要的天气系统,它在高空西风气流的引导下向偏东方向移动,引起大规模的冷空气活动。就东亚地区而言,冬半年平均约 3～5 天就有一次冷高压活动。强大的冷高压活动使其影响地区发生剧烈降温、大风,有时伴有雨雪、霜冻等天气的现象称为寒潮。中国中央气象台规定,冷空气入侵使该地区的气温在 24 小时内下降 10℃以上,最低气温降至 5℃以下,同时伴有 6 级左右的偏北大风作为发布寒潮的标准。暖性反气旋出现在副热带。由于海陆分布的影响,副热带高压带常断裂成若干个孤立高压中心而成为暖性反气旋。它们主要位于海洋上,在北半球主要有北太平洋副热带高压和北大西洋副热带高压。北太平洋副高压是常年存在、稳定少动的深厚的暖性高压系统,其强度和范围冬夏有很大的不同。夏季,北太平洋副高压因北半球迅速增温而增强和扩大,其范围几乎占整个北半球面积的 1/5～1/4;冬季强度减弱,范围缩小,位置南移。北太平洋副高压闭合中心有时只有一个,位于夏威夷附近;夏季一般为两个,分别位于东、西太平洋上,后者称为西太平洋副高压。西太平洋副高压是影响我国夏半年天气气候的最主要的天气系统,特别是它的东西向脊线(东西风分界线)随季节南北移动,与我国雨带的分布和移动有密切联系。每年 6～7 月间西太平洋副高压的北跳,脊线稳定在20°N～25°N 之间,我国江淮流域到日本南部处在副高压的西北边缘,出现一段连续阴雨天气,此时正值江南梅子黄熟季节,故称"梅雨"。

(三)气候及其变化

1. 气候的一般概念

气候是地球上某一地区长时期天气的一般状态,是长时期各种天气过程的综合表现,它既反映平均情况,也反映极端情况。气候与天气的时间尺度大不一样,天气的时间尺度从几小时到十几天,而气候的时间尺度要长得多,从一个月到一年,甚至几万年、上亿年。一个地区的气候特征是由该地区各气候要素(气温、湿度、气压、风、降水等)的统计量来表示的。地球上各地的气候千差万别,各有特色。之所以这样,是由于不同地域的太阳辐射、大气环流和下垫面的特点不同。这三大因素的相互作用过程,就是一个地区的气候形成过程。从天文气候带概念出发,用平均温度作指标,同时考虑降水环流和景观的分布,可将每个半球上的实际气候划分为赤道带、热带、副热带、温带、寒带和极地等6个气候带。气候带内再按气候差异划分为若干气候型,如赤道气候带内有赤道多雨气候,热带气候带内有热带海洋性气候、热带干湿季气候、热带季风气候和热带干旱与半干旱气候,副热带气候带内有副热带湿润气候、副热带季风气候、副热带夏干气候(地中海型气候)和副热带干旱与半干旱气候,温带气候带内有温带海洋性气候、温带季风气候和温带干旱与半干旱气候,寒带气候带内有寒带大陆性气候和寒带海洋性气候,极地气候内有极地苔原气候和极地冰原气候。

2. 气候变化

大量事实表明,气候是变化的,不仅地质时期有过多次气候变化,而且现代气候也存在冷暖、干湿等的变化(见表2-4)。地质时期的气候变化时间跨度最大,从几万年到几亿年。通常认为在地质历史时期曾出现过三次大冰期,即 $6.5×10^8$ 年前的震旦纪大冰期, $2.7×10^8$ 年前的石炭-二叠纪大冰期以及开始于距今 $240×10^4$ 年前的第四纪大冰期。大冰期常持续千万年,大冰期之间为 $2×10^8～3×10^8$ 年的大间冰期。大冰期可分出若干次一级的冰期与间冰期,例如第四纪中每 $10×10^4～20×10^4$ 年就出现一次冰期-间冰期循环。从距今 $1.4×10^4$ 年前冰盖开始迅速融化,进入全新世冰后期。气候变化的历史时期大约开始于距今 $5 000～7 000$ 年前。现代气候变化一般是指近 $100～200$ 年间的气候变化。气候振动指时间尺度为几年到几十年的气候变化。气候异常是月、季尺度的气候状况与平均值的巨大偏差。关于气候变化的原因,概括地说是在一定的外部条件(地球轨道要素、太阳活动、火山活动等)下,气候系统内各要素之间互相作用所形成的。第四纪大冰期中的冰期与间冰期交替原因可能是地球轨道要素(公转轨道偏心率、地球自转轴对黄道面的倾斜度等)变化所致,而现代气候变化则由太阳活动、火山活动与人类活动(主要是温室效应)等原因所引起。可见,气候形成因素与气候变化原因虽有联系,但有重大区别,这是两个不同的概念。

表 2-4　不同时间尺度的气候变化

气候变化类型	时年尺度/年	温度振幅/(℃)	变 化 原 因	检测手段
地质时期 a. 大冰期-大间冰期 b. 冰期-间冰期	$10^7～10^8$ $10^4～10^5$	10 10	大陆漂移,造山运动等 地球轨道要素	地质证据 地质证据
冰后期-历史时期	$10^2～10^3$	$1～2$	太阳活动、火山活动	冰芯、年轮、史料
现代气候变化	$10^1～10^2$	0.5	太阳、火山、人类活动	观测资料
气候振动	$10^0～10^1$	$1～2$	气候系统内部相互作用	观测资料
气候异常	$10^{-1}～10^0$	$3～5$	大气环流异常	观测资料

五、地球上的水圈

水是自然地理环境最基本的组成成分,是地球上分布最广泛的物质之一。整个地球表面的 3/4 为水所覆盖,这是地球不同于其他行星的主要特征,地球因此被称为"水的行星"。水以液态、固态和气态形式存在于地表、地下和空中,形成了一定形态的聚集体——水体。海洋是地球上最庞大的水体,它与河流、冰川、地下水等陆地水体共同构成了一个连续的不规则的水圈。水是自然地理环境中最活跃的因子,它参与各种自然过程,在自然地理环境的形成和发展演变过程中起着重要作用。水是宝贵的自然资源,是人类生活和生产的重要物质基础。

(一)地球上的水分循环和水量平衡

1. 地球上的水分循环

地球上各种形态的水在太阳辐射和地心引力的作用下,通过水分蒸发、水汽输送、凝结降水、下渗以及径流等环节,不断地发生相态转换和周而复始运动的过程,称为地球上的水分循环。组成水分循环的上述环节既相互联系、相互影响,又交错并存、相对独立,它们在不同环境条件下形成了不同规模、不同层次的水分循环系统。形成水分循环的内因是水的物理特性,即水在常温状态下的三态转化,它使水分的转移与交换成为可能;外因是太阳辐射和地心引力,太阳辐射促使冰雪融化、水分蒸发、空气流动等,是水分循环的原动力,地心引力能保持地球的水分不向宇宙空间散佚,使凝结的水滴、冰晶得以降落地表,并使地面和地下的水由高处向低处流动。此外,外部环境的不同,如海陆分布和地形的差异,也能影响水分循环的路径、规模和强度。

水分循环按其水分运动和交换途径的不同,可分为大循环和小循环两种类型(见图2-6)。发生于全球海洋和陆地之间的水分循环称为大循环。水分小循环包括海洋水分小循环和陆地水分小循环两种类型。海洋水分小循环是指从海面蒸发升空的水汽冷却凝结后以降水的形式又降落在海洋表面的水分循环过程;陆地水分小循环则是指从陆地表面蒸发的水汽(包括植物蒸腾)冷却凝结后以降水的形式降至陆地表面的水分循环过程。显然,小循环是以水分的垂向交换为主要形式的循环运动。

水循环的发生,使得水圈成为一个动态系统。在水分循环过程中,各种水体的水不断得到更新。水体在参与水分循环过程中全部水量被更新一次所需的时间称为水体的更新周期。地球上各种水体的更新周期见表 2-5。水体的更新周期是反映水分循环强度的重要指标,也是反映水体水资源可利用率的基本参数。水体更新周期越短,说明其动态交换速度就越快,该水体在水资源开发利用中的作用就越大。

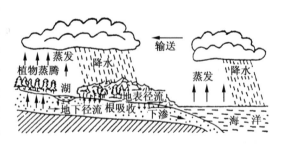

图 2-6 水分循环示意图

表 2 - 5　地球上各种水体的更新周期

水体名称	更新周期	水体名称	更新周期
极地冰盖	10 000 年	沼泽水	5 年
世界海洋	2 650 年	土壤水	1 年
山地冰川	1 600 年	河流水	16 天
深层地下水	1 400 年	大气水	8 天
湖 泊 水	17 年	生物水	数小时

水分循环是自然地理环境中最主要的物质循环,它不但使地球上的水圈成为一个动态系统,而且将地理环境各个圈层联系起来,深刻地影响着自然地理系统的形成和今后的发展演变过程。水分循环极其深刻地影响着全球的气候,是地球的地貌形态发生重大变化的重要外营力,并使各种水体的水不断得到更新,其中淡水资源的更新对于自然地理环境的形成和生态系统的循环具有极其重要的意义。此外,一个地区水分循环强度及其时空变化,既是造成区域洪涝或干旱的主要原因,又是制约区域生态系统发展演化的关键因素。

2. 地球上的水量平衡

地球上的水不会轻易散佚到地球以外的宇宙空间,宇宙空间的水也很少能够来到地球上,因此地球整体可被看做是既无水进、又无水出的封闭系统,地球上的总水量可视为常数。但是,地球上任一水体或任一研究地段,则是既有水进,又有水出的开放系统,其水量会随时变化。水在循环过程中,也遵循着宇宙间的普遍规律——物质不灭定律和质量守恒定律。水量平衡的概念正是以此为基础建立起来的。所谓水量平衡是指任一区域(或水体)在任一时段内,收入水量与支出水量之差必等于该时段区域(或水体)内蓄水的变化量,即水在循环过程中,从总体上说是收支平衡的。水量平衡原理是现代水文学的基本理论之一,依此原理列出的水量平衡方程在水文水资源的理论与实践研究中得到广泛的应用。

在水分循环过程中,虽然全球的总水量保持不变,但各种水体的相对数量却在不断地发生变化。据研究分析,自 20 世纪初至 60 年代期间,全球气温平均上升了 1.2℃,由此增加了冰川消融水量,全球冰川体积平均每年大约减少 250×10^9 m^3,这些冰川消融水入海后使海平面上升 0.7 mm。气温升高还增加了一些水体的蒸发量,如陆地上的湖泊蓄水量因蒸发量增加而平均每年减少 80×10^9 m^3,所减少的水量又以降水和径流的形式入海,使海平面上升约 0.2 mm。此外,地下水也因蒸发和被开采每年减少蓄水量 300×10^9 m^3,从而引起海平面上升 0.8 mm。在此期间,世界各地修建了一大批水库,蓄水量超过 $3 000 \times 10^9$ m^3,引起每年入海径流量减少 50×10^9 m^3,海平面相应每年下降 0.1 mm。由此可知,海平面上升主要是由于气温升高的原因。就全球平均而言,这一时期世界海平面实际上升率为每年 1.6 mm。

(二)主要水体及其特征

1. 河流

地表流水在重力作用下沿陆地表面的线形凹地(河槽)经常或间歇地流动称为河流。

经常有水流动的河流称为常年流水河流,间歇有流水的河流称为间歇性河流。以海洋为最后归宿的河流称为外流河,而一些注入内陆湖沼或因渗漏、蒸发而消失于荒漠中的河流称为内流河(内陆河)。

一条河流常可划分为河源、上游、中游、下游和河口五段。河源是河流发源之地,通常为冰川、湖沼、山涧或泉水等补给源。上游紧接河源,比降较大,多瀑布急流和险滩,流速大,流量小,侵蚀强烈,河谷狭窄,河槽多由基岩或砾石构成。中游河段比降和流速变小,流量增大,冲刷和淤积大致保持均衡,河谷较宽,河槽多由粗砂构成。下游河段比降和流速更小,流量更大,淤积作用显著,多浅滩或沙洲,河谷更为宽阔,河槽多为细砂和淤泥构成。河口是河流的终端,即河流入海、入湖沼或汇入更高级河流处。河口处常有泥沙堆积,有时分汊现象显著,在入海或入湖处形成三角洲。有的河口泥沙堆积量很小,则形成喇叭口状河口。在河流的五段划分中,河源和河口较易于确定,如河源的确定常依据"河源唯远"和"水量最丰"的原则,容易达成共识。但河流上、中、下游的划分,由于不同研究者分别着重考虑地貌特征、水文特征、历史习惯或经济利用价值等而有不同的划分方法。从河源到河口,河流接纳众多支流,由大大小小的河流构成脉络相通的网状系统称为水系,也叫河网。在一个水系中,直接注入海洋或内陆湖泊的河流叫干流,注入干流的河流称为干流的一级支流,注入干流一级支流的河流称为干流的二级支流,依次类推。河流的集水区域称为流域,相邻的流域以分水线为界。集水区面积则为河流流域面积。

反映河流水文情势及其变化的因子称为水文要素,主要包括水位、流速、流量、水温与冰情、河流泥沙和河流水化学等。水位是指河流某一断面相对于基准面的水面高程。基准面又称基面,是高程的起算零点,可分为绝对基面和测站基面两种。绝对基面又称为标准基面,它是以某一海滨地点平均海平面作为高程起算零点的基面,例如我国统一规定采用青岛平均海面为绝对基面。测站基面是以观测点最低枯水位以下 $0.5\sim1$ m 处作为零点的基面。水位的高低取决于河流中水量的多少以及河道冲淤、风、结冰、水生植物生长等的状况。流速是指河流水质点在单位时间内移动的距离。河流流量是指单位时间内通过某一过水断面的水量。流量过程是流域各种自然地理要素综合作用的产物,在水文水利计算、水文预报、水利工程设计以及工程运行中,是应用最广的一个参数。

由降水开始到水流汇集至河流出口断面的整个过程称为径流形成过程。为了从总体上把握和认识这一错综复杂的物理过程,人们常将其概括为如下三个子过程:① 流域蓄渗过程。降雨初期,除一小部分(一般不超过 5%)降落在河槽水面上的雨水直接形成径流外,大部分降雨并不立即产生径流,而是消耗于植物截留、下渗、填洼与蒸发。在这一阶段中,凡是不产生径流的降水部分称为损失量。② 坡地汇流过程。坡地汇流包括坡面漫流、壤中流和地下径流三种径流成分的汇流过程。坡地汇流流程较短,历时也较为短暂。③ 河网汇流过程。各种径流成分经过坡地汇流注入河网,在河网内沿河槽向出口断面流动和汇集的过程称为河网汇流。人们还将径流形成过程概括为产流过程和汇流过程。蓄渗和产生坡地水流的过程称为产流过程,坡地汇流和河网汇流过程称为汇流过程。产汇流理论是研究降雨径流形成的物理机制和运动规律的一个科学领域,是河流水文研究的核心部分。

受到补给源和其他因素的影响,河流径流有着明显的时间变化,表现为径流的年内变化和年际变化。我国东部大部分地区夏季降水丰沛,河川径流增多,为河流丰水期或汛期;冬季寒冷干燥、降水稀少,河川径流量很少,为河流枯水期;春、秋两季雨量中等,河流水量中等,为河流平水期。径流的年际变化主要是由降水量的年际变化引起的。一般把年径流量大于正常年径流量(多年径流量的算术平均值)的年份视为丰水年,小于正常年径流量的年份视为枯水年。径流的年际变化表现出丰水年组与枯水年组交替出现的规律,但这种交替的周期并不相等。就我国的河流而言,在多数情况下南方和北方河流的丰、枯水年组并不同步,常出现"南丰北枯"或"南旱北涝"的情况。径流年际变化的特点不利于人类充分地利用水资源。一个地区枯水年或丰水年的连续出现往往会造成较严重的旱灾或洪涝灾害。为了兴利除害,常需修建具有多年调节功能的大型水库或跨流域调水工程。这些工程的规划设计以及工程的管理运用,都要求人们认真研究河川径流的年际变化规律,对河流水情做出较为准确的预报。

3. 湖泊、沼泽与冰川

湖泊是指陆地表面洼地积水形成的面积广阔的水域,它是一种重要的陆地水体。天然湖泊的形成包括湖盆洼地的形成和湖盆积水过程两个方面。内力作用和外力作用都可以形成湖盆。湖盆积水一方面来自落至湖泊中的各种形式的降水,另一方面来自湖盆洼地周围地表水或地下水的补给。按照不同的分类标准,湖泊可划分为多种类型。依据湖水是否入海可把湖泊分为内陆湖和外流湖,按照湖水的矿化度大小可把湖泊划分为淡水湖(矿化度小于 1 g/L)、咸水湖(矿化度介于 1~35 g/L 之间)和盐湖(矿化度大于 35 g/L)。湖水并非静止地存在于湖盆之中,而是存在着多种形式的运动,如波浪、湖流、定振波等。湖水运动是湖泊重要的水文现象,它对湖水的性质、湖盆的演化、湖中生物活动等都有重要影响。

沼泽是地表经常过分湿润或具有明显潜育层(呈还原反应的土层)的地段。全球沼泽面积约有 112.2×10^4 km²,大部分集中在北半球的中高纬度地区。我国的沼泽面积约 11×10^4 km²,集中分布在东北三江平原、大小兴安岭和长白山地,以及四川诺尔盖高原等处,沿海及大湖湖滨亦有零星分布。水分是沼泽形成的主要条件,只有过多的水分才有利于水生植物的生长和泥炭层的形成。沼泽的形成可分为水体沼泽和陆地沼泽化两种情况。沼泽的类型很多,我国学者按照综合分类的原则,对诺尔盖高原的沼泽进行了如下分类:首先按发育阶段划分沼泽型,包括低位型(初级阶段)、中位型(过渡阶段)和高位型(高级阶段);其次根据所处地貌类型划分沼泽亚型,如湖滨洼地沼泽亚型、阶地沼泽亚型等;最后依据植被情况划分沼泽体,如睡莲-苔草沼泽体、蒿草-木里苔草沼泽体等。沼泽对自然地理环境有明显的影响,并且是一种重要的自然资源,沼泽植物和泥炭都有多种用途。

冰川是由固态降水积累演化而成并能自行流动的天然冰体。全球冰川面积约 1.6×10^7 km²,占陆地总面积的 10% 以上;冰川总体积约为 2.4×10^7 km²,占地表淡水资源总量的 68.7%。因此,冰川是重要的陆地水体。冰川冰是一种浅蓝而透明的具有可塑性的多晶冰体,从新雪落地积累变成冰川冰要经过雪的堆积、粒雪化和成冰作用三个阶段。根据冰川的形态、规模和运动特征,可将其划分为大陆冰川(大陆冰盖或冰被)和山岳冰川(山地冰川)两类。按照气候条件和冰川性质,冰川可分为海洋性冰川和大陆性冰川两类。海洋性冰川又称暖冰川,是在湿润的海洋性气候条件下形成的,补给量大,消融强烈,运动速度较快,年运动距离达 100 m 或更大,进退幅度大,侵蚀作用强。大陆性冰川又称冷冰川,是在干冷的大陆性气候条件下形成的,补给量小,消融缓慢,运动速度较慢,一般年运动距离 30~50 m,进退幅度小,侵蚀作用弱。

4. 地下水

地下水是指存蓄和运动于土壤和岩石空隙中的水。地下水主要来源于大气降水在地表的下渗和地表水体的下渗,赋存于土壤和岩石中的空隙之中。根据岩石水理性质的差异,地球表层的岩层可分为含水层和隔水层两类。含水层是指在重力作用下能够给出并通过相当数量水的饱水岩层。含水层不仅储存地下水,而且地下水还可在其中运移,这就意味着含水层必须有大量的有效空隙且具有良好的透水性能。隔水层是指在常压条件下仅靠重力作用不能给出或不能通过相当数量水的岩层。隔水层对地下水的运动起阻隔作用,它常常是含水层的边界。含水层能够储存地下水的多少,在一定程度上取决于隔水层的位置、形状和构造条件等。地下水有多种分类方法,我国目前比较通用的是按照埋藏条件的分类,划分为上层滞水、潜水和承压三种类型(见图 2 - 7,2 - 8)。

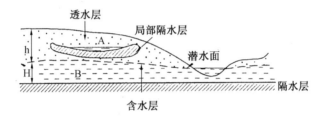

图 2 - 7　上层滞水与潜水

A. 上层滞水;B. 潜水;h. 潜水深度;H. 含水层厚度

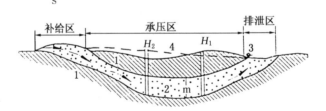

图 2 - 8　自流盆地剖面图

1. 隔水层;2. 含水层;3. 泉;4. 承压水位;
H_1 负水头;H_2 正水头;m. 承压水层厚度

上层滞水是储存于包气带中局部隔水层上的重力水,分布范围不广,水量不大,动态极不稳定,主要是受气候条件的制约。上层滞水接近地表,故其矿化度一般较低,但它也最易遭受污染。潜水是指埋藏于地表以下第一稳定隔水层上具有自由表面的重力水,这个自由表面称为潜水面,潜水面的高程称为潜水位,从地表到潜水面的垂直距离称为潜水的埋藏深度。潜水面到下伏隔水层之间充满着重力水的岩层称为含水层。潜水具有自由水面,在重力作用下,潜水由位较高处向较低处流动形成潜水流。潜水受当地自然条件特别是气候条件的影响较大,因此动态变化较大。潜水分布普遍且埋藏较浅,易于开采,因此常成为重要的饮用水和生产用水源。承压水是指充满于两个隔水层之间承受一定压力的地下水,其主要特征是具有承压性质,具有较大的静水压力。两个隔水层分别被称为承压水的顶板和底板,当顶板因自然或人为的原因被穿透时,便会发生水位上升现象。水位上升到一定高度不再上升时的稳定水位叫承压水位,自隔水层顶板底面某一点到承压水位之间的垂直距离叫该点的水头。当承压水位高于地面高程时,该水头称为正水头,此时钻孔穿透顶板,地下水可自行流出,这时的承压水称为全自流水。当承压水位低于地面高程时,该水头称为负水头,承压水只能在钻孔中上升至一定高度,不能流出地表,这时的承压水称为半自流水。承压水的形成主要取决于地质构造,埋藏承压水的构造盆地称为自流盆地,埋藏承压水的单斜构造称为自流斜地。承压水由于有隔水层保护,封存条件好,所以动态稳定,常是较为理想的水源。

5. 海洋

海洋是自然地理环境中水圈的主体,是地球上最庞大的水分源地。

全球海洋面积为 3.61×10^8 km²,占地球表面积的 70.8%。海洋在自然地理环境的物质输送和能量交换中起着重要的作用,对全球自然地理环境的形成与变化影响巨大。海洋曾是地球上生命的摇篮,如今它仍然孕育着繁多的生物,给人类提供了大量的食物资源。海洋还蕴藏着极其丰富的化学资源、矿产资源和动力资源,因此被人们称为"蓝色宝库"。

海水是含有多种溶质和杂质的复杂的水溶液,其中水约占96.5%,其他物质约占3.5%。溶解在海水中的化学元素有 80 多种,但是各种元素含量差别很大。根据含量的大小及与海洋生物的关系,这些元素可分为大量元素、微量元素和营养元素三大类。除了组成水的氢和氧外,其他含量大于 1 mg/L 的元素有 12 种,见表 2-6,这些元素通常被称为大量元素,占海水总盐分的 99.9%。其他元素因在海水中的含量极少而称为微量元素。此外,磷、氮、硅、硫、钙等元素对于构成海洋生物有机体有重要的作用,因而被称为营养元素。

表 2-6　海水中主要元素含量表

元　素	含量/(mg·L⁻¹)	元　素	含量/(mg·L⁻¹)
氯	18 980	溴	65
钠	10 561	碳	28
镁	1 272	锶	8
硫	884	硼	4.6
钙	400	硅	3
钾	380	氟	1.3

海水发生着规模巨大的运动,运动方式有三种,即波浪、潮流和洋流。波浪是海洋表层水在风、潮汐、地震或局部大气压变化作用下所产生的高低起伏的周期性波动现象。波浪是海洋中最普遍的一种海水运动形式,它对海水理化性质及海岸带侵蚀与泥沙堆积等

均有重要的影响,也是塑造海岸地貌形态的主要动力因素。波浪运动的实质是水质点的振动和波形的传播,水质点只是环绕自己的平衡位置做近似圆周运动,整个水体并未向前运动。在风的直接作用下海面产生的波动称为风浪,它是海洋中最为常见的波浪。当风开始平息,或波速超过风速时,风浪离开风区传到远处,这时的波浪称为涌浪。涌浪传播速度很快,有时会超过海上风暴系统的移动速度,它的出现往往预示着风暴即将来临。在靠近岸边的浅海区,波浪要发生倒卷和破碎,这种倒卷和破碎的波浪称为破浪。破浪继续向海岸推进,直接打击海岸,称为拍岸浪,它对海岸有着巨大的冲击力量。波浪在传到岸边附近时,要形成波浪的折射现象,其结果是使波峰线变得大致与海岸平行。

潮汐是海水在天体引潮力的作用下所发生的一种周期性运动,包括海面周期性的垂直涨落和海水周期性的水平流动。通常称前者为潮汐(狭义),称后者为潮流。潮汐现象因时因地而异。就一个太阴日内所发生潮汐的情况而言,潮汐可分为半日潮、全日潮和混合潮三种类型(见图2-9)。

半日潮是在一个太阴日内只有两次高潮和两次低潮,而且两个相邻高潮或低潮高度几乎相等,涨、落潮时也近乎相等的潮汐。全日潮是指在一个太阴日内有一次高潮和一次低潮的潮汐。混合潮是指在一个太阴日内也有两次高潮和两次低潮,但潮差不等,涨、落时也不相等的潮汐。海洋潮汐现象是在天体引潮力的作用下形成的。影响潮汐的天体主要是月亮和太阳,所以潮汐有太阴潮和太阳潮之分。太阴潮是海洋汐的主体,太阳潮只起到增大或减小太阴潮差的作用。当月相为朔或望时,日、地、月三者近似地在一条直线

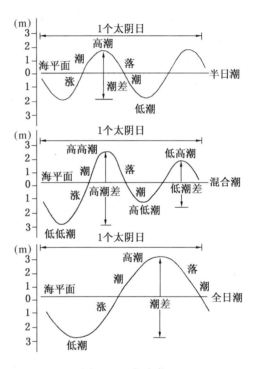

图2-9 潮汐类型

上,日、月潮相互叠加,太阳高潮最大限度地拔高了太阴高潮,太阳低潮最大限度地压低了太阴低潮,从而形成了最大的潮差,这种潮汐称为大潮。当月相为上弦或下弦时,日、地、月三者位置形成直角,日、月潮相互抵消一部分,太阳低潮最大限度地削低了太阴高潮,太阳高潮最大限度地填高了太阴低潮,这种潮汐称为小潮。海洋中的潮流因受海洋地理环境的影响而互有差异。大洋中部潮流不太明显,潮速较小;浅海区潮流较显著,潮速较大;海峡或海湾入口处的潮流最明显,潮速最大。在喇叭口形海湾或河口中,潮流可以激起高达十几米的怒潮,如北美的芬地湾和我国的钱塘江口,都有蔚为壮观的怒潮发生。

洋流又称海流,是指海水沿一定方向从一个海区水平地或垂直地流向另一个海区的大规模非周期性的流动。洋流按成因可分为风海流、密度流和补偿流三类,其中风海流是洋流的主要类型。洋流按本身和周围海水温度的差异可分为暖流和寒流。暖流是本身水温高于周围海水水温的洋流,寒流则相反。按照流经的地理位置,洋流又可分为赤道流、

大洋流、极地流和沿岸流等。大气与海洋之间处于相互作用、相互影响之中。大气从海洋上获得能量而产生运动,大气运动又驱动着海水运动。在大气环流、海面气压场、地球自转,以及海陆分布等因素的综合影响下,产生了大洋表层环流系统。这一系统包括反气旋型环流、气旋型环流、季风漂流和绕极环流几个组成部分。

六、地球的土壤与生物

(一) 土壤

土壤是指位于地球陆地表面具有一定肥力且能够生长植物的疏松层。位于地表的疏松层并非都是土壤,如流动的沙漠、新近河流冲积物表层等,因为它们不具有肥力,不能生长植物,故而不能称为土壤。土壤肥力是土壤的本质特征,它是土壤本身所具有的能不断供应和协调植物生长对水、肥、气、热需要的能力。植物的正常生长不仅要求土壤源源不断地供应养分和水分,而且还要求土壤具有一定的通气条件和热量状况,缺乏其中任一条件,植物都不能正常生长。因此,"水、肥、气、热"被称为土壤四大肥力因素。

1. 土壤的物质组成

土壤的物质组成主要有四类,即土壤矿物质、土壤有机质、土壤水分和土壤空气。土壤矿物质在土壤中起着骨架的作用,因此土壤矿物质被称为土壤的"骨骼"。土壤矿物质来源于地表岩石的风化。土壤有机质泛指土壤中存在的各种有机化合物,其最终来源是动植物残体。它是土壤肥力的物质基础,被称为土壤的"肌肉"。根据成因和复杂程度,土壤有机质可分为普通有机质和腐殖质两类。普通有机质是指一类比较简单的有机化合物,直接来源于动植物残体和微生物残体,是土壤生物的食物和能量源泉,分解后可为植物提供养分。腐殖质是土壤普通有机质的分解产物经缩合或聚合重新形成的一类复杂的有机化合物,它是土壤有机质的主体,约占有机质总量的 $50\%\sim65\%$。土壤水分溶解有许多溶质,在土壤中以溶液状态存在。土壤水分是植物所需水分的主要来源和养分输入的重要载体,并参与土壤很多物理、化学和生物过程,故常称之为土壤的"血液"。土壤空气主要来源于近地面大气,部分来源于土壤生物活动产生的气体。

2. 土壤的主要形成过程

土壤形成过程是指在不同成土条件下土体内部发生的各种物质和能量的迁移转化过程。由于成土条件的组合形式及其空间分布的多样性,致使土壤圈中的物质和能量迁移转化过程复杂多变。每一种成土过程都必然在土壤剖面上留下相应的形迹,这为我们观察认识不同成土过程提供了帮助,也是我们划分土壤类型的主要依据。① 腐殖化过程。腐殖化过程是指在各种动植物的作用下,土体表层发生的腐殖质的形成与积累过程。这是各种土壤普遍发生的一种成土过程,只不过有些土壤强,有些土壤弱而已。该过程进行的结果使土体上部出现一个颜色较暗的腐殖质层。② 灰化过程。灰化过程是指土体表层特别是亚表层发生的二氧化硅残留,铁、铝胶体淋溶、淀积的过程。该过程发生在寒带针叶林下的土壤中,在土体表层形成一个灰白色的富含二氧化硅的层次,叫灰化层。灰化层之下,由铁、铝胶体淋溶、淀积形成一个棕色或黄棕色的灰化淀积层。③ 盐化过程。盐化过程是指易溶性盐分在土体中积聚的过程。干旱或半干旱地区淋溶作用弱,易溶性盐分不能被淋出土体,而在土体中下部淀积下来,形成盐化层。在地下水位浅、地表蒸发强烈的情况下,土壤中的易溶性盐分随上升水流到达地表后,水分被蒸发,盐分就地残留,也可形成易溶性盐含量较高的盐化层。④ 碱化过程。碱化过程是指交换性钠离子进入土壤胶体,使土壤呈强碱性反应的过程。碱化过程往往和脱盐化过程相伴发生,或与碱性地下水上升有关。当进入土壤胶体的钠离子达到一定数量后,土壤开始呈强碱性反应,并发生胶体分散,结构破坏,孔隙度下降,通气不良,严重影响植物正常生长。这一土壤物理性质恶化的层次称碱化层。⑤ 潜育化过程。潜育化过程是指土体中发生的还原过程。在整个土体或土体下部长期被水浸泡的情况下,通气不良,氧气缺乏,土壤呈还原环境。铁、锰等变价元素由氧化态变为还原态,形成一些呈蓝色、青色、绿色或白色的蓝铁矿、菱铁矿、亚铁铝硅酸盐等亚铁化合物,使整个土体呈蓝灰色或青灰色。该层次称为潜育层。⑥ 熟化过程。熟化过程是指人工定向培肥土壤的过程。在自然土壤的基础上,通过人类耕作、施肥、改良不良土壤性质等措施,使土壤肥力不断提高,更加有利于作物生长。人类长期耕作的土壤层次被称为熟化层。

(二)生物

1. 生物的类群及其分布

现代地球上生存着数量惊人的生物,据估计有 $500 \times 10^4 \sim 1\,000 \times 10^4$ 种甚至更多,已经定名或研究过的约有 210×10^4 种。为了认识它们,人们进行了大量的研究,建立了一个生物分类等级系统,把生物分为界、门、纲、目、科、属、种 7 个等级,其中种(或称为物种)是分类系统的基本单元。环境对生物有着深刻的影响,对生物类群的发展进化起着选择作用。在此基础上,各种生物具有自己的地理分布规律。一个物种由若干个体组成,它们所占有的一定区域,就是该物种的分布区。例如,油松在我国分布于冀、鲁、豫、晋、陕、宁、夏、辽西、蒙中南、甘中南、青东北、川北等地,这些地区就是油松的分布区。同样,生物属、科、目等也都有自己的分布区,如松属分布区、松科分布区、松杉目分布区等。种的分布区是植物分布规律研究的最主要和最基本的对象。分布区的形成受到气候、土壤、地形、生物、历史、人为等多种因素的影响,是它们综合作用的产物。某一地区生物种类(科、属、种)的总体,构成了该地区的生物区系。例如,北京西山所包含全部生物的科、属、种,就是北京西山的生物区系。为了研究生物区系空间分布的规律,进行陆地生物区系的分区是十分必要的。在这方面,许多生物学家作出了卓越的贡献。在世界植物区系分区方面,德国植物地理学家恩格勒(Engler)、狄尔斯(Diels)于 17 世纪末和 18 世纪初最早进行了研究,划分出六个植物区,后经苏联植物地理学家阿略兴、塔赫他疆、美国植物地理学家古德(R. Good)等人的修改补充,逐渐形成了目前流行的世界植物区系分区方案。该方案将全球分为三个植物区系组(或植物区系总带)、六个植物区,下分若干亚区。六个植物区为:① 泛北极植物区(全北植物区),面积广大,包括北回归线以北的北半球广大地区及北回归线以南的部分地区,是包括亚热带常绿阔叶林、温带落叶阔叶林、寒温带针叶林的以温带为主的植物区系。② 古热带植物区(旧热带植物区),位于北回归线以南,包括热带雨林、季雨林和稀树草原。③ 新热带植物区,包括中美洲和 40°S 以北的南美大陆,植物种类十分丰富。④ 澳洲植物区,包括澳大利亚大陆和新西兰、塔斯马尼亚岛,具有其他大陆无法比拟的独特性植物区系和丰富的特有属种。⑤ 好望角植物区(开普植物区),面积极小,仅包括非洲西部。⑥ 南极植物区,包括 40°S 以南的南美大陆和大洋岛屿、南极大陆及其周围岛屿。

2. 生物种群与生物群落

种群是同种生物个体的集合体。任何一个种群都是由许多个体组成的,这些个体占据着一定的分布区。在其分布区内,既有适合生存的环境,又有不适合生存的环境,物种就在分散的、不连续的环境里形成不同大小的个体群。这些群体是物种存在的基本单位,其大小往往随时间的推移而变化。由此可知,种群是由一定时间内占据一定地区或空间的同种个体组成的生物系统。种群无论在空间上,还是时间上,都可随研究者的目的去任意划分。它既可以大到全球蓝鲸种群,又可以小至一片草地上的黄鼠狼种群,甚至可以限定为实验室中饲养的一瓶草履虫这一实验种群。各类生物种群在其正常生长发育条件下,具有一些共同特征。①种群在空间分布格局上表现为均匀型、随机型和集群型三类。种群空间分布格局的均匀型是指种群内各个个体在空间上呈等距离分布,随机型是指群内每个个体在空间上均呈随机的分布,集群型是指种群内个体在空间上是成群、成簇、成斑点状或片状地密集分布。了解种群的分布格局,对选择统计种群密度的方法具有重要意义。② 种群的繁殖力受出生率、死亡率、迁入率和迁出率的影响。了解种群的繁殖力,对于掌握种群动态、确定物种环境容量和调控种群数量具有重要意义。③ 种群的年龄结构呈三种金字塔类型,即增长型种群、稳定型种群和下降型种群(见图 2 - 10)。增长型种群的年龄结构呈典型的金字塔形,基部阔而顶部窄,表示种群中有大量的幼体和极少的老年个体,这种种群出生率大于死亡率,是一个迅速增长的种群。稳定型种群的年龄结构呈钟形,基部和中部近于等宽,即种群中幼年个体与中年个体数量大致相等,出生率和死亡率大致平衡,种群数量稳定。下降型种群的年龄结构呈壶形,基部窄而顶部阔,表示种群中幼体比例小而老年个体比例大,出生率小于死亡率,是一个数量趋于下降的种群。④ 种群的性比接近 1∶1。种群中雄性和雌性个体数目的比例称为性比,亦称性别结构,它也是种群动态研究的内容之一。对于大多数动物来说,雄性和雌性的比例较为固定,接近于1∶1。只有少数动物,尤其是较为低等的动物,在不同的发育时期,性比会发生变化。

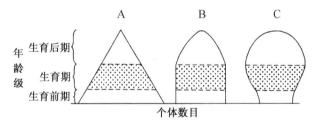

图 2 - 10　种群年龄结构的三种基本类型

A. 增长型种群　B. 稳定型种群　C. 下降型种群

自然界中的生物都不是单独孤立地存在的,而是多种生物生活在一起。在一定地域内,共同生活在一起的各种生物(包括各种植物、动物和微生物)以多种多样的方式相互作用、相互联系、彼此适应形成的具有一定组合规律的生物群体叫生物群落。根据生物群落的生物组成,可将其进一步分为植物群落、动物群落和微生物群落三大类。不同的生物群落有着不同的外貌。生物群落的外貌是指群落的外部表相,它是群落对一定自然环境长期适应的结果。例如,森林、草原、灌丛的外貌迥然不同,森林中针叶林和阔叶林的外貌也有明显的差异。每一个相对稳定的群落都有一定的种类组成,不同群落其种类组成是不同的,群落中生物种类的丰富程度与环境条件的优越程度和复杂程度以及群落发育的时间长短有关。一般来说,环境的水热条件和营养条件越优越,环境条件越复杂,发育时间越长,种类就越丰富,反之则贫乏。所以,陆地上低纬度地带的群落比高纬地带的群落种类丰富,同一纬度地带山地比平原丰富,森林比草原丰富,大陆比岛屿丰富。

生态学家在研究群落种类组成的过程中,提出了物种多样性的概念。狭义的物种多样性是指群落中所含物种数目的多少,广义的物种多样性是指群落中所含物种数目的多寡及各物种个体分布的均匀程度。群落的空间结构有两个突出的特征,即分层性和镶嵌性。分层性在成熟的森林群落中,尤其是温带森林群落中最为明显。温带森林地上部分一般可分出四个基本层次,自上而下依次为乔木层、灌木层、草本层和地被层。农业生产实践中的间作、套种、多层种植和立体养殖,就是人们模拟天然群落的分层性,充分利用光、热、水和养分等,提高产量的一种有效措施。群落的镶嵌性是指群落内部在水平方向上生物分布疏密不均而呈现为许多斑块的现象。其成因有环境和生物本身两个方面的因素。环境在水平方向上往往有一定的差异,这种差异会影响到植物的发芽、生长及分布的不均。生物群落处于动态变化之中,它的动态变化包括年内变化的季相更替、年际变化的波动和较长期的演替和演化等,其中以群落的季相更替和演替最为重要。群落的季相是指群落的季节外貌。在季节变化明显的地区,群落的外貌会随着季节的转变而发生周期性变化,这种现象就称为群落的季相更替或季相变化,如温带落叶阔叶林的冬季秃灰,春季青色,夏季浓绿,秋季黄红。群落季相更替属于同一个群落年内的外貌变化,并没有发生群落组成和结构的变化,所以季相更替不是群落质的变化。如果生物群落发生了质的变化,则称群落发生了演替。群落演替是指在一定的地段上一个群落被另一个群落所替代的现象。例如,当林区内某块农田弃耕休闲后,随着时间的推移,最先出现的是 1～2 年生杂草群落,然后是多年生杂草和禾草群落,再后是灌木群落和乔木群落,直至最后形成一片森林。导致群落发生自然演替的原因有内因和外因两个方面,其中前者是指群落内部的种间矛盾和生物与环境之间的矛盾,后者是指外部环境的变化,如气候变迁、洪水淹没、火灾、人类活动等。

3. 生态系统

任何生物群落都存在于一定的环境中,并与环境经常进行着物质和能量的交换,从而形成一个不可分割的统一整体,这个整体称为生态系统。生态系统一词由英国植物生态学家坦斯利(Tansley)于 1935 年提出。他认为,生态系统是指在一定时间和一定空间内,由生物成分和非生物成分(无生命的环境)组成的一个有一定大小,执行着一定功能,并能自我维持的功能整体。换句话说,生态系统就是生物群落与其环境的综合,它实际上是生物群落与其非生物环境共同形成的一个物质-能量系统,是构成生物圈的基本单元。生态系统是一个广泛的概念,可以从类型上理解,也可以从区域上理解。例如,一片森林、一个湖泊、一条河流都可看做是不同类型的生态系统,一个包括有森林、湖泊和河流在内的相对独立的地理区域也可看做一个生态系统,生物圈可看做地球上最大的生态系统。对生态系统的研究有助于我们全面正确认识生物与生物、生物与环境之间的关系,正确认识人类与自然的关系,为协调人类与自然的关系,解决当今人类面临的人口、资源、环境等全球性问题提供理论基础。

生态系统由生物和非生物环境两大部分构成,其中生物根据其在生态系统中的功能作用又分为生产者、消费者和分解者三类,因此,一个完整的生态系统由非生物环境、生产者、消费者和分解者四种成分组成。非生物环境包括与生物生存有关的所有自然地理要素,它们既是生物活动的场所,又是生物生活所依赖的物质和能量的源泉。生产者主要指绿色植物,另外还包括某些自养细菌,它们能够利用太阳能将环境中的二氧化碳和无机盐等合成为有机物,同时把太阳能固定下来,不断为其他生物提供食物和能量。消费者由各种动物组成,它们自己不能制造食物,而是靠直接或间接地消耗植物生产的有机物而生存。根据消费者食性的不同可分为植食动物(食草动物)、肉食动物(食肉动物)和杂食动物等。分解者主要包括细菌、真菌和一些原生动物等异养微生物,它们靠分解动植物的残体及其排泄物取得能量和营养物质。分解者把复杂的有机物分解成简单的无机物归还到环境中,供生产者再次利用。在上述生态系统的四种成分中,唯独消费者是可有可无的非基本成分,但是它们的存在使生态系统的能量流动和物质循环进一步复杂化,延长了物质和能量在生态系统中的停留时间。

生态系统各组成成分并不是杂乱无章地堆积在一起,而是具有一定的内在联系,构成一个有机整体并呈现出一定的功能。生态系统除了有以分层性和镶嵌性为特征的空间结构外,还有以食物为纽带形成的营养结构。所谓营养结构就是生态系统中各营养级的有序组合。在一个生态系统中,根据生物营养方式所划分的级别叫营养级。通常把获取食物方法相似的和食物性质相同的生物归为同一个营养级。作为生产者的植物和所有自养生物都属于第一营养级,所有以生产者为食的动物为第二、三、……营养级。生态系统中营养结构的具体表现形式是食物链和食物网。所谓食物链是指处于不同营养级的某些生物通过取食与被食的关系彼此关联而形成的一个能量和物质流通系列。任何一个生态系统的食物链都不只一条,并且多个食物链发生交叉,彼此交织在一起成为一种网状结构。这种由多个食物链相互交织而形成的复杂网状结构称食物网。

生态系统具有一定的功能,主要体现在生物生产、能量流动和物质循环三个方面。生态系统功能的强弱决定于系统的结构,结构越复杂,功能就越强大。生态系统的能量主要来源于太阳能。绿色植物通过光合作用把太阳能转化为化学能固定在有机物质中,从而使太阳能进入生态系统。然后,随着植食动物和肉食动物的采食与捕食,能量沿着食物链转移到各营养级。生态系统的能量在由低营养级逐渐向高营养级转移过程中,每经过一个营养级,其能量的数量都要大大减少。这是因为对于每一级消费者来说,前一营养级的生物产品总是不能全部被利用,只有很少一部分能量储存在生物体内供自身的生长发育之用。后一营养级生物对前一营养级生物能量的实际利用率是很低的。早在20世纪40年代,美国生态学家林德曼(Lindeman)通过对湖泊生态系统的研究发现,能量在各营养级中转化的效率大约为10%,这就是著名的林德曼"百分之十率"。林德曼"百分之十率"给我们提供了一个大致的数量概念,受能量转移效率的制约,顺营养级向上,生产量急剧地、阶梯般地递减,用图形表示则呈金字塔形,故称之为生态金字塔。生物量和个体数量也有类似的递减规律,也呈金字塔形。

第二节　地球环境的演化与自然地理分异

一、地壳演变过程与现代自然地理环境的形成

现代自然地理环境的形成是昔日的地壳演变至今的结果。地壳的演变过程是指自地壳形成之后到现在，其物质组成、结构和外表形态的发展变化过程。据研究，地壳形成的时间大约距今46×10^8年。地壳自形成之日起，就在内外动力的作用下，每时每刻都发生着深刻变化，处于永恒的、不断的发展变化之中。现代自然地理环境的形成，就是地壳发展到现阶段的一种表现形式，它还要继续发展变化下去。这些变化被记录在地层中。地层是在一定的地质历史时期和一定的环境条件下形成的，其岩性、接触关系以及其中的化石种类，都是对当时的形成环境的忠实记录和客观反映。所以，根据地层层序、生物化石和放射性元素等，可以确定出地层的形成时代和先后顺序，进而可确定出先后发生在地壳中的各种地质事件和自然地理系统的发展演变过程。

（一）地质年代

用来表示地壳演变中各类地质事件发生的时间和顺序的测度称为地质年代，它包括绝对年代和相对年代两个既有联系又有区别的概念。

根据岩石中放射性同位素蜕变规律所测定出的岩石生成的具体年龄称绝对年代，通常用年来表示。岩石中的多种放射性同位素（如铀、钍、镭等）在自然界都以一定的速度非常缓慢地发生衰变，形成一些新的元素。例如，放射性同位素铀可衰变成铅，前者称母同位素，后者称为子元素。如果能取得岩石中母同位素及其子元素的数值，又能测出母同位素的衰变常数（每年每克同位素产生的子元素的克数），就可求得岩石的绝对年龄。绝对年代是确定地层新老关系的最准确最基本的方法。

根据生物界发展演化顺序和地层形成的先后顺序，将地壳演变史划分为若干相对应的历史阶段叫相对年代。它仅表示地质事件发生或地层形成的相对先后顺序，并不能确切地知道它们的绝对年代。从相对年代的定义可知，相对年代划分的依据是地层层序和生物化石类群的进化程度。如果地层没有被扰动，那么越向下的地层其年代肯定越老，越向上的地层其年代肯定越新。生物进化是从无到有、从低级到高级、从简单到复杂分阶段进行的，所以不同时代的地层含有不同的生物化石，并且出现复杂生物类群化石的地层要比出现简单生物类群化石的地层年代新。根据生物进化顺序可把地质历史划分为不同阶段，其单位（地质年代单位）从高级到低级依次记为宙、代、纪、世、期。在每一地质年代单位内形成的相应地层用另一套地层单位来命名。地层单位与年代单位一一相对应，依次为宇、界、系、统、阶。同一宙时期内形成的地层为同一宇，同一个代内形成的地层为同一个界，其余依此类推。需要说明的是，上述地层单位主要是以时间为准对地层进行划分，故也称时间地层单位。这种适用于国际性、全国性或大区域性的地层划分，具有时间上的对比性，是最常用的地层单位。除此之外，地层还有以其他特征为依据的划分方法，并采用不同的地层单位。例如，通常采用的地方性地层单位——群、组、阶、层等，是根据地层岩性的变化特征来对地层进行划分的，所以这种地层单位又称为岩性地层单位。这种地

方性单位只能用在小范围的生产实践中,在大范围内没有对比性。

根据上述相对年代和绝对年代的方法把地壳发展历史从古到今划分为不同阶段,各阶段的主要地质事件和生物进化情况见表 2-7。

(二) 地壳演变历史及其自然地理概貌

1. 冥古宙(距今 $4.6 \times 10^9 \sim 3.8 \times 10^9$ 年)

冥古宙归属于地球的天文演化时期,是地壳形成的最原始的阶段。地壳中没有这一阶段的任何地质记录,只有用比较行星学的方法以及凝聚理论进行推测,间接地了解地球冥古宙的地质事件。例如,人们根据月壳、火星外壳和陨石的性质等类比推测,这一阶段的原始地壳是由基性岩类构成的,地壳薄而脆弱,后期有原始的陨石撞击作用,地表有高地和低地的分异,水圈没有出现。另据宇宙探测推测,当时的大气圈尤其在初期是以氢、氦为主体,以碳氢化合物、氨、二氧化碳和水蒸气等为次要成分的还原性大气圈。

表 3-7　地质年代及地壳发展历史简表

相对年代			符号	距今年数 (1×10^6)	生物发展阶段		主要构造运动	
宙	代	纪			动物界	植物界	中国	西欧
显生宙	新生代	第四纪	Q	−2~3−	人类时代	被子植物时代	喜马拉雅运动	阿尔卑斯运动
		新第三纪	N	−26−	哺乳动物时代			
		老第三纪	E	−70−			燕山运动	
	中生代	白垩纪	K	−138−	爬行动物时代	裸子植物时代		
		侏罗纪	J	−190−				
		三叠纪	T	−230−			海西运动	海西运动
	古生代	上古生代	二叠纪	P	−275−	两栖动物时代	陆生孢子植物时代	
		石炭纪	C	−330−				
		泥盆纪	D	−385−	鱼类时代			加里东运动
		下古生代	志留纪	S	−435−		半陆生孢子植物时代	
		奥陶纪	O	−500−	海生无脊椎动物时代			
		寒武纪	∈	−600−		海生藻类时代	蓟县运动	
元古宙	新元古代			−1 000−	低级原始动物			
	中元古代			−1 800−	原始菌藻类时代		吕梁运动	
	古元古代			−2 500−				
太古宙				−3 800−	基本上无生命		阜平运动	
冥古宙				地壳最初发展阶段 −4 600−				

2. 太古宙(距今 $3.8 \times 10^9 \sim 2.5 \times 10^9$ 年)

太古宙是地壳形成以来有大量确实资料可考的最古老的时代,它大约经历了 10 多亿年的时间。太古宙地层中生物化石十分贫乏,仅在其上部发现有极为原始的、没有真正细胞核的菌藻类微生物化石。根据太古宙的地层特征可以大致推测当时的地壳及其自然地理特征。太古宙时代地壳比较薄弱,岩浆和火山活动特别频繁。当时的原始大气圈和水圈已经形成。由于当时还没有绿色植物出现,又受长期火山喷发的影响,大气圈中二氧化碳含量高,而氧和氮含量极低。海洋面积广大,而陆地面积很小,仅呈岛状零星分散在原始海洋中。海水化学组成与现代海洋不同,含盐量比现在要低得多。陆地是荒芜的,在相当长的一段时间里没有任何生命,到处是荒凉死寂的世界。在太古宙末期,浅海环境中的某些无机物经过复杂的化学变化跃变为蛋白质和核酸,进而演变为原核细胞,出现了极为简单的无真正细胞核的细菌和蓝藻。所以,太古宙是原始生命的萌芽阶段。

3. 元古宙(距今 $2.5 \times 10^9 \sim 6 \times 10^8$ 年)

太古宙末期发生了一次全球性构造运动,在我国称阜平运动。这次运动之后,地壳进入了一个新的发展时期,即元古宙。元古宙地层中含有大量的海生藻类化石和某些原始动物化石。元古宙陆地面积增大,稳定性增强,但还是以海洋占绝对优势。元古宙时期构造运动相当强烈,曾发生大规模的造山运动,这些造山运动形成的褶皱带使原有的小陆块逐渐合并成面积较大的古陆,并且稳定性增强。浅海面积广大而稳定,为生物演化提供了有利条件,原核生物逐渐进化为真核生物,种类数量明显增多,海生藻类得到大发展。元古宙晚期的浅海中第一次出现了原始动物,如海绵、水母、软体珊瑚等。随着藻类植物的大量出现,光合作用吸收了大气圈中大量二氧化碳并放出大量氧气,使得大气圈中二氧化碳浓度下降,氧气浓度上升,逐渐改变了大气的组成。在元古代末期,地球上出现了第一次冰期——震旦纪冰期,各古陆高地上冰川广布,遗留下许多冰碛物。

4. 古生代(距今 $6 \times 10^8 \sim 2.3 \times 10^8$ 年)

古生代历时 3.7×10^8 年,根据地层和古生物情况又分为早古生代(下古生代)和晚古生代(上古生代)两个亚代,共由六个纪组成,不同时期的自然地理环境具有不同的特点。在古生代,世界大陆几经分离。元古代末期,古陆面积不断扩大而合并在一起构成了泛大陆。古生代寒武纪时,地壳开始下沉,海水侵入泛大陆使其开始分裂,在南部形成冈瓦纳大陆,北部分离为北美洲、欧洲和亚洲三个古大陆。从奥陶纪开始,在全球范围内发生了一次构造运动,称加里东运动。这次运动使欧洲与北美洲合并在一起形成了一块大陆。石炭纪末期发生了海西运动,使冈瓦纳大陆与欧美大陆合并在一起。这次运动一直持续到二叠纪末,使亚洲大陆与欧美大陆合并在一起,形成了一个新的泛大陆。

在大陆分合、海陆变迁的过程中,生物圈也发生了巨大变化。在早古生代,动物界第一次得到大发展,被称为海生无脊椎动物时代。化石中最多的是三叶虫化石,所以早古生代又称为三叶虫时代。志留纪末期,半陆生的裸蕨植物首次出现。晚古生代,植物界获得第一次大发展,动物界也出现从无脊椎到脊椎、从水生到陆生的两次飞跃。加里东运动之后,大陆上出现了大面积低平的沼泽和湖泊湿地,这为以海生藻类为主的植物界向陆生植物发展提供了有利条件。在植物适应陆地环境的过程中,不适应陆地生活的植物被淘汰,蕨类植物保存下来并在泥盆纪时得到空前的大发展,使大陆第一次披上了绿装。石炭、二叠纪使蕨类植物发展达到了鼎盛时期,陆地上出现了万木参天、密林成海的景观,因此晚古生代被称为蕨类植物时代。这些高大蕨类林木在地壳运动时被埋在地下,形成了许多煤层,所以石炭、二叠纪是地史上最重要的成煤时期之一。此时海生无脊椎动物经过漫长的演化,分化出了有脊椎的较高级的动物。泥盆纪时出现了大量的鱼类,所以泥盆纪又被称为鱼类时代。晚古生代末期出现了两栖类动物,实现了动物从水到陆的又一次飞跃,并在石炭、二叠纪得到了空前繁盛,因此石炭、二叠纪又称为两栖类时代。晚古生代的气候逐渐变冷,石炭纪末期和二叠纪早期全球出现了第二次大冰期,南半球有广泛的冰川分布。

5. 中生代(距今 $2.3 \times 10^8 \sim 0.7 \times 10^8$ 年)

古生代末期由海西运动合并而成泛大陆,在中生代初期因全球性大规模强烈的旧阿尔卑斯运动而开始分离。在三叠纪时,北美洲与欧洲分离产生了大西洋,并逐渐扩张。在侏罗纪时,南美洲与非洲分离,产生了南大西洋,同时印度板块也脱离泛大陆产生了印度洋。在白垩纪时,世界各地都产生了一次构造运动,这次构造运动在中国称燕山运动。它使大西洋和印度洋逐渐形成,古地中海面积逐渐缩小。至此,各大洲的分布形势已初具规模。我国大陆的基本轮廓也是这时确定下来的。

中生代陆地上的气候复杂多变,喜湿热的蕨类植物因不适应干湿冷热多变的大陆环境而逐渐衰退,适应性较强的靠种子繁殖的以苏铁、银杏、松柏类植物为典型代表的裸子植物成为当时植物界的主宰,所以中生代被称为裸子植物时代。这些裸子植物在一定的地质条件下被埋藏在地下而逐渐形成煤层,所以此时代是又一个重要的成煤期。中生代爬行动物得到了迅速发展,并逐渐取代了两栖类动物成为当时动物界的主宰,所以中生代又称为爬行动物时代。此时的爬行动物以恐龙为主,所以中生代又称为恐龙时代。但是,到了中生代末期,曾称霸一时的恐龙在地球上突然绝迹了。关于恐龙绝迹的原因至今仍是一个未解开的科学之谜。

6. 新生代(0.7×10^8 年到现在)

第三纪时全球普遍发生了一次构造运动,在欧洲称新阿尔卑斯运动,在中国称喜马拉雅运动。这次地壳运动使澳洲与南极分离,印度板块向东北漂移并和亚欧板块碰撞在一起,基本上形成了今天的海陆分布大势和地表起伏形态。第三纪初期的气候仍然比较温暖湿润,但经过多次造山运动之后,随着陆地地势增高和面积扩大,气候逐渐趋于干冷。进入第四纪后,气候进一步变冷,波动增大,在中、高纬地区和低纬的高山地带发育了大规模冰川,称为第四纪大冰期。

进入第三纪后,植物界以被子植物大发展为特征,动物界以哺乳动物空前繁盛为特点,因此新生代又称为被子植物时代和哺乳动物时代。气候趋向干冷以后,许多地方植物出现旱生化特征。在新第三纪初期出现了草原,第四纪又出现了苔原,从而形成了现今的多种多样的植被类型。新生代除哺乳动物得到大发展之外,其他动物种类也逐渐增多,如昆虫和鸟类数量也大大增加。在第四系堆积层的上部除了含有其他生物化石之外,还含有古人类化石和古人类活动遗迹、遗物。这说明在第四纪完成了从猿到人的转化,人类社会开始出现。人类的出现是新生代的一件大事,也是地球演化历史上最重大的事件,从此,开始了人类利用自然和改造自然的崭新时代。

二、人类与自然地理环境的相互作用

人类是自然地理环境演化到一定阶段的产物。人类自出现以来，就通过生产劳动与周围的环境发生联系。自然地理环境为人类生存和发展提供必要的物质基础，同时人类的各种生产活动又不同程度地影响着自然地理环境。这种影响随着人口的增加和社会生产力的发展而日益强化。人类一方面通过积极的改造自然的活动创造了更有利于人类生活和生产的环境条件；另一方面却由于盲目的自然资源开发活动导致了环境的恶化，遭到大自然的惩罚。正是这一原因，促使人们迫切地去研究人地关系，探讨人类社会与自然地理环境协同进化的正确方向和可持续发展的有效途径。

（一）人类与自然地理环境相互作用的阶段

人类与自然地理环境的相互作用经历了一个相当漫长的发展过程。随着科学技术的进步和人类社会的发展，其相互作用的规模、深度、方式和效果都发生了一系列的变化。据此，可将人地关系和发展过程划分为四个阶段。

1. 采集渔猎阶段

人类早期的原始群落几乎和动物一样，其食物来自猎获的其他动物和采集的野果，水取自河、湖，衣服源于植物纤维和动物皮毛。这些资源依季节而更新并且没有紧缺感。原始人生活的范围很狭窄，使用的生产工具极为简陋，主要是石器、棍棒和弓箭等。当时虽然已有用火的证据，但对火的利用是极其原始的。他们的生产活动对自然环境的破坏不大，而人群的分布和人口数量则更多地受地理条件如气候、植被以及动物种群的限制。这个时期的人类对自然界是完全依附的，人地关系处于原始的协调状态。

2. 农业社会阶段

距今约 1 万年，人类学会了种植作物和饲养家畜，开始出现了农业和畜牧业，从此人类社会进入了农业生产阶段，这在人类发展史上是一次重大的变革。"刀耕火种"是人类最早的农业技术，为了发展农业和畜牧业，人们砍伐和焚烧森林，开垦土地和草原，因此最早被使用并遭到破坏的是肥沃的土层。人类使用了犁和牲畜后，对土地开发利用的效率提高了，同时也加重了土壤侵蚀。尤其是当土地开发逐步由平原、丘陵扩展向山地以后，土壤侵蚀越发严重。人类在从事种植业的过程中，还面临着洪涝、干旱、盐碱、病虫害等一系列灾害的威胁。在与危害种植业生产的诸自然破坏力斗争的过程中，人类建立了各种人工设施，如堤防、水坝、排灌渠等，建立起一个依靠人力、畜力维持的相对稳定的种植业环境。这时的人地关系从单纯依附自然进入到顺应自然阶段，其主要特点是人类开始发挥其主观能动作用，利用自然力量来生产人们需要的生活资料，但是人类控制自然的能力还很低下，在自然灾害面前还处于听天由命的状态，在人地关系这对矛盾中仍处于被动地位。

3. 工业化阶段

18 世纪以后，以纺织机和蒸汽机的广泛使用为标志发生了工业革命，许多国家随着工业文明的崛起，由农业社会过渡到工业社会。化石燃料这种新型能源的使用，促进了工业和农业的迅猛发展，也大大加强了人类对自然环境的改造和利用能力。自然资源的开发和利用，机械化、水利化及化肥、农药和化石能源维持的现代化农业的发展，使人类在更大程度上摆脱了自然环境的束缚。工业的蓬勃兴起,极大地提高了生产力水平,一方面创造了前所未有的经济奇迹,同时也对人类生存环境造成了巨大影响,如地表物质强烈流动,几十万种人工合成化学物质进入水圈和大气圈,大量工业废物进入环境,严重污染着周围的环境,影响了人类的生活质量和健康。人类对自然资源的盲目开发和滥用,引起了多种自然资源枯竭、土壤侵蚀和土地沙化等环境问题。因此,人类在这一阶段所建立的环境存在着严重的缺陷和弊病。在这个阶段,人类在人地关系这对矛盾中逐渐占据了优势地位。由于过分夸大主观能动作用,人类办了一系列违背自然规律的蠢事,走上了一条以牺牲人类良好生存环境为代价来换取高速经济发展的道路,并且不得不耗费巨额资金去治理已被破坏的环境。

4. 人地关系的协调发展阶段

20世纪60年代开始的以电子计算机、激光、光导纤维等为主要内容的新技术革命,使人类逐步迈入信息技术时期。新技术、新能源和新材料的发展和应用,给人类在利用和改造自然的斗争中增添了新的力量。它一方面有利于解决工业化阶段造成的环境问题,另一方面可能带来新的环境问题。例如,发达国家发展新兴产业,可能把技术落后、污染严重的传统产业转移到发展中国家。就某一地区而言,城市发展新兴产业,传统工业向农村转移。这样,将使污染由发达国家向发展中国家转移,由城市向农村转移。新技术、新材料的应用,也会产生相应的环境效应,有许多因素是难以预料的。工业化阶段产生的一系列环境问题,导致了人类自我意识的觉醒。总结传统发展模式所带来的严重教训,人们逐渐认识到人类不仅要关注发展的数量和速度,更要重视发展的质量和可持续性,寻求社会经济发展的新模式,探索一条经济增长与资源、环境保护相互协调的发展道路,即可持续发展道路。可持续发展是既满足当代人的需要,又不对后人构成危害的发展思维模式,其实质是要协调好人口、资源、环境与发展之间的关系,体现了人与自然关系的和谐与协调。可持续发展道路是人类对其发展道路经过深刻反思后所提出的一种发展观和战略观,这种思想已在世界范围内达成共识,将逐步成为人类指导自己行为的准则。

(二)自然地理环境对人类社会发展的影响

1. 自然地理环境在人类社会发展中的基础作用

地球具有太阳系其他星体所没有的适合于生物生存的地理环境,这个地理环境的进化孕育了人类。人类从自然地球系统演化而来,两者之间时刻不停地进行着物质和能量交换。一个人一生中要从环境中摄取324 t空气、54 t水、32.4 t食物等生命必需物质。在人类社会的早期阶段,人类的各项活动严格受地理环境的制约。现代人类虽已在相当程度上按照自己的意志利用和改造自然,但并不意味着人类可以完全摆脱自然的约束,这种决定作用仍表现得比较明显。地球上各处自然环境的差异和自然资源分布的不平衡,使区域经济的发展也表现出明显的区域差异,我国三大自然区在经济发展上的差异就充分体现了这一规律。

2. 自然地理环境在人类社会发展中的限制作用

自然地理环境中存在着许多限制人类社会发展的因素,制约着人类社会的进步。极端寒冷、干旱地区的自然生产力低下,人类的生产活动受到极大限制,社会发展受到阻滞。热带雨林地区虽然水热条件优越,但是降雨造成的土壤养分流失极为严重,土壤结构极易恶化,不适宜发展农业。副热带高压控制的南北纬15°~30°之间的区域,气候干燥,降雨量少,潜在蒸发量远远高于降水量,形成干旱半干旱的气候,世界上主要的大沙漠都分布于此,农业发展极为困难,农牧民长期处于贫困状态,人口稀少,社会发展受到阻滞。热带与副热带高压之间的区域,一年中交替出现雨季和旱季,雨季暴雨突发,河湖泛滥,土壤迅速流失;旱季持续时间长,草木枯萎,水源枯竭,不利于农业的稳定发展,世界上最不发达的国家的地区多处在这类地区。由于自然地理环境的屏障作用,即使在世界文明得到极大发展的今天,许多地方仍处于落后的发展阶段,在南美的亚马逊雨林中、在非洲的丛林里、在太平洋的岛屿上,至今还居住着维持石器时代的原始人群。

3. 自然地理环境在人类社会发展中的促进作用

优越的自然地理环境、丰富多样的自然资源有助于加快社会发展的进程,历史上环境良好的大河流域,如非洲尼罗河三角洲(埃及)、西亚两河流域(巴比伦)、南亚印度河流域(印度)、东亚黄河流域(中国),之所以成为古代文明的摇篮和人类社会初期发展的中心,显然与当地气候温和、土壤肥沃、水源充足等优越的自然环境有着密切的联系。自然地理环境的空间地域差异在一定程度上能决定生产力的地理分布,不同的自然资源可导致相应产业部门的建立。对社会发展而言,社会生产劳动分工有着重大的意义。这种分工首先是由作为劳动对象的自然地理环境的不同特点引起的。自然条件、自然资源的多样性也刺激人们寻求多样化的生产技术,发展出多种技术能力,从而又促进生产资料的生产和交换。自然条件不是社会经济发展唯一的前提,在相同的自然条件下,运用不同的生产技术,也可以取得不同的成果。然而,没有一定的自然条件,决不会发生相应的社会生产。

(三)人类活动对自然地理环境的影响

在人类与自然地理环境相互作用过程中,起积极或主导作用的是人类。他们在开发利用自然资源的同时,参与了自然地理环境的物质和能量交换,并且不可避免地改变着自然地理环境的面貌。人类对自然地理环境的影响,随人类社会发展水平的不同而具有不同的性质。现代人类活动对自然地理环境的影响,主要是通过加强和改变人地之间的各个物质交换环节来实现的。

1. 加速固体物质的机械搬迁

人类加速固体物质的机械搬迁主要通过两种途径来实现:一是采矿和工程建设;二是破坏植被。目前人类每年因采矿等活动而从岩石圈中取走的岩石、矿物达1 000亿t之多,在工程建设和农业活动中搬运和搅动的土石方为数更多。人类因破坏植被而形成的固体物质的重力迁移和机械搬迁比自然状态下的要增大几十倍至上千倍。目前全世界已开垦的土地约占全球总面积的10%,即大约1 500万km²,而遭受侵蚀的面积不低于$6\times10^6\sim7\times10^6$ km。多年来因遭受强烈侵蚀而弃耕的面积超过了全部新垦的土地。特别是在一些耕作技术粗放的地区,每年每公顷土地损失的泥土竟达30~37 t之多。人类活动加剧了地表固体物质的机械搬迁,造成的直接后果是形成一系列新的不稳定的低级的自然综合体,并使其结构和功能不可避免地发生变化。

2. 干预地表的水平衡

地表水的分布极不均匀,人类很早就为改善水平衡状况进行了不懈努力。人工改善水平衡的途径有两种:一是修建水库和引水渠改变流域内的水平衡;二是大规模调水以改变两个以上流域间的水平衡。目前已有的水利设施绝大部分属于第一种,人工水库的蓄水面积已近 $40×10^4$ km^2,这些人工水库对径流起着调节作用,利用它们可获得防洪、灌溉、发电、航运等多种效益。但是,有些水库也产生了不良的后果。例如,我国 20 世纪 50 年代在黄淮海平原修建的人工水库提高了周围地区的地下水位,引起大面积土壤盐碱化。埃及在尼罗河上修建阿斯旺大坝,曾导致血吸虫病的蔓延和农田自然肥力的下降。这种人类改变地表水平衡所产生的不良后果正引起广泛的关注。因人工灌溉每年从河流中取走了 3/4 的水量,为农业增产特别是干旱地区农业发展创造了良好的条件,但是无节制的灌溉也会在不同类型地区分别引起土地盐碱化、沼泽化、潜育化等不良后果。开采地下水也常造成水量的负平衡,如导致地面下降、土地旱化、沿海地区咸水侵入等。人类的一些改变集水区径流的各种有意识或无意识的活动,如毁草、建设林带、改良土壤、农业技术措施等,也干预着地表水分的平衡。

3. 改变生物界的平衡

有机界与自然界所有其他成分有着密切的联系,并且对外界的作用反应很敏感,是人类影响地理环境的重要杠杆。由于人类活动已导致地球上许多动物绝灭或趋于绝灭,其中有的是人类直接消灭的,有的是由于人类改变了自然环境而绝灭的。20 世纪以来,人类活动至少已导致 120 种哺乳动物和大约 150 种鸟类灭绝,另外还有一些动物濒于灭绝。动物的大量灭绝和数量上的剧减,也破坏了生物界的自然平衡和食物联系。人类的长期活动,使 40% 以上的森林被砍伐,其中 20%(约 $31×10^6$ km^2)是近 300 年来破坏的。森林和其他植被遭受大规模破坏,不仅使人类丧失了宝贵的资源,而且由于破坏了自然地理环境主要的稳定因素,削弱了地表保持水土和抗侵蚀的能力,引起许多地区的生态环境严重失调。人工生态系统取代天然生态系统并不一定会产生有害结果。例如,人类在平原和河谷地区建立的农田生态系统,在草原地区建立的人工牧场生态系统,在山地建立的以林业为主的生态系统大多是成功的。那些失败或出现严重问题的地区,主要是因为人类在开发利用自然时忽视了自然地理系统的结构和功能的整体联系。例如,在山区大规模毁林开荒而引起严重的水土流失,在森林草原地带大规模毁林开荒而引起土地沙漠化,在半草原半荒漠地区过度放牧而引起沙漠入侵、草原退化等,都属于这类性质的问题。

4. 加速化学元素的迁移

人类活动对化学元素迁移的影响主要表现为两个方面:第一,人类通过各种途径扩大了化学元素的迁移规模。人类直接或通过种植各种作物从地表取走各种元素,并制造出许多新的物质并把它们散布到地球表面。每公顷收获物一年从土壤中汲取的基本物质约为 $300\sim700$ kg,一般中等肥力的土壤大约经过 $15\sim150$ 年矿物养分就会丧失殆尽。第二,增加了元素迁移中的有害物质成分。由于人类活动,使大气中二氧化碳、甲烷、氟氯烃、氮氧化合物和一氧化碳等的含量逐年增加,有的地区每年增加量竟高达 7%,并因降水污染水体,还有部分化学元素进入食物链影响着人体的健康。人类活动所引起的地球化学平衡的破坏,其中有些后果和性质目前尚难确定,如大规模砍伐森林是否会破坏大气中氧的循环,大气中二氧化硫、二氧化碳、甲烷和氟氯烃等浓度的增加会对自然过程产生何种影响等,要明确地回答这些问题还有待进一步研究。

5．改变地表的热量平衡

地表的热量平衡在人类作用下往往会发生多种变化,其中对热量平衡影响较大的人类活动有滥伐森林、兴建城市、修筑水库、发展灌溉、排干沼泽、人为活动引起的大气尘埃和二氧化碳浓度的增加、人为热量的大量释放等。这些因素有些可以改变地表反射率,有些可以影响大气内部的辐射过程。当代对全球热量平衡有重大影响的因素主要是人为热量的大量释放、二氧化碳浓度的急剧增加和大气尘埃的日益增多。在人类的影响下,热量平衡变化的总趋势是增温,并由此逐渐引出重大的不可逆的环境后果——全球气候变化。

（四）人类与自然地理环境的协调发展

1．人类与自然环境的对立统一关系

人类与自然环境从一开始就处在相互作用和相互制约的关系之中。人类通过生产活动作用于自然界,从自然界中取得生产和生活所需要的物质能量,而自然界则通过向人类供应物质与能量反作用于人类,两者之间存在着对立统一的相互关系。从对立方面看,人类的主观要求与自然环境的客观属性之间、人类有目的的活动与自然过程之间都不可避免地存在矛盾。如果人类按照自己的主观愿望盲目地违背自然规律办事,必然要遭到大自然的惩罚。从统一方面看,人类既是自然环境的产物,又是自然地理环境的塑造者,如果人类在充分认识自然环境客观规律的基础上,运用先进的科学技术加速自然环境由低级向高级的演化,被人类改变的自然环境则会不断地提高物质和能量的供应能力,极大地推动人类社会的发展。要使人类与自然环境协调统一,就必须善于清除人与地的对立,促使两者共同进化、协调发展,形成和谐的人地系统。

2．人类与自然地理环境的协调发展

在人与自然环境的关系中,"协调"与"征服"、"改造"、"适应"均有本质区别。因为人们去适应环境,不免带有一定的被动意义,反映出人对自然的消极态度,而人类去改造自然又多少带有一点征服的色彩。协调则是以遵循自然环境演化的客观规律为前提,以系统结构健全为基础,以系统功能完善为目标,具有严格的科学性。要讲人地关系的协调,既要去除传统的征服、主宰自然的唯意志论思想,同时要肯定人类的主观能动性。人类有可能通过自身的作用协调人地关系,使得人类对自然界的消耗不超出其再生产的能力,排放的废弃物质不超出其自净能力,求得人类社会持续稳定地发展。

3．人地关系协调的可持续发展之路

人类的发展史告诉我们,只有人与自然的关系达到和谐,才会有人类社会的真正文明。要保持人类社会的不断进步,只有协调人类与自然环境之间的相互关系,以保证人类社会目前和未来的发展。可持续发展正是实现这一人地和谐目标的发展模式,是人类社会文明进步的必然。早在20世纪70年代,有识之士就已经开始认识到,人类在人口增长和现行生产模式与消费模式条件下不可能走向光明的未来。因此,人类必须调整自己的行为,确定新的发展标准,寻求新的发展模式。1987年,联合国环境与发展委员会在其题为《我们共同的未来》的报告中,提出了一个广为接受的可持续发展定义,标志着可持续发展理论思想的成熟,可持续发展成为世界各国对发展模式共同的选择。1992年6月联合国环发大会通过的《21世纪议程》,将可持续发展推向人类共同追求的实际目标,使可持续发展思想由理论走向实践,从此人类对环境与发展的认识进入了一个崭新的阶段。可

持续发展思想的基点是"发展",没有一定速度的发展,持续也就无从谈起。所以,问题的核心在于什么样的发展是可持续的。在大量社会实践的基础上,人们终于认识到,环境与发展密不可分,环境是发展的内在要素之一。经济的发展始终以环境条件为依托,依赖于环境系统的要素所提供的物质和能量。而在经济系统运行中,又使环境系统的结构和状态不断发生变化,这种变化要有利于人类生活质量的提高,有利于增强环境对经济的支持能力,使环境、社会、经济复合系统朝着更加均衡、和谐、互补的方向进化。这是可持续发展体现的人与自然和人与人之间关系协调的关键所在。可持续发展作为全人类共同追求的目标,体现了人与自然环境的协调和统一。从其社会学观点看,它主张公平分配,以满足当代和后代人的基本需求;从其经济学观点看,它主张建立在保护地球自然系统基础上的持续经济增长;就其自然观点看,主张人类与自然的和谐相处。

我国政府以极其认真负责的态度对待联合国环境与发展大会的成果,高度重视全球《21世纪议程》提出的可持续发展战略目标和行动对策,在联合国环发大会后的一个月内,国务院就决定以联合国《21世纪议程》为指导,编制《中国21世纪议程》。经过国家52个部门、300多名专家两年的努力,于1994年7月正式完成,并经过国务院常务会议讨论通过、颁布实施。《中国21世纪议程》是我国政府实施可持续发展战略的一个纲领性文件和具体行动,也是世界上第一部国家级可持续发展战略规划。《中国21世纪议程》是我国推行可持续发展战略的纲领和蓝图,它的制定标志着我国对可持续发展问题的认识和对发展道路的选择有了一个历史性转变。它的实施不仅可以促进我国社会经济的可持续发展,而且对全世界的持续发展也将起到推动和促进作用。

三、自然地理环境的地域分异

(一)地域分异规律的概念

所谓地域分异,是指自然地理环境及其要素在空间分布上的不均一性,如陆地与海洋的差异,山地与平原的差异,各地带的气候、生物、水文和土壤的差异等。自然地理环境地域分异规律即指各级自然地理环境及其要素在空间上按一定方向呈有序性更替变化的规律性。地域分异规律研究具有重要的理论意义,它可以提示不同等级自然地理环境在地球表面的确切位置和展布方式,有利于研究自然地理环境的整体性规律及其成因。自然地理环境之所以在地球陆地表层呈有规律性的分布,根本上说是由两方面的因素造成的:一是太阳辐射,它在地球陆地表面按纬度分布不均,导致自然地理环境出现东西方向延伸、南北方向更替的分布规律;二是地球内能,它的积累与释放控制着海陆分布格局和地势起伏变化,在一定程度上干扰甚至破坏由太阳辐射因素引起的自然地理环境东西方向延伸、南北方向更替的分布规律,出现南北方向延伸、东西方向更替或出现随海拔高度变化发生更替的分布规律。因此,有的学者将太阳辐射因素称为地域分异的地带性因素,而将地球内能因素称为地域分异的非地带性因素。

全球自然地理环境具有空间上的镶嵌性特征,影响不同等级自然地理环境的分异因素或受影响程度不同,其分异的表现形式也互不相同。在分析自然地理环境地域分异规律时,有必要区分出不同的层次和规模。一般用三种尺度来衡量地域分异的规律(见表2-8)。

表 2 - 8　地域分异的规模与尺度

规　模	层　次	水平范围	垂直厚度	内部物质联系
大尺度	大陆层次	大陆或洲	对流层顶至沉积岩石圈底	全球性大气环流、水分循环和地质循环
中尺度	区域层次	大于 1.0×10^6 km²	大气边界层至太阳能休止深度	地区性大气环流和大流域的物质迁移
小尺度	局地层次	小于 1.0×10^6 km²	植物冠层顶至根系所及部位	生物循环

（二）陆地自然带及其分布规律

1. 自然带

大陆上出现的呈带状分布并具有一定延伸方向和更替次序的自然地理系统称为陆地自然带，简称自然带或自然地带。根据自然带的空间展布方式，可分为水平自然带和垂直自然带。水平自然带是在不考虑地势起伏的前提下出现的呈水平展布的自然带。水平自然带的空间范围巨大，往往纵横跨越 10～20 个纬度或经度。垂直自然带是在水平自然带的基础上，由于地势巨大的起伏变化所形成的垂直方向上依次更替的自然带。垂直自然带没有陆地水平自然带那么广大，在千米以上的海拔高度范围内即可见到不同的垂直自然带。与水平自然带相比，垂直自然带属于次一级地域单位，即自然地理系统的中尺度地域单位。各个水平自然带或垂直自然带都是同级规模、不同性质的自然地理系统，但是相邻两个自然带之间却没有截然的分界线，总是从一个自然带逐渐过渡到另一个自然带。在过渡带较宽的某些情况下，还可以划分出一些过渡型自然带。自然带通常用各个自然带中的典型植被类型来命名，垂直自然带在类型划分、命名和性质等方面与水平自然带有很多相似之处。水平自然带一般可分为 12 个基本类型，它们的气候类型、典型土壤、典型植被和典型动物有显著差异（见表 2 - 9）。

表 2 - 9　水平自然带及其主要特征

自然带名称	气候类型	典型土壤	典型植被	典型动物
热带雨林带	赤道多雨气候	暗红湿润铁铝土	热带雨林	猩猩、河马等
热带雨季林带	热带季风气候	简育湿润铁铝土	热带季雨林	象、孔雀等
热带草原带			热带草原	长颈鹿、羚羊等
热带荒漠带			热带荒漠	袋鼠、沙漠狐等
亚热带常绿硬叶林带	热带干湿季气候	铁质干润淋溶土	亚热带常绿硬叶林	菊头蝠、无尾猴等
	热带干旱气候	暖性干旱土	亚热带常绿阔叶林	猕猴、灵猫等
亚热带常绿阔叶林带	亚热带夏干气候	干旱淋溶土		松鼠、黑熊等
	亚热带季风气候	湿润富铁土		

（续表）

自然带名称	气候类型	典型土壤	典型植被	典型动物
温带落叶阔叶林带 温带草原带 温带荒漠带 寒带针叶林带 极地苔原带 极地冰原带	亚热带湿润气候 温带季风气候 温带海洋性气候 温带半干旱气候 温带干旱气候 寒带大陆性气候 极地苔原气候 极地冰原气候	简育淋溶土 钙积干润均腐土 正常干旱土 正常灰土 暗沃寒冻潜育土 未发育	温带落叶阔叶林 温带草原 温带荒漠 寒温带针叶林 苔原 未发育	黄羊、旱獭等 双峰驼、子午沙鼠等 驼鹿、紫貂等 驯鹿、北极狐等 北极熊、海豹等

2. 水平地带性规律

自然带在水平方向上沿一定方向延伸，并按确定方向依次发生更替的现象称为自然带的水平地带性规律。显然，这里所说的自然带是指水平自然带。按照水平自然带延伸和更替方向，可将水平地带性规律分为纬度地带性和经度地带性两种规律。纬度地带性规律是指水平自然带大致沿纬线（东西）方向延伸并按纬度（南北）方向依次发生更替的现象。例如，高纬地区的极地苔原带和寒带针叶林带，以及低纬地区的热带雨林带延伸方向都大致与纬线相平行，而且它们都横跨世界大陆呈断续的带状分布，表现出明显的纬度地带性规律。自然带纬度地带性规律的根本原因，是由于大陆不同纬度地带得到的太阳辐射能不同。标准的纬度地带性规律（即自然带严格按照东西方向延伸、南北方向更替并环绕地球分布）往往在其他因素的干扰下发生偏转甚至"尖灭"。例如，中纬度的自然带就不能横跨整个大陆分布，而是在大陆东岸、西岸和内陆地区出现不同的纬度地带性规律。经度地带性规律是指水平自然带大致沿经线（南北）方向延伸并按经度（东西）方向依次发生更替的现象。例如，欧亚大陆东部地区自沿海向内陆依次出现温带落叶阔叶林带、温带草原带和温带荒漠带。这三个自然带大致南北方向延伸（确切地说呈东北—西南向延伸），东西方向更替，在一定程度上表现出经度地带性分布特征。经度地带性规律的形成与海陆位置有关。从沿海地带逐渐向内陆过渡，来自海洋的水汽不断减少，气候越来越干旱，自然带则由草原带逐渐变为荒漠带。因此，经度地带性也称为干湿地带性。

3. 垂直地带性规律

随着海拔高度的剧烈变化，垂直自然带在垂直方向上依次地、有规律地发生更替的现象叫做自然带的垂直地带性规律，简称垂直地带性规律。一条高大山系自山麓到山顶可以出现一系列垂直自然带，这些自然带自下而上的排列顺序、数目及其分布高度统称为自然带的垂直带谱。山麓地带的自然带称为该垂直带谱的基带，它就是该山系所在地区相应的水平自然带。垂直地带性规律成因是地表巨大的地势差异而形成的不同海拔高度上水热条件组合的差异。垂直带谱在空间分布上有两个方面的变异规律。

（1）山体所处的水平自然带不同，其垂直带谱也不同。垂直地带性规律是在水平地带性规律基础上形成的，不同水平地域的垂直带谱肯定不同，其变异的规律是自基带随山体升高依次出现的垂直自然带与所在地区向极地或向沿海过渡所出现的一系列水平自然带相似。图 2-11 表示了湿润地区同一经线不同纬度地带上垂直带谱的空间变异情况。

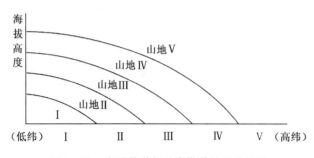

图 2-11　水平带谱与垂直带谱的对应关系

Ⅰ. 热带雨林带；Ⅱ. 亚热带常绿阔叶林带；Ⅲ. 温带落叶阔叶林带；Ⅳ. 寒温带针叶林带；Ⅴ. 寒带苔原带和冰原带

（2）同一水平自然带内，山体高度不同，垂直带谱组成就不同。同一水平自然带内，垂直带谱的复杂程度主要与山体海拔高度有关。山体越高大，气候垂直分异也就越明显，出现的垂直自然带数目就会越多。喜马拉雅山是世界上最高的山脉，因此它的垂直带谱最为完整，其南坡自下而上依次出现热带雨林带、山地亚热带常绿阔叶林带、山地暖温带针阔叶混交林带、山地寒带针叶林带、亚高山寒带灌丛草甸带、高山寒冻草甸带、高山寒冻地衣带、高山冰雪带。

（3）同一山体的坡向不同，其垂直带谱的组成就不同。同一山体的不同坡向，水热条件可以出现明显差异，从而形成不同的垂直带谱。秦岭南坡自下而上依次为亚热带常绿落叶林带、山地温带落叶阔叶林带、山地寒带针叶林带、山地寒带草甸草原带；北坡自下而上依次出现温带森林草原带、山地温带落叶阔叶林带、山地寒带针叶林带、山地寒带草甸草原带。

（三）自然地理系统的地方性分异规律

所谓地方性分异规律是指在自然地带内部由于局部因素作用所形成的小范围的地域分异规律。因为地方性分异规律属于小尺度分异规律，多数情况下可以被人们在野外直接观察，所以它更具有普遍意义。地方性分异规律所分异出的自然地理系统通常被称为"景观"，是地理建设或景观生态设计的基本单位。

地方性分异规律一般表现为序列性和重复性两种形式。序列性也称系列性或组合性，是指自然地理环境随地形序列变化依次发生更替的现象。这里所说的地形变化尚未达到形成两个垂直自然带的程度，只是某一垂直自然带内部的地形变化。序列性分异在平原和山区都很常见，例如在一条河谷中，地形从河床向两侧依次变化为河漫滩、阶地、谷坡、山顶等，不同地貌部位的地表物质组成、地下水位、土壤和植被是不同的，进而引起自然地理景观从河床到山顶依次发生变化。重复性也称复域性，是指自然地理环境在一定空间范围内既重复出现又相互更替的现象。重复性分异在平原地区或黄土丘陵区最为常见。例如，在黄土丘陵地区深切的沟谷与谷间梁、峁相间分布。

第三节 环境科学与生态学

一、环境问题和环境科学的产生

环境问题古已有之,人类在各种生产和生活活动中,既对环境有着极大的依赖性,又对环境施加了多种多样的作用,影响和改造环境,导致环境发生了不同程度的改变。人类活动使环境所发生的改变在性质上有着二重性,有的变化更有利于人类社会的发展,有的变化则不利于人类的生存和发展。近几百年来,环境的后一种变化尤为突出,严重威胁着人类的生产、生活和健康,从而使环境问题成为举世关注的大问题,并促使了环境科学的形成和发展。

(一)环境问题的提出

环境问题主要是指由人类活动而引起的自然环境的改变和改变了的自然环境对人类的影响。具体而言,它主要是指两类环境的破坏:一类是非污染的环境破坏;另一类是污染性的环境破坏。前者主要是由于无计划地滥伐森林、破坏牧地、超量开发地下资源、乱捕滥杀某些动物,破坏了自然界的生态平衡,使资源枯竭或使大片耕地变成不毛之地,等等。后者主要是人类把大量的废弃物质和能量排放到自然环境中去,超过了自然环境的容量或自净能力,导致了环境质量的恶化,危及人类,并造成人类生产和生活资源的紧缺。污染性的环境破坏变得越来越严重,甚至成了"公害"。18世纪后半叶,煤的使用导致了烟尘和二氧化硫对大气的污染。20世纪20年代,石油、天然气的大量使用,汽车数量的猛增,又形成了严重的石油和汽车废气的污染。1952年12月5日至8日英国伦敦发生了震惊世界的"伦敦烟雾事件",4天内就有4000人死亡。1955年发生的美国"洛杉矶光化学烟雾事件",也导致两天内400多位65岁以上老人的死亡。20世纪中期,日本四日市因石油化工废气和含金属粉尘的空气污染,诱发了"四日市气喘病",1972年患者达6376人,并导致数十人死亡和不堪忍受痛苦的患者自杀。日本熊本县水俣湾因化工厂含汞废水的污染,1950年出现了"狂猫跳海"的奇闻,之后发现数百人患上"水俣病",数十人死亡。日本中部富山平原的神通川因受炼锌含镉废水的污染,致使当地如群马县的农民长期食用"镉米",于1955年发生了"富山骨痛病事件",1972年3月,患者已超过280人,死亡34人,并有100多人出现可疑症状。

上述一系列重大环境污染事件的发生,引起了世界各国对环境污染问题的重视。特别是20世纪60年代以来,各国都加强了关于环境问题的研究和对环境的治理,许多国家政府建立了有关的行政机构来统一管理污染的防治,并设立了相应的研究机构。各国政府还颁发了有关环境保护的法令、条例和措施,编制了环境规划,使环境治理与保护逐渐走上了法制化的轨道。1954年,一些美国科学家、教育家和工程师发起成立了环境科学学会,创立了《环境科学》杂志。1962年,美国生物学家卡逊(Rachel Carson)出版了《寂静的春天》一书,描绘了滥施化肥、农药导致生态系统受到严重破坏后的可怕景象,第一次向人类敲响了环境破坏的警钟,标志着人类关心环境问题的开始。1968年第21届国际地理学大会首次正式设立"人类与环境"学术委员会。1972年,联合国"人类环境会议"在瑞典的斯德哥尔摩召开,会上发表并通过了《人类环境宣言》,标志着保护环境已经成为世界各国的共识。上述工作都为环境科学的兴起和发展创造了条件。

（二）环境科学的兴起

环境科学知识的积累由来已久,然而到了 20 世纪中期,在发达的资本主义国家出现大气污染事件之后,环境科学才得以形成并迅速发展起来。环境污染的严重现实和社会的迫切需要,是环境科学形成的强大社会动力;现代科学技术的发展,则是环境科学兴起的必要条件。为环境科学的形成和发展提供重要理论、方法和技术支持的学科和技术较多,主要有生态学、地球化学、地理学、气象气候学、水文学、生物学、医学等。各学科与环境科学的渗透,进一步促进了环境科学的形成与发展。其中生态学和地球化学是环境科学的理论基础,高精密仪器和现代分析技术的发展,为环境科学的形成提供了基本的实验手段和物质条件。

生态学是环境科学的基础理论,也是环境科学的组成部分,是研究生物与环境之间关系的后门科学。生态学对环境科学的主要贡献是提供生态系统的观点和方法。生态系统是生态学研究的基本单位,也是环境科学的核心问题。人是生态系统的组成部分,人的环境也是生态系统的环境,所以,生态学的研究为环境科学的兴起奠定了理论基础。

地球化学是研究地球物质化学运动规律的科学。化学的发展是环境科学兴起的另一重要学科基础。化学中的许多分析方法和仪器都为研究污染问题提供了基本的实验手段,人们可以利用它准确地测定污染程度。因此,地球化学的许多原理和方法可以应用于环境问题的研究,这促进了环境科学的建立和发展。现代的许多学科都把人类活动对本学科研究对象的影响作为重要研究内容。自然地理学过去主要研究原生自然环境。近年来,人类活动极大地改变了自然环境中物质和能量的运动规律,这就要求自然地理学开展人类活动对自然环境的影响的研究,开拓新的研究领域,这就形成了一门新的分支学科——环境地理学。人类活动对大气和水的污染,是影响气候和水文变化的重要因素,因此人类对大气和水的影响,便成了气象气候学和水文学的重要研究课题。此外,生物学、医学都把生物与环境、环境对人和生物的影响作为研究内容。以上各门学科与环境学相互渗透,促使了一些新的环境科学分支学科的诞生,如环境地质学、环境气象学、环境水文学、环境医学、环境生物学等。

科学技术的发展,高精密仪器和现代分析技术的进步,为环境科学的出现提供了基本的实验手段和物质条件。早在 20 世纪 30 年代,紫外线和红外线分光光度计就已被广泛应用于化学分析。20 世纪中叶,出现了比色法和层析法等化学分析方法,使微量分析有了很大进展。20 世纪 50 年代以来,又相继出现了薄层分析、同位素分析和原子吸收光谱仪、质谱仪等现代精密分析方法和仪器,使了解污染物质在环境中的迁移、分布、转化规律和探求它们对生态的影响成为可能,促进了环境科学研究定量化的进程。

环境科学是一门研究人类环境质量及其保护和改善的科学,包括环境质量基础理论、控制与治理和监测与分析技术研究三个方面的内容。20 世纪 70 年代,许多国家把环境科学作为自然科学领域的一个重要研究方向,投入大量的人力和资金,主要开展环境科学基础理论研究、无污染和少污染的工艺技术研究、资源循环利用研究,以及环境监测预报技术研究等。例如,日本的环境科研经费大部分用于防治工业公害的新技术,如无公害炼铜、无公害电镀、低噪声压力机,以及各种封闭工艺流程的研制;美国重点研究工业闭路循环技术,发展精密分离技术。80 年代,在一些工业发达国家,已普遍采用自动分析仪器,建立自动化监测站,利用电子计算机收集、整理和储存数据,并逐步实行污染预报。我国也试制成功许多高精度、小型轻巧的分析仪器和先进的能测定多种污染物的大气监测车和水监测船,为开展环境监测提供了有效的手段。80 年代以来,世界各国的环境科学研究有由污染环境领域向非污染环境领域扩展的趋势,研究内容在原有的大气、水、生物、土壤等环境要素的污染研究基础上,逐渐增加了水土流失、土地荒漠化全球变化、生物多样性丧失、洪涝和干旱灾害、沙尘暴、大河流断流等综合性的大环境问题。

二、环境科学的研究内容

环境科学的研究范围相当广泛,内容非常丰富,涉及面很广,分科也相当复杂。环境科学是一门介于自然科学、社会科学和技术科学三大科学领域之间的边缘科学,是一个由多学科组成的庞大的科学体系,它的核心是环境学,并有一系列向外学科过渡的学科。

环境学是一门综合性很强的学科,按研究内容又可分为理论环境学、综合环境学、部门环境学等分支学科。

理论环境学的主要任务是以辩证唯物主义和历史唯物主义为指导,运用有关的现代科学理论(如系统论、信息论、控制论等),总结古今中外利用和改造环境的经验和教训,批判地继承和发展有关人类与环境之间关系的理论,建立与现代科学技术发展水平相适应的环境科学基本理论。它的主要研究内容包括环境学方法论、环境质量评价原理和方法、环境区划与环境规划原理和方法、工矿企业合理布局原理与方法、人类生态系统特别是社会生态系统的理论与方法。

综合环境学是包括全球环境学、区域环境学、聚落环境学在内的一类环境学科的统称,这些学科均是进行大小不一的各类区域环境问题的综合研究的,并以区域的类型相区分。它把人类与环境作为一个整体,全面地研究人类与环境的对立统一关系的发展、调控、利用和改造,是基于自然科学、社会科学和技术科学的社会生态学。

部门环境学以人类与环境之间的某种或某类特殊问题为研究对象,研究其对立统一关系的发展、调控,利用和改造的途径和措施,是环境学向相邻学科渗透而形成的一类学科。环境学与自然科学相互交叉所形成的一类学科称为自然环境学,如物理环境学、化学环境学、大气环境学、水文环境学、土壤环境学、生物环境学等,它们以人类与自然环境之间的对立统一关系为研究内容。环境学与社会科学相交叉所形成的一类学科称为社会环境学,如经济环境学、政治环境学、文化环境学等,它们以人类与社会环境之间的对立统一关系为研究内容,分别研究人类的经济、政治、文化等环境及其对人类活动和身心健康的影响。环境学与技术科学的交叉所形成的一类学科称为工程环境学,它以人类与技术的关系为研究对象,探讨工程技术及其发展对人类的生存发展和身心健康的促进作用及不利影响。

此外,还有相邻学科向环境学渗透而形成的一类分支学科,如环境物理学、环境化学、环境地学、环境生物学、环境医学、环境工程学、环境经济学、环境法学等,它们的研究内容分别是环境学中的物理学、化学、地学、生物学、医学、工程学、经济学、法学问题。

三、生态学的产生与研究内容

（一）生态学的形成与发展

生态学作为生物学的一门独立分支学科，已有百余年的发展历史。这一发展过程大致可以分为三个阶段，即生态学的思想产生阶段、建立阶段和发展阶段。

1. 生态学的思想产生阶段

生态学的思想最早出现在古代中国，先秦时代就已经有了生态学知识的积累，《尔雅》描述了 226 种植物的外部形态与环境的关系，《诗经》记载了一些动物之间的关系，《管子》记载了江淮平原沼泽植物沿水分梯度的带状分布规律与水文土质的生态关系，并注意到水生演替现象。在以后各个朝代，朴素的生态学思想更为广泛。在西方国家，对生态学知识的积累也有悠久的历史。公元前 450 年，希腊的恩培多克勒（Empedocles）注意到植物营养与环境的关系；亚里士多德不仅描述了动物不同类型的栖息地，还按动物生活环境的类型把动物分为水栖和陆栖两类，按食性分为肉食、草食、杂食及特殊食四类；特奥夫拉斯图（Theophrastos）也注意到植物与自然环境的关系，故而他曾被认为是世界上第一个生态学家。1670 年，英国物理学家波义耳发表了低气压对动物的效应的试验，标志着生理生态学的萌芽。1749 年，法国博物学家布封提出了“生物变异基于环境的影响”的原理，对近代生态学的发展具有很大影响。1798 年，英国人口学家马尔萨斯（Malthus）在其《人口论》中阐明了人口增长与粮食的关系，为种群生态学的产生奠定了基础。1807 年，德国地理学家洪堡德（Humboldt）在《植物地理学知识》一书中创造性地把植物分布与地理和气候因子结合起来，阐明了物种的分布规律，创立了植物地理学。1807 年，英国生物学家达尔文发表的《物种起源》一书，创立了生物进化论，为遗传生态学打下了基础。

2. 生态学的建立阶段

1858 年，脱利乌（Thoreau）首次提出生态学（Ecology）一词。在之后的 19 世纪中，先后提出了生物群落和生命带的概念并形成了生态学的生态、生理和进化三个发展方向。20 世纪初，生态学已成为一门年轻的科学。之后，生态学逐步形成了植物生态学和动物生态学两大分支，植物生态学逐步形成了英美学派、法瑞学派、北欧学派和前苏联学派四大学派。1942 年，美国生态学家林德曼（Linderman）提出了食物链、“金字塔”规律、“百分之十率”等新理论，为生态系统研究奠定了基础。20 世纪 40 年代，物理学、化学、生理学、气象学、统计学等学科的发展和测定技术与研究方法的改进，更促进了生态学的极大发展。

3. 生态学的发展阶段

20 世纪 50 年代以来，随着世界性环境问题的日益加剧，自然系统有序性的维持、人口的控制、环境质量的评价和改善，成为世界极为关切的重大问题。在解决这些重大社会问题的过程中，生态学与其他学科相互渗透、相互促进，促进了现代生态学的发展。这主要表现为四个方面：第一，人体生态学的研究有了一定进展。70 年代以来，生态学家阐明了生物对周期性环境变化的适应规律，研究了生物与其生存环境因子间的相互关系及生理生态作用特点，分析了生态系统的初级生产力与光合作用的关系以及测定技术。第二，种群生态学发展迅速。50 年代，种群生态学，尤其是动物种群生态学，得到了迅猛发展,成为生态学研究的热点。第三,群落生态学研究进入新阶段。50 年代以来,生态学家总结了植物群落研究方法及群落生态学基本原理,进一步完善了演替理论,从系统的高度阐述了生态系统中第一性生产力的现状及其特征,强调了群落与生态系统的关系。第四,生态系统研究从实验生态系统转向自然生态系统。60 年代以来,生态系统中结构和功能间的调节及相互作用、生态系统的能流和能量收支、营养物质的循环、生态系统的遗传和进化等理论问题得到解决,并且应用系统分析方法研究生态系统,使生态系统研究在方法上有了新突破。

现代生态学是一门包含数十个乃至上百个分支的庞大学科。其研究尺度小至不足几英寸,大至面对全球;研究领域可广及地圈、生物圈和人类社会所能触及的各个方面。现代生态学较传统生态学在研究层次、研究手段和研究范围上有所不同,具体阐述如下。

(1) 研究层次上向宏观与微观两极发展

现代生态学的研究对象已在宏观方向上扩展到生态系统、景观与全球研究。在生态系统水平上,对各生物类群的生产力、能量流动与物质循环研究取得丰硕成果,已出版若干专著。景观生态学的形成与发展更加引人注目,美国景观生态学家 R. J. T. Forman(1995)出版了《土地镶嵌体——景观与区域生态学》一书,对该方面的成就做了概括。对于全球变化、生物多样性、臭氧层空洞等研究也有较大进展,从区域扩展到整个生物圈。现代生态学在微观上也取得了不少进展,近年来出现了分子生态学的等新的分支,尤其最近 10 年来,分子生态学的研究受到高度重视,分子生态学的发展极为迅速。

(2) 研究手段的更新

由于数学、物理、化学及技术科学的发展以及相关学科向生态学的渗透,在现代生态学研究中已广泛使用野外自计电子仪器(测定光合、呼吸、蒸腾、水分状况、叶面积、生物量及微环境等),同位素示踪(测量物质迁移与物质循环等)、稳定性同位素(用于生物进化、物质循环、全球变化等)、生态建模(从生态生理过程、斑块、种群、生态系统、景观到全球)等技术,支持了现代生态学的发展。遥感(remote sensing)、地理信息系统(geographic information system)和全球定位系统(global positioning system)(简称 3S 技术)是大尺度生态学研究中的重要技术工具,3S 的应用极大地促进了现代生态学在解决实际问题上的能力。目前,随着 3S 技术的迅速发展,它们在景观格局分析、模型和生态预测预报中的作用也越来越重要。

(3) 研究范围的扩展

经典生态学以研究自然现象为主,很少涉及人类社会。由于近年来,人类对生物圈的影响和干扰不断加强,人类与自然环境之间的矛盾日益突出,全世界面临着能源短缺、资源枯竭、人口膨胀、粮食危机、环境退化、生态平衡失调六大全球性问题的挑战,探索解决这些问题极大地刺激和促进了生态学的发展,同时也说明了生态学与社会需求之间有着密切的关系。这就需要以生态学观点去分析经济建设活动对环境的影响,因此生态学在解决资源、环境、可持续发展等重大问题上具有重要作用,从而受到社会的普遍重视。许多国家和地区的决策者,对任何大型建设项目,如缺少生态环境论证则不予审批。因此,研究人类活动下生态过程的变化已成为现代生态学的重要内容。现代生态学研究范围迅速扩展的最重要体现是一个新的学科——应用生态学的产生与发展。1964 年,英国生态学会创办的第一部应用生态学杂志 *Journal of Applied Ecology* 诞生后,寻求解决人口、资源、环境等问题是应用生态学发展的主要动力。1991 年,美国生态学会创办了 *Ecological Applications*,标志着应用生态学进入一个成熟时期。由于两大刊物对宣传与推动作用,促进了大量应用生态学研究成果的产生。我国在应用生态学领域的研究也得到迅速发展。1990 年我国《应用生态学报》创刊,成为反映我国应用生态学研究成果的一个重要阵地。另外,我国学者在应用生态学领域也出版了若干专著,如文祯中(1999)、张金屯(2003)、何方(2003)、何兴元(2004)、宗浩(2011)分别出版了《应用生态学》专著。

(二)生态学的研究内容

生态学是生物学研究的宏观综合发展方向,其目的在于在生物个体、种群、群落和生态系统四个层次上探求生命系统的奥秘。生态学主要有以下三个方面的研究内容。

(1)以自然生态系统为对象,探索无机和有机环境对生物的影响与作用、生物对环境的影响与作用、生物与环境之间的相互关系和作用规律;生物种群在不同环境中的形成与发展,种群数量在时间和空间上的变化规律,种内、种间关系及其调节过程,种群对特定环境的适应对策及其基本特征;生物群落的组成与特征,群落的结构、功能和动态,生物群落的分布规律;生态系统的基本成分,生态系统中的物质循环、能量流动和信息传递,生态系统的发展和演化,生态系统的进化与人类的关系。

(2)以人工生态系统或半自然生态系统(受人类干扰或破坏后的自然生态系统)为对象,研究不同区域系统的组成、结构和功能;污染生态系统中生物与被污染环境间的相互关系;环境质量的生态学评价;生物多样性的保护和可持续开发利用等。

(3)以社会生态系统为研究对象,从研究社会生态系统的结构和功能入手,系统探索城市生态系统的结构和功能、能量和物质代谢、发展演化及科学管理;农业生态系统的形成和发展、能流和物流特点,以及高效农业的发展途径等;人口、资源、环境三者之间的相互关系,人类面临的生态学问题等社会生态问题。

思 考 题

1. 简述地球的圈层构造及各层次的主要特征。
2. 简述板块构造学说的地壳运动模式。
3. 试述戴维斯地貌循环模式。
4. 试述理想地球上的气候分布模式。
5. 试论沼泽的分类。
6. 土壤肥力的含义是什么?
7. 陆地植物区系的划分方案是什么?
8. 试述地球表层的自然地理分异规律。
9. 试论环境科学的研究内容。
10. 生态学研究的特点和热点问题有哪些?

参 考 文 献

[1]　潘树荣,等.自然地理学(第二版).北京:高等教育出版社,1985

[2]　马建华,等.现代自然地理学.北京:北京师范大学出版社,2002

[3]　宋春青,等.地质学基础(第三版).北京:高等教育出版社,1996

[4]　潘永祥,等.自然科学发展简史.北京:北京大学出版社,1984

[5]　[美]图佐·威尔逊,等.大陆漂移.北京:科学出版社,1975

[6]　杨景春.地貌学教程.北京:高等教育出版社,1985

[7]　潘凤英,等.普通地貌学.北京:测绘出版社,1989

[8]　陈昌笃,等.植物地理学.北京:高等教育出版社,1980

[9]　梁留科,等.综合自然地理学.西安:西安地图出版社,1997

[10]　管华,等.自然资源学概论.西安:西安地图出版社,2000

[11]　苏智先,等.生态学概论.北京:高等教育出版社,1980

[12]　景贵和,等.综合自然地理学.北京:高等教育出版社,1990

[13]　蔡德龙.城市环境保护.郑州:河南科学技术出版社,1981

[14]　章家恩,等.现代生态学研究的几大热点问题透视.地理科学进展.1997,16(3)

[15]　马同森,等.环境科学导论.北京:中国文史出版社,2004

[16]　丁圣彦,等.生态学——面向人类生存环境的科学价值观.北京:科学出版社,2004

[17]　何兴元.应用生态学.北京:科学出版社,2004

[18]　杨持.生态学(第二版).北京:高等教育出版社,2008

[19]　刘华,等.自然科学概论.北京:海洋出版社,2006

第三章　物质世界的统一性

辩证唯物主义认为,世界是按照它本身所固有的规律无限发展着的物质世界,是无限多样的物质的统一。有我们到处都可以感知的日月星辰、山丘江湖、游鱼走兽,以及微生物、基本粒子等实物或实物粒子,还有与实物或实物粒子不同的,以"电场"或"磁场"等"场"形式存在的物质形态。运动是物质的固有属性,一切物质都在不停地运动着。恩格斯指出:"没有运动的物质和没有物质的运动都是同样不可思议的。"物质是由什么组成的,物质运动、变化和发展的根本原因和规律是什么? 这便是自然科学领域的基本研究内容。物理学是一门基础学科,它研究的是物质结构和运动的基本规律。物质有多种运动形式,不同的运动形式具有不同的运动规律,因而要用不同的研究方法去解决。基于此,物理学又分为力学、热学、电磁学、光学和原子物理学等分支学科。

物理学的每一重大突破和发展都广泛地、深远地影响着其他学科的发展,极大地推动着技术革命和社会生产力的发展。17~18 世纪,由于牛顿力学和热力学的建立和发展,出现了蒸汽机和机械工业,从而导致了第一次产业革命,并最终推动人类社会由封建社会步入资本主义社会。19 世纪,电磁理论的建立,出现了电动机,引起了工业电气化,导致了第二次产业革命。20 世纪初,由于对原子、原子结构的深入认识,以及量子力学和相对论的建立,极大地推动了自然科学和现代技术革命的发展,导致计算机、自动化技术、激光技术等高新技术的高速发展和广泛应用,成为第三次产业革命。这一次产业革命使得"知识经济"在 20 世纪 90 年代初见端倪,这种新型的经济形态的问世,必将对人类社会的发展带来更加深远的影响。因此,可以说,没有物理学的发展,便不可能有人类今天的文明社会。

目前,世界各国都非常重视物理学教育,"物理学是自然科学的带头学科,物理学是现代技术革命的先导学科,物理学是科学的世界观和方法论的基础"已成为世界上有识之士的共同认识。

1999 年 3 月于美国亚特兰大市召开的第 23 届国际纯粹物理与应用物理联合会(IUPAP)代表大会通过的决议五"物理学对社会的重要性"指出:"物理学——研究物质、能量和它们的相互作用的学科——是一项国际事业,它对人类未来的进步起着关键的作用。对物理教育的支持和研究,在所有国家都是重要的,这是因为:

(1)物理学是一项激动人心的智力探险活动,它鼓舞着年轻人,并扩展着我们关于大自然知识的疆界。

(2)物理学发展着未来技术进步所需要的基本知识,而技术进步将持续驱动着世界经济发动机的运转。

(3)物理学有助于技术的基础建设,它为科学进步和发明的利用提供所需要的训练有素的人才。

（4）物理学在培养化学家、工程师、计算机科学家，以及其他物理科学和生物科学工作者的教育中，是一个重要的组成部分。

（5）物理学扩展和提高着我们对其他学科的理解，诸如地球科学、农业科学、化学、生物学、环境科学以及天文学和宇宙学——这些学科对世界上所有民族都是至关重要的。

（6）物理学提供发展应用于医学的新设备和新技术所需要的基本知识，如计算机层析术（CT）、磁共振现象、正电子发射层析术、超声波成像和激光手术等，改善了我们的生活质量。

综上所述，物理学是教育体系和每个进步社会的一个重要组成部分。"

第一节　物质构造之谜

世界是由物质构成的，而物质世界是由哪些基本单元有机结合而成的呢？这一问题便是物质构造之谜——自然界物质本源的问题。

一、古人对物质本源问题的探索

（一）古代朴素唯物主义的先哲们对物质本源的认识

在古代，科学和生产力的水平十分低下，人们既缺乏全面考察、认识自然界的能力，又缺乏探索具体的自然之物的物质手段——试验技术和方法，因此不可能采用系统的定量试验方法对自然界物质的本源问题进行分析和研究，他们只能用直观思辨的形式，通过对自然物质世界的直观感知和思辨去猜度物质结构的形式。这便成为古代的朴素唯物主义者把物质归结为某一种或几种原初物质所构成的各种学说。中国古代的"五行说"认为万物都是由金、木、水、火、土五种原初物质变化、发展而来。古印度的斫婆伽派则认为这些原初物质是地、水、火、风，又叫"四大"。赫拉特利特认为这种原初物质是火，火的熄灭是火变成万物，万物的燃烧是万物回归到火。这些古人的论点尽管是十分肤浅的，但其中确实也包含着丰富的内容和深刻的内涵。几种学说中都已认识到了物质的两种基本存在形式，即以实物存在的形式和以"场"存在的形式。其中包含着的火实际上代表着光和热，而光即电磁波，是物质的一种存在形式，而赫拉特利特的论点可以说是与爱因斯坦的相对论中质能互换有某些相似之处，也许爱因斯坦在提出质能关系式时也在某种程度上受到了这位先哲思想的启示。

（二）原子论

古希腊唯物主义发展的最早形式是德莫克利特的"原子论"。他认为万物都是由微小的不可分割的原子构成的，不同形式、不同质量的原子构成不同的物质，这是最早的"原子论"。17～18世纪形而上学唯物主义进一步发展了这种"原子论"，他们认为：一切物质都是由原子构成的，原子是物质最简单、不可再分的基本单位，原子的某些属性，如广延性、不可入性、具有一定质量等，都是一切物质不可改变的属性。哲学上这种物质观实际上就是自然科学关于物质构造的学说，它继承了古希腊德莫克利特的"原子论"，并给原子赋予了物理属性。这是"原子论"的一大发展，但它带有明显的形而上学唯物主义色彩，即"原子"不可分割的观点是把自然科学对物质结构某一层次的认识绝对化的表现。

二、物质结构的层次

自然科学中关于物质结构的认知可分为宏观结构和微观结构两种大的层次。

（一）物质的宏观结构

宇宙宏观结构就目前的研究结果按层次可分为太阳系的结构、银河系的结构、星系集团的结构等。就地球结构而言，它有大气层结构和地壳结构之分。我们日常生活中直接感知的物体，如山脉、大海、楼房、家具等也都有一定的宏观结构。物质的宏观结构是容易为人们认识的，这也许就是中国古代有金、木、水、火、土"五行说"的原因吧！

（二）物质的微观结构

一切物质都是由分子或原子等微观粒子构成的，不同的物质，性质也不同。而物质的性质是由它包含的分子或原子等微观粒子不同或它包含的微观粒子间的结合方式不同所决定的，不同的分子或原子等微观粒子具有不同的物理和化学性质，这就是人们在原子和分子层次上对物质微观结构的认识。

不同分子或原子的物理和化学性质不同是由其内部结构决定的。分子由原子构成，原子由原子核及围绕原子核运动的核外电子构成，核外电子在原子核的静电力作用下，分层排布于原子核周围。由于不同原子核外电子的数目不同，电子排布的情况不同，因而具有不同的化学性质，即原子的化学性质主要由原子核外电子的排布情况所决定。而原子的质量则主要集中于原子核。这就成了人们对物质微观结构的进一步认识。这种对物质结构的认识，否定了形而上学唯物主义对物质的结构一成不变的认识论。

原子的尺寸很小，它们的直径约为 $0.1\,nm(1\,nm=10^{-9}\,m)$，目前只有用最先进的电子显微镜才能观测到原子轮廓，而原子核位于原子的中心，其直径约为 $1\,fm=10^{-15}\,m$，原子核就如同太阳系中的太阳一样，它只占据了原子空间中极小的一部分，但却几乎集中了原子的全部质量，目前尚无法用仪器观察到原子核。原子核虽然如此之小，但它仍有内部结构，不同原子的原子核由不同数目的质子和中子构成。质子带一个单位的正电荷，中子不带电荷，质子和中子是由强相互作用结合在一起的，原子具有壳层结构，即核外电子分不同的电子层在核外排布着，而原子核亦具有壳层结构。宇宙间巨大的能源就是原子核变化所决定的原子能。至于电子的结构，至今仍然是一个难解之谜。

人们认识世界的过程，是由简单到复杂、由宏观到微观的认识过程，物理学的发展在不断地扩展着人类认知的疆域，而物质的无限可分性，也给人类认识世界提供了无限丰富的内容，随着旧问题的解决，新问题也必将不断产生。

第二节　物质的运动和力

一、力学的起源

（一）力学的研究对象

力学是研究物体机械运动规律及其应用的一门学科，所谓机械运动指的是物体位置随时间的变化，例如天体的运行、大气和河水的流动、各种交通工具的行驶、各种机械的运转等。机械运动是物质最简单、最基本的初级运动形态,但各种复杂的、高级的运动形态无不包含有这种最基本的运动形态。也就是说,关于这种最简单的运动形态的理论是研究其他运动形态理论的基础,是学习与物理相关的其他学科和近代工程技术的理论先导。

(二)中国古代的力学成就

中国是世界上最早进入农业时期的国家之一。2000多年前的春秋战国(公元前772—前221)时期,我国的农业生产已经相当发达,铁制工具和简单机械的使用已经相当普遍。如杠杆、滑车、轮轴、桔槔、辘轳等在鲁国人墨翟为首的墨家的著述《墨经》中已有明确的记载。

考古中出土文物的研究已经证实,我国春秋时代的齐国已经使用了不等臂秤,秤就是按照杠杆原理"力臂×权重=重臂×物重"的公式计算物体质量的,《墨经》中有其力学的分析,因此完全可以肯定,当时中国已经发现了杠杆原理,而这一发现比古希腊的阿基米德要早200多年。

中国古籍中记载的力学知识极为丰富,除了关于力、力矩、杠杆原理、滚动摩擦、弹性定律外,还有相对性原理,相对运动、功和能的概念,以及惯性和角动量守恒的应用等力学知识的论述。但遗憾的是终未形成系统性的力学理论。

(三)古希腊的力学成就

亚里士多德和阿基米德是古希腊力学研究的代表。

亚里士多德著名的论著《形而上学》、《物理学》、《论理学》、《工具篇》等,被称为古希腊思想史上的"百科全书"。其中有关的力学理论重要论点与对"运动原因"的探索,属于动力学。他的著名论点是:物体下落的快慢与它的重量成正比。尽管这种论点现在看来是错误的,但它确实是古人凭直觉观察大量的运动现象,通过推理方法得到的结论。

阿基米德主要集中于静力学研究,他详细地讨论了杠杆原理,在推证杠杆原理的过程中开辟了用数学方法研究物理学问题的先河,从而对数学、物理学的发展起到了很大的推动作用。

阿基米德的另一重大贡献是关于浮力的定律——阿基米德原理。此外,他在为希罗王检验金制王冠是否掺银时,提出了"比重"的概念。

古希腊的力学研究内容非常丰富,但在研究方法上,还主要停留在对自然现象的直接观察和简单的抽象和推理上,且常带有猜测性。

(四)近代力学的开端

12世纪左右阿拉伯人把希腊文化和中国的四大发明传入欧洲,14~15世纪,在地中海沿岸一些城市涌现了资本主义的最初萌芽。商品贸易的繁荣,使得造船业、采矿业、火药武器的生产等得到了很大发展。资本主义生产的发展要求科学提供相应的材料和仪器,从而极大地推动了科学的发展。

15世纪后期开始的文艺复兴运动的思潮席卷欧洲,提倡人权,反对神权;提倡科学,反对神学。思想的解放,对实践经验的重视,成为当时科学起飞的思想基础和认识基础。其中的代表达·芬奇不仅以其代表作《蒙娜丽莎》享誉画坛,而且他还是一位科学家和发明家,他的配有插图的科学笔记《莱斯特手抄本》中还提出了虹吸管、打桩机、泄洪闸门、用呼吸管在水下潜行的方法以及防洪大坝的构想,上述见解在500年后的今天都是完全符合科学原理的。

文艺复兴运动以后,力学开始发展成一门独立的学科,由于生产技术的发展提供了试验工具,因此观察和实验的科学方法也逐步建立起来。特别是在 17 世纪中叶,经过许多著名科学家,伽利略、笛卡儿、惠更斯,直至牛顿等人的卓越研究,运动学和动力学得以建立,从而为现代力学的发展奠定了扎实的基础。

二、运动的描述

(一) 空间与时间的计量

物体是在时空中运动的,即物体运动的规律是指物体在空间的位置随时间变化的规律性。因此,定量研究物体运动的规律,就必须对时间和空间进行计量,这就必须具有高度一致性的计量标准。

长度的计量基准是米,国际上对长度基准米的定义做过三次正式规定。最近的一次是 1983 年 10 月第十七届国际计量大会所作的规定:米是光在真空中$1/299\ 792\ 458\ \mathrm{s}$的时间间隔内运行路程的长度,这一基准利用了爱因斯坦相对论中的光速不变性原理。

时间的计量基准开始用平均太阳日的 $1/86\ 400$ 作为时间的基准单位,称为 1 秒。由于地球的自转的速率在渐渐变慢,它不是一个理想的时钟,因此人们在 1956 年重新把秒定义为 1900 年回归年(太阳年)的 $1/31\ 556\ 925.974\ 7$。1967 年第十三届国际计量大会规定 1 秒为铯原子的两个超精细能级之间跃迁相对应的辐射周期的 $9\ 192\ 631\ 770$ 倍。

(二) 质点和参考系

任何物体都有一定的大小和形状,但是,如果在我们所研究的运动中,物体的大小和形状不起作用或起作用很小时,就可以近似地把物体看做一个只有质量而没有大小的理想物体,称为质点。例如,研究地球绕太阳公转时,由于地球的平均半径(约为 $6.4\times 10^3\ \mathrm{km}$)比地球与太阳间的距离(约为 $1.50\times 10^8\ \mathrm{km}$)小得多,这时就可以忽略地球的形状和大小,将其视为一个质点。

物体的机械运动可以看做一个质点在空间的运动,要描述物体的机械运动就必须选择另一个物体作为参考,这个参考物称做参考系。如人们把地面或地面上静止的物体作为参考系去观察轮船的航行或火车的行驶等。

同一物体的运动,参考系不同,运动的描述也会不同,这称为运动描述的相对性。如在匀速直线运动的车厢中,一个自由下落的物体,以车厢为参考系,物体做直线运动;以地面为参考系,物体做抛物线运动。又如地球卫星的运动,以地球为参考系,它的轨道为平面椭圆曲线;以太阳为参考系,由于地球绕太阳公转,卫星轨道将成为一个以地球公转轨道为轴线的螺旋曲线(见图 3-1)。

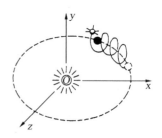

图 3-1 卫星轨道

要确定一个物体的位置,需要在参考系中建立坐标系。图 3-2 的平面直角坐标系是熟知的,平面中的一点 P 的位置矢量(简称位矢)r 完全由它的两个坐标 x,y 来确定,而位矢 r 则可以表示为 $r = xi + yj$,其中 i,j 分别为沿 x 轴和 y 轴正方向的单位矢量,如图 3-2 中的位矢 $r = 3i + 4j$。类似二维平面坐标系,可以建立我

们实际所处的三维空间的直角坐标系，三个坐标轴相互垂直，如图 3 - 3 所示。空间中 P 点的位矢则可以表示为

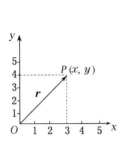

图 3 - 2　平面直角坐标系

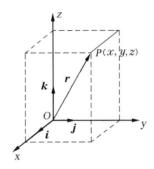

图 3 - 3　三维直角坐标系

$$r = x\boldsymbol{i} + y\boldsymbol{j} + z\boldsymbol{k} \tag{3-2-1}$$

其中 x, y, z 分别为 r 的沿 x, y, z 轴方向的分量，而 $\boldsymbol{i}, \boldsymbol{j}, \boldsymbol{k}$ 则分别为沿三个坐标轴正方向的单位矢量。

（三）速度与加速度

我们可以把图 3 - 3 中的 P 点（代表物体）看做质点，当质点 P 运动时，它的位置矢量 r 和坐标 x, y, z 都随着时间的改变而改变，用时间的函数表示坐标，则质点 P 运动过程中的坐标函数可以写作

$$x = x(t), y = y(t), z = z(t) \tag{3-2-2}$$

如果用位置矢量来表示质点 P 的运动过程，则可把 r 关于时间的函数表示为

$$r(t) = x(t)\boldsymbol{i} + y(t)\boldsymbol{j} + z(t)\boldsymbol{k} \tag{3-2-3}$$

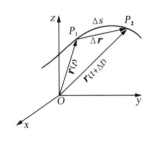

图 3 - 4　曲线运动中的位移和路程

(3-2-2)式中各函数表示质点 P 在运动过程中各坐标随时间的变化，也可以看做质点沿各坐标轴方向的分运动表达式，而 (3-2-3)式是质点沿各坐标轴的分运动的合成。

质点在一段时间内的位置的改变称为它在这段时间内的位移，设 t 时刻质点位于图 3 - 4 中的 P_1 点，当经过 Δt 时间后，即在 $t + \Delta t$ 时刻质点沿曲线由 P_1 运动到 P_2 点。P_1 点的位矢可以表示为 $r(t)$，而 P_2 点的位矢则为 $r(t + \Delta t)$，由 P_1 点到 P_2 点位矢的增加量（简称增量）Δr 为

$$\Delta r = r(t + \Delta t) - r(t) \tag{3-2-4}$$

Δr 既有大小，又有方向，称为质点由 P_1 点运动到 P_2 点的位移。

质点在一段时间内所走路径的长度称为路程，显然路程与位移不同。位移为矢量，路程没有方向性，称为标量。如果质点沿直线运动，并且向同一方向运动，则它通过的路程和质点的位移大小相等；但若质点做曲线运动，如图 3 - 4 所示，则质点在 t 到 $t + \Delta t$ 时间内通过的路程为 ΔS 所表示的一段弧长，通常情况下 $\Delta S \neq |\Delta r|$，一般总有不等式 $\Delta S \geqslant |\Delta r|$

成立,只有在 $\Delta t \to 0$ 时,可以认为 $\Delta S \approx |\Delta r|$。

1. 质点运动的速度

在图 3-4 中,质点从 t 时刻到 $t+\Delta t$ 时刻的位移 Δr 和发生这段位移所经历的时间 Δt 的比值,称为质点在这段时间内的平均速度,即

$$\bar{v} = \frac{\Delta r}{\Delta t} \tag{3-2-5}$$

当 $\Delta t \to 0$ 时的平均速度的极限称为质点在时刻 t 的瞬时速度 v(简称速度),即

$$v = \lim_{\Delta t \to 0} \frac{\Delta r}{\Delta t} = \frac{\mathrm{d}r}{\mathrm{d}t} \tag{3-2-6}$$

其中 $\dfrac{\mathrm{d}r}{\mathrm{d}t}$ 称为位置矢量函数 r 对时间的一阶导数,它表示了位置矢量随时间的变化率,即位置矢量随时间变化快慢的量度。速度的方向就是当 $\Delta t \to 0$ 时,位移 Δr 的方向,该方向就是曲线在 P_1 点的切线方向,且指向运动的前方。

(3-2-6)式也可以表示为分量式

$$
\begin{aligned}
v &= \lim_{\Delta t \to 0} \frac{\Delta r}{\Delta t} = \lim_{\Delta t \to 0} \frac{\Delta x}{\Delta t} i + \lim_{\Delta t \to 0} \frac{\Delta y}{\Delta t} j + \lim_{\Delta t \to 0} \frac{\Delta z}{\Delta t} k \\
&= \frac{\mathrm{d}x}{\mathrm{d}t} i + \frac{\mathrm{d}y}{\mathrm{d}t} j + \frac{\mathrm{d}z}{\mathrm{d}t} k \\
&= v_x i + v_y j + v_z k
\end{aligned}
\tag{3-2-7}
$$

其中 v_x, v_y, v_z 称为速度沿各坐标轴方向的分量。这里必须指出,v_x, v_y, v_z 既可以为正,也可以为负。

由(3.2.7)式不难看出速度 v 与位矢 r 一样都是矢量,它既有大小,也有方向。速度的大小称为速率(用 v 表示),速率可通过速度的分量进行计算,其关系为

$$v = \sqrt{{v_x}^2 + {v_y}^2 + {v_z}^2} \tag{3-2-8}$$

长度的单位为米(m),时间的单位为秒(s),速度的单位为米/秒,记为 m/s。

2. 质点运动的加速度

质点除了做匀速直线运动或静止外,在其运动轨道的不同位置上,通常有着不同的速度。如图 3-5 所示,一个质点在 t 时刻位于 P_1 点,速度为 $v(t)$,在时刻 $t+\Delta t$ 位于 P_2 点,速度为 $v(t+\Delta t)$,质点在时间间隔 Δt 内的速度增量则为

$$\Delta v = v(t+\Delta t) - v(t) \tag{3-2-9}$$

与平均速度和速度的定义类似,可定义平均加速度 $\bar{a}$ 和加速度 a 分别为

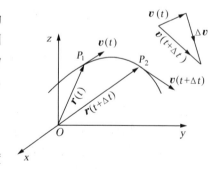

图 3-5 速度的增量

$$\bar{\boldsymbol{a}} = \frac{\Delta \boldsymbol{v}}{\Delta t} \qquad (3\text{-}2\text{-}10)$$

$$\boldsymbol{a} = \lim_{\Delta t \to 0} \frac{\Delta \boldsymbol{v}}{\Delta t} = \frac{\mathrm{d}\boldsymbol{v}}{\mathrm{d}t} \qquad (3\text{-}2\text{-}11)$$

速度是矢量,加速度同样也是矢量。因此加速度也可以写成分量式

$$\boldsymbol{a} = \frac{\mathrm{d}v_x}{\mathrm{d}t}\boldsymbol{i} + \frac{\mathrm{d}v_y}{\mathrm{d}t}\boldsymbol{j} + \frac{\mathrm{d}v_z}{\mathrm{d}t}\boldsymbol{k}$$

$$= a_x\boldsymbol{i} + a_y\boldsymbol{j} + a_z\boldsymbol{k} \qquad (3\text{-}2\text{-}12)$$

式中 a_x, a_y, a_z 分别为加速度在三个坐标轴方向上的分量,可为正,可为负,这同速度的分量类似。同样道理,加速度的大小也可以用其分量计算,即加速度的大小 a 与各分量的关系为

$$a = \sqrt{a_x{}^2 + a_y{}^2 + a_z{}^2} \qquad (3\text{-}2\text{-}13)$$

加速度的方向就是 $\Delta t \to 0$ 时,速度增量 $\Delta \boldsymbol{v}$ 的极限方向,而 $\Delta \boldsymbol{v}$ 的极限方向可以与 $\boldsymbol{v}$ 的方向不同。如物体做匀加速直线运动时,加速度的方向与速度方向相同;但做匀减速直线运动时,加速度的方向与速度方向正好相反;而做匀速圆周运动时,加速度的方向与速度的方向垂直。加速度的单位是米/秒^2,记为 m/s^2。

(四) 直线运动

1. 匀加速直线运动

匀加速直线运动的公式已为大家所熟知,即

$$\left. \begin{array}{l} v_t = v_0 + at \\ s = v_0 t + at^2/2 \\ v_t{}^2 - v_0{}^2 = 2as \end{array} \right\} \qquad (3\text{-}2\text{-}14)$$

现在看来,这几个公式很简单,是大家熟知的,然而它们就是物理学大门开启的标志,而开启大门者是伽利略。

2. 落体佯谬

亚里士多德错误的落体学说经过 2000 年漫长的岁月,才被伽利略所推翻。不妨让我们通过伽利略研究落体运动的情况来了解一下他的科学思维方式。他在《两门新科学》一书中,设想了一个"落体佯谬"的理想实验来反驳亚里士多德落体学说。他写道:"我十分怀疑亚里士多德曾经用实验检验过下面这个论断:如果让两块石块(其中之一的重量 10 倍于另一块的重量)同时从比如说 100 腕尺(1 腕尺=20 英寸=50.8 cm)高处落下,那么这两块石头下落的速率便会不同,那较重的石块落到地上时,另一块石头只不过下落了 10 腕尺。"接着,他设想了一个"落体佯谬"的理想实验,通过对这个理想的实验中可能发生的情况的分析,并从亚里士多德的"重物下落比轻物为快"的原理导出了"重物下落比轻物为慢"的悖论,从而否定了亚里士多德的理论。他写道:"如果我们取天然速率不同的两个物体,显而易见,如果把两个物体连在一起,速率大的那个物体将因受到速率较小的物

体的影响要减慢一些,但是两个连在一起的物体当然比原来的物体还要重。可见较重的物体反而比较轻的物体运动得慢,这就从较重物体比较轻的物体运动得快的假设推出了较重物体运动较慢的结论来。"由此可见伽利略是如何运用逻辑推理、科学假设和理想实验方法的。接着伽利略又用如下的实验论证了在真空中所有物体下落都同样快的重要结论。他用金、铅、木做了三个球,让这三个球在水银、水、空气中下落。在水银里,只有金球下落;在水里,木球不下落,金球较铅球落得快;在空气中,金球和铅球落得几乎同样快,只有木球落得稍微慢了一些。接着他做了巧妙的论证:如果我们事实上发现重量不同的物体在媒质中下落时,它的速度的差别随媒质的密度减小而减小,而且媒质稀薄时这一差别变得非常小而不易被察觉,那我们将它们放到真空中,没有了媒质,它们下落的速度就会同样快。今天,我们在抽空了的玻璃管中做苹果羽毛同时下落的演示实验,真的看到了它们同时落下的现象,但在伽利略时代里还没有发明抽真空的技术,而伽利略却能应用严密的逻辑推理和大胆的假设,给出完全与客观规律相同的结论来,这是难能可贵的。

(五)曲线运动

1. 抛体运动

从地上某点向空中抛出一个物体,它在空中的运动就叫做抛体运动。描述抛体运动采用平面直角坐标系最为方便,它可以看成水平方向的匀速直线运动和竖直方向匀加速直线运动的合成。通过图 3-6(a)可以清楚地看出,运动的水平分量和竖直分量是彼此独立的。伽利略明确地提出了两个相互独立运动的合成原理,这是运动学中的一条基本原理。如图 3-6(b)所示,从抛出时间开始计时,则 $t=0$ 时,物体的初始位置在原点,以 v_0 表示物体的初速度大小,以 θ 表示抛出角,即初速度方向与 x 轴的夹角,则初速度沿 x 轴和 y 轴的分量分别为

$$v_{ox} = v_o\cos\theta$$
$$v_{oy} = v_o\sin\theta \tag{3-2-15}$$

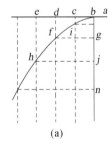
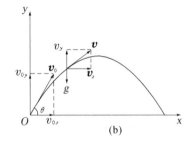

图 3-6 抛体运动

2. 圆周运动

质点沿圆周运动时,其速率称为线速度。图 3-7 中 Δs 是质点在时间 Δt 内移动的距离,即圆心角 $\Delta\theta$ 所对应的弧长;线速度则指当 $\Delta t \to 0$ 时,Δs 与 Δt 的比值极限,即

$$v = \lim_{\Delta t \to 0}\frac{\Delta s}{\Delta t} = \frac{\mathrm{d}s}{\mathrm{d}t} \tag{3-2-16}$$

由几何知识可知 $\Delta s = R\Delta\theta$，其中 $\Delta\theta$ 以弧度为单位，因此有

$$v = \lim_{\Delta t \to 0} \frac{\Delta s}{\Delta t} = \lim_{\Delta t \to 0} \frac{R\Delta\theta}{\Delta t} = R\lim_{\Delta t \to 0} \frac{\Delta\theta}{\Delta t} = R\frac{\mathrm{d}\theta}{\mathrm{d}t}$$

$$(3\text{-}2\text{-}17)$$

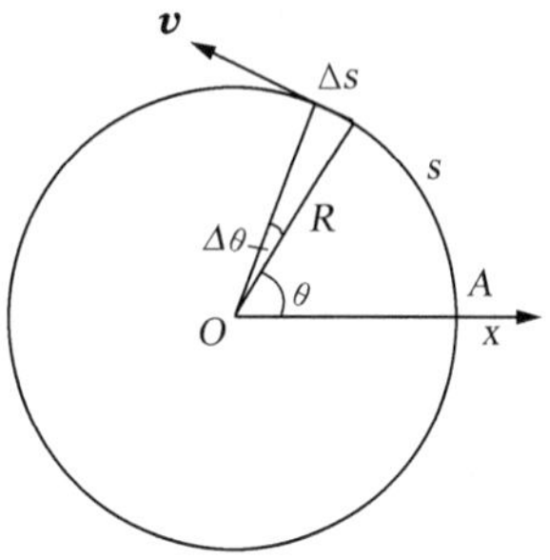

其中 $\dfrac{\mathrm{d}\theta}{\mathrm{d}t}$ 称为质点运动的角速度，它表示质点在单位时间内转过的角度，角速度用 ω 表示，即

$$\omega = \lim_{\Delta t \to 0} \frac{\Delta\theta}{\Delta t} = \frac{\mathrm{d}\theta}{\mathrm{d}t} \tag{3-2-18}$$

于是有

$$v = R\omega \tag{3-2-19}$$

图 3-7　线速度与角速度

其中 ω 的单位为弧度/秒，记为 rad/s。

质点做圆周运动时，若速度大小不随时间变化，则称为匀速圆周运动，若速度大小随时间改变，则称为变速圆周运动。

3. 行星运动：托勒玫与哥白尼之争

太阳系的行星运动基本都近似于匀速圆周运动，希腊晚期的数学家、天文学家托勒玫把地心说发展到了顶峰，大约在公元 150 年，他发表了《天文大全》一书，陈述了他完善的地心体系，他用本轮和均轮模型解释行星的不规则逆行现象，如图 3-8 所示。按照托勒玫的模型，行星(P)是在一个以 C 为中心的较小的圆周上做匀速率运动，该圆周称为本轮，而本轮的中心 C 又在围绕地球 E 的大圆周上做匀速率运动，这个大圆周称为均轮，根据这一模型，部分行星的运动如图 3-9 所示。托勒玫体系相当复杂而且不够精确，因而受到许多人的怀疑，但是由于观测技术的限制和后来的教会利用，托勒玫的"地心说"竟在天文学上一直统治了 1 400 年。直到 1543 年，波兰杰出的天文学家哥白尼提出了"日心说"，才真正对"地心说"提出了挑战。

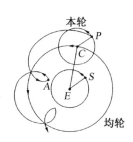

图 3-8　本轮和均轮模型

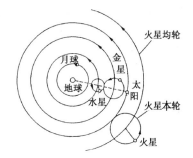

图 3-9　托勒玫体系中部分行星
运动轨道示意图

哥白尼在《天体运行论》中以太阳为中心给出的星球运行轨道如图3-10所示。哥白尼依据运动合成的思想解释了地球上观察到的行星运动的规律，他指出在地球上观察到的行星运动规律是行星相对于太阳的运动和太阳相对于地球的运动的合成。日心说最明

显的优点在于它对行星的逆行给出了一个较为自然的解释,哥白尼指出行星本身并未逆行,所谓逆行是在较快运动的地球上观察较慢运动的行星的结果。

图 3-10　哥白尼的中心体系

哥白尼清楚地指出,他与托勒玫之间的根本差别在于描述所观察的运动时选择的参考系不同。他写道:"无论是观测对象运动,还是观测者运动,或者同时运动,都不会使观测对象的位置(指观察者与行星间的相对位置)发生变化(等速平行运动是不能互相察觉的)。"要知道我们是在地球上看天穹的旋转,如果假定是地球在运动,也会显得地外物体做方向相反的运动。这是关于运动相对性的一个清楚的表述。但是真正证实地心说的错误是由英国的布莱德雷(Bradley)1725年发现光行差现象证明了地球相对恒星在运动,而后,在1852年,法国的傅科(Foucault)又完成了著名的单摆实验,证明了地球确实在自转,这些才导致日心说获得普遍承认。

三、运动定律

(一) 牛顿第一运动定律与惯性参考系

1. 惯性定律

牛顿在《原理》中写道:"每个物体都保持其静止或匀速直线运动的状态,除非有外力作用迫使它改变那个状态。"这就是惯性定律,即牛顿第一定律。这里包含两个重要的物理概念:一个是物体的惯性,它指物体本身具有保持其运动状态不变的性质;另一个是力,它是迫使物体改变其运动状态的一种作用。

2. 惯性参考系

由于物体的运动只有相对于一定的参考系才有意义,即运动是相对的。因此惯性定律除了描述不受外力的自由运动外,还定义了惯性参考系:在这种参考系中观察一个不受力作用的物体将保持静止或匀速直线运动状态不变。惯性定律是动力学的出发点,不首先确定惯性参考系,就无法准确地表述其他定律,因此惯性定律应当看做是一条独立的定律,不能认为是合外力为零时牛顿第二定律的一个特例。

要决定一个参考系是不是惯性参考系,只能根据观察和实验来证实。以太阳中心为原点的参考系,通过观察和实验证明,在该参考系中牛顿第一运动定律十分精确的成立,因此它是一个十分精确的惯性参考系。以地球中心为原点的参考系并不是精确的惯性参考系,因为它既绕太阳公转,也绕自身(地轴)自转。但是,由于地面上各处相对地心参考系的向心加速度最大不超过 3.40×10^{-2} m/s²(在赤道上),所以地面参考系也可以近似地当做惯性参考系看待。

法国物理学家傅科做的傅科摆实验中,用一根长绳悬挂一个重物,绳端固定于一大厅的天花板上(如北京天文台大厅的傅科摆),使其来回摆动,我们等待足够长的时间(几小时而不是几分钟),就会发现,单摆运动所在的平面相对于它最初方位慢慢地转动着。事实上,如果在北极做这一实验会发现,摆平面恰好在24小时内转动360°。这正是由于地球的自转效应使得地面参考系是非惯性系的原因造成的,但是,除了最精确的实验外,我们可以忽略地球的自转效应,而把地面参考系当做近似的惯性参考系。

观察和实验表明:如果我们已经确认某一参考系为惯性系,则相对于此参考系静止或做匀速直线运动的任何其他参考系也是惯性参考系。

(二) 牛顿第二运动定律

1. 牛顿第二运动定律的表述

牛顿第二运动定律来源于牛顿对碰撞的研究,他指出:"运动的变化正比于外力,变化的方向沿外力作用的直线方向",这里的"运动"一词指物体的动量。所谓变化,则指"对时间的变化率"。牛顿第二运动定律的常用表达式为

$$\boldsymbol{F} = m\boldsymbol{a} \tag{3-2-20}$$

应该指出,第二运动定律只适用于惯性参考系。质量的单位是千克(kg),加速度的单位是米/秒^2(m/s^2),力的单位是牛顿(N)。

2. "质量"的概念

公式中的质量 m,它的概念在牛顿的定义中是含混的。牛顿把质量称为"物质的量,即物质的度量",又说"物质的量同物体的惯性成正比"。严格地说,两种说法不够一致。现代科学中的"物质的量"是以 mol 为单位的,1 mol 的粒子数为 6.023×10^{23},是一个"纯粹的数量",它反映了物质对象存在的多少。这样制定了一个从概念上同质量的单位 kg 区分开来的物质的量,就明确指出了质量和物质的量是两个不同的量,从而给予了"物质的量"以严格的、独立的意义。

在近代物理学中质量的概念有了进一步的发展。狭义相对论揭示了质量与速度、质量与能量的关系,只是在速度远小于真空中的光速时,运动物体的质量才近似等于它的静止质量,量子理论中则揭示了质量与粒子波动性的关系,实际上质量也不是在任何情况下都不改变的。

3. 力

力是物体之间的相互作用,牛顿指出,"力是使物体改变其静止或匀速直线运动状态"的一种作用。这表明,如果我们发现物体的速度发生变化,就意味着它必定受到外力的作用。这是由牛顿第二运动定律给出的力的定义,称为力的动力学定义。此外,还有静力学的定义,例如用与弹簧的伸缩成正比的关系来定义力的大小。

(3-2-20)式中的力 $\boldsymbol{F}$ 本来是就物体只受一个力的作用情况下而言的。实验表明:在一个物体同时受几个力的作用时,几个力作用的总效果等同于它们的矢量之和,即合力的作用效果,这一结论称为力的叠加原理。在实际问题的处理中,(3-2-20)式中的 $\boldsymbol{F}$ 表示物体受到的所有作用力的矢量和,即

$$\boldsymbol{F} = \sum_{i=1}^{n} \boldsymbol{F}_i = \boldsymbol{F}_1 + \boldsymbol{F}_2 + \cdots + \boldsymbol{F}_n = m\boldsymbol{a} \tag{3-2-21}$$

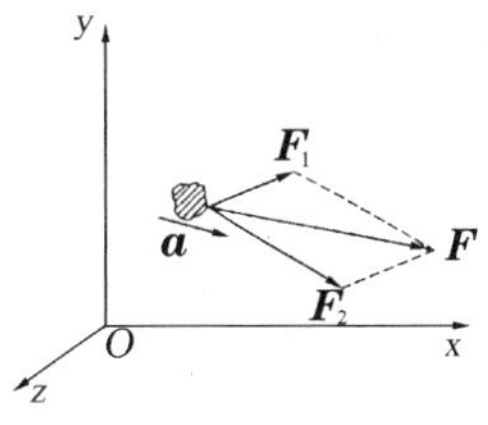

上式中力的叠加原理满足矢量加法的平行四边形法则,如图 3-11 所示。在实际应用时,一般不采用矢量式,而采用它们的分量式更方便,即在直角坐标系中将关系式(3-2-20)改写为

图 3-11　力的叠加原理

$$F_x = ma_x, \quad F_y = ma_y, \quad F_z = ma_z \qquad (3\text{-}2\text{-}22)$$

(3-2-21)式同样可改写为分量式。

牛顿第二定律的数学表达式(3-2-20)又称为物体的运动方程,因为在确知物体所受的外力和物体的初位置、初速度时,按照牛顿第二定律,可以确定任意时刻物体运动的加速度,进而确定任意时刻的速度和位置,即确定物体的全部运动情况。因此牛顿第二定律在经典力学中占有非常重要的位置。

(三)牛顿第三运动定律

1. 牛顿第三运动定律的表述

牛顿第三运动定律的表述揭示了自然界中作用力的性质,它描述了力的相互作用性。牛顿把第三运动定律表述为:"每一种作用都有一个相等的反作用;或者,两个物体间的相互作用总是相等的,而且指向相反。"牛顿第三运动定律可简明地用公式表达为

$$F = -F' \qquad (3\text{-}2\text{-}23)$$

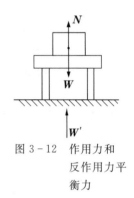

图 3-12 作用力和反作用力平衡力

在应用牛顿第三定律处理问题时,一定要把作用力和反作用力这一对力和一对平衡力区分开来,这是两个截然不同的概念。一个物体受到两个力的作用而处于静止或匀速直线运动状态时,这两个力的大小相等,方向相反,这样一对力叫平衡力。这两个概念的根本区别在于:一对平衡力一定是同时作用于同一物体上的两个力,而作用力和反作用力是同时分别作用于两个不同的相互作用的物体上。如图 3-12 所示 W 为地球对物体的吸引力——重力,N 为桌面对物体的支撑力,W' 为物体对地球的吸引力。W 和 N 大小相等,方向相反,同时作用于同一物体上,为一对平衡力。W 和 W' 大小相等,方向相反,同时分别作用于物体和地球上,因而是一对作用力和反作用力。

2. 力学中常见的力

由于地球对地球表面附近的物体具有显著的吸引作用,物体受到地球的这种吸引力 W 称为重力。在重力作用下物体产生的加速度称为重力加速度 g,由牛顿第二运动定律可知

$$W = mg \qquad (3\text{-}2\text{-}24)$$

其中 m 为物体的质量。重力 W 和重力加速度 g 的方向相同,都竖直向下。

弹力是一种常见的力。发生形变的物体,由于要恢复原状,对与之接触的物体会产生力的作用,这种力叫做弹力。弹力通常表现为三种形式。一种是两个物体互相压紧,接触面为平面的情况。这时两个物体都会发生形变,但其形变十分微小,甚至于难以观察到,然而它们产生的对对方的弹力却可以很大,这种弹力通常称为正压力和支撑力,它们的大小取决于压紧的程度,方向总是垂直于接触面而指向对方。第二种弹力是张紧的绳(或线)对物体的拉力,它是绳的形变产生的,其大小决定于绳的张紧程度,它的方向总是指向绳收缩的方向。第三种弹力为弹簧的弹力。弹簧的弹力遵守熟知的胡克定律:在弹性限

度内,弹力的大小 F 与弹簧的形变量大小 x 成正比,即

$$F = kx \qquad (3\text{-}2\text{-}25)$$

其中 k 称为弹簧的劲度系数,它决定于弹簧的材料和形状,弹簧的弹力总是指向要恢复它原来长度的方向。

摩擦力也是一种经常见到的力。产生滑动摩擦力的条件有两条:一是两个物体相互间存在有一个压紧的接触面;二是两个物体有沿接触面的相对滑动。这时,由于两接触面的粗糙性所产生的阻止相对滑动的力称为滑动摩擦力 f。在两物体相对滑动时摩擦力的大小与正压力 N 成正比,即

$$f = \mu_{\mathrm{k}} N \qquad (3\text{-}2\text{-}26)$$

μ_{k} 称为滑动摩擦系数,它与接触面的材料和表面形貌有关。在只有相对滑动趋势而并未产生相对滑动的情况下,两物体间产生的摩擦力称为静摩擦力。实验证明,最大静摩擦力与两物体之间的正压力 N 成正比,即

$$f_{\mathrm{s,\ mas}} = \mu_{\mathrm{s}} N \qquad (3\text{-}2\text{-}27)$$

式中 μ_{s} 为静摩擦系数,μ_{s} 略大于 μ_{k},在处理一般问题时,可以近似地认为 μ_{k} 与 μ_{s} 相等。

(四) 伽利略相对性原理和坐标变换

1. 伽利略相对性原理

伽利略在研究天体运动规律的过程中,不但以大量的观察事实论证和捍卫了哥白尼的"日心说",而且在驳斥"地心说"时,阐述了他的相对性原理。他指出,在地球上进行的一切力学实验都不能证明地球是否在运动,任何一个相对于地面参考系做匀速直线运动的参考系,在描述力学现象时与地面参考系完全等效。他在论述运动的相对性时有一段精彩地描述:"假如你和几个朋友在一条大船甲板下的主舱里,带上几只苍蝇、蝴蝶和其他小虫。舱内放一只盛水的大水碗,其中放几条鱼。然后,挂上一个水瓶,让水一滴一滴地滴到一个宽口罐里。船停着不动时,你留神观察,小虫都以等速向舱内各方向飞行,鱼向各个方向随便游动,水滴刚好滴进下面的罐子里。你把任何东西扔给你的朋友时,只要距离相等,向任何方向用力都相同。你双脚齐跳,无论向哪个方向跳过的距离都相等。当你仔细地观察这些事情后,再使船匀速前进,也不左右摇摆,你将发现,所有上述现象丝毫没有变化。你也无法从其中任何一个现象来确定,船是在运动的还是静止的。即使船运动得相当快,在跳跃时,你将和以前一样,在船板上向任何方向跳过的距离都相等。你跳向船尾也不会比跳向船头来得快,虽然你跳到空中时,脚下的船的底板向着你跳的相反方向运动。你把无论什么东西扔给你的同伴时,如果你的同伴在船头而你在船尾,你所用的力并不比你们两个站在相反的位置时所用的力更大。水滴将像先前一样,滴进下面的罐子,一滴也不会滴向船尾,虽然水滴在空中时,船已行驶了相当的距离。鱼在水中游向水碗前部所用的力,不比游向碗后部的大,它们一样悠闲地游向放在水碗边缘任何地方的食饵。最后,蝴蝶和苍蝇将继续随便地到处飞行,它们也决不会向船尾集中,并不因为它们可能长时间停留在空中,脱离了船的运动,为赶上船的运动而显出疲惫的样子。如果点一支香,会看到烟像一朵云一样向上升起,不向任何方向倾斜。"这就表明,在匀速航行的船舱

里所做的任何观察和实验都不可能判断船究竟是在运动还是静止不动。这说明,在相对做匀速直线运动的所有惯性系中,物体的运动都遵从同样的力学定律,或者说在研究力学规律时,一切惯性系都是等价的。这个原理称为伽利略相对性原理或力学相对性原理。

关于相对性原理的思想,我国古籍中也有记载,成书于西汉时代(比伽利略要早 1700 多年)的《尚书纬·考灵曜》中有这样的记述:"地恒动不止而人不知,譬如人在大舟中,闭牖而坐,舟行而不觉也。"精辟之至,可以说,这与伽利略的描述不谋而合。

2. 伽利略变换

如图 3-13 所示,有两个相对做匀速直线运动的参考系,分别以直角坐标系 S 和 S' 表示,各对应轴互相平行,而且 x 轴与 x' 轴重合。

假设 S' 相对于 S 沿 x 轴方向以速度 u 运行,以 O 和 O' 重合的时刻作为计时零点。对于同一质点 P,我们要找出它在 S 和 S' 系内的变换式。在经典近似下,两个坐标系中的时间具有同时性,狭义相对论指出,在两个参考系的相对速度 $u \ll c$,上述同时性基本上是一个很好的近似。若 t 时刻质点 P 在 S 系

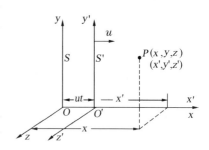

图 3-13 伽利略变换

中出现在坐标 (x, y, z) 处,在 S' 系中出现在 (x', y', z') 处,而且在 S' 系中的时间坐标 t' 和 t 是同时的。于是我们可以得到如下关系

$$x' = x - ut, \ y' = y, \ z' = z, \ t' = t \qquad (3\text{-}2\text{-}28)$$

这组公式就称为伽利略坐标变换式。利用此变换可以证明牛顿运动定律在不同的惯性系中,其数学形式都是完全相同的。在伽利略变换中,两个事件的空间间隔和时间间隔都是不变量,它们不随进行量度的系统而变化,这就是牛顿提出的"绝对空间和绝对时间"概念的数学解释。这一点,我们一般会自然地承认它,但在高速($v \approx c$)时就完全不同了,这在后面关于相对论的介绍中将详细论述。

但是,从力学相对性原理看,物体运动的速度在不同惯性系中是不同的。只要把(3-2-28)式对时间 t 求导就可以得到伽利略速度变换式

$$v'_x = v_x - u, \ v'_y = v_y, \ v'_z = v_z \qquad (3\text{-}2\text{-}29)$$

写成矢量式,即有

$$\boldsymbol{v}' = \boldsymbol{v} - \boldsymbol{u} \qquad (3\text{-}2\text{-}30)$$

上式说明质点相对于 S' 系的速度 $\boldsymbol{v}'$,等于质点相对 S 系的速度 $\boldsymbol{v}$ 和 S' 系相对于 S 系的速度 $\boldsymbol{u}$ 的矢量差。这正如一列火车在地球上做匀速直线运动,如果在火车上同时从车头向车尾和车尾向车头各抛一个小球,若用力相同,则两个小球的运动速度,对于站在车头和车尾的抛球者而言,他们感到是相同的。但是在地球上看,两个小球的运动速度却是不同的,而且地球上的观察者会感到抛向车头的小球比抛向车尾的小球速度大。

综上所述,从经典力学来看,物体运动的速度、距离、时间以及经典力学定律都遵循如下三条结论:

第一，相对惯性系做匀速直线运动的参考系，也为惯性系。

第二，与两个事件相对应的时间间隔、不同地点两个事件相对应的空间间隔，在一切惯性系中都是相同的，但坐标和速度不同。

第三，虽然坐标与速度从一个惯性系过渡到另一个惯性系时将发生变化，但力和加速度在一切惯性系中都相同，因而所有力学定律在一切惯性系中的数学形式也都相同。

伽利略变换与牛顿的绝对时空观的概念有直接的联系。所谓绝对空间指长度的度量与参考系无关，绝对时间指时间的度量与参考系无关。牛顿的绝对时空观在物理学的发展中统治了 200 年之久，200 年之后，爱因斯坦建立了相对论才打破了这一统治。

（五）引力定律的普遍性

万有引力定律的建立过程是牛顿通过对运动的研究，探索出自然规律最辉煌的范例。

万有引力的发现，揭示了引力的"万有性"，即"普适性"。研究太阳系中的行星运动时，仅参考太阳对行星的引力作用时，行星运动轨道应为严格的椭圆，实际上并非这样。依据万有引力定律，牛顿认为，行星既不是严格地做椭圆运动，也不会在同一轨道上绕行两次。每个行星的轨道依赖于所有行星的联合运动以及它们之间的相互作用，才能正确说明行星的运动。现在我们知道，万有引力是普遍存在的，这一认识 1685 年牛顿在《原理》中就已经认识到，他写道："如果依靠实验和天文观察，普遍发现的地球周围的所有物体都被引向地球，而且这种吸引正比于这些物体各自所含的物质之量，月球同样也按其物质之量而被地球吸引；另一方面，我们的海洋也被月球所吸引，所有行星都相互吸引，而且彗星也以同样的方式被同样吸引；那么根据这条法则，我们必须承认，所有物体都天然具有相互吸引的本性。"

在《原理》第三篇宇宙体系中，牛顿把他的引力理论应用于分析行星、彗星和月球的运动，并用引力定律论证了潮汐现象。他已经认识到，潮汐现象是由于月球对地球上的较近的海水吸引力强，而对较远的海水吸引力弱造成的，但未做具体的分析。实际上潮汐确实是由月球对地球两面海水吸引力差造成的。每月两次大潮，则是月球、太阳、地球每月两次同在一条直线上时，月球和太阳对地球两面海水引力差的贡献加大所致。

在《原理》发表 113 年后的 1798 年，英国物理学家卡文迪许（Cavendish）做了测量引力常数 G 的经典实验，装置如图 3 - 14 所示。他用极细的金属丝把杆 $m-m$ 固定起来，m 为小铅球，B 为一面小镜子。M 为对称放置的两个大铅球，两个大铅球对小铅球的吸引作用使金属丝扭转，当金属丝的扭力矩刚好与吸引力产生的力矩平衡时，杆处于平衡，光经小镜子 B 反射，由于金属丝的扭转，小镜跟着旋转，反射光明显改变方向，通过反射光方向的改变可计算出金属丝的扭力矩，从而测定出 G 的数值为 $6.670 \times 10^{-11} \mathrm{N \cdot m^2/kg^2}$。

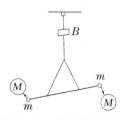

图 3 - 14　卡文迪许实验

有了引力常数 G 就可确定地球的质量 M_E。利用地球的半径 $R_E = 6.37 \times 10^6$ m 和重力加速度 $g = 9.81 \mathrm{m/s^2}$，由关系式 $g = GM_E/R_E^2$，通过计算可得 $M_E = 5.98 \times 10^{24}$ kg。

预见并发现新的行星是万有引力理论最成功的应用例证。1781 年的一个夜晚，英国人威廉·赫歇尔用自己制作的望远镜观察天空，发现了现在称为天王星的行星，对它的运动进行认真的研究，发现其轨道有某些极小的不规则性，但其原因不能归因于任何已知的行星的引力作用。人们猜测,天王星之外还有一个未曾发现的行星。剑桥大学青年学生亚当斯用万有引力定律,从观察到的天王星的运动中计算了这颗未知行星的位置和轨道。1845 年 10 月亚当斯写信给格林尼治皇家天文台请求他们用较大的望远镜在预言的位置上寻觅这颗假设的新行星,但天文台不重视这一请求。1846 年 8 月,另一位法国青年勒那斯完成了类似的计算,并把他的预言交给了柏林天文台台长,幸好正是在收到这封信的晚上,这位台长手边有一幅有助寻觅该行星的新星图,于是他亲自寻觅,并在非常靠近预言位置的天边辨认出这颗行星——海王星。海王星是借助万有引力定律而完成的伟大发现,进而通过对海王星运动轨道的研究,用类似的计算方法和观测,在 1930 年又由美国亚利桑那州 Lowell 天文台的工作人员克莱德·汤堡(Clyde Tombaugh)发现了冥王星。

(六) 动量与角动量

1. 动量与冲量

在物理学中,质点质量与速度的乘积称为质点的动量,用 P 表示

$$P = mv \tag{3-2-31}$$

动量是矢量,方向与速度 v 相同,单位是千克·米/秒(kg·m/s)。牛顿第二定律的微分表达式可改写为

$$F = ma = m\frac{\mathrm{d}v}{\mathrm{d}t} = \frac{\mathrm{d}(mv)}{\mathrm{d}t} = \frac{\mathrm{d}P}{\mathrm{d}t} \tag{3-2-32}$$

因此有

$$F\mathrm{d}t = \mathrm{d}P \tag{3-2-33}$$

冲量是一个过程量,它表示在一段时间间隔内力对物体作用的时间积累效应,(3-2-33)式中的 $F\mathrm{d}t$ 表示力 F 在极短时间 $\mathrm{d}t$ 内的冲量,称为元冲量。如果用 I 表示力 F 在 t_1 到 t_2 时间内的冲量,即 $I = \int_{t_1}^{t_2} F\mathrm{d}t$,则将(3-2-33)式两边积分可得

$$I = P_2 - P_1 \tag{3-2-34}$$

P_2 为末态即 t_2 时刻的动量,P_1 为初态即 t_1 时刻的动量(3-2-32)式或(3-2-33)式称为动量定理的微分形式,而(3-2-28)式则称为动量定理的积分形式。

2. 动量守恒定律

动量守恒定律总是对两个或两个以上的质点组——质点系而言的,在系统不受外力的情况下,系统的总动量保持不变(其中允许系统内质点间存在相互作用),其数学表达式为

$$\sum_{i=1}^{n} P_i = \sum_{i=0}^{n} P_{i0} = 常数 \tag{3-2-35}$$

其中 P_{i0} 为第 i 个质点的初态动量,P_i 为任意状态时第 i 个质点的动量。仅以两个质点为例,上式可以简单地表示为

$$P_1 + P_2 = P_{10} + P_{20} \tag{3-2-36}$$

其中 P_1,P_2 分别为第 1 个和第 2 个质点任意状态动量,P_{10} 和 P_{20} 则为它们的初态动量。

动量守恒定律常应用于两个物体的碰撞过程和爆炸过程的处理。

3. 质点的角动量

在研究物体的运动时，经常遇到质点或质点系绕某一固定点或轴线转动的情况，如行星绕太阳转动、车轮绕车轴转动等。在这类运动中也存在着共同的规律性，而描述相应规律性的重要物理量就是角动量。

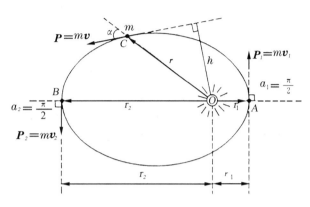

如图 3-15 所示，质点 C 代表行星，O 代表太阳，行星运行轨道一般为椭圆，太阳则在椭圆的一个焦点上。

图 3-15 行星的角动量

以此为例，我们可以给出角动量的定义。角动量是矢量，用 L 表示，它不仅与质点的动量 P 相关，而且与位置矢量（以固定点 O 为原点）r 相关，其数学关系式为

$$L = r \times P = r \times mv \tag{3-2-37}$$

式中的相乘关系不同于一般的乘法，称为矢量 r 和 P 的矢量积，这样定义的角动量的大小为

$$L = rP\sin\alpha = rmv\sin\alpha \tag{3-2-38}$$

式中 α 是 r 和 P 的夹角。L 的方向垂直于 r 和 P 所决定的平面（见图3-16），其指向可由右手螺旋法则确定，即用右手四指从 r 沿小于 $180°$ 的角转向 P，则拇指的指向即为 L 的方向。角动量的单位是千克·米²/秒（kg·m²/s）。值得指出的是同一运动质点相对于不同固定点的角动量是不同的（大小和方向都可能不同）。因此，当谈到角动量时，一定要指明是对于哪个固定点而言，否则就没有意义了。

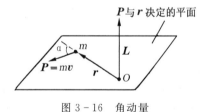

图 3-16 角动量

当质点做匀速圆周运动时，因为速度的方向与半径垂直，即 $\alpha = \frac{\pi}{2}$，角动量 L 的方向不变，且垂直于轨道平面，因此，质点相对于圆心的角动量的大小恒为 $L = rmv$。

4. 力矩与角动量定理

力矩是研究物体在绕固定点或固定轴转动时的一个重要物理量，它与角动量一样是一个矢量，用 M 表示力矩。如图 3-17 所示，其数学表达式为

$$M = r \times F \tag{3-2-39}$$

力矩的大小为

$$M = Fr\sin\alpha = Fr_\perp \tag{3-2-40}$$

式中 $r_\perp$ 称为力臂,是力的作用线到定点 O 的垂直距离,与角动量 L 的方向判断法类似,M 的方向同样可用右手螺旋法则确定,同样道理,同一作用力对不同固定点的力矩不同,因此讲力矩时也必须指明是相对哪一点而言。当 F 的作用线通过所选的固定点时,则 F 对该点的力矩为零,图 3-17 中给出了力

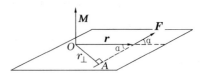

图 3-17 力 F 对 O 点的力矩

F,矢径 r 和力矩 M 之间的关系。力矩的单位是牛顿·米(N·m)。

力矩 M 和角动量 L 之间的关系与力 F 和动量 P 之间的关系类同。即角动量定理具有与动量定理(3-2-32)式相似的形式,即

$$M = \frac{\mathrm{d}L}{\mathrm{d}t} \tag{3-2-41}$$

在简单情况下,质点在一个平面上运动时,通常可选 z 轴垂直于该平面,并选平面的一固定点作为坐标原点,显然 r 和 P 都在 xy 平面内,所以 L 一定垂直于平面,因而有 $L_x = L_y = 0$(其中 L_x 和 L_y 为矢量 L 在 x,y 方向的分量),因此 L 可简单地用其 z 分量 L_z 表示。当然对 M 而言有类似的结论,即 M 可简单地用 M_z 表示。于是角动量定理可简单地表示为

$$M_z = \frac{\mathrm{d}L_z}{\mathrm{d}t} \tag{3-2-42}$$

(七)功和能

1. 功、动能和势能

恒力对物体所做的功 W 可以表示为

$$W = \boldsymbol{F} \cdot \boldsymbol{s} = Fs\cos\theta \tag{3-2-43}$$

其中 θ 为 F 和 s 之间的夹角,s 的方向为质点前进的方向,夹角 θ 如图 3-18 所示。当力 F 与质点运动的方向垂直时,则 F 不做功。在不计摩擦和空气阻力的情况下,起重机吊着物体在水平面内运动时不做功,尽管起重机对物体的作用力等于物体的重力 $mg \neq 0$,但作用力的方向和物体运动方向垂直,因而不做功。功是一个标量,它只有大小,没有方向。功的单位是焦耳(J),1 焦耳=1 牛顿·米。

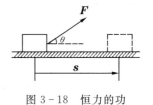

图 3-18 恒力的功

物体的动能用 E_k 表示,物体在以速率 v 运动时,其动能为

$$E_k = \frac{1}{2}mv^2 \tag{3-2-44}$$

重力势能用 E_p 表示,其数学表达式为

$$E_p = mgh \tag{3-2-45}$$

其中 h 为物体相对于地面(零势点)的高度。上式重力势能实际上是一个近似关系,严格

地说,重力势能是由地球与物体间的万有引力产生的,因此也称为万有引力势能。而万有引力势能的一般表达式为

$$E_p = -\frac{GMm}{r} \tag{3-2-46}$$

其中 G 为万有引力常数,M 为对物体 m 产生万有引力的物体质量,r 为质点 M 和 m 间的距离,等式右端的负号表示质点在引力场中的势能总比它在无穷远处(零势点)小。

弹性势能通常指弹性系统(如弹簧)的势能,通常规定,弹簧无形变时的弹性势能为零,那么当弹簧拉长或压缩长度为 x 时,其弹性势能为

$$E_p = \frac{1}{2}kx^2 \tag{3-2-47}$$

其中 k 为弹簧的劲度系数。

2. 功能原理与机械能守恒定律

对一个质点系而言,功能原理可表述为:一切外力和一切非保守内力对质点(系)所做的总功 W 等于质点系总机械能的增加,用 E_1 表示一切外力和一切非保守内力做功后物体的总机械能,E_0 为一切外力和一切非保守内力做功前物体的总机械能,则有

$$W = E_1 - E_0 \tag{3-2-48}$$

机械能守恒定律可表述为:一切外力和一切非保守内力都可做功,则质点系的机械能守恒。亦可表述为:孤立保守系的机械能守恒。

3. 能量的相互转换和守恒定律

能量守恒定律是自然界中最普遍的一种客观规律。这里所说的能量指各种形式的能,即包括动能、势能、热能、化学能、电磁场能量、光能等。

能量的相互转换和守恒定律的表述为:能量既不能产生,也不能消灭,只能由一种形式的能转换为另一种形式的能,或由一个物体传递给另一个物体。

燃料的燃烧过程中,化学能转换成了热能和光能。水力发电时,水的势能转换成了电能和少部分因机械间相互摩擦所产生的热能。人举起重物时,是人的生物能(实际上是人体的化学能)转化成了物体的势能的过程,电动机的转动是电能转换成电动机的动能的过程。总之,各种形式的能只能相互转换,总能量既不会消灭,也不会创生。

能量的相互转换和守恒定律在日常生活中有非常重要的应用价值,特别是用它常常可以去攻破伪科学和迷信的虚伪性。例如,千里传功治病之说,任何功力的传递过程都需要消耗能量,传递距离越远、消耗能量越多,"大师"扬言,他经常给多名弟子传功治病,能量从何而来,更何况传递方式是一个不可知的方式,同时病从人体中取出也需要能量。另外,还需要说明的一点是,任何物质的运动过程,都会与其他物质发生相互作用,而相互作用时,通常总是运动较快的物质把一部分能量(动能)传递给运动较慢的物质,而且还会相互摩擦,而转变为热能扩散到空气或其他物质中去,因此,这就造成了高速运动的物质自身能量不断减少的结果,千里传功,速度高得惊人,能量散失必然很大,因此肯定是不可能的,所以它只能是用来骗人的歪理邪说。同样道理,某些人试图制造永动机的梦想永远不

会实现,这是因为机械在转动中,必然有部分能量转化为摩擦生热的热能而散失,根据能量守恒定律,永动机会因总能量不断转化为热能而停止转动。水变油的伪科学,同样违反能量守恒定律。因为水不会燃烧,不能释放化学能。有人说,水先分解成氢和氧后再燃烧就可以放出化学能,但水分解时的能量从何而来? 这是不攻自破的。

第三节　分子运动和热

一、热学的起源

(一) 热学研究的对象与方法

热学是研究物质热运动规律的学科,涉及物体的热胀冷缩、摩擦生热等与物质温度相关的各种物理性质和现象。它研究的是大量分子(或原子)组合而成的物体或系统的热运动的形式,热现象的规律性表现为系统大量分子无规则运动的统计规律,因此热运动就成为区别于其他运动的一种新的运动状态。

热学的研究方法有两种:一种是采用宏观实验方法去总结出热力学定律,通过严密的逻辑推理,研究宏观物体(或系统)的热学性质,这是一种普遍的可靠的方法,但不涉及物质的微观结构,这种方法称为热力学方法。另一种方法称为分子动理论,它是从分子热运动出发,提出微观模型,依据每个分子运动所遵从的力学规律,用统计平均法研究物体的热学性质,从而揭示出热现象的微观本质。两种方法相辅相成,而成为热学研究中的重要方法。

(二) 热学发展的简略回顾

天然雷电引起的大火使最早的人类敬畏,但也感到温暖,人类使用火的开始,也可以说是对热现象认识和研究的开端。我国是世界上最早学会使用火的,早在 170 万年前元谋人就开始使用火了。

近代热学的真正开端发生在欧洲第一次工业革命时期,蒸汽机的发明、改进标志着热学研究的开端,也推动了热学实验的发展。温度的测量是首先需要解决的重大问题,1600年伽利略根据空气受热膨胀的道理,制造出第一个验温器。

气压是热力学另一重要的物理量,伽利略由当时的水泵不能将水抽到 10 m 以上的高度猜到了空气可能有重量,他的学生托里拆里用实验验证了大气压等于 76 cm 左右的水银柱所产生的压强。1662 年,英国物理学家波义耳通过实验发现了温度不变时气体的压强 p 与体积 V 成反比,即 $pV =$ 常数,这就是"波义耳定律"。1787 年法国人查理(Charles)给出了查理定律,1802 年法国的物理学家盖-吕萨克给出了气体状态方程

$$\frac{pV}{1+\alpha t} = C \tag{3-3-1}$$

其中 t 是摄氏温度(单位为℃),$\alpha = 1/273$。引进绝对温度 T 后,方程可化为

$$pV = RT \tag{3-3-2}$$

这就是 1 mol 理想气体的状态方程,式中 R 被称为摩尔气体常数。

二、热学基础知识

（一）平衡态与非平衡态

假设有一封闭容器，内有隔板，A 中有气体，B 中为真空，如图 3-19 所示，在某时刻将隔板抽去，A 中气体就会向 B 中运动。在运动过程中，容器内各处的压强、密度等大小随时间变化，这样的状态称为非平衡态，在无外界的影响下，经过很短时间，容器内的气体便会在整个容器内达到均匀分布，各部分的压强、密度等数值均相等，而且长时间内不再发生变化。这种宏观性质不随时间变化的状态称为平衡态。

图 3-19　平衡态
说明示意图

（二）温度和压强

两个系统（或物体）相互接触时，会有热传导现象发生，但经过一段时间后，便会达到一个共同的平衡态，这种平衡态是两个系统在发生热传导的条件下达到的，称为热平衡。若两个系统之间可以发生热传导现象，但当它们相互接触时，没有热传导现象发生，则表明两个系统具有相同的温度，温度概念是以热平衡现象为基础的。这就是说，几个系统相互接触，并达到热平衡时，它们都具有共同的温度。若两个系统温度不同，接触时必有热传导，而且热将由温度高的系统向温度低的系统传导，直至达到热平衡为止。

热平衡原理也是用温度计测量温度的依据。温度的高低有规定的温标，通常使用的温标有两种：一种为摄氏温标 t，单位是 ℃。规定一个标准大气压下，水的冰点为 0℃，沸点为 100℃。一种是热力学温标，单位是 K。两者的关系为

$$t = T - 273.15 \tag{3-3-3}$$

即热力学温度 T 为 273.15 K 时，摄氏温度为 0℃。

从微观角度而言，一个系统的温度由该系统中分子运动的激烈程度所决定，其标志是系统中分子的平均动能。从分子动理论可以推得，气体的温度 T 与分子平均动能 $\bar{\varepsilon}_{动}$ 之间存在如下关系

$$\bar{\varepsilon}_{动} = \frac{3}{2}kT \tag{3-3-4}$$

其中 k 为玻耳兹曼常数。分子的平均动能则为

$$\bar{\varepsilon}_{动} = \frac{1}{2}\mu \bar{v}^2 \tag{3-3-5}$$

其中 μ 为分子质量，v 为分子运动速度，于是有

$$\sqrt{\bar{v}^2} = \sqrt{\frac{3kT}{\mu}} = \sqrt{\frac{3RT}{M}} \tag{3-3-6}$$

其中 $\sqrt{\bar{v}^2}$ 称为气体分子的方均根速率，它是分子速率的一种统计平均值，M 是分子摩尔质量。上式表明，在同一温度 T 下，摩尔质量大的分子其方均根速率小，因为 R 为常数，T 相同时由上式可看出 $\sqrt{\bar{v}^2}$ 与 $\sqrt{M}$ 成反比。

（三）理想气体的状态方程

理想气体指严格遵从波义耳定律的气体。实际气体，在压强不太高（和大气压相比）和温度不太低（与室温相比）的实验范围内可近似看做理想气体。由（3-3-2）式可得，对一定质量的同种理想气体，任一状态下的 pV/T 都相等，因而有

$$\frac{pV}{T} = \frac{p_0 V_0}{T_0} \tag{3-3-7}$$

其中 p_0，V_0，T_0 为标准状态下相应的状态参量值。引入摩尔质量 M 的概念，以 10^{-3} kg/mol 为单位，数值上等于相对分子量。实验指出，在一定温度和压强下，气体的体积和它的摩尔数成正比。在标准状态下，1 mol 的理想气体所占的体积（称为摩尔体积）V_m 为 22.4×10^{-3} 立方米，而 ν mol 的气体在标准状态下体积为 $V_0 = \nu V_m$，标准状态则指压强 $p_0 = 1.013 \times 10^5$ Pa $= 1$ 大气压，$T_0 = 273.15$ K，由于 $\nu = \frac{m}{M}$，m 为气体质量，因此可由（3-3-7）式导得

$$pV = \nu \frac{p_0 V_m}{T_0} T \tag{3-3-8}$$

其中 $\frac{p_0 V_m}{T_0}$ 对各种理想气体都是一个常数，称为摩尔气体常数，用 R 表示，即

$$R = \frac{p_0 V_m}{T_0} = \frac{1.013 \times 10^5 \times 22.4 \times 10^{-3}}{273.15}$$

$$= 8.31 (\text{J/mol} \cdot \text{K})$$

其中 J 为焦耳。所以（3-3-8）式又可改写为

$$pV = \nu RT = \frac{m}{M} RT \tag{3-3-9}$$

这便是常用的理想气体状态方程。

三、热力学定律

（一）热力学第一定律

1. 热力学第一定律的表述

"外界提供给系统的热量 Q，一部分转化为系统对外界做的 W，另一部分变为系统内能的增量 $\Delta E (\Delta E = E_2 - E_1)$。"这就是热力学第一定律的表述，其数学表达式为

$$Q = \Delta E + W \tag{3-3-10}$$

或写为

$$Q - W = E_2 - E_1 \tag{3-3-11}$$

上面式子表示的物理含义是：若 $W = 0$，当系统自外界吸收热量时，$Q > 0$，则 $E_2 - E_1 > 0$ 表明系统的内能增加；当系统向外界放出热量时，$Q < 0$，则 $E_2 - E_1 < 0$，表明系统内能减少。对一个绝热系统而言，$Q = 0$，当系统对外做功时，$W > 0$，则 $E_2 - E_1 < 0$，系统内能减少；当外界对系统做功时，$W < 0$，则 $E_2 - E_1 > 0$，系统内能增加。一般情况下，向一个系统传递热量，一部分使系统内能增加，另一部分则消耗在对外界做功方面，即 Q 为

系统内能的增加与系统对外界做功的总和。

热力学第一定律有时也被表述为"第一类永动机是不可能制造的"。历史上,甚至当今仍有人企图制造一种不消耗任何能量就能永远对外界做功的机器,它违背了自然科学的基本原理——能量守恒与转化定律,因此都以失败而告终。

英国物理学家焦耳致力于热功当量的测定。他设计的一个典型实验如图 3 - 20 所示,在一个金属量热器内装上带桨叶的轴,叶片(共 8 列)分布在彼此成 45°角的垂直平面内,侧壁装有呈放射状的 4 列平板,以阻止水的运动。在轴的外端装上滑轮,并吊起重物,吊绳绕在轴上端的圆柱上。重物下落(可用尺测量)导致轴转动,带动叶片,使功转化为热。焦耳得到的热功当量值为 4.16 J/cal,与现在采用值 4.18 J/cal 仅差 0.5%,他指出:"自然界的全部功应是不灭的,因此有多少机械能被消耗掉,就有多少等量的热被得到。"

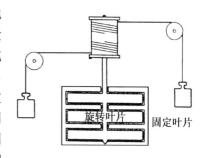

图 3 - 20　焦耳测定热功当量的实验

(二) 卡诺循环

热机的工作效率是热机研究中的重要课题,所谓热机指蒸汽机、内燃机等动力装置。对热机效率的研究,法国工程师卡诺做出了重要贡献。卡诺以理想气体为工作物质,给出了卡诺热机的效率公式

$$\eta = 1 - \frac{T_2}{T_1} \tag{3-3-12}$$

其中 T_1 为高温热库的绝对温度, T_2 为低温热库的绝对温度,卡诺热机的能流图如图 3 - 21 所示。这就是说卡诺循环的效率只决定于两热库的温度。当然,这里必须指出的一点是,卡诺循环被设想为理想气体的准静态过程,此外还假设在循环过程中气体和活塞,以及热机各部间之间无摩擦。这样工作物质推动活塞所做的功将全部向热机之外输出。所以卡诺循环是无摩擦的准静态的理想循环,实际上热机的效率不可能达到这种理想状态,但也确实主要由两热库的温度所决定,一般情况下,温差越大,效率越高。

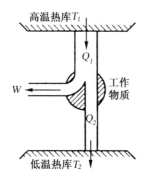

图 3 - 21　卡诺热机能流图

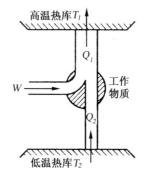

图 3 - 22　卡诺致冷机的能流图

卡诺致冷机的能流图如图 3 - 22 所示,其工作效率通常用 Q_2/W 表示,这一比值称作

致冷系数,即吸热越多,做功越少,则致冷机性能越好。致冷系数定义为

$$\omega = \frac{Q_2}{W} = \frac{Q_2}{Q_1 - Q_2} = \frac{T_2}{T_1 - T_2} \tag{3-3-13}$$

卡诺致冷机同样是以理想气体作为工作物质而得到上述关系的。在一般情况下,高温热源的温度,通常是大气温度,所以卡诺致冷循环致冷系数取决于所能达到的致冷温度,其越低,致冷系数就越小。

(三) 热力学第二定律

历史上的热力学理论是在研究热机工作原理的基础上发展的,最早提出的并沿用至今的热力学第二定律有两种不同的表述。实际上卡诺对热机效率的研究中差不多已经探究到热力学第二定律的本质和基本思想。在总结卡诺的物理思想和其他实践的基础上,1850 年德国物理学家克劳修斯提出了他关于热力学第二定律的表述形式。而在 1851 年,英国物理学家威廉·汤姆孙,即开尔文也提出了他关于热力学第二定律的表述。

开尔文表述:功可以全部转化为热,但热不能全部转变为功而不引起其他变化(即无法制造第二类永动机)。克劳修斯表述:热量总是从高温物体传向低温物体,不能从低温物体传向高温物体而不引起其他变化。

初看起来,热力学第二定律的两种表述并无关系,其实,二者是等价的,都表明自然界中自然过程具有方向性。开尔文表述说明功热转换过程具有方向性:在不引起其他任何变化的前提下,功可以全部转变为热,但热不能全部转变为功;克劳修斯表述:说明热传导过程具有方向性:热量可以自动地从高温物体传向低温物体,但相反过程不行。

热力学第二定律也称为第二类永动机不可能制造定律。历史上曾经有人企图制造出另一种永动机,这种永动机只需要一个热源,即不需要两个有温差的热源,而只要使周围的物体'如海洋、大气等'自动冷却,热机便可以做功,这种热机称为第二类永动机或单元热机。这是在没有温差的情况下要热机做功,因而是一种纯粹的空想。

四、统计物理学简介

热力学定律的发现,找到了热现象的一般规律,但是对于热的微观本质并没有讲清楚。以分子动理论为基础发展起来的统计物理学回答了这一问题。其中克劳修斯、英国著名物理学家麦克斯韦、奥地利物理学家玻耳兹曼和美国科学家吉布斯做出了重要贡献。克劳修斯率先清楚地说明了统计的概念,麦克斯韦和玻耳兹曼则将数学中的统计和概率方法应用到了分子物理学的研究之中,给出了气体分子运动速率分布的一系列规律,为统计物理学奠定了基础。1920 年,吉布斯又把麦克斯韦和玻耳兹曼所创立的统计方法加以系统和推广,发展成为系统的经典统计物理学。它包括分子动理论、统计力学和涨落现象理论三大部分。

统计物理学的建立,使人们对热现象的研究深入到微观结构的层次。玻耳兹曼成功地用统计物理学解释了热力学第二定律,即热现象的不可逆性。从分子动理论的观点来看,高温物体分子平均动能大于低温物体的分子平均动能,所以在它们相互作用时,即分子间发生碰撞时,能量从高温(平均动能大)物体传给低温物体的概率大,因此热只能自动

地从高温物体传向低温物体,而不能自动逆向传递。同样,宏观物体有规则的运动转变为分子的无规则运动的过程,这种能量转变过程的概率大,甚至可达到 100%。反之,物体由分子无规则的运动转变为有规则的运动的概率小,因此热转换为机械能的概率必小于 100%,从而导致了功热转换不可逆的热力学第二定律的产生。所以说,热力学第二定律是一个统计规律。

第四节　电 磁 与 光

一、电磁学

(一) 电磁学的起源

1. 古代电磁学的成就

中国古代远在东汉王充著的《论衡·乱龙篇》中就有记载:"顿牟(即玳瑁)掇芥,磁石引针,不假他类。他类肖似,不能掇取者,何也? 气性异殊,不能相感动也。"意指玳瑁与芥具有相同的气性,磁石与针具有相同的气性,所以相感而使之动。这表明在汉代我们祖先已经观察和研究了这类简单的电磁现象。战国末年的《韩非子·有度》中记载:"故先王立司南,以端朝夕",司南就是指南针,"端朝夕"意指定四向方位(即东、西、南、北)。指南针是我国四大发明之一,它对航海的发展起到了重大推动作用。

2. 近代电磁学的发展

首先对电和磁现象进行系统研究的是英国的威廉·吉尔伯特(1544—1603)。他在《论磁,磁体和地球作为一个巨大的磁体》中写道:"许多物质,诸如金刚石、蓝宝石、树脂、明矾等,通过摩擦都具有吸引较小物体的作用",吉尔伯特把它称为"电性"。吉尔伯特第一次明确地把电和磁区分开来。他指出磁石不需要外来激励,本身就具有吸铁能力,但琥珀之类物体则需要摩擦后才会具有吸引力。

法国工程师格里凯发明了第一台摩擦起电机,接着法国物理学家杜菲发明了金属箔验电器,并总结出静电作用的基本特性:同性相斥,异性相吸,才真正把电分成了正电和负电两类。美国科学家富兰克林在 1747 年至 1755 年间做了大量的实验,对莱顿瓶的功效和放电现象进行了深入分析和研究,认识到摩擦电、雷电、电火花等电现象的统一性。他指出闪电和电火花产生相似的光和声,它们都是瞬间产生的;它们都能杀伤生物;它们都有燃烧硫黄的臭味;都能流过导体,并集中在物体的尖端;它们都能破坏磁性或使磁体的极性倒过来;它们都可以熔解金属。1934 年,法拉第得出了电解定律:① 不管电解质或电极的性质如何,由电解析出之物的质量 m,与电流及通电时间成正比,即与通过溶液的电荷 Q 成正比;② 一定量的电荷 Q 所析出物质的质量,与该物质的化学当量成正比,即与相对原子量 μ 和原子价 K 的比成正比。

1874 年英国科学家斯通尼在论文中主张把电解时一个氢离子所带的电荷作为一个"基本电荷",后来又引入了"电子"和"电子电荷"来表示电的基本单位。为测量这种基本电荷的电荷量,密立根用巧妙的方法直接测定了电荷 e(电子所带电荷)的绝对值,得到 $e=1.59\times10^{-19}$ C,与现代测量值非常接近,并由电解定律求出了阿伏伽德罗常数。密立根的工作表明：电荷总是以一个基本单元 e 的整数倍出现,物体所带电荷的多少不是以连续方式变化,而是以一种不连续的跳跃改变着,其跳跃性差值为 e 的整数倍,最小跳跃性差值为 e,这就是电荷的量子性。

（二）静电学

静电学主要研究静止电荷产生的电场和带电体在电场中受力情况等问题。

1. 电荷守恒定律

在一个与外界不发生电荷交换的孤立体系中,所有正负电荷的代数和保持不变。这就是说,电荷既不能消灭,也不能创造,它只能从一个物体转移到另一个物体,或在一个物体内移动。这就是电荷守恒定律。

2. 库仑定律与叠加原理

1785 年,法国物理学家库仑设计了一台精密的扭秤,测定了电荷之间的作用力,通过实验,得出了两个电荷之间相互作用力的大小 F 与它们之间的距离 r 和所带电荷量 q_1 和 q_2 之间的关系

$$F = k \frac{q_1 q_2}{r^2} \tag{3-4-1}$$

这就是库仑定律的表达式。其含义是：真空中两个静止的点电荷之间的作用力(斥力或引力)与这两个电荷所带电荷量的乘积成正比,与它们之间的距离平方成反比,而作用力的方向沿两个点电荷连线方向。这一规律还可表示为矢量公式

$$\boldsymbol{F}_{21} = k \frac{q_1 q_2}{r_{21}^2} \boldsymbol{e}_{21} \tag{3-4-2}$$

其中 $\boldsymbol{F}_{21}$ 表示电荷 q_2 受到电荷 q_1 的作用力；$\boldsymbol{e}_{21}$ 表示从 q_1 到 q_2 方向上的单位矢量；q_1 与 q_2 分别表示两个点电荷的电荷量(代数量)。当 q_1,q_2 异号时,$\boldsymbol{F}_{21}$ 与 $\boldsymbol{e}_{21}$ 方向相反,表示 q_2 受到 q_1 的吸引。$\boldsymbol{F}_{12}$ 是 q_1 受到 q_2 的作用力,它是 $\boldsymbol{F}_{21}$ 的反作用力,符合牛顿第三定律,即

$$\boldsymbol{F}_{12} = -\boldsymbol{F}_{21} \tag{3-4-3}$$

当电荷量用库仑(C)为单位,距离用米(m)作单位,力用牛顿(N)作单位时,实验测定比例常数 k 为

$$k \approx 9 \times 10^9 \ \mathrm{N \cdot m^2/C^2}$$

通常还引入另一常数 ε_0,使

$$k = 1/4\pi\varepsilon_0 \tag{3-4-4}$$

于是,真空中库仑定律的形式就可写成

$$\boldsymbol{F}_{21} = \frac{1}{4\pi\varepsilon_0} \frac{q_1 q_2}{r_{12}^2} \boldsymbol{e}_{21} \tag{3-4-5}$$

其中 ε_0 称为真空电容率常数

$$\varepsilon_0 = \frac{1}{4\pi k} = 8.85 \times 10^{-12} \ \mathrm{C^2/(N \cdot m^2)} \tag{3-4-6}$$

库仑定律讨论的是两个点电荷之间的静电力,当空间有两个以上点电荷时,可以应用静电力叠加原理来处理它们之间的相互作用力。

如图 3-23 所示,电荷 q_1 和 q_2 作用在电荷 q_0 上的力分别为 $\boldsymbol{F}_{01}$ 和 $\boldsymbol{F}_{02}$,因而 q_0 受到的合力为

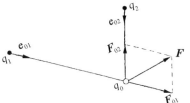

图 3-23　静电力叠加原理

$$\boldsymbol{F} = \boldsymbol{F}_{01} + \boldsymbol{F}_{02} \qquad (3\text{-}4\text{-}7)$$

对于 n 个静止的点电荷 $q_1, q_2, \cdots, q_n$ 组成的电荷系,若以 $\boldsymbol{F}_1, \boldsymbol{F}_2, \cdots, \boldsymbol{F}_n$ 分别表示它们单独对电荷 q_0 的作用力,则它们对 q_0 的总作用力 $\boldsymbol{F}$ 为

$$\boldsymbol{F} = \boldsymbol{F}_1 + \boldsymbol{F}_2 + \cdots + \boldsymbol{F}_n = \sum_{i=1}^{n} \boldsymbol{F}_i \qquad (3\text{-}4\text{-}8)$$

由库仑定律可得

$$\boldsymbol{F} = \sum_{i=1}^{n} \frac{1}{4\pi\varepsilon_0} \frac{q_0 q_i}{r_{0i}^2} \boldsymbol{e}_{0i} \qquad (3\text{-}4\text{-}9)$$

式中 r_{0i} 是 q_0 与 q_i 之间的距离,$\boldsymbol{e}_{0i}$ 是由 q_i 指向 q_0 方向上的单位矢量。

库仑定律和叠加原理是静电学中的两个基本原理,原则上,静电学中的所有问题都能够以这两个基本原理为出发点进行处理。

3. 电场和电场强度

电荷之间的相互作用,磁铁吸引磁性物质和万有引力是如何产生的? 这一问题在历史上争论了许多年。"超距作用"的观点,主张引力是一种超距作用力,即认为上述引力的传递不需要任何时间,是一种超越所有空间的作用力。这种观点曾占有统治地位,而法拉第却相信,带电体、磁体或电流周围空间存在着某种由电或磁产生的物质,这种物质是传递电力、磁力的媒介,并把它们称为电场、磁场。他通过研究电介质对静电过程的影响发现,在不同的媒质中,电力和磁力的作用也不同,从而表明了电场和磁场的存在。

电场的一个重要性质是它对电荷施加的作用力,用试验电荷可以测定电场的强弱,试验电荷 q_0 必须满足两个条件:① 它的线度必须足够小,从而可以看做一个点电荷;② 它所带的电荷要足够小,从而使得电场中不因增加了电荷而受到显著影响。这样一来,把试验电荷放到电场中任一位置时,都可以测得它所受到的电场力 $\boldsymbol{F}$。实验表明,检验电荷在某点所受到的力 $\boldsymbol{F}$ 与其电荷 q_0 的比值不因 q_0 大小而改变,因此 $\boldsymbol{F}/q_0$ 是一个只与场中某点的位置有关的矢量。$\boldsymbol{F}/q_0$ 表示了电场各点的强度,称为电场强度,简称场强。通常用 $\boldsymbol{E}$ 表示电场强度,即

$$\boldsymbol{E} = \boldsymbol{F}/q_0 \qquad (3\text{-}4\text{-}10)$$

由以上可知,场强是描写电场中某点性质的矢量,其大小等于单位检验电荷在该点所受电场力的大小,其方向与正检验电荷在该点受力方向相同。一般情况下,电场中各点场强 $\boldsymbol{E}$ 不同,$\boldsymbol{E}$ 通常可表示为空间坐标的矢量函数 $\boldsymbol{E}(\boldsymbol{r})$。

电场强度的单位是牛顿/库仑(N/C)。

电场强度和电场力一样满足相应的叠加原理,即空间中若存在 n 个点电荷 q_1,

q_2，…，q_n，那么由上述可知，在空间某点的检验电荷 q_0 受到的合力为

$$F = F_1 + F_2 + \cdots + F_n \qquad (3\text{-}4\text{-}11)$$

其中 F_1，F_2，…，F_n 分别为 q_1，q_2，…，q_n 单独对 q_0 的作用力，将上式两边同除 q_0 可得

$$E = \frac{F}{q_0} = \frac{F_1 + F_2 + \cdots + F_n}{q_0}$$

$$= \frac{F_1}{q_0} + \frac{F_2}{q_0} + \cdots + \frac{F_n}{q_0}$$

$$= E_1 + E_2 + \cdots + E_n = \sum_{i=1}^{n} E_i \qquad (3\text{-}4\text{-}12)$$

按场强的定义，E_1，E_2，…，E_n 分别是各个点电荷在放置试验电荷处产生的场强，左端 E 为总场强，上式表明，电场中任意一点的总场强等于各点电荷在该点各自产生的场强的矢量和，这就是场强叠加原理，它是电场的基本性质之一。利用这一原理，可以计算任意带电体所产生的场强，因为任意带电体都可以看做许多点电荷的集合。

点电荷的场强可以由场强的定义及库仑定律推得

$$E = \frac{q}{4\pi\varepsilon_0 r^2} e_r \qquad (3\text{-}4\text{-}13)$$

其中 q 为点电荷所带的电荷量。e_r 是以点电荷为原点的空间某点位置矢量方向上的单位矢量。上式也可写作

$$E = \frac{q}{4\pi\varepsilon_0 r^3} r \qquad (3\text{-}4\text{-}14)$$

其中 r 为空间某点 P 的位置矢量(以点电荷为原点)，而相应的 r 是点电荷到电场中 P 点的距离。值得指出的是场强 E 是矢量，正的点电荷和负的点电荷其电场方向不同。如图 3-24 所示，正电荷的场强方向在远离点电荷的方向上，而负电荷的场强方向指向点电荷本身。

如果电场是由若干个点电荷 q_1，q_2，…，q_n 共同产生，根据场强叠加原理，空间中 P 点的总场强就是这些点电荷各自在 P 点所产生的场强的矢量和，即

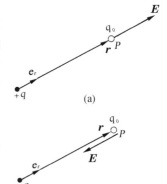

图 3-24　点电荷的场强

$$E = E_1 + E_2 + E_3 + \cdots + E_n = \sum_{i=1}^{n} E_i \qquad (3\text{-}4\text{-}15)$$

其中 E_i 是第 i 个点电荷 q_i 在 P 点所产生的场强

$$E_i = \frac{1}{4\pi\varepsilon_0} \frac{q_i}{r_i^2} e_{r_i} = \frac{1}{4\pi\varepsilon_0} \frac{q_i}{r_i^3} r_i$$

q_i 是第 i 个点电荷所带的电荷量，r_i 是 q_i 与 P 点间的距离，e_{r_i} 是从 q_i 指向 P 点的单位矢量。

4. 电场线和电通量

用电场线可以形象地描述电场中的场强,图 3-25 中画出了点电荷形成的电场中的电场线。图(c)表示由实验方法显示的电场线的照片。一般在水平玻璃上撒些细小的石膏晶粒,或在油上浮些草粒,它们就会沿电场线排列起来。

(a)　　　　　　　(b)　　　　　　　(c)

图 3-25　点电荷的电场线

电场线不仅可以表达电场中场强的方向性,而且电场线的疏密程度还可以表达电场中场强的大小。因此对电场线作如下规定:在电场中任一点通过垂直于场强的单位面积的电场线数目,等于该点场强的量值。用 ϕ_e 表示电场线的条数,则有

$$E = \lim_{\Delta S_\perp} \frac{\Delta \phi_e}{\Delta S_\perp} = \frac{\mathrm{d}\phi_e}{\mathrm{d}S_\perp} \tag{3-4-16}$$

其中 $\Delta \phi_e$ 为通过垂直于场强的无限小平面 $\Delta S_\perp$ 的电场线条数。

有了电场线的规定,可以引入一个辅助概念——电通量。根据电场线的作图法可知,匀强电场中的电场线是平行均匀排列的。如图 3-26 所示,面元 $\mathrm{d}S_\perp$ 是 $\mathrm{d}S$ 垂直于场强方向的投影,显然通过 $\mathrm{d}S$ 和 $\mathrm{d}S_\perp$ 的电场线条数量是一样的,由图 3-26 不难看出,$\mathrm{d}S_\perp = \mathrm{d}S\cos\theta$。将此关系代入(3-4-16)式可得到通过 $\mathrm{d}S$ 的电场线条数,即电通量为

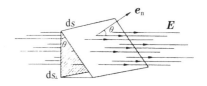

图 3-26　电通量

$$\mathrm{d}\phi_e = E\mathrm{d}S_\perp = E\mathrm{d}S\cos\theta \tag{3-4-17}$$

该式亦可写成矢量表达式

$$\mathrm{d}\phi_e = \boldsymbol{E} \cdot \mathrm{d}\boldsymbol{S} \tag{3-4-18}$$

$\boldsymbol{E} \cdot \mathrm{d}\boldsymbol{S}$ 称为两矢量的数量积,显然其数量关系为 $\boldsymbol{E} \cdot \mathrm{d}\boldsymbol{S} = E\mathrm{d}S\cos\theta$,$\mathrm{d}\boldsymbol{S}$ 是矢量,其方向为面元的法线方向,如图 3-26 中所示,$\mathrm{d}\boldsymbol{S}$ 的方向由图中 $\boldsymbol{e}_n$ 所指的方向表示,其中 $\boldsymbol{e}_n \perp \mathrm{d}\boldsymbol{S}$。电通量可为正值,也可为负值,其取值决定于 $\mathrm{d}\boldsymbol{S}$ 的法线 $\boldsymbol{e}_n$ 与电场强度 $\boldsymbol{E}$ 的夹角 θ。当 $0 \leqslant \theta < \dfrac{\pi}{2}$ 时,$\mathrm{d}\phi_e$ 为正,当 $\dfrac{\pi}{2} < \theta \leqslant \pi$ 时,$\mathrm{d}\phi_e$ 为负。对于匀强电场而言,通过某一平面的电通量与平面的面积成正比,也与电场强度成正比,并可简单地用 $\phi = ES\cos\theta$ 计算电通量,其中 S 是相应平面的面积。

1839 年,德国数学家高斯(Gauss)提出了电通量的高斯定理。该定理表述为:在真空中,通过任一封闭曲面 S 的电场强度通量等于该曲面所包围体积内所有电荷的代数和 $q_{内}$ 与真空中的介电常数 ε_0 的比,即

$$\phi_e = q_内 / \varepsilon_0 \tag{3-4-19}$$

高斯定理表明:当 $q_内$ 为正电荷(不包括外部电荷)时,$\phi_e > 0$,表示有电场线穿出封闭曲面,而当 $q_内$ 为负电荷时,$\phi_e < 0$,表示有电场线穿进封闭曲面,我们称这类场为有源场。静电场是有源场,正电荷所处位置是电场线的起点,负电荷所在位置则是电场线的终止点。起点和终点统称为中断点,即电场线的中断点处一定有电荷存在。这是电场线的一个重要性质。这个性质也可以表述为:电场线发自正电荷,终于负电荷,在无电荷处不中断。高斯定理在研究和处理电场性质时具有广泛的应用。

5. 电势与电势差

电荷在电场中运动时,电场力要做功,但电场力所做的功与路径无关,除与电荷所带的电荷量有关外,只与电荷运动的起点和终点的位置相关。因此,电场中存在着一个由电场中各点的位置所决定的标量函数,此函数称为电势 U,而该函数在电场中 P_1 和 P_2 两点间的差值则称为电势差,电势差是由单位正电荷 q 从 P_1 点运动到 P_2 点时电场力做的功决定。即 P_1 点电势定义为 U_1,P_2 点电势为 U_2,若电场力对正电荷 q 所做的功为 W,则有

$$U_1 - U_2 = W/q \tag{3-4-20}$$

电势的概念与重力势能中的"高度"相似,高度的零点可以任意选择,电势的零点,即零电势点也可以任意选择,但在实际研究问题时通常选地球的电势为零电势。由于电场力对电荷所做的功,只与电荷运动的初始位置和终点有关,而与路径无关,这就是说,无论如何选择电势的零点,电场中两点间的电势差都是不变的。

6. 电场的能量

电荷之间都存在相互作用的电场力,而任何物体的带电过程,都是电荷之间的相对运动形成的,因而带电过程也必然伴随着外力克服电场力做功,当然必须消耗外界能量。根据能量守恒与转化定律可知,任何带电系统都必然具有能量。我们以电容器为例,分析电场的能量。

电容器是储存电荷和电能的容器,最简单的电容器是平行板电容器,它由两块平行的金属板组成。电容器充电后,它的两板总是带有等量异号的电荷 $+Q$ 和 $-Q$,这时两板间有一定的电势差 $U = U_+ - U_-$,对一个电容器而言,其所带电荷 Q 与电势差 U 之比不变,其比值

$$C = \frac{Q}{U} \tag{3-4-21}$$

称为电容器的电容,它取决于电容器本身的结构,即两导体的形状、尺寸及两板间绝缘介质的种类,而与它所带的电荷 Q 无关。当电容器充电后,便储存有一定量的静电能,可以想象,充电过程是把元电荷 Δq 从一板逐份搬到另一板的过程。搬移过程中,电容器的电压 U 随着搬移到极板上的电荷量逐渐升高,因此搬移等量的电荷 Δq 过程中,外力所做的功也随电容器电压的升高而成正比的增加。假定每次搬运的电荷量为 Δq,共搬运 n 次,搬运的总电荷量为 Q,可以通过一个等差数列 n 项和的计算得到外力所做的总功为

$$W = \frac{1}{2}CU^2 = \frac{Q^2}{2C} \tag{3-4-22}$$

这就是电容器充电后，在电容器两板间所形成的电场具有的能量。由于电容器两板间的电场是匀强电场，假定两板间距离为 d，则可导得

$$W = \frac{1}{2}\varepsilon_0 E^2 V \tag{3-4-23}$$

其中用到了 $U = Ed$，$E = \dfrac{Q}{\varepsilon_0 d}$ 和体积 $V = Sd$，由此进一步可以得到电场能量密度 ω，即

$$\omega = \frac{W}{V} = \frac{1}{2}\varepsilon_0 E^2 V / V = \frac{1}{2}\varepsilon_0 E^2 \tag{3-4-24}$$

能量密度的单位是 J/m^3。上述结果虽是从均强电场的特例导出的，但这一公式对于真空中的任何静电场都是成立的。利用这一公式，只要知道电场分布情况，便可计算出相应电场的总能量。

（三）电流与磁场

1. 稳恒电流

电荷的定向流动形成电流。产生电流的条件有两个：① 存在可以自由移动的电荷；② 存在电场。

自由移动的电荷简称自由电荷，通常的自由电荷有两种：一种是金属中的电子，另一种是可自由移动的离子，如盐酸溶液中的氢离子 H^+ 和氯离子 Cl^-。此外，半导体中空穴和等离子体中的离子都是自由电荷。

常见的电流是沿一根导线流动的电流，电流的强弱用电流强度（简称电流）描述，单位时间内通过导线一横截面的电荷量称为通过该截面的电流。当一段导体两端存在电压时，导体内就出现电场，在电场的作用下，自由电荷便会产生定向运动而形成电流。在导体中的电流遵从欧姆定律

$$I = \frac{U}{R} \tag{3-4-25}$$

式中 R 称为导体的电阻，电阻的大小取决于导体的材料、形状、长短、粗细及温度等。R 的倒数 $G=1/R$ 称为电导。电阻的单位是欧姆（Ω），电导的单位是西门子（S），$1\,S = 1\,\Omega^{-1}$。

实验表明，对于一定材料制成的横截面均匀的导体，它的电阻 R 与长度 L 成正比，与横截面积 S 成反比，即

$$R = \rho \frac{L}{S} \tag{3-4-26}$$

式中 ρ 只与导体材料有关，称为电阻率，电阻率的单位是 $\Omega \cdot m$。电阻率的倒数称电导率 σ（$\sigma = 1/\rho$），电导率的单位是 S/m。

一个电路中必须有电源支持，而且要求电路能形成闭合回路，才能有持续的稳恒电流产生。电源则是起着将正电荷（或负电荷）从电势低（或高）的地方搬向电势高（或低）的地

方的一种设备。它是电路系统的动力之源,因此称为电源。它的作用是把其他形式的能量转变成电能,在电源中的电荷移动过程是非静电力对电荷做功。电源有正负两个极,正极的电势高于负极,用导线把正负极连结起来,便构成了闭合回路,这一回路中电源外边的部分叫外电路,在稳恒电场作用下,正电荷由正极流向负极。在电源内部的电路称为内电路,非静电力将正电荷逆着电场的方向从负极移向正极。在这过程中非静电力克服静电力做正功,电荷的电势能增大,即电源把其他形式的能转化为电势能。所以从能量的角度而言,电源就是一个把其他形式的能量转换为电势能的能量转换器。

电源的类型很多,不同类型的电源中,非静电的本质也不同,化学电池中的非静电力是一种化学作用,发电机中的非静电力是电磁感应作用。在不同的电源中,由于非静电力不同,电源转化能量的本领大小也不同,为定量描述电源的这种能力,引入了电动势的概念,并用 ε 表示。一个电源的电动势 ε 定义为把单位正电荷 q 从负极通过电源内部移到正极时非静电力所做的功 W,即

$$\varepsilon = \frac{W}{q} \qquad (3\text{-}4\text{-}27)$$

电动势的单位与电压的单位相同,都是伏特(V)。

引入电动势之后,全电路的欧姆定律可表述为

$$I = \frac{\varepsilon}{R + r} \qquad (3\text{-}4\text{-}28)$$

其中 ε 为电路中电源的电动势,R 为电源的外电阻,r 为电源的内电阻,简称内阻。面对一个复杂的直流电路,就需要用基尔霍夫第一定律和第二定律求解了。基尔霍夫第一定律的形式为

$$\sum_{k=1}^{n} I_k = 0 \qquad (3\text{-}4\text{-}29)$$

式中 n 表示会合在某节点的电流数目。此式表示在任一节点上,各支路流入该节点的电流等于流出该节点的电流,实际上它表明在任一节点都不可能有电荷的持续集结。

基尔霍夫第二定律的形式为

$$\sum_{k=1}^{n} \varepsilon_k = \sum_{k=1}^{n} I_k R_k \qquad (3\text{-}4\text{-}30)$$

其中 ε_k 为任一闭合回路中某段电路的电动势,而 I_k,R_k 则为某段电路的电流和电阻。此式表明,在复杂电路的任一闭合回路中,电动势的代数和等于各分段电路上的电压降的总和。

2. 磁场

1820 年,丹麦物理学家奥斯特(Oersted)在实验中发现了通过稳恒电流的电线附近磁针发生偏转的现象(见如图 3-27),从而拉开了电磁统一的序幕。法国物理学家安培(Ampere)对奥斯特的发现做出了异乎寻常的反应,他得到消息后的第二天就重复了奥斯

特的实验,并加以发展,进一步的实验表明,磁铁对载流导线也有力的作用(见图 3-28),载流螺线管的磁性可以用右手定则判断(见图 3-29),且可与磁铁相互作用(见图 3-30)。安培再进一步将钢铁放入螺线管中,经通电而将钢铁磁化,从而产生了第一个电磁铁。

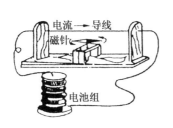

图 3-27 奥斯特实验

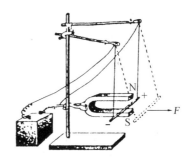

图 3-28 磁铁对电流的作用

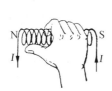

图 3-29 右手定则

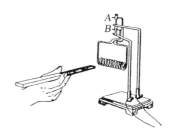

图 3-30 螺线管与磁铁的作用

安培的实验结果表明了通电螺线管和磁棒之间的相似性,从而提出这样一个问题:磁铁和电流是否在本源上是一致的? 1821 年安培提出分子环流假设:组成磁铁的最小单元(磁分子)就是环形电流。若一些分子环流定向排列起来,在宏观上就会显示 N,S 极。在磁介质内部任何位置处,通过的分子电流是成对的而且方向相反,结果相互抵消,只有在截面的边缘处,分子电流未被抵消,形成与截面边缘重合的圆电流;整体看来,磁铁棒就像一个分子电流组成的螺线管(见图 3-31)。尽管安培所处的那个时代,人们还不了解原子的结构,还不能解释物质内部的分子环流是怎样形成的。但现在我们知道,原子是带正电的原子核和旋转的负电子组成,电子不仅绕核旋转,而且还有自旋,这种带电粒子的转动便可以形成分子环流,这便是物质磁性形成的本源。

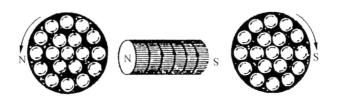

图 3-31 安培分子环流假说

综上所述,物质磁性的本源是电流,无论导线中的电流,还是磁铁,它们的磁性本源都是电荷的移动,也就是说,一切磁现象都可归结为运动着的电荷之间的相互作用,这种作用是通过磁场来传递的。应当指出的是电场与磁场的区别,从场源来看,无论静止的电荷或运动的电荷都产生电场,但是只有运动的电荷才产生磁场。从作用上来看,电场对运动的电荷和静止的电荷都有作用,但磁场只对运动电荷有作用力,而对静止电荷没有作用力。

与电场类似,磁场的强弱用磁感应强度 B 表示,B 的大小与运动电荷 q 在磁场中受的力 F 相关,磁感应强度大小定义为

$$B = \frac{F}{qv} \qquad (3-4-31)$$

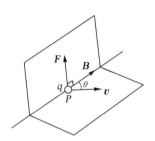

图 3-32 运动电荷受到的磁力

即单位速率的单位电荷所受的最大磁力。B,F,v 三者均为矢量,三者的方向如图 3-32 所示,即 v 垂直于磁场 B 的方向,F 既垂直于磁场 B 的方向,又垂直于电荷的运动方向。

磁感应强度的单位是特斯拉(T),简称特,1 特斯拉=1 牛顿/(安·米)。目前仍在使用的 CGS 制中,磁感强度的单位是高斯(G),1 特=10^4 高斯。

对于磁场强弱的描述,类似于电场中的情况引入了磁感线的概念。螺线管的磁感线分布如图 3-33 所示,从图中可看出,除了端点附近,在一个长螺线管外部的空间里,磁感线很稀疏,这表明磁场在那里是很弱的,而螺线管内部磁感应强度不仅大而且是匀强磁场。

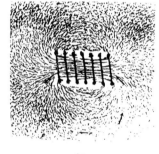

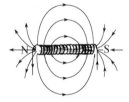

图 3-33 螺线管的磁感应线

另外几种电流和磁铁的磁感线如图 3-34 所示,上图是用实验法测出磁感线的图片,下图是磁感线示意图。

从上面给出的各种情况中可以看出,磁感线有一些共同特点:① 磁感线都是闭合的或两头伸向无穷远。② 闭合的磁感线总是和载流回路相互套连在一起。③ 磁感线和电流方向服从右手定则:若以右手伸直的拇指代表电流方向,则弯曲的四指沿磁感线方向;反之,弯曲的四指沿电流方向时,则拇指指向磁感线方向。④ 磁感线无起点也无终点,不像静电场中的电场线起于正电荷而终于负电荷,因而磁场为无源场,是一种涡旋场。

磁通量的定义与电通量类似,磁通量为通过一给定曲面的总磁感线条数,而且同时规定磁感线上任一点的切线方向为该点磁感应强度 B 的方向,通过垂直于 B 的单位面积上的磁感线的条数等于该处 B 的大小。用关系式表达则为

$$B = \frac{\mathrm{d}\phi_m}{\mathrm{d}S_\perp} \qquad (3-4-32)$$

其中 ϕ_m 表示磁感线的条数,即磁通量。由于磁感线是闭合曲线,因而对一个封闭曲面而言,其磁通量恒为零,这是因为只要有一条磁感线穿入封闭曲面的话,那么它也一定会在

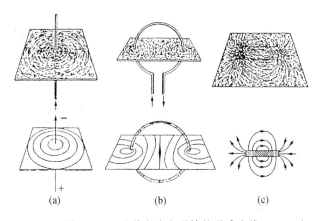

图 3 - 34　几种电流和磁铁的磁感应线

(a) 直导线；(b) 圆形电流；(c) 条形磁铁

另一处穿出该封闭曲面,因此,穿入曲面的磁感线总条数与穿出封闭曲面的磁感线总条数必然一样多,它们相互抵消而使磁通量为零。这也被称为磁场中的高斯定理。

3. **磁场对运动电荷的作用**

运动电荷在磁场中受到的力称为洛伦兹力,若带电粒子沿磁场方向运动时,作用在带电粒子上的磁力为零;带电粒子的运动方向若与磁场方向垂直,则所受到的磁力最大,其值为

$$F = qvB \tag{3-4-33}$$

方向垂直于 v 和 B 所决定的平面,指向由 v 经小于 $180°$ 的角转向,并按右手螺旋定则决定(见图 3 - 35)。若带电粒子以速度 v 沿垂直于磁场方向进入一均匀磁场中,由于它受的力总是与速度方向垂直,因而它的速度大小不改变,而只是方向改变;又因为这个力与磁场方向垂直,所以粒子将在垂直于磁场的平面内做匀速圆周运动(如图3 - 36所示),在运动中正是洛伦兹力起着向心力的作用。因此有

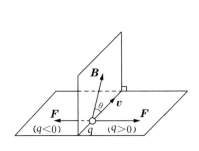

图 3 - 35　洛伦兹力的方向

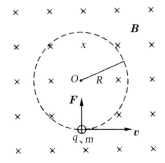

图 3 - 36　带电粒子在均匀磁场中做圆周运动

$$qvB = m\frac{v^2}{R} \tag{3-4-34}$$

所以带电粒子运动的轨道半径为

$$R = mv/qB \tag{3-4-35}$$

载流导体在磁场中受到的作用力称为安培力,实际上安培力的实质与洛伦兹力完全相同,因为导体中的电流是自由电子的定向运动形成的,在磁场中电子受到洛伦兹力的作用,其结果表现为载流导线受到磁力的作用。电流在其周围产生磁场,磁场又对载流导体产生作用力,因而两根相互平行的直导线都有电流通过时将会发生相互作用,其作用情况是电流同向时相互吸引,电流反向时相互排斥(如图3-37)。

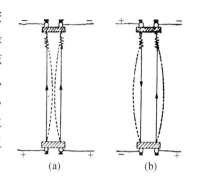

图 3-37 平行电流间的相互作用

(四)电磁感应

1. 电磁感应定律

英国物理学家法拉第1831年发现了电磁感应现象,20年后他从实验中确立了电磁感应定律。

1821年,法拉第就开始了电磁学研究,发现了磁针绕着载流导线转动和载流导线绕磁铁转动的现象,这种现象称为电磁旋转现象。通过电磁旋转实验,使他产生了一种新奇的联想:既然电对磁有作用,一定有磁对电的反作用;既然电流能产生磁,则磁也一定能产生电流。从此他为这一光辉的思想奋斗了几十年。自1824年到1831年,他经历了无数次失败,终于在1831年8月29日成功地完成了创造性实验。实验中,他在软铁环的A边上绕了三个线圈(如图3-38所示),它们可以串联起来使用,也可以分开使用。在B边上以同样的方向绕了两个线圈。他把B边的线圈接到检流计上,把A边的线圈接到电池组上。当电流接通时,法拉第看到检流计的指针立即发生明显偏转,振荡,然后停止在原来位置上。这表明线圈B中出现了感应电流。当电路A断开时,他又看到指针向相反方向偏转。他还发现把A边三个线圈串联起来时,检流计指针偏转更加强烈。检流计的偏转是B线圈中的感生电流造成的。他进一步发现,这种感生电流仅在A边断开和接通电源的瞬间产生,电源接通之后,这种感生电流很快就没有了,检流计也恢复到了零点。进一步,他做了大量磁场的变化产生感生电流的实验。法拉第圆盘实验是一个划时代的实验,如图3-39所示,法拉第用一个扁平的铜盘安装了一个铜轴,让它在两磁极间转动,从

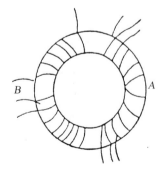

图 3-38 法拉第首次成功实验

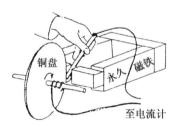

图 3-39 法拉第圆盘实验

铜轴引出一根导线,另一根导线与铜盘边缘接触,将这两根导线与检流计连接。当铜盘转动时,检流计指针偏转,铜盘持续转动,指针持续偏转。铜盘转速越高,指针偏转越大;铜盘转动方向改变,指针偏转方向随之改变。这就是一台原始的发电机,即通过铜盘的机械转动而产生了电流,它就是电机时代的启明星。当今,每一个人每天都离不开电的帮助,这都是法拉第的发现奠定的基础。

法拉第还研究了其他电磁现象,给出了著名的法拉第电磁感应定律。

法拉第电磁感应定律的定量表达式为

$$\varepsilon = -\frac{\mathrm{d}\phi}{\mathrm{d}t} \tag{3-4-36}$$

其中 ε 是闭合导体回路中的感应电动势,$\dfrac{\mathrm{d}\phi}{\mathrm{d}t}$ 为穿过该闭合回路的磁通量对时间的变化率。上式仅适用于单匝导线组成的回路,如果回路为多匝串联时,上式应改为

$$\varepsilon = -\frac{\mathrm{d}(N\phi)}{\mathrm{d}t} = -\frac{\mathrm{d}\Psi}{\mathrm{d}t} \tag{3-4-37}$$

其中 Ψ 称为穿过多匝线圈的全磁通或磁通链数。ϕ 或 Ψ 的单位是韦[伯](Wb),ε 的单位是伏[特](V)。

上边两式中的负号反映了感应电动势的方向与磁通变化的关系。按右手定则,取原磁通 ϕ 的方向为正,当磁通量增加时,$\dfrac{\mathrm{d}\phi}{\mathrm{d}t} > 0$,则 $\varepsilon < 0$,这表明感应电动势的方向和 L 的绕行正方向相反,如图 3-40 中(a)所示。若磁通量减少时,$\dfrac{\mathrm{d}\phi}{\mathrm{d}t} < 0$,则 $\varepsilon > 0$,感应电动势与 L 绕行方向相同,如图(b)所示。

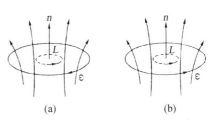

图 3-40 感应电动势的方向
(a) $\phi > 0$,ϕ 增加;(b) $\phi > 0$,ϕ 减少

2. 动生电动势和感生电动势

感应电动势可分为两种:一种是在稳恒磁场中运动着的导体内产生的感应电动势,称为动生电动势;另一种是导体不动,而磁场发生变化而产生的感应电动势,称为感生电动势。动生电动势可以看做是由洛伦兹力引起的,如图 3-41 所示,导线 ab 以匀速 v 向右运动时,导线内的自由电子也以速度 v 跟着它向右运动,按照洛伦兹力公式,自由电子受到的洛伦兹力的大小为

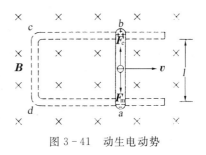

图 3-41 动生电动势

$$F = evB \tag{3-4-38}$$

方向沿导线由 b 指向 a,这个力使电子沿导线由 b 向 a 运动,从而使 a 端电子过剩呈负电性,b 端电子缺乏而呈正电性,于是导线中形成静电场,两端出现电势差。这种动生电场

开始时会因电子的不断运动而增强,电场对电子的静电作用力刚好与洛伦兹力的方向相反,当两者达到平衡时,导体中就不会再有电子移动。

感生电动势则不可以用洛伦兹力来解释。在线圈不动而磁场变化产生感生电动势的情况中,非静电力既不是洛伦兹力,也不是库仑力(库仑力不会与磁场变化相关),它是由变化的磁场产生的一种新的力,这种力同样可以使电荷移动。英国物理学家麦克斯韦最早提出了"变化磁场在其周围空间激发一种感生电场"的假设,并得出了两者的关系式。就是这种感生电场所产生的作用力使电荷运动的。这种感生电场与静电场的性质有重大区别。这一点我们将在下面进一步阐明。

(五)电磁场和电磁波

1. 电磁场

电磁场的概念是麦克斯韦在1865年首先提出的。他在《电磁场的动力学理论》这篇著名的论文中写道:"在依赖粒子速度的力超距作用在另一些粒子上的假设中包含着力学上的困难,阻止我认为这一理论是最终的理论。……所以,我宁愿从另一方面去寻找对这一事实的解释,假设它们是被周围媒质以及在激发物体中所发生的作用而产生,而不需要假定是超距作用就可以解释远距离物体之间的作用。……我提出的理论可以称为电磁场理论,因为它与带电体或磁体附近的空间有关;它可以称为动力学理论,因为它假定在该空间中有运动的物质,从而产生了我们所观察的电磁现象。"这表明麦克斯韦把他所假设的电磁场已经看做了一种物质存在的形式,而且这种电磁场是在运动着的物质。在这篇论文中麦克斯韦建立了电磁场的普遍方程,这就是著名的麦克斯韦方程组。应用麦克斯韦方程组,在已知电荷和电流分布的情况下,可以给出电场和磁场的唯一分布,当初始条件给定时,还可以唯一地预言电磁场以后变化的情况,因此麦克斯韦方程组就成为了电动力学中最重要的内容。

麦克斯韦方程组不仅说明了随时间变化的磁场在其周围空间可以激发感生电场,而且说明了随时间变化的电场在其周围空间可以激发磁场。这也正是电磁波在空间传播的基本原理。

2. 电磁波

麦克斯韦由电磁理论预言了电磁波的存在,得出了电磁波的传播速度与光速相同的结论,进一步揭示了电磁现象和光现象之间的联系。1865年他在论文中指出:"我们只能推论,光是介质中起源于电磁现象的横波。"20多年后,赫兹用振荡偶极子产生了电磁波,实验上第一次直接验证了电磁波的存在。

振荡偶极子指的是简化为一条直线的振荡回路,实际上就是一个 LC 振荡回路,因为 LC 振荡回路的频率 $f = \dfrac{1}{2\pi\sqrt{LC}}$,因此为提高振荡频率就必须减少 C(电容值)和 L(电感值)。他使用的实验装置如图 3-42 所示,其中 A,B 为带小球的铜棒,它构成了电路中电容量很小的电容器,感应圈既是电感器,又是电源,它向回路提供高频高压电动势,AB 构

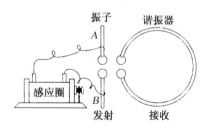

图 3-42　赫兹实验

成了一个发射电磁波的偶极子。按照麦克斯韦电磁场理论可推知,AB 间有交变电场产生,这种交变电场在其周围空间中产生交变磁场,产生的交变磁场又在其周围空间产生交变电场,这样交替产生的交变电磁场就会以光速向外传播。真的如此吗?赫兹用一个如图中所示的谐振器在距 AB 构成的振荡偶极子一定距离之外接收可能产生并传播过来的电磁波。实验结果表明,在适当的位置,赫兹发现偶极子间隙有火花闪过的同时,谐振器间隙里也有火花闪过,即谐振器确实接收到了偶极振荡器发射的电磁波,并且产生了共振。赫兹接着又成功地做了一系列的实验,证明了电磁波与光波一样,能产生折射、反射、干涉、衍射、偏振等现象。从而不仅证实了电磁波的存在,而且表明光也是一种电磁波,它们在真空中都以光速 c 向外传播。光速 c 约为 $3 \times 10^8 \text{m/s}$。

通常通讯用的无线电波与光波都是电磁波,它们仅频率不同而已,光波频率高一些,这可以由图 3-43 的电磁波谱图中看出。

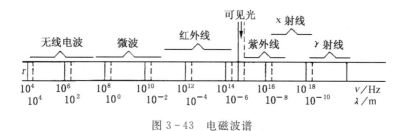

图 3-43 电磁波谱

图 3-43 中上面一行数据是电磁波的频率 f,单位是赫兹(Hz),下面一行数据是波长 λ,单位是米(m)。对于无线电波而言,又可分出多个波段,其相应用途如表 3-1 所示。

表 3-1 各种无线电波的范围和用途

名 称	长 波	中 波	中短波	短 波
波长频率	30 000~3 000 m 10~100kHz	3 000~200 m 100~1 500 kHz	200~50 m 1 500~6 000 kHz	50~10 m 6~30 MHz
主要用途	长途越洋通讯与导航	无线电广播	电报	广播与电报
波长频率	10~1 m 30~300 MHz	100~10 cm 300~3 000 MHz	10~1 cm 3 000~30 000 MHz	1~0.01 cm 30 000~300 000 MHz
主要用途	调频广播电视导航	电视雷达无线电导航及其他		

二、光

(一)光学现象

1. 光的直线传播和衍射

公元前 4 世纪,墨家为了论证光的直线传播特性,做了世界上最早的针孔成像实验,并且给予了正确的分析和解释。其实验如图 3-44 中的示意图所示。《墨经》文中指出:

"景到（倒），在午有端与，景长，说在端。……景：光之人，煦若射；下者之人也高，高者之人也下。足蔽下光，故成景与于上，首蔽上光，故成景于下。在远近，有端与于光，故景库内也。"

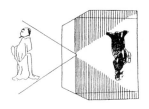

图3-44　小孔成像

意指："小孔成倒像，是因光线有一交叉点（午）所致，像的大小（长）与交点位置有关。光线从人体向上下四方照射出去，如同射箭一样，从人体下部射出的光线，经小孔射到高处，人上部所射光线经小孔而到低位，因而成倒影。光线受小孔（端）的制约，因而人体位置由远而近，暗室内（库内）屏上倒像由小变大。"

墨家不仅对小孔成像进行了较深入的研究，而且对凹面镜的成像也有较深入的研究。凹面镜和凸面镜的成像都满足光的反射定律，透镜成像则满足光的折射定律，加上小孔成像现象，它们都表明了光沿直线传播的规律。这些现象的规律性就是几何光学所研究的内容，这一部分内容在高中物理中已经基本讲授清楚了。

如图3-45所示，单色点光源 S 放在透镜 L 的焦点上，使经过透镜的单色平行光垂直照射到衍射屏 B 上的小圆孔。若圆孔的直径比光的波长大得多时，则在后面的观察屏（逐次放到 P_1、P_2，P_3，P_4 位置）上只能看到一个圆形（与屏 B 上小圆孔大小相同）的亮斑。但当小圆孔的直径与光的波长接近时，在离孔极近处光斑仍是圆孔的投影，因为在这个范围内衍射现象不显著。但在 P_2，P_3，P_4 位置，光斑变成了图案。这些图案的形成显然表明光已不再遵从沿直线传播的规律，这便是最简单的光的衍射现象。光的衍射现象（亦称绕射）是光具有波动性的实验证明。因为只有波在传播过程中遇到与它的波长的尺寸相近的障碍物（小孔、狭缝或物体）时，才会绕过障碍物而前进，即发生衍射现象。

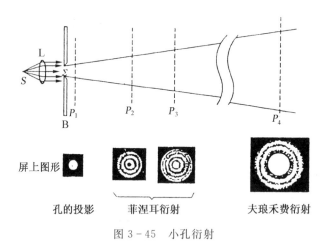

屏上图形

孔的投影　　菲涅耳衍射　　夫琅禾费衍射

图3-45　小孔衍射

2. 光的干涉

让单色光通过一个开有两条距离很近的狭缝的屏后到达接收屏时，如图3-46(a)所示，会在屏上产生出明暗相间的条纹，如图3-46(b)所示。这就是著名的杨氏双缝干涉实验。这是因为光通过狭缝 S_1 和 S_2 时，相当于一对完全相同的相干光源，由 S_1 和 S_2 发出的光在继续前进时，在空间相互叠加而产生干涉，从而在接收屏上出现明暗相间的干涉条纹。这一实验同样表明了光的波动性，因为只有波才会产生干涉现象，按照光的直线传

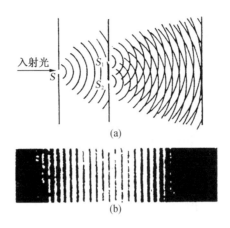

图 3 - 46　杨氏双缝干涉实验

(a) 实验装置示意图；(b) 双缝干涉条纹

播规律无论如何也不能解释干涉现象。

3. 光的偏振

光是由光源中大量原子或分子发出的，普通光源中各个原子发出的光互不相关。光可以产生衍射和干涉，说明光具有波动性，可以理解为一种波，但它是横波还是纵波呢？所谓横波指光的振动方向与传播方向垂直，而纵波的振动方向与传播方向相同。根据电磁学原理，光是一种电磁波，而电磁波为横波，所以光也是横波。普通光是各原子发出的光的混合，其振动方向虽然都垂直于传播方向，但又各不相同，在垂直于光传播方向的平面内，沿各方向振动的光都有。

把某种物质（如硫酸碘奎宁）蒸镀到一种透明基片上，让自然光垂直通过它，实验结果表明，透过它的光的振动方向是唯一的，即透射光中不再有沿其他振动方向的光。只沿一个固定方向振动的光，称为线偏振光，又称平面偏振光，线偏振光的振动是固定不动的。由自然光获得线偏振光的器件（如镀有硫酸碘奎宁的透明基片）称为起偏器。起偏器的作用是只允许某一方向振动的光通过，而对垂直于该方向振动的光有强烈的吸收。如果让线偏振光再通过这样的起偏器，只要把偏振器转动到某一方向，则会出现没有光线通过的情况，这是原线偏振光的偏振方向正好与起偏器强烈吸收的方向重合所致。这表明光确实是一种横波，假定光是纵波的话，是无法解释这一现象的。这进一步验证了光是一种电磁波的论点。

综上所述，光是一种波，而且是电磁波，是一种横波，其振动方向与传播方向垂直。

（二）光的本性

光的本性问题是贯穿在光学发展中的一个根本问题。正是对光的本性的探讨有力地推动了光学乃至整个物理学的发展。人们对光的本性的认识，从光是"物质的微粒流"，到光是"以太的振动"，到光是"电磁波"，最后达到"波粒二象性的统一"等各个认识阶段，这一争论持续了 300 多年之久。这就是物理学发展中关于光的本性的争论，被称为"粒子说"与"波动说"之争。

19 世纪末到 20 世纪初,光学的研究深入到光的产生、光和物质相互作用的微观机理的层次。光照射到金属上会有电子从金属中逸出,这种新的光学现象称作光电效应,逸出的电子称作光电子。实验证明,只有当光的频率大于一定值时,才有光电子发射出来;如果光的频率低于这个定值时,则不论光的强度有多大、照射时间有多长,都没有电子产生;光电子的能量只与频率有关,而与光的强度无关,频率越高,光电子能量越大。当光的频率超过定值时,光的强度只影响光电子的数目,光强越大,光电子数目越多。光电效应的这种规律性,用当时认为最完美的经典的电磁波理论是无法解释的。因为按照电磁波理论,光的能量只决定于光的强度,而与光的频率无关。伟大的物理学家爱因斯坦第一个完全肯定,光不仅有波动性,而且有微粒性。他认为光的发射和吸收,都以能量为 $h\nu$ 的微粒形式呈现,而且这种粒子以光速 c 在空间运动,这种粒子称为光量子或光子,光子不仅具有粒子性,而且具有波动性,这就是爱因斯坦提出的著名的光的波粒二象性假说。爱因斯坦的这一假说不仅成功地解释了光电效应现象,而且对量子理论的建立也起到了极大的推动作用。

思 考 题

1. "日心说"最终战胜"地心说"的实验证据有哪些?
2. 简略说明伽利略相对性原理的重要意义。
3. 绳的一端系一个金属球,以手握其一端旋转使其做匀速圆周运动。
   (1) 当人的旋转速度相同时,长绳和短绳哪个易断?
   (2) 当小球的线速度相同时,长绳和短绳哪个易断?
4. 要想用铁锤把钉子压入木板相当困难,但用锤击打又相当容易,为什么?
5. 身压大石板,重锤猛击,石碎人不伤,为什么?
6. 有没有促使物体做加速前进的摩擦力?摩擦力能否做正功?试举例说明。
7. 试说明能量守恒定律和热力学第一定律的关系。
8. 举出表明下列说法不符合实际的例证,并分析说法错误的根源。
   (1) 场强越大的地方,电势越高,场强相等的地方电势也相等,场强为零处电势也为零。
   (2) 电场都是由静止的电荷产生的,磁场都是由运动的电荷产生的。
9. 对光的本性争论了 300 年之久,光的本性到底是什么?
10. 试阐明动生电动势和感生电动势有何本质不同。

参 考 文 献

[1] 何义和.大学物理导论(上、下册).北京:清华大学出版社,2000
[2] 张三慧.大学物理学(共五册).北京:清华大学出版社,1999
[3] 尹国盛,张果义,李蕴才等.大学物理精要.郑州:河南科学技术出版社,1997
[4] 李承祖,赵风章.电动力学教程.长沙:国防科技大学出版社,1994
[5] 王明达,等.电动力学.长春:吉林大学出版社,1988

第四章　物质的化学

　　人类生活在浩瀚的物质世界中,天然的或化学反应中生成的数万种物质由几十种常见的元素组成,它们之间的差别,仅仅是元素的种类、原子的数目与原子结合成分子的方式不同,从而造成了物质世界的千变万化、千差万别。数万种化合物构成的多样性物质世界使我们的生活五彩缤纷。化学作为研究物质变化的、实用性很强的一门科学,与人类的衣食住行、健康长寿息息相关,与社会的发展、人类的进步密切相连。例如化学上的防腐剂,在公元前 2000 年埃及人就十分精通。公元前 2200 年,中国的禹王时代已有人造酒,公元前 2000 年葡萄酒已经问世,公元前 1800 年已能制啤酒。食盐、糖、蛋白、淀粉、动物脂肪、樟脑、珍珠等很早就为人类的生活服务了。公元 1600 年前,为了战胜疾病已开始用硫化汞、硫化铅、硫化砷等作为药物治疗疾病。诸如此类的物质的发现和利用,为人类创造了生存发展的基本物质条件,而现代的例证更是不胜枚举。

第一节　化学反应的实质及类型

一、化学与物质

(一)物质的分类
　　目前已发现的化学元素有 110 多种,宇宙万物都是由这些元素的原子构成的,组成了大约 500 万种不同物质。物质首先可分为纯净物和混合物两大类,而纯净物又可分为单质和化合物两种类型。

　　1. 单质
　　由同种元素构成的物质称为单质。例如,氧气、氮气、氯气、金、银、铝、铁等。

　　2. 化合物
　　由不同元素结合而成的物质称为化合物,如水(H_2O)、小苏打($NaHCO_3$)、三氧化二铁(Fe_2O_3)、干冰(CO_2 固体)等。

　　3. 纯净物和混合物
　　纯净物指由一种化学成分构成的物质,混合物则指由两种或两种以上化学成分构成的物质。例如,空气是混合物,因为它包含有氧气、氮气、二氧化碳等化学成分;碳钢是混合物,因其包含有碳和铁等化学成分。水虽然包含氢和氧两种元素,但它只有一种化学成分 H_2O,因此是纯净物,而不是混合物。

(二)物质的物理性质与化学性质
　　不同的物质所具有的不同用途是由它们的性质所决定的。性质是一事物区别于其他事物的本质属性。在化学科学中将物质的性质分为两大类:一类是物质的物理性质,如物质的存在状态、颜色、气味、熔点、沸点、密度、溶解度等都属于物质的物理性质。物质发生变化但没有产生新的物质称做物理变化，如水的三态变化就属于物理变化。水在通电的条件下，产生了氢气和氧气两种气体，把这两种气体冷却到室温混合，结果还是这两种气体，没有变为原来的水。像这种变化，改变外界条件，使水分解成了氢气和氧气，产生了新的物质的变化就叫化学变化。物质在化学变化中所表现出来的性质叫化学性质。像水在高温或者通电的条件下分解成氧气和氢气的变化，就是水所具有的一种化学性质，而别的物质就不一定具有这种性质。有些物质还能表现出一些典型的特征性质，例如碘遇到淀粉变蓝，利用这种性质可以鉴别面粉、土豆中的淀粉。化学上利用一些特征的反应鉴别和分离一些混合物。

（三）原子-分子论

1. 道尔顿的原子论

1787年，英国科学家道尔顿（John Dalton，1766—1844）对大气的物理性质进行了研究，他在对大气的成分、蒸气压、混合气体分压、气体扩散等问题的研究过程中，逐渐形成了他的原子论的体系。道尔顿的原子论在1803年基本定型。1808年，这一理论的基本观点在他的《化学哲学新体系》中发表，主要观点是：① 元素（单质）的最终粒子称为简单原子；一切物质都是由看不见、不可分割的原子组成。原子不能自生自灭。它们在一切化学变化中保持其本性不变。② 同一种元素的原子，形状、质量、性质（如亲和力）都是相同的，不同元素的原子在形状、质量、性质上各有不同。每一种物质都是由它自己的原子组成。单质是由简单原子组成的。不同元素的原子以简单的数目比例相结合，形成化合物。化合物是由复杂原子组成的。而复杂原子又是由为数不多的简单原子组成的，复杂原子的质量等于所含各种元素原子的质量之和。同一化合物的复杂原子，其质量、形状、性质必然相同。道尔顿的原子论，合理地解释了当时已知的化学基本定律，揭示了它们内在的含义。根据原子论的观点，原子是物质参加化学反应的最小单位，物质在发生化学反应时原子的种类和总数并没有变化，每个原子都有确定的质量，因而反应前后质量不变（质量守恒定律）。对于定比定律，由于不同原子化合时所需的原子数目一定，而各原子又均有一定的质量，所以生成化合物的组成也就有一定的质量比了。对于倍比定律也是一样，如果甲元素的一个原子能与乙元素的一个、两个或多个原子化合形成多种化合物，乙元素的相对原子量是一定的，则与相同质量的甲元素的原子化合的乙元素的原子质量必是简单的整数比。由于道尔顿的原子论简明深刻地说明了物质内在的各种定律的联系，从微观物质结构的角度揭示了化学现象的本质，所以得到化学界的承认和重视。同时原子论引入了相对原子量的概念，开始了测定相对原子量的工作，相对原子量的测定为元素周期律的发现打下了基础。恩格斯在《自然辩证法》中这样评价道尔顿的工作："道尔顿的发现"是"能给整个科学创造一个中心并给其他工作打下巩固基础的发现"。道尔顿的原子论，标志着近代化学的开端。

2. 原子的组成及质量

随着科学技术的进步，特别是物理学上电子、X射线和放射性的发现，对原子的组成和结构有了进一步的认识。原子由原子核和核外电子组成，原子核带正电荷，位于原子中心，电子带负电荷，在原子核周围空间分布着。原子核带的正电荷数（核电荷数）与电子带的负电荷总量相等,整个原子是电中性的。原子很小,原子核更小,原子内部大部分都是空的,原子的质量几乎全部集中在原子核上。原子核也具有复杂的结构,它由带正电荷的质子和不带电荷的中子组成。核电荷数由质子数决定。

核电荷数(Z)＝质子数＝核外电子数,有关数据见表 4-1。

表 4-1　一些微观粒子的基本性质

粒子	质量/kg	电荷/C	电荷/e
电子	9.109 389 7×10^{-31}	−1.602 177 33	−1
质子	1.672 623 1×10^{-27}	+1.602 177 33	+1
中子	1.674 928 6×10^{-27}	0	0

从以上数据可以看出,由于电子、质子、中子、原子质量都很小,为了使用方便,一般用相对质量来计量。国际上规定 C_{12} 作为原子的相对质量的标准,以一个 C_{12} 原子的 1/12 定义为原子质量单位,单位用 u 表示,这样就可以得到表 4-2 的数据。

表 4-2　一些微观粒子的相对质量

一个 C 原子的质量	一个 C 的质量的 1/12(1u)	电子（相对质量）	质子（相对质量）	中子（相对质量）
1.992 7×10^{-26} kg	1.660 540 2×10^{-31} kg	0.000 55 u	1.007 28 u	1.008 66 u

如果忽略电子的质量,取质子和中子的相对质量的整数部分相加,这个数值就叫做原子的质量数,用符号 A 表示。中子数用符号 N 表示,它们之间的关系可以表示为:

$$质量数(A)＝质子数(Z)＋中子数(N)$$

通常用以符号"$^A_Z X$"表示一个质量数为 A,质子数为 Z 的符号为 X 的元素原子,例如 $^4_2 He$ 表示氦原子的质量数 $A=4$,质子数 $Z=2$,中子数 $A-Z=4-2=2$,核外电子数亦为 $Z=2$。

具有相同的质子数(核电荷数)的同一类原子的总称为元素。现在已发现的元素的数目是 110 多种。

3. 分子理论

由于科学技术条件的限制和人们的认识受到的历史局限,道尔顿的原子论存在着有待完善的地方。例如,他把在化学反应中相对不可分割的原子看成是绝对不可分割的微粒,这与后来发现的气体体积简比定律发生了矛盾;又如,道尔顿的原子论中复杂原子的概念很含糊;简单原子和复杂原子在本质上有什么区别,这是道尔顿的原子论所不能回答的。

1804—1808 年,法国物理学家、化学家盖-吕萨克在研究氢气与氧气反应合成水的过程中,发现:当氢气过量时,与 100 份体积氧气完全化合的氢气是 198.89 份,当氧气过量时,100 份氧气与 199.8 份氢气相结合。发现氢和氧相互反应时的体积比几乎为 2∶1。这一事实促使他探讨其他反应是否也表现出类似的简单体积比的关系。他又进一步研究了氧气与一氧化碳、氧气与二氧化硫、氨气与氯化氢等许多气体间的反应,并对体积进行了精确的测定,发现气体反应体积间居然都存在简单的整数比关系。1808 年,他把实验结果加以总结,概括出气体反应体积简比定律:在同温同压下,气体反应时气体体积互成简单整数比。他想用道尔顿的原子论加以解释,认为可能正是由于化合时原子的整数比造成了体积的整数比;又提出了如下的假说:同温、同压、同体积的不同气体中含有相同数目的原子(他把各种元素的简单原子与化合物复杂原子统称为原子)。如果承认原子微粒数目决定气体的体积,就可以用气体体积的变化来确定化学反应中原子之间的关系,气体体积是可以测量的,这样就寻找到了一种确定原子间相互关系的简洁明了的途径。这本身就是对道尔顿原子学说的支持,但却遭到道尔顿的反对,原因是:① 不同元素的原子大小不同,所以气体原子的大小决定气体的体积,不同物质的原子大小也不同,因此,在相同体积内不同物质不可能含有相同数目的原子(指简单原子与化合物复杂原子);② 把微粒数目和体积结合起来考虑,有时不是同数目体积,而是同体积的 2 倍,例如在生成水蒸气时,氧的微粒数是氢气和水蒸气的同体积中的微粒数的 2 倍。对于一氧化氮来讲,如果相同体积中不同气体物质原子数目相同,1 体积氧与 1 体积氮化合生成 2 体积的一氧化氮时,每个一氧化氮中含有半个氮分子与半个氧分子。于是道尔顿就断定盖-吕萨克的定律实验基础不确定。后来的事实证明,盖-吕萨克的气体简比定律有充分的实验事实为根据,是正确的,并得到了广泛的承认。而一个化合物的"复杂原子"中不允许有半个原子存在。解决这一难题的钥匙在谁手中呢?意大利物理学家阿伏伽德罗提出了分子假说,解决了原子论与气体简比定律之间存在的矛盾与难题。他敏锐地看出,在物质和原子这两种物质层次之间引入一个新的分割层次——分子,即由原子结合而成的复杂粒子。对于盖-吕萨克的气体简比定律的解释,只要认为同温、同压下,同体积的任何气体都含有相同数目的分子,便可以得到圆满的解释。如果假设各种单质气体分子中含有两个或偶数原子,就不至于发生反应产物、化合物分子中出现半个原子的困境,这样阿伏伽德罗认识了原子和分子本质上的区别,找到了解决问题的关键。

1811 年 6 月,阿伏伽德罗在法国的《物理杂志》上发表了《原子相对质量的测定方法及原子进入化学物质时数目比例的确定》。1814 年 2 月又发表了第二篇论述分子假设的文章《论单质的相对分子量、推测气体的密度和某些化合物的构造》。阿伏伽德罗的分子学说主要说明了以下三点:① 无论是单质还是化合物,在不断分割的过程中都有一个分子阶段。分子是具有一定特性的物质组成的最小单位,是一种比原子复杂的粒子,分子是由原子组成的。② 单质分子可以由多个原子组成。③ 同温、同压、同体积的气体,无论单质还是化合物,都含有相同数目的分子。因为气体分子间的距离比分子本身的大小大得多,所以气体体积几乎不受分子大小的影响,体积决定于分子数目。从这一假说可以测定气体物质的密度,从而求得相对分子量。另外,还可以用来确定化合物分子中各种原子的数目,开辟了确定化合物化学式的途径。阿伏伽德罗的分子假说较好地解决了化学理论发展过程中的难题。1860 年第一次国际化学会议在德国的卡尔斯鲁厄召开,康尼查罗关于分子理论及测定原子量的报告获得了极大的成功。全世界的化学家对于原子量的测定方法及分子理论达成了共识,分子学说成了化学学科中其他一切理论概括的基础。1867 年英国化学家罗斯科在康尼查罗论述的基础上做出了原子、分子的现代定义:"分子是原子的集合,是化学物质——无论是单质还是化合物——能够分开的或者说能够独立存在的最小部分。正是物质的这个最小量能够进入任何反应或者由反应而产生出来；原子是存在于化合物中的元素的最小部分，它是被化学力不能再分的最小量。"1908 年，阿伏伽德罗假说有了强有力的实验证明：法国著名的物理学家佩兰（1926 年诺贝尔物理奖获得者）利用不同直径的藤黄和乳香的微粒在黏度不同的液体中实验，测得 1 摩尔（mol）物质中的分子数为 $6.85×10^{23}$，实验相对误差为 3%，他建议将此常数命名为阿伏伽德罗-安培常数。1908—1917 年，有几十位物理学家对这一常数采用不同的方法进行了测定，结果见表 4-3：

表 4-3 阿伏伽德罗常数的测定结果

测 定 人	测 定 方 法	结 果
英籍新西兰人卢瑟福	用 α 粒子实验	$6.2×10^{23}$
英国剑桥大学杜瓦	镭放射法	$6.0×10^{23}$
美国密立根	电子电荷法	$6.1×10^{23}$
英国布拉格	X—射线法	$(6.022\,8+0.001\,1)×10^{23}$

通过不同的实验方法得到了一致的结果，阿伏伽德罗假说从此被尊称为阿伏伽德罗定律。原子-分子学说成了 19 世纪化学发展史上最重要的里程碑。

二、化学反应的实质

化学变化的实质是原子的重新组合，原子间只有通过强烈的相互作用才能进行重新组合。化学上把分子中相邻两个原子间强烈的相互作用叫做化学键。最基本的化学键类型有三种：离子键、共价键、金属键。

（一）离子键和离子化合物

生活中食用的食盐，其主要成分是 NaCl，对人体是不可缺少的一种物质。钠元素占人体总质量的 0.15%，在人体中发挥着重要的作用，维持人体中的酸碱度主要靠血液中的缓冲剂，钠离子是缓冲剂的主要角色，还是构成人体体液的成分。钠离子可经汗液、尿液排出体外，为维持体内钠离子浓度基本保持不变，每天都需要补充一定量的食盐。氯气是一种黄绿色的有毒气体。钠在氯气中燃烧，变为白色的氯化钠，黄色的有毒的氯气和钠变为无色无毒的食盐了。变化原因是什么？研究发现，原子最外层的电子数为 8 是最稳定结构之一。当两种不同的原子相遇时，对于原子核最外层有 6 至 7 个电子的原子，得到 1 至 2 个电子应该比失去 6 至 7 个来得更容易；对于最外层有 1 个或 2 个电子的原子，失去最外层的 1 至 2 个电子比得到 6 至 7 个电子容易。所以像这两类原子相遇时，彼此间的电子就要发生变化，双方经过争夺，最外层有 6 至 7 个电子的原子就得到电子，原子显负电性，称为阴离子；最外层有 1 至 2 个电子的原子就会失去电子，此时次外层变为最外层，原子显正电性，称为阳离子。带有正负电荷的离子通过静电引力相互作用就形成了一种新的物质，就是离子化合物。例如，钠原子失去 1 个电子变为钠离子，氯原子得到 1 个电子变为氯离子，可表示为

$$Na-e \rightarrow Na^+, Cl+e \rightarrow Cl^-, Na^+ + Cl^- \rightarrow NaCl$$

像这种化合物是通过静电引力形成的化学键,称为离子键,通过离子键形成的化合物称为离子化合物。氯化钠就是典型的离子化合物。由于离子键的形成,发生了化学变化:氯气中的氯原子变为氯离子,有毒的物质变为无毒的物质。一般活泼的金属元素与活泼的非金属之间是以离子键的形式形成新的化合物。

(二)共价键

对于一些原子,最外层的电子数目是 4 至 8 个之间,得失最外层电子的能力基本相同,通过电子得失形成离子的可能性较小,如 N,C,P 等原子,如何形成新的物质?例如,空气中的氮气,如何能形成对庄稼有用的氮肥?磷又是如何制成有用的磷肥?化学键理论通过研究发现,这类原子能与其他原子友好相处,通过共用电子对的方法达到生成新物质的目的。还以氯气为例,当有毒的氯气遇到易燃的氢气时,氢原子和氯原子各拿出一个电子共用形成新的化合物,可表示为

$$H \cdot + Cl \times \rightarrow H \stackrel{\cdot}{\times} Cl$$

化学上就将原子间通过共用电子对形成的化学键称为共价键。一般的不同的非金属元素之间都是通过共价键而形成新的化合物,如 HCl,NH_3,HI。相同的非金属元素之间也是通过这种方式结合形成稳定的自然界存在的物质,如 H_2,N_2,O_2,I_2 等。

(三)金属键

自然界中存在的物质有金属和非金属。金属与非金属之间以离子键的方式形成新的化合物;非金属之间以共价键的方式形成化合物;而金属之间就要以另一种方式相结合,以形成稳定的金属。金属原子最外层的电子数目较少(1 至 3 个电子),这些最外层电子受原子核的吸引力较小,所以金属原子易失去电子成为金属离子;金属原子上脱落下来的电子可以在整个金属晶体中自由运动,称为自由电子;这样金属晶体内部由金属原子、金属离子和自由电子组成,自由电子为晶体中金属离子所共有,金属离子犹如浸沉在自由电子的海洋中。这些共用电子起到把许多离子黏合到一起的作用,即形成了金属键。金属键可以看成是共价键的一种变形。典型金属随金属性的递减和最外层电子数的增加,共价键的性质也在增加。

自然界中的许多元素就是通过化学键的相互作用形成了种类繁多、性质各异的化学物质,为人类的生活提供基本的物质保证。

三、化学反应的类型

化学反应可按两种形式进行分类。

(一)从物质形式上的变化可将化学反应分为四种基本类型

化合反应:由两种或两种以上的物质生成另一种物质的反应。

分解反应:由一种物质生成两种或两种以上其他物质的反应。

置换反应:由一种单质跟一种化合物反应,生成另一种单质和另一种化合物的反应。

复分解反应:由两种化合物相互交换成分,生成另外两种化合物的反应。(见表 4-4)

表 4-4 化学反应的四种基本类型

反应类型	表 达 式	实 例
化合反应	$A+B=AB$	$H_2+Cl_2=2HCl$
分解反应	$AB=A+B$	$2KClO_3 \xrightarrow{\Delta} 2KCl+3O_2\uparrow$
置换反应	$A+BC=AC+B$	$Zn+2HCl=ZnCl_2+H_2\uparrow$
复分解反应	$AB+CD=AD+CB$	$NaOH+HCl=NaCl+H_2O$

（二）在化学反应中从形成物质的原子有无电子得失与偏移来分类，可以分为氧化还原反应和非氧化还原反应

1. 非氧化还原反应

指参加反应的物质在反应前后其组成元素的化合价没有发生变化，即原子间没有发生电子的得失与偏移。

例1 氢氧化钠与盐酸反应： $NaOH+HCl=NaCl+H_2O$

离子方程式： $OH^-+H^+=H_2O$

例2 氯化钠与硝酸银反应： $NaCl+AgNO_3=AgCl\downarrow+NaNO_3$

离子方程式： $Cl^-+Ag^+=AgCl\downarrow$

2. 氧化还原反应

指参加反应的物质在反应前后元素的化合价有变化，原子间发生了电子的得失与偏移。

例：金属锌与硫酸铜溶液发生的置换反应：

化学方程式： $Zn+CuSO_4=ZnSO_4+Cu$

离子方程式： $Zn+Cu^{2+}=Zn^{2+}+Cu$

失去电子的物质是还原剂，在反应中被氧化，表现为化合价升高；得到电子的物质是氧化剂，在反应中被还原，表现为化合价降低。在上例中锌是还原剂，硫酸铜是氧化剂。对于给定的氧化还原反应，氧化反应和还原反应必然同时发生，如果没有还原剂失电子，氧化剂无从得到电子；如果没有氧化剂接受电子，还原剂也无从失去电子。

化合反应与分解反应部分属于氧化还原反应；置换反应全部属于氧化还原反应；复分解反应全部属于非氧化还原反应。

四、化学反应的基本定律

化学变化有其自身的内在规律，人们通过长期的探索，发现化学反应遵循以下基本规律。

（一）质量守恒定律（物质不灭定律）

像钠与氯气反应生成了白色的氯化钠，通过化学变化生成新的物质，即物质的性质和种类发生了变化；但反应前后，物质的总质量是守恒的，既不增加，也不减少。在化学反应中，物质的性质、形态可以发生变化，但反应前后的总质量不变。拉瓦锡在综合大量的化学实验的基础上，1789年，在《化学大纲》一书中正式提出了质量守恒定律：在化学反应中,不仅物质的总质量在反应前后不变,而且物质中所含的任一元素的原子个数也保持不变。

(二)当量定律与定比定律

化合物组成遵循一条自然规律。在各类化合物中,化学家最早理解的是食盐的组成。当时人们已经认识到一种酸和一种碱反应,可以生成一种"盐"。1766年,英国化学家卡文迪许发现,中和相同质量的某种酸,对于不同的碱需要不同的质量,他把这些不同碱的质量称为当量。1792年,德国数学家兼化学家李希特在他的《化学计算法纲要》一书中,明确提出了以下的观点:① 化合物都有确定的组成;化学反应中,反应物之间存在定量关系;② 两种物质发生化学反应,一定量的一种物质总是需要确定量的另一种物质,这种性质是恒定的。可以根据各相互反应组成来计算生成物的化学组成,所以李希特提出了各物质相互化合是彼此之间存在着固定质量比的当量定律。同时还提出了组成化合物的元素在发生化学反应时比例不变的定比定律。但由于李希特的著作中"化学内容吓跑了数学家,数学外衣吓跑了化学家",他的观点没有被人们所接受。1802年,法国化学家费歇尔领悟到李希特研究工作的意义,把李希特的观点给予清楚的表述,并把李希特的当量关系加以改造,选择1 000份硫酸作为酸碱中和反应的基准,得到了酸碱中和反应的第一张当量表。明确提出定比定律的是法国化学家普罗斯。1797—1809年,他研究各种金属氧化物的组成,通过大量的实验事实,指出:"我们应该得出结论,自然界在地球深处所起的作用与在地球表面上或人类手中所起的作用没有什么不同。""化合物是特有的产物,自然界给了它固定的组成……我们看不出南半球的氧化铁和北半球的氧化铁有什么不同,日本的辰砂与西班牙的辰砂成分是相同的;氯化银不论是出产于秘鲁还是出产于西伯利亚都是完全相同的。全世界只有一种氯化钠,一种硝石,一种硫酸钙盐,一种硫酸钡盐。化学分析到处都证实了这些事实。"定比定律的确立,对化学的发展具有重大意义,为近代原子学说的建立奠定了科学基础,提供了大量的实验材料。但是,现在已知的许多固体化合物的组成也不是固定不变的,由于制备方法的不同,组成可以在一定范围内变化。例如,普通的硫化铁中铁的含量可以在60.1%到63.5%之间变化。现代化学的发展给定比定律带来了理论上的合理限制,因为任何真理都有一定的使用范围。

(三)倍比定律

18世纪末到19世纪初,许多化学家发现,两种元素可以按不同的比例反应,生成不止一种化合物。1800年英国气体研究所的青年化学家戴维研究了三种氮的氧化物(N_2O,NO,NO_2)的重量组成,发现三种气体之间,与相同量的氮化合需要的氧的质量比为1:2:4。瑞典的化学家贝采里乌斯及同事们广泛研究了各种物质的定量组成,为倍比定律的建立奠定了坚实的实验基础。1803年,英国的化学家道尔顿分析碳的两种氧化物(CO,CO_2),发现两种气体中与相同量的碳化合需要的氧质量比为1:2。他明确提出了倍比定律:当两种元素化合生成一种以上的化合物时,与一定质量某种元素化合的另一元素之间成简单整数比。

第二节　无机界与无机化学

无机化学是研究各种元素及其无机化合物的性质、提取、制备和利用的科学。它是以原子–分子论和元素周期律为理论基础的。

一、元素与元素周期律

（一）人类元素观的演变

化学上的元素观点是人类在认识自然界的过程中逐渐产生的。在这个漫长的过程中，人类逐步认识到物质是相互联系并可互相转化的，自然界中种类繁多的物质是由少数几种基本物质组成的，哪些物质是自然界物质的基本成分呢？即元素有哪些，这就成了人类探索自然界奥秘的一个重要课题。

（1）中国古代的元素观：中国古代学者提出了万物是由金、木、水、火、土构成的五行说。

（2）古希腊的元素观：泰勒斯（Thales，公元前624—前546)认为万物之源是水，水有固态、液态和气态，后来，阿那可西米尼、赫拉克利特等人分别主张空气、火等物质是万物之源。恩培多克勒提出了多元的元素观，认为万物是由水、火、土、气四元素组成。亚里士多德在"四元素说"的基础上，又提出了"四原性说"。他以性质作为第一性，把万物当成性质的产物。这种错误的"四原性说"，成为炼金术的理论基础。

（3）波义耳的元素观：1661年，英国著名化学家波义耳（Robert Boyle，1627—1691)在《怀疑派化学家》一书中提出了化学元素的概念。指出元素是组成复杂物质和在分解复杂物体时，最后所得到的那种最简单的物体，是用一般的化学方法不能再分解为更简单的物质，是指某些不由任何其他物质所构成的原始的和简单的物质或完全纯净的物质，是具有确定的实在的可觉察到的实物。由于当时实验条件的限制，他所主张的元素观直到100年之后才被拉瓦锡真正确立。

（4）燃素说：1669年，德国化学家贝歇尔为了解释燃烧现象，在他的《土质物理》一书中提出各种物体是由三种基本土质组成：石土（盐），汞土（汞），油土（硫），物体燃烧时，放出其中油土的成分，剩下石土或汞土的成分。1703年，贝歇尔的学生施塔尔把油土改为燃素，更系统地阐述和发挥燃素说。大多数化学现象，在燃素说的基础上得到了说明。燃素说在化学界几乎统治长达100年。但是，金属燃烧后质量增加而不是减轻的矛盾是燃素说所不能解答的。科学的氧化学说就是以此为突破口，使燃素说退出化学的历史舞台。

（5）拉瓦锡的元素观：法国化学家拉瓦锡（Antoine Laurent Lavoisier，1743—1794)做了大量的燃烧实验，终于揭示了燃烧现象的本质，发现燃烧是可燃物质与氧的结合，不是燃素的放出；金属煅烧质量增加是空气中的氧气造成的。后来又进一步认识到水的本质：水不是一种元素而是氢和氧的化合物。1789年，拉瓦锡在他的《化学大纲》中指出元素概念的含义：认为化学元素是化学分析所达到的终点的物质成分。他把当时确定的33种元素分为四大类：气体元素、金属元素、非金属元素、土素元素（即氧化物）。

元素概念从开始抽象的、笼统的、世界基本物质的组成逐步发展到自然界的各种具体元素,经历了一个逐渐演变的过程。几千年来由简单到复杂,由抽象上升为具体的元素,现在已成为了整个化学科学的最基本的概念。这一概念成为化学理论大厦的基石。这一概念的发展,反映了整个化学思想的发展。1808年,道尔顿提出了科学的原子论,把元素概念建立在科学的原子论的基础上。道尔顿的原子论认为:相同元素的原子相同,不同元素的原子不同;元素的原子有质量,不同的元素原子的质量不同,可以测出元素原子的相对质量。道尔顿把元素和原子的概念联系起来了。在贝采里乌斯等化学家的努力下,确定了统一的元素符号。元素又有了统一的名称和表示方法。随着人们对放射性的认识,元素的本质将得到揭示,元素概念将进一步得到深化。

宇宙间所有的化学变化,好似戏台上的戏剧,在化学变化的戏剧里,最主要的角色当然要首推元素。

(二) 人类最早认识的元素及生活中的元素

古代人对于元素的观念与我们现代人不同,但现代人所认为的元素,自有历史以来,就被古人发现和利用。古代人所认识的化学元素有金、银、铜、铁、锡、铅、水银等金属,以及硫黄、碳等非金属。某些元素与人类生命密切相关,这些元素称为生命元素。生命元素有27种,13种非金属,14种金属,它们在人体中维持着平衡。平衡一旦被破坏,就会影响人体健康,甚至发生疾病。人体中含量低于0.01%的元素称为微量元素。确认的微量元素有16种,分别是锌(Zn)、铜(Cu)、钴(Co)、镍(Ni)、铬(Cr)、锰(Mn)、钼(Mo)、铁(Fe)、碘(I)、砷(As)、硼(B)、硒(Se)、锡(Sn)、硅(Si)、氟(F)、钒(V)。以碘为例,碘极容易被吸收,甲状腺含碘比其他组织高10倍以上。甲状腺将碘和氨基酸组成甲状腺素,由血液送到全身,如果甲状腺分泌太多,人有发烧的感觉、心跳加快等症状,俗称大脖子病,又称碘缺乏症,因此就必须补充碘,可吃加碘盐或多吃海产动植物,如鱼或海带。这就是现在的食盐中加碘的原因,也是国家推广加碘食盐的原因。又如硒对人体健康有着极为重要的作用,因为人体内有一种保护细胞膜的谷胱甘肽过氧化酶,硒是它的重要组成部分,硒可抑制癌症的发生和发展。人体构成中的化学物质,含量最多的为碳、氢、氧,占全部成分的90%,氢氧结合为水占65%(人体的2/3是水,70%在细胞内,20%在组织体内,10%在血浆中),35%是固体物质,固体物质中的元素成分见表4-5。

表4-5 人体中部分元素的含量

元素名称	碳	氧	氢	氮	钙	磷
元素符号	C	O	H	N	Ca	P
元素含量	18.5%	6.5%	2.7%	2.6%	2.5%	1.1%

元素名称	氯	硫	钠	钾	镁	铁
元素符号	Cl	S	Na	K	Mg	Fe
元素含量	0.16%	0.14%	0.10%	0.10%	0.07%	微量

钙、磷是除了碳、氢、氧外在人体中含量较多的元素,钙是牙骨的重要组成部分,细胞

的磷脂、核酸都含有磷,磷在人体内一定以磷酸盐的形式存在,磷酸盐是一种缓冲物质,所以起着维持体内酸碱度的作用;二是以磷酸和磷脂的形式存在,是糖和脂肪吸收和代谢过程中必需的物质。钙、磷在血液中有一定的比例,钙盐需要转变为磷酸盐而被肠吸收,人体在补充这两种元素时,要注意保持食物中钙磷的平衡。骨、蛋、豆、乳含钙和磷很多,蔬菜和硬果含钙丰富,肉、鱼含磷丰富。硬水中含有钙,喝井水和泉水,可以从饮水中得到相当量的钙,食物中以乳状的钙最易吸收。酸、脂肪、胆盐、维生素 D 能帮助钙和磷的吸收。酸使钙溶解,便于人体的吸收,乳糖和产酸食物使肠内物趋向酸性,制止肠内生产碱性物质的细菌生长,使肠内的钙磷易进入血液,进入血液的不至于排泄掉。成人每日需钙量约为 0.7 g,发育的儿童每天则需要 1 g,需磷量为钙的 1 倍。同时食物中必须有充足的维生素 D,或者要常晒太阳,保证钙和磷的吸收。钾、钠、氯是生理上重要的元素,分别是维持体内渗透压、酸碱度和肌肉及神经细胞的应激性物质,细胞内由钾维持,细胞外由钠维持,氯是胃液盐酸的成分。1988 年 5 月在斯德哥尔摩召开的"食盐与疾病"的国际研讨会上有报告指出:人体内随钠盐摄取量的增加,骨癌、食道癌、膀胱癌的发病率在增加,如果增加钾盐的摄取量,胃、肠癌的发病率成比例下降,在饮食中摄入部分钾盐和镁盐以取代钠盐,对糖尿病、高血压和骨质疏松症等都有一定疗效。目前市场上出现的低钠盐就是根据这种需要而生产的。钠还和人体水肿有关,人体水肿组织中由于含过多的钠盐,水量由外向内渗透,造成水肿,水肿病人应少吃食盐,使体内钠、氯减少,水存不住,水肿也就消失了。人体缺钠会感到头晕乏力,这种情况出现在人体大量失水后。高温作业者暑天的饮料中要加入食盐,水泻病人静脉注射生理盐水都是为了补充体内流失过多所急需的钠盐,一般体内钠盐多少为合适呢? 正常成年人食盐摄取量以 4~10 g/d 为宜,高血压患者以 1~3 g/d 为宜。

(三)人类通过不同途径发现的元素

在化学元素周期律发现之前,发现了 63 种元素,按其发现方法,可以分为以下几个阶段:

(1)直观方法发现的元素有:金、银、铜、铁、锡、锌、铅、汞、碳、硫、砷、铋、磷。

(2)古典化学分析方法发现的元素有:钴、锰、镍、铂、氢、氮、氧、氯、铬、钼、钨、铀、碲。

(3)电解法发现的元素有:钾、钠、锂、钡、铍、铝、铱、镁等元素。

(4)通过光谱分析法发现的元素有:铷、铯、铊、铟、氦、氖、氩、氪、氙。化学元素在生产、生活和科学研究中逐步被人们认识。

(四)元素周期律的发现

19 世纪 60 年代化学家已经发现了 63 种元素,对各种元素物理和化学性质的研究积累了丰富经验,发现元素周期律的客观条件已经成熟。元素周期律的发现是化学在近代取得的最重要的理论成果之一,对整个化学学科的发展有普遍的指导意义。

门捷列夫的周期律和周期表:门捷列夫是俄国圣彼得堡大学化学教授,为系统讲好无机化学课程,着手编写《化学原理》教科书,需要对元素的性质进行深入的研究。他研究了原子学说的科学基础及测定相对原子量的各种方法,发现相对原子量是各种元素的最基本特征,所以对一些有疑问的相对原子量值根据化学性质、原子价、当量、相对原子量之间的关系作了修订;在对元素的各种分类法进行研究的过程中,他也发现有些元素具有相同的原子价,化学性质非常相似,一价元素是典型的金属,七价元素是典型的非金属,四价元素的性质介于金属与非金属之间,这使他坚信各种元素间一定存在着统一的规律性;他将元素按相对原子量大小排列,氯和钾原子量相近,性质截然不同;钾和钠相对原子量相差很大,性质相近;在钾以后的元素随相对原子量的增加又显示出从钠到氯的相似变化,这些有规律的现象多次出现,使他坚信各种元素性质间存在周期性的变化规律。1869年,门捷列夫发表了关于元素周期律的图表,在俄罗斯化学学会上宣读了《元素属性与原子量的关系》一文,阐述了他关于元素周期律的基本论点:第一,按照相对原子量的大小排列起来的元素,在性质上呈现出明显的周期性。第二,相对原子量的数值决定元素的特征。第三,应该预料到还有许多未被发现的元素,例如,类似硅和类似铝,相对原子量介于 65 到 75 之间的两个元素。第四,当我们掌握了某元素的同类元素的相对原子量之后,有时可借此来修正该元素的相对原子量。门捷列夫的这张周期表,共有 67 个位置,把已发现的 63 种元素(Co,Ni 处于同一位置)全列进表中,还有 4 个空位,只有相对原子量没有元素名称,预示着必有尚未发现的这种相对原子量的元素,初步实现了元素系统化分类的任务。1871 年,门捷列夫又发表了《化学元素的周期性依赖关系》一文,修订了第一个元素周期表,制作了第二个元素周期表,首先将周期表由竖行改为横行,同族元素处于同一竖行中,更突出了元素化学性质的周期性;在同组元素中划分为主族和副族;预言元素的空格由 4 个增加到 6 个,并且预言了它们的性质;根据一些元素在周期表中的位置,大胆修订了它们的相对原子量;给元素周期律下了定义:"元素(以及由元素所形成的单质或化合物)的性质周期地随着它们相对原子量而改变。"门捷列夫第二张元素周期表的公布,预示着化学元素周期律的发现工作基本完成。

二、放射性与同位素

19 世纪,原子作为不可分的粒子庄严地跨入科学殿堂,道尔顿的原子论和阿伏伽德罗的分子学说使化学科学得到了极大的发展。正因为这样,恩格斯称"化学是关于原子运动的科学"。但是到了 19 世纪末 20 世纪初,随着对电子、X 射线与放射性三大发现的研究,原子不可分、元素不能变的传统化学观,遇到了严峻的挑战。

(一)物质的放射性

在探 X 射线本源中,物理学家亨利发现了"铀射线"。1897 年,法国巴黎大学的波兰女物理学家玛丽·斯克洛芙斯卡(Marie Curie,1859—1906)选择了铀射线本源作为博士论文的题目,她自制了灵敏的铀射线检验器,经过初步研究发现:铀射线的强度与试样中铀的强度成正比,辐射是铀原子的一种特性。进一步研究发现,钍矿石也具有这种性质,表明辐射并非铀元素独有,称"铀射线"是不恰当的,于是玛丽建议称它为"放射性",具有这种特殊放射作用的铀、钍元素叫做"放射性"元素。她通过检验各种矿物标本,发现沥青铀矿和一种铜铀云母矿的放射性强度比预计大得多,只能解释为这两种矿物中有一种数量很少,但比铀和钍的放射性强得多的新元素。1898 年 6 月,她开始在沥青铀矿中搜索这种新元素。7 月份,她证实了一种新元素并命名为"钋"(Polonium)。1899 年 2 月,又发现了放射性元素"镭"(Radium)。从 1899 年到 1902 年,居里夫妇处理了 8 吨铀矿渣,得到 100 mg 的氯化镭,放射性比铀盐的强 200 万倍,它能使金刚石、红宝石、萤石、硫化锌及储藏它的玻璃瓶发出磷光。1903 年,玛丽·居里以题目为《放射性物质的研究》通过了博士论文答辩,并获得了英国皇家学会的戴维金质奖章和诺贝尔物理学奖。自然界中存在的放射性元素,称为天然放射性元素,主要是铀、钍、钋、镭、锕等元素。

(二)元素蜕变与同位素的发现

玛丽·居里已经证明放射性是原子本身所引起的,与已知的所有化学反应不同,它不受外界温度、压力等条件的影响。放射性的本质是什么? 1899 年,英国物理学教授卢瑟福进行了这方面的研究:把富集镭盐的物质放在铅槽里,用强大磁场作用于镭发出的射线,结果射线分成了三部分,分别叫 α、β、γ 射线。α 射线受磁场的作用,行进方向偏转不大,但偏转的方向说明它带的是正电,穿透能力小,一层玻璃和厚纸就可以阻挡住。β 射线在磁场作用下,行进方向有很大偏转,与 α 射线的偏转方向刚好相反,说明带负电;穿透能力较 α 射线强,大部分能穿透玻璃。γ 射线不受磁场影响,波长比 X 射线还要短,穿透能力大得惊人,不仅能穿透肌肉,甚至能穿透几寸厚的铅板和几尺厚的铁板。1908 年,卢瑟福终于辨明了 α 射线是一种粒子流,带两个正电荷,质量与氦的原子质量相等,是氢原子的 4 倍。运动速度为两万千米每秒。β 射线是电子流,运动速度约是 10 万千米每秒。γ 射线的行进速度接近光速。

卢瑟福等人对放射性进行进一步研究,发现了众多"新元素"和新现象。他们提出了元素蜕变假说:认为放射性的产生是由于原子本身分裂或者蜕变成为另一种元素而引起的。这种变化与一般的化学反应截然不同,它不是原子间或分子间的重新组合,而是原子本身自发变化放射出 α,β,γ 射线后变成新的原子。1904 年,他们把关于放射性的报告递交英国皇家学会,指出放射性物质原子的分裂和蜕变是放射性的根源,放射性物质的电中性原子抛出 α 粒子;原子的剩下部分便构成射气,又继续抛出 α 粒子,这个过程直至重复到 α 粒子耗尽,并且物质不再具有放射性。到了 1910 年,被分离和加以研究的放射性元素已达 30 种。这么多的"新元素"超过了周期表所容纳的范围。化学家对已发现的这些放射性元素进行对比研究,发现有些放射性不同的"元素"化学性质完全一样,例如,钍(^{282}Th)与其蜕变成的射钍(^{223}Th),α 衰变半衰期钍为 1.65×10^{10} 年,射钍为 1.9 年,两者混合,用化学方法分离不开。又如,从射钍蜕变出来新钍(^{224}Ra)与从沥青矿提取的镭(^{226}Ra)放射性半衰期相差悬殊,但化学性质完全一样。索弟根据大量的实验事实提出了同位素假说:存在有相对原子量和放射性不同,但化学性质完全一样的化学元素变种,这些变种在周期表中应处于同一位置,因而可命名为同位素。放射性的产生是由于原子本身分裂而蜕变成为另一种元素引起的,这是原子自身自发的变化,与一般的化学变化不同,不是原子间或分子间的重新组合。索弟由于在同位素研究上所做出的重大贡献而获得了 1912 年的诺贝尔化学奖。对于不具有放射性的元素有两种或两种以上的同位素变种,这可能是普遍现象,对于放射性元素,可根据放射性不同,化学性质相同加以识别。但对于稳定的同位素,就需要有一种方法将质量不同的同位素分开,进行"称量"。1912 年汤姆逊在他设计的磁分离器中,发现了质量为 22 的氖的同位素的存在,从而第一次发现了稳定同位素。为了进一步证实氖同位素的存在,英国剑桥大学的物理学家阿斯顿将天然氖气进行反复扩散,最后得到了两部分氖气,分别测定其相对原子量为20.15 和20.28,首次实现了同位素的部分分离。1919 年,阿斯顿制成了第一台质谱仪,发现了氖、氩、氪、氯等元素都有同位素。在当时已知的 71 种元素中,他发现了 212 种核素;阿斯顿由于在研制质谱仪并用以准确测定原子及分子质量及发现众多的核素等卓越贡献而获得 1919 年诺贝尔化学奖。1927—1929 年,利用分子光谱发现了 ^{13}C, ^5N, ^{17}O, ^{18}O 等同位素,其他元素的同位素通过不同的方法发现了。氢的相对原子量为 1.007 77,小数点后的数值只能用重同位素的存在来解释,为了寻找氢的同位素,科学家用了十几年的时间通过两条途径证明了它的存在。

(三)原子序数与原子的核模型

同位素的含义究竟是什么?为什么同位素的相对原子量不同,放射性不同,化学性质完全相同?门捷列夫的周期律当时已得到了公认,门捷列夫认为:相对原子量决定了各种元素在周期表中的位置;同种元素具有相同的相对原子量。如果同位素的概念是正确的,那么从道尔顿到门捷列夫的元素学说要做重大修正。卢瑟福的原子的核模型与莫斯莱对各种元素的特征 X 射线的观测和研究较好地回答了以上问题。1910 年,卢瑟福等人的研究发现:当一束 α 粒子轰击一片金箔时,绝大部分可以穿透过去,飞行方向基本不发生变化。这说明原子不是实体球,有很大空隙,彼此间也有一定间隙;但有少数 α 粒子穿过金箔时发生了偏转,个别 α 粒子被反弹回来。卢瑟福就设想:α 粒子的飞行方向有很大改变,不可能是金原子中电子的吸收与碰撞,而是受了原子内部一个带正电核的排斥。因为 α 粒子比电子的质量大 7 000 倍,两者相撞时,一定是轻的被推开,重的通行;α 粒子只有碰到了与它质量相仿的带正电的粒子,推斥力非常大时,才迫使它的运行方向发生大的改变;要产生很大的斥力,带正电的粒子体积一定很小,电荷很集中,所以原子必然有一个集中正电荷的核。1911 年,卢瑟福提出了原子的核模型:原子存在一个极小的核,直径在 $10^{-12}cm$ 左右;这个核几乎集中了原子的全部质量并带有 Z 个正电荷;原子半径约为 $10^{-8}cm$ 左右,相应有 Z 个电子绕核做圆周运动,像行星绕太阳运转一样。一种元素的原子核里的正电荷数就是该元素在周期表中的座位号。1913 年,对 α 射线的进一步研究发现:在 α 射线管两极间的电位差越大,发射的电子速度就越大,此电位差大到一定程度时,则以阴极对面的金属靶上会产生出该金属的特征 α 射线。这种特征 α 射线有几个系,分为 K,L,M,N 等。K 射线的波长最短,其他递增。卢瑟福的学生莫斯莱从研究 X 射线入手,把元素的 K 系 X 射线的波长按由大到小的顺序排列,发现排列出的次序与元素在周期表中的座位号一致,他把这一次序称为原子序数,以 Z 表示。他把自己的实验结果与卢瑟福的散射实验结果相结合提出了以下结论:① 周期表从某一个元素到次一个元素,原子中有一个基本数量很有规则地增加。就是原子核中的正电荷,原子序数 Z 值恰好是原子核中的正电荷数。② 周期表中的元素座次是正确的,基本是按 Z 值排列的。③ 一种物质中的原子,Z 值完全相同,这种物质就是元素的单质,相对原子量是否一样,不是必要条件。莫斯莱的重大发现,揭示了元素周期律的实质,使索弟的同位素假说得到证实和进一步解释。

(四)对元素性质认识的进一步升华

已知元素的数目 110 多种,同种元素的原子质子数相同,中子数不一定相同,质量数也可以不同,具有相同质子数(核电荷数)、不同质量数的原子互称为同位素。例如,氢元素有 3 种同位素 ^1_1H, ^2_1H, ^3_1H,分别称为氢(氕)、重氢(氘)、超重氢(氚),后两种是制氢弹的材料。铀元素有 $^{234}_{92}U$、$^{235}_{92}U$、$^{236}_{92}U$ 三种天然同位素,其中同位素所占的原子百分比一般是不变的,平常所用的元素的相对原子量,是按各种天然同位素原子所占的一定百分比的平均值。当以质谱法测定相对原子量时,必须同时测定同位素的丰度,有些元素的同位素组成因元素来源不同而有涨落,所以实际测定的这些元素相对原子量并不是固定不变的,所以每两年修订一次相对原子量表。同位素的发现,使元素不可变、原子不可分的观念被彻底打破,使这两种概念有了必要的限制:元素的原子是在化学反应中参加反应的最小微粒,而不是核反应的最小微粒,化学元素不再是代表一种原子,可以代表几种原子。对于一种元素,相对原子量、放射性可以不同,但元素的原子化学性质相同,各类原子通过化学反应产生出了五彩缤纷的物质世界。放射性与同位素的发现为人类的能源带来了福音。20 世纪在能源利用方面的一个重大突破是核能的释放与可控制利用。1 g 铀原子在核裂变中所释放出的能量相当于燃烧 2.5 t 煤所得到的热量,质量相差 $2.5×10^6$ 倍。煤燃烧时只是碳原子、氧原子核外电子进行相互作用,是一种化学变化,放出的是化学能。铀核裂变所释放的能量是原子核内发生的变化,是铀核裂变成两个相对原子量较小的碎片,同时放出大量能量。这种可控释放的热能用于核电站供给人类充足的能源。这一工业应用的前期的基础研究经历了半个世纪。1 kg 铀核完全裂变,放出 $8×10^7$ J 的能量,相当于250 万 t 优质煤、2 万 t TNT、50 万 Ukgal(加仑)汽油燃烧放出的能量。放射性同位素在很多领域有了广泛的应用。1947 年,美国化学家利比根据 ^{14}C 在几千年内死亡的生物物质中含量的变化,推算出木头、植物及其他物质的年龄。这个方法广泛用于考古、文物、地质、地球物理等的研究。利用放射性同位素作为标记原子广泛应用在化学反应历程、化学结构、键的极性、化学反应、扩散现象、医学检验等领域的研究。常用的放射性同位素要求放射性易测定、较稳定、半衰期适中。

(五)标记原子及应用

水在人体中究竟停留多少时候?这一问题的解决,必须使现在饮入的水和人体中原有的水有所区别,但是必须仍然是水。同位素恰好能够满足这一要求。如果饮入稀的重水,例如说 1% D_2O 的水,开始记时,只要检验排出的尿中到什么时候没有重水了,这段时间就意味着水在人体内停留的时间。实验结果确定它是两星期。在这个实验中,氘就扮演着标记原子的角色。因为它比氢重,可以从水的密度加以精密测定。以上是使用稳定同位素的一个例子,标记原子有着显示踪迹的作用,因此也叫做示踪原子。利用放射性同位素作为标记原子更为便利,因为放射性的测量比较灵敏而且方便。用放射性磷作为标记原子,可做实验得出结论:磷在骨骼中停留的时间是 1 个月。

放射性同位素,放射性容易测定。常用到的放射性同位素有 ^{13}C、^{14}C、^{15}N、^{18}O、D 等。

同位素作为标记原子,在解决化学反应历程问题中起着不可代替的作用。例如:

酯化反应:在下列酯化和水解的可逆反应中:

$$CH_3COOC_2H_5 + HOH \rightleftharpoons CH_3CO\boxed{O\ H+H\ O}C_2H_5$$

究竟是酸的羟基和醇的氢结合为水呢,还是酸的氢和醇羟基结合为水呢?如果不用标记原子,这一问题是无法解答的。1934 年,用 ^{18}O 作为标记原子,即用 $H_2^{18}O$ 来水解酯,

发现^{18}O仅进入酸中,就证明了酸的羟基和醇的氢相互作用而成为水:

$$CH_3COOC_2H_5 + H^{18}OH = CH_3CO^{18}\boxed{OH + H}OC_2H_5$$

同位素的发现,使化学理论进一步得到了发展,开辟了化学学科的许多新的研究领域。

三、晶体与金属

我们每天食用的食盐以固态存在,喝的水以液态存在,呼吸的空气以气态存在。构成世界的物质主要以固态、液态、气态三种聚集状态存在。X射线研究证明,固体又可以分为晶体和非晶体两大类。自然界中绝大多数的固态物质是晶体。例如,食盐、雪花、蓝宝石、红宝石、金刚石、石墨……常温下,90%左右的无机单质是晶体,无机化合物中大多数,如冰、明矾、蓝色的硫酸铜等,以晶体形式存在。气态、液态和非晶体物质在一定条件下,可以转变为晶体。非晶体的物质有沥青、石蜡、松香、玻璃、非晶态高聚物,最常见的非晶态物质是玻璃。

(一)晶体的特征

什么是晶体?晶体是由原子、分子、离子等微粒按照一定的周期性规律在空间规则排布而成的固体。瑰丽多彩具有多面体外形的矿物晶体很早就引起了人们的注意。埃及人在公元前6 000年发现绿松石矿时,已觉察到许多矿物晶体的美丽和几何完整性。公元前135年,西汉韩婴在《韩诗外传》中,已指出雪花晶体的六重对称性。人们对晶体规律的认识是从研究晶体的外形开始的。丹麦人斯登诺(N. Steno)通过对石英和赤铁矿晶体的研究,1669年发现了晶体的第一个定律——晶面夹角守恒定律。将各式各样的晶体切出若干种断面,并把这些断面描绘在纸上。他发现不论断面的形状和大小如何不同,但相应晶面间的夹角都是相等的。1780年,人类发明了接触测角仪,法国矿物学家爱斯尔用这种测角仪测量了500多种矿物晶体固有特性。1809年,武拉斯顿(W. H. Wollaston)设计出第一台反射测角仪,使晶体测角工作的精度大大提高了,为晶体研究创造了条件。1805—1809年,德国学者魏斯(C. S. Weiss)研究晶体外形的对称性,用实验方法确定了晶体中可能存在的各种旋转轴,并总结出晶体对称定律。1830年,德国人赫塞尔(I. F. ChHessel)对晶体外形对称元素的一切可能组合方式进行了推导,得出了32种点群,32种对称类型。1895年X射线的发现,正是几何晶体研究完成的年代,当时为了揭示X射线的本质,德国的物理学家劳厄发现X射线的波长与晶体中原子间距两者数量级相同;提出了一个重要的假设:如果X射线是一种电磁波,晶体确实具有空间点阵结构,就像可见光通过光栅时要发生衍射现象一样,X射线通过晶体也将发生衍射现象,晶体可作为X射线的天然的立体衍射光栅。1912年,他们以五水硫酸铜晶体进行了实验,得到了衍射图,于是晶体X射线衍射效应被发现了。这一重大发现解释了三个问题,开辟了两个重要研究领域:

(1)解释X射线的本质是什么,证实X射线是一种波长很短的电磁波,利用晶体研究X射线的性质,从而建立了X射线光谱学。

(2)证实了经典晶体学提出的空间点阵的假说:晶体内部的原子、离子、分子确实在作规则的周期性排列,使这一假说发展成为科学理论。

（3）可以利用 X 射线晶体衍射效应研究晶体结构,根据衍射方向确定晶胞的大小和形式,根据衍射强度确定原子、分子的分布位置,导致了一种原子、分子水平上研究化学物质结构的一种新实验方法——X 射线结构分析。这门新学科对化学的各分支,以及材料学、生物学都产生了深远的影响。

在晶体 X 射线衍射发现后,劳厄等人将这一发现与化学物质的结构研究相结合,促使现代结晶化学迅速兴起,反过来又加速了 X 射线晶体学的发展。通过研究发现晶体具有以下性质:① 夹角守恒性。② 均匀性和各向异性。均匀性是指晶体的化学组成密度等性质在晶体的各部分都是相同的。各向异性是指晶体在不同方向上的性质是各不相同的。例如,一片云母晶体均匀涂上一层石蜡,石蜡熔化时出现的图形呈椭圆形,而不是正圆形(如图 4 - 1 所示)。这说明云母在不同方向上的导热性不同。又如:石墨晶体是层状结构,层内导电率比各层相垂直方向的导电率大 10^4 倍。晶体中沿不同方向原子或分子排列的情况不同,因此在不同方向上呈现不同的性质。③ 具有对称性:晶态的外形和内部结构都具有特有的对称性。不论天然的晶体还是人工培养的晶体,都呈现多面体外形。④ 使 X 射线产生衍射。这种性质是测定晶体结构的重要实验方法,非晶态物质没有周期性结构,不能使 X 射线产生衍射,只有散射效应。⑤ 晶体具有确定的熔点:如把晶体加热,晶体的化学键发生断裂,晶体的周期性规则排列遭到破坏,晶体向液态转化,转化时的温度就是晶体的熔点。

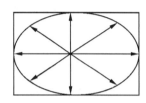

图 4 - 1 石蜡受热后熔为椭圆形

（二）晶体材料

（1）石英晶体与压电材料:把晶体切成薄片受压后在两个面上分别产生正电荷和负电荷,这就是晶体的压电效应。什么样的晶体才会产生压电效应呢?由实验事实可知:晶体片加压后两个面上带有相反的电荷,说明晶体一定没有对称中心。没有对称中心的晶体叫非中心对称晶体,只有非中心对称晶体有压电效应。石英是非中心对称晶体,是很好的压电材料,具有压电效应,所以把石英晶体切成薄片,可以取代钟表中的摆和游丝。

（2）钛酸钡与非线性光学材料:在传统的线性光学范围内,一束光通过晶体后,光的频率不会改变。但是,当光通过某种晶体后产生频率为入射光两倍的光,则将这种现象称为非线性光学效应。产生非线性光学效应的晶体叫非线性光学晶体,这种晶体必须是非中心对称晶体。钛酸钡的化学式是 $BaTiO_3$,低温时,由立方晶系变为四方晶系,没有对称中心,是非线性光学晶体。它能对高强度的激光光源进行调频、调相等技术处理,是优良的压电、铁电、电光等重要功能晶体材料。

（3）蓝色荧光粉与晶体缺陷:晶体中的原子、分子等粒子完全按照严格的周期性,重复排列得到的晶体,是理想晶体,而实际晶体中或多或少总会存在空位、位错、杂质原子等缺陷,促使实际晶体偏离理想的周期性重复排列,这种现象称为晶体缺陷。晶体缺陷使晶体的性质发生变化,造就各种性能的晶体材料,满足五彩缤纷的物质世界的需要。蓝色荧光粉的主要原料是白色的硫化锌(ZnS)晶体。向硫化锌晶体中加入约 0.000 1% 的氯化银(AgCl),银离子和氯离子分别占据硫化锌晶体中锌离子和硫离子的位置,造成晶体缺陷,破坏了硫化锌晶体周期性结构,使得杂质原子周围的电子能量与锌离子和硫离子周围的不同,这种掺杂了硫化锌的晶体,在阴极射线的激发下,放出波长为 450 nm 的荧光,可做彩色电视荧光屏的蓝色荧光粉。

(4) 单晶硅、锗和信息材料:高纯的单晶硅是很好的半导体材料,单晶硅是金刚石结构,每个硅原子配位数为 4,形成 4 个 Si—Si 单键,每个硅原子的外层有 8 个电子。如果往单晶硅中掺杂质 Ga(镓),镓原子最外层只有 3 个电子;当取代了硅原子的位置后,镓原子外层只有 7 个电子,其中有一个 Ga—Si 键,只有一个电子,即产生一个空穴。相邻的硅原子最外层电子可移动到空穴,又产生另一个空穴。这相当于空穴在移动,这种由空穴迁移导电的半导体称为 P 型半导体。若在单晶硅中掺入杂质 As(砷),由于砷原子外层有 5 个电子,取代硅原子位置后,成键的砷原子最外层有 9 个电子,多出一个电子由于激发而导电,由电子移动导电的称为 N 型半导体。若将单晶硅的一端掺入镓形成 P 型半导体,另一端掺砷形成 N 型半导体,两者的结合处称为 P—N 结,只能单向导通。P—N 结可作为整流器,可将交流电转变为直流电,使电流从 P—N 结的 P 区流向 N 区。利用 P—N 结可做成晶体管。P—N—P 或 N—P—N 晶体管都可以将光信号变为电信号输出,并且还能把光电流放大。把许多的晶体管集成硅芯片,做成集成电路,它是现代计算机技术、通信技术、遥控技术、自动化技术的基础。

(三) 新型金属材料

金属在熔化状态时可以相互溶解或相互混合,形成合金。合金比纯金属具有许多较优良的性能;多数合金的熔点低于任何一种成分的金属的熔点,硬度要比各种金属的硬度都大,例如:铜中加入 1% 的铍所生成的合金的硬度比铜大 7 倍。合金的导电性和导热性比纯金属低得多。随着新技术、新工艺的发展,已开发出多种新型金属材料,它们都是金属合金。最典型的金属功能材料有非晶态金属、形状记忆合金、减振合金、超导材料、贮氢合金、超微粉等。

(四) 液晶

液晶是介于液态之间各向异性的流体,是新发现的一种物质状态。液晶态的发现,打破了人们关于物质三态(固态、液态、气态)的常规概念。现在已发现有数千种以上的有机化合物具有液晶态。有一类有机化合物,当其晶体加热到温度 T_1 时,溶解或成黏稠状而稍微有些浑浊的液体;但当继续加热到温度 T_2 时,则变为透明的液体。用偏光显微镜观察 T_1—T_2 温度之间所形成的浑浊液体,发现表现为光学各向异性。人们称温度 T_1—T_2 之间形成的显示光学各向异性的液体为液晶。液晶的三种类型见表 4-6。

表 4-6 液晶的三种类型

液晶类型	T_1/K	T_2/K	代 表 物
近 晶 相	313.4	341.4	油酸铵
向 列 相	357	423	对氧化偶氮苯甲醚
胆 甾 相	419	451.5	胆甾酶苯甲酸酯

已知液晶有 3 000 多种,20 世纪 70 年代已广泛用于显示、软件复制、检测器感受器、分析化学、合成化学等。液晶与生命现象也有密切联系。

第三节　有机物与有机化学

有机化学作为一门科学产生于 19 世纪初。早期的有机化合物是从动物、植物有机体中提取分离而得到的。在古代，人们已能将自然界存在的茜草、靛蓝作为染料，利用一些植物制出一些治病的中草药。例如，没食子酸，中药名称是"白药煎"，利用五倍子发酵水解（利用乌梅、白矾、酒曲），制出没食子酸结晶。人们很早就把自然界分成动、植、矿三类，把从动植物各种器官中分泌出来的物质称为有机物。18 世纪后期，有机化合物的分离、提纯得到较快发展。瑞典化学家舍勒的工作在这一时期最为卓越，他提取到了纯净的草酸、苹果酸、酒石酸、柠檬酸、乳酸、尿酸、没食子酸等；他还通过皂化油脂和动物脂肪制取甘油。当时人们研究有机物的目的，不是为了知道有机物的组成和结构，而是为了生活和医药上的需要。到了 19 世纪，医学、炸药、染料和石油加工业的需要，对有机化学的发展起了促进作用。

一、人类对有机化合物的认识

（一）有机元素分析

18 世纪后期，从生物界已得到相当多的有机化合物，对一般有机化合物有了较明确认识的是拉瓦锡，他把燃烧理论用到有机化合物的元素分析上，通过大量的实验分析发现：几乎所有植物组织中都只含有碳、氢、氧，动物组织中除这三种元素外还含有氮和磷。1810 年，盖-吕萨克与泰纳的有机元素分析结果已较准确，他们的分析结果证实了拉瓦锡关于碳水化合物、有机酸及油脂类中氢氧比例的结论，对蔗糖的成分分析结果见表 4 - 7。

表 4 - 7　蔗糖成分分析结果

	碳	氢	氧
实际测量值/（%）	41.36	6.39	51.14
理论计算值/（%）	42.10	6.44	51.46

1815 年，盖-吕萨克用氧化铜代替氯酸钾，使有机氮全部转化为氮气，使分析结果更可靠。1831 年，德国著名化学家李比希对碳氢化合物的燃烧分析做了重大改革，采用了一套五个相串联的玻璃泡作为吸收器，内装苛性钾溶液吸收二氧化碳。在吸收器前后分别装了无水氯化钙的干燥管。李比希这套分析仪很快成为常规分析仪，一直沿用至今。1833 年，杜马首创了一种测定有机物氮元素的方法。1883 年，丹麦化学家基耶达发明了新的定氮法，用浓硫酸硝化试样，然后加入浓碱并加热，赶出氨，用盐酸标准溶液吸收，再用标准碱溶液回滴过量的盐酸。这样有机物中的碳、氢、氧、氮四种元素都有了较好的分析方法。系统的研究分析却给人们带来了难题。为什么组成元素简单的有机物却可以产生性质各异、种类繁多的大量的化合物呢？为了寻找这个问题的答案，出现了下面的争论。

（二）关于"生命力论"的争论

拉瓦锡认为,有机化学是化学整体的一部分,不能因为有机化合物是从生命体中直接或间解取得就断言仅与有生命的有机体有关。1806 年,瑞典化学家贝采里乌斯根据物质组成元素主要是氢、氧、氮作为有机化合物的特征,认为有机物是来自生物有机体的化合物,人工合成是不可能的。因为有机化合物虽然组成元素少、组成简单,但种类和性质的多样性是很难理解的。德国化学家格伦在《化学基础》一书中把有机化合物单独归为一章,认为有机物只存在于动植物体内,人工不能制造。这种不确切的说法流行了几十年。有些化学家就把有机物与无机物截然分开,认为无机物遵守定组成定律,能得到纯制品,对有机物是否遵守定组成定律表示怀疑,所以 19 世纪初,在生物学和有机化学领域中便广泛流行起"生命力论"。1824 年,德国化学家维勒用人工方法合成出了尿素,经过 4 年多的研究,于 1828 年发表了《论尿素的人工合成》,介绍了他的合成尿素的方法。尿素的人工合成,是有机化学发展过程中的一大突破,它打破了无机化合物和有机化合物之间的绝对界限,动摇了生命力论的基础。但有些人又认为,尿素只是动物的分泌物,介于有机物和无机物之间,不能认为是真正的有机化合物。想用无机物人工合成复杂的真正的有机化合物,在原则上是不可能的。1845 年,具有决定性意义的人工合成有机化合物的是德国化学家柯尔柏,利用木炭、硫黄、氯及水为原料合成了醋酸,这是一个从单质出发实现的完全的有机合成,其过程可表示如下:

$$C + 2S \rightarrow CS_2$$

$$CS_2 + 3Cl_2 \rightarrow CCl_4 + S_2Cl_2$$

$$2CCl_4 \rightarrow CCl_2 = CCl_2 + 2Cl_2$$

$$CCl_2 = CCl_2 + Cl_2 \rightarrow CCl_3 - CCl_3$$

$$CCl_3 - CCl_3 + 2H_2O \rightarrow CCl_3COOH + 3HCl$$

$$CCl_3COOH + 2H_2 \rightarrow CH_3COOH + 3HCl$$

随后,化学家又合成了葡萄糖、柠檬酸、琥珀酸、苹果酸等一系列的有机酸。1860 年,贝特罗写了《合成有机化学》,指出各种有机化合物完全可能从碳、氢、氧、氮合成,从此,生命力论才被人们摒弃。

（三）同分异构现象的发现

1824 年,维勒在合成尿素时就发现:尿素与氰酸铵的化学组成完全相同,性质截然不同。他还分析过氰酸银,所得结果为氧化银 77.23%,氰酸 22.77%。李比希分析了雷酸银,结果为氧化银 77.53%,氰酸 22.47%。两者的化学成分几乎一致,但化学性质差别极大。盖-吕萨克指出,"这种性质上的差别应归于各种原子相互结合方式的可变性"。1825 年,法拉第从液化石油气中分离出了两种碳氢化合物,一种是苯(C_6H_6),另一种是丁烯(C_4H_8)。丁烯与右旋酒石酸和葡萄酸(外消旋酒石酸)的组成相同;后者较前者难溶于水,贝采里乌斯明确意识到化学组成即使相同,由于原子排列不同而构成多种物质。他同意盖-吕萨克的观点,把这种现象命名为"同分异构现象"。他试图把不同的情况分门别类,把那些有着相同元素、相同比例(各种原子的相对数目相同)但相对分子量(当时指气体比重)有成倍关系的化合物叫做聚合物(称为同系物),例如丁烯和乙烯;把组成相同、相对分子量相同,化学性质不同的化合物归结为原子彼此以不同的方式相结合,称为"位变异构体",例如"氰酸与雷酸"、"乙酸甲酯和甲酸乙酯"。19世纪30年代,化学家已充分认识到,对有机化合物来说,指出组成、写出化学式(各种元素的原子数),并不能完整表达出是哪种物质,更不足以探讨它的生成机理。这就是有机化学理论研究的开始。

18世纪末,拉瓦锡已指出石墨和金刚石都是纯粹的碳元素构成的。1823年,米希尔里希观察到熔融的硫黄慢慢冷却时,生成的是针状单斜晶硫;将熔融的硫黄注入冷水中骤然冷却生成了弹性硫,硫黄的二硫化碳溶液蒸发后生成斜方晶硫。1841年,贝采里乌斯针对一种元素可生成不同结构类型的单质,提出了"同素异形体"的概念。

二、有机经典结构理论的建立

有三点原因促使化学家研究有机化合物的结构:一是组成有机化合物的元素较少,但有机化合物的数目繁多;二是有机化合物的分子量比无机化合物大得多,道尔顿的原子结合最简原则几乎不适用于有机化学;三是同分异构现象的出现,促使人们研究原子的排布与连接方式。

(一)基团理论的形成

基团理论的形成起源于拉瓦锡,他研究酸的共性时,提出了这样的见解:酸都是某种酸基的氧化物。在无机酸中,酸基是单基,由单一元素构成,例如硫酸、磷酸、碳酸、盐酸;有机酸的酸基是复合基,由碳氢组成的原子基团,由于醋酸、苹果酸和酒石酸的基都是由同样的元素组成而性质不同,因此基团中的碳氢比例可能不同。盖-吕萨克对氰的研究工作发展了基团理论。1811—1815年,通过研究发现,作为碳氮结合体的氰基在一系列的反应中与氯、碘极为相似,氰基实际上是一个整体。他明确指出,基团就是作为整体参加反应的原子团。19世纪20年代,化学界公认了同分异构现象,有机化学家必须明确在有机化学反应中哪些是在反应中不发生变化的复合基团,化合物中各基团间的相互联系,最终明确化合物中各种原子的连接方式。1832年维勒和李比希在《关于苦杏仁油的研究》一文中对基团论提供了新的根据。他们发现,在苦杏仁油、安息香酸、安息香氯、安息香酰氰、安息香酰胺等一系列的化合物中,存在着一个共同的基——安息香基。安息香基在一系列的化学反应中不发生变化,安息香基就是现在的苯甲酰基(C_6H_5CO)。他们认为有机化合物由一系列的基团组成,这类稳定的基,是有机化合物的基础。到1838年提出的有机基团已经很多,如甲基、十六烷基、肉桂基、二甲胂基等。1838年,李比希对基下了如下定义:① 基是一系列化合物中共同的稳定的组成部分。② 基可以与其他简单物结合。③ 基与某简单物结合后,此简单物可被当量的其他简单物代替。基团理论在当时起到了初步统一有机化学的事实、解释了一些有机化学反应、促进有机化学发展的作用。基团概念是现代官能团概念的先声。随着有机取代反应的研究,发现在一些取代反应中有些基中的原子可以被其他原子取代,基团学说发生了动摇。

(二)取代学说的形成

较系统地研究取代反应是从1833年的"蜡烛冒烟"事件开始的,在这一年的法国巴黎的一次盛大宫廷舞会上,蜡烛冒出的一股股刺鼻的烟气呛走了来宾。当时的皇帝立即责成科学顾问调查此事。这一任务交给了巴黎大学教授杜马。杜马很快查出"烟"是氯化氢气。原来所用的蜡烛是用氯气漂白的蜂蜡制成的,在漂白的过程中氯取代了蜡中的氢,每排出一体积的氢(生成氯化氢),就生成一体积的氯。1834年,杜马系统地研究了氯代反应,发现松节油、醋酸、乙醇中的氢都可被等体积的氯取代生成氯乙酸、氯乙醛和氯仿,同时都产生氯化氢。盖-吕萨克用氯气处理石蜡,法拉第、维勒、李比希所观察到的事实都说明氯具有从有机物质中逐个取代氢原子的能力。杜马将这个过程称为"取代作用"。1838年,杜马将干燥的氯气与醋酸在日光照射下制出了三氯乙酸,并研究了它的各种化学性质及衍生物。他在《关于某些有机体的构造和关于取代学说的报告》中指出:"氯代醋酸是与普通的醋酸十分相似的酸,醋酸中的氢部分被氯排出和取代后,醋酸只在物理性质上发生了很小的变化,一切根本的性质则仍然未变。"后来大量事实证明,在有机取代反应中,氯是可以取代氢的,取代学说逐步得到了普遍的承认。

(三)类型理论的发展

1849年,德国化学家霍夫曼对一系列胺类化合物进行了大量研究,经过与氨的比较,得出了"氨型"有机化合物。1850年英国化学家威廉逊通过对醇、醚的化合物的研究,与水的组成形式类比得出"水型"化合物。1852年日拉尔又引出了"氢型"和"氯化氢型"。1856年日拉尔把各种有机物归类,形成了一个比较系统的分类系统:① 氢型:包括碳氢化合物、醛、酮和金属有机化合物。② 氯化氢型:包括有机氯化物、溴化物、碘化物、氰化物、氟化物。③ 水型:包括醇、醚、酸、酸酐、酯和硫化物。④ 氨型:包括胺、酰胺、亚酰胺、肿、膦,即有机氮化物、砷化物、磷化物。1857年德国化学家凯库勒提出了沼气型化合物。类型理论对有机化合物的系统化起到了积极的作用,对于卤代烃、醇、胺这些较简单的化合物,这种分类的方法更接近现代官能团分类,如果已知某一有机化合物属于哪种类型,就可以推知其性质与制备方法。另外,把有机化合物看成是四种无机物的衍生物,有助于找出无机化合物与有机化合物之间的联系和区别,有利于对有机化合物的认识;类型理论对化合价也起到了提示作用,从化学式就很容易看出:一个氯原子和一个氢原子结合,一个氧原子和两个氢原子结合,一个氮原子和三个氢原子结合,沼气类型对原子价学说的建立,起到了承上启下的作用。但是类型理论对于多官能团的有机化合物,不能明确地指出类型的归属。随着有机合成的发展,新化合物的种类的增加,这种弱点就愈加明显。

(四)同系列概念的产生

1841—1842年期间,法国化学家日拉尔提出了一个根据经验公式来分类有机化合物的方案,1843年他再次强调对各类化合物分类中的同系列的概念,即有机化合物的每个系列都有自己的代数组成式。在同一系列中,相邻的两个化合物分子之差为 CH_2,任意两个化合物的分子之差为 CH_2 的整数倍。他举出了同系列化合物的实例,其中有烷烃系列、醇系列、脂肪酸系列,见表 4-8。

表 4-8 一些同系列化合物的实例

通 式	$n=1$	$n=2$	$n=16$
$(CH_2)_n$		C_2H_4(乙烯)	$C_{16}H_{32}$
$(CH_2)_nH_2$	CH_4	C_2H_6(乙烷)	
$(CH_2)_nOH_2$	CH_4O	C_2H_6O(酒精)	
$(CH_2)_nO_2$	CH_2O_2	$C_2H_4O_2$(醋酸)	
$(CH_2)_nH_2SO_4$	CH_4SO_4	$C_2H_6SO_4$	$C_{16}H_{34}SO_4$
$(CH_2)_nHCl$	CH_3Cl	C_2H_5Cl	$C_{16}H_{33}Cl$

日拉尔指出：在同系列中，各化合物的化学性质相似，物理性质也是有规律的递变，例如，蚁酸（即甲酸，CH_2O_2）是液体，易挥发，与水互溶；醋酸（乙酸，$C_2H_4O_2$）是液体，易挥发，与水互溶；初油酸（丙酸，$C_3H_6O_2$）；酪酸（丁酸，$C_4H_8O_2$）；缬草酸（戊酸，$C_5H_{10}O_2$）；随着碳原子数目的增加，挥发性逐渐降低，水中的溶解度逐渐减小，到硬脂酸（十八烷酸）就是固体，不易溶于水。对脂肪类化合物的分类，日拉尔的分类与现代有机化学的分类已经一致。同系列的概念在有机化学上非常重要。日拉尔的观点发表不到 10 年，就得到了大多数化学家的承认，30 年之后得到了公认。

（五）原子价学说的建立

原子价的概念是由英国化学家弗兰克兰在 1852 年《论含金属的有机物新系列》一文中提出来的，这是 1850 年他对有机金属化合物进行研究的最初结果。他发现，一些金属元素同有机基团的结合有确定的比例关系。由此他进一步指出：假如我们考虑无机化合物的化学式，就会感到它们的构造中氮、磷、锑、砷的化合物特别表现出一种倾向，即这个元素与 3 个当量或 5 个当量的其他元素生成化合物，在这两种比例下，它们的化合力充分得到满足。弗兰克兰的这种化合力后来就称为化合价或原子价，这已成为现代原子价学说的核心。弗兰克兰的原子价的理论为凯库勒所发展，1858 年，凯库勒提出了如下原理："一种元素的原子或基团与另一种元素的原子相化合时，其数目由各组成部分的碱度或亲和力的大小来决定。"各种元素根据亲和力可以分成三个主要种类：① 1 价的：例如，Na，Cl，Br，K；② 2 价的：例如，O，S；③ 3 价的：例如，N，P，As；碳是四价。1859 年，凯库勒把他的化合价的概念写入他的《有机化学教科书》，并指出："各个原子在基团内部靠近的方法，像最简单化合物中原子结合的方法一样，都是由原子的本质——化合价所决定的。"按照凯库勒的以上观点，原子价的概念是某一元素的原子结合或取代另一元素一定数目原子的能力。化学键形成的机理是靠亲和力单位的相互需要或相互饱和而实现的，每一元素的亲和力单位是固定不变的。1858 年英国化学家库珀在他的《论新的化学理论》一文中提出元素的原子价是决定其化学性质的最重要的因素。有些元素（包括碳）能够具有不同的化合价。碳对氧有两种亲和力：一种是低的亲和力，如在一氧化碳中；另一种是高的亲和力，如在二氧化碳中。碳原子之间可以相连成链状。根据以上两点就可以解释所有的有机化合物。1864 年，德国化学家迈尔建议以"原子价"代替"原子数"或"原子亲和力单位"。至此，原子价学说基本定型。原子价学说的建立揭示了各种元素化学性质的一个本质特征,阐明了各种元素在化合时数量上所遵循的规律,为化学元素周期律的发现提供了重要的依据。

(六)苯的化学结构

化学结构这一概念,在 19 世纪上半叶已为化学家所采用,到了 60 年代,又有了新的发展。1861 年,俄国化学家布特列洛夫在德国举行的"自然科学家和医生代表大会"上,作了"论物质的化学结构"的报告,指出:"假定一个化学原子具有一定的和有限的化学亲和力值,化学原子借这种亲和力来参加形成物质。将这种关系或者说在所组成的化合物中各原子间的相互连接,用化学结构这个词来表示。"1866 年,凯库勒明确指出了苯分子是一个有六个碳原子以单双键相交替构成的环状的六角平面结构,这就是后世的凯库勒式,如 所示。

三、有机化学反应的类型

有机化合物分子中原子间绝大多数以共价键结合,在有机反应中,共价键断裂的方式有两种。

(一)均裂和异裂

均裂是共价键断裂时,公用电子对被两个成键原子平均分享,一般需要在光照和加热的条件下进行,所产生的带有未成对电子的活性原子或基团称为自由基(或游离基),通过自由基进行的有机反应称为自由基反应;如果共价键断裂时,公用电子对为成键的某个原子独占,称为异裂,一般需要在酸或碱的催化下进行,生成正负离子。通过这种离子进行的有机反应称为离子型反应。而通过分子轨道对称守恒规律直接完成的反应叫协同反应。有机反应根据反应过程可以分为以上三种情况。

(二)有机反应的类型

基本的重要的有机反应分为以下几种:

(1)取代反应:有机化合物中的氢原子被其他原子或原子团取代的化学反应称为取代反应。取代反应,根据共价键断裂的方式,分为两种情况:一种是自由基取代反应,例如烷烃中的氢原子被氯原子取代是在光或加热的条件下引发的自由基取代反应:

$$Cl_2 \rightarrow 2Cl \qquad Cl + CH_3CH_3 \rightarrow CH_3CH_2 + HCl$$

$$CH_3CH_2 + Cl_2 \rightarrow CH_3CH_2Cl + Cl$$

另一种是离子型取代反应,例如苯烃的取代反应,在酸及催化剂的存在下发生:

（2）氧化还原反应：有机化学中常把有机物与氧结合或失去氢的反应叫氧化反应。常把与氢结合或失去氧的反应称为还原反应。常用的氧化剂有 O_2，O_3，H_2O_2，$KMnO_4$。

氧化反应：$$CH_4 + 2O_2 \rightarrow CO_2 + 2H_2$$

还原反应：用催化加氢的方法把烯烃、炔烃还原为烷烃，醛、酮还原为醇。（常用的金属催化剂为 Pt,Pd,Ni,Cu）

例如：$$RCH_2 = CH_2 + H_2 \rightarrow RCH_3CH_3$$

（3）加成反应和加聚反应：

① 加成反应：含有不饱和键的有机物，在试剂作用下，不饱和键断裂形成新的共价单键。例如，烯烃与氢、卤素、氯化氢、硫酸、水发生加成反应，生成卤代烃和醇等化合物。例如：

$$CH_2 = CH_2 + H_2O \rightarrow CH_3CH_2OH$$

这类反应属于离子型反应。

② 加聚反应：在催化剂和引发剂的作用下，烯烃的不饱和键断开，自身相互加成、生成长链高分子化合物的反应称为聚合反应。在聚合反应中，发生反应的相对分子量低的化合物称为单体，生成的相对分子量高的化合物称为聚合物或高聚物。例如：

$$nCH_2 = CH_2 \longrightarrow \left[CH_2CH_2 \right]_n$$
（单体）　　　　　　（聚合物）

利用加聚反应，新得到的高聚物有很多优良性能，如聚乙烯可耐酸、耐碱、耐腐蚀，有优良的电绝缘性。聚丙烯可制薄膜、制聚丙烯纤维。

由两种不同的烯烃单体加聚，称为共聚反应，例如乙烯和丙烯共聚可得到一种具有橡胶性质的合成橡胶——乙丙橡胶：

$$nCH_2 = CH_2 + nCH = CH_2 \longrightarrow \left[CH_2 - CH_2 - CH - CH_2 \right]_n$$
$$\underset{\displaystyle CH_3}{|} \qquad\qquad\qquad\qquad \underset{\displaystyle CH_3}{|}$$

乙烯　　　　丙烯　　　　　　　　　乙丙橡胶
（单体）　　（单体）　　　　　　　　（聚合物）

缩合反应和缩聚反应：

① 缩合反应：由相同或不同的有机化合物分子中除去小分子化合物，如 HX，H_2O，NH_3，C_2H_5OH）的反应。

$$CH_3COOH + C_2H_5OH \rightarrow CH_3CO - OCH_2CH_3 + H_2O$$
（酯化反应）

$$2CH_3CHO \rightarrow CH_3CH = CHCHO + H_2O \quad （羟醛缩合反应）$$

② 缩聚反应：由一种或多种含有两个或两个以上的官能团化合物分子间进行了缩合而生成高分子化合物的反应称为缩聚反应。由缩聚反应得到的高分子化合物称为缩聚物。例如，尼龙-66就是以酰胺基连接起来的高聚物，是一种合成纤维，有强的韧性、耐磨、耐碱和抗有机溶剂的性质，可制降落伞、渔网、衣袜等。具有弹性好、拉力强，比天然纤维经久耐用的特点。

四、高分子材料及应用

高分子化合物又称为高聚物,相对分子量很大,一般在1×10^4数量级,但组成并不复杂,它们的分子大多由相同的基本结构单元以共价键相连多次重复而成。例如,聚丙烯分子$\text{—CH}_2\text{—CH(CH}_3\text{)—}_n$重复结构单元是$\text{—CH}_2\text{—CH(CH}_3\text{)—}$称为聚丙烯的链节。$n$为链节的数目,称为聚丙烯的聚合度。高分子化合物的相对分子量是链节分子式的相对分子量与聚合度的乘积。同一种高分子化合物中各个分子的聚合度不完全相同,所以高分子化合物是由链节相同但聚合度不同的分子组成的混合物,所以高分子化合物的聚合度是指平均聚合度,相对分子质量指平均相对分子质量,这一性质称为多分散性。不同的高分子化合物其结构单元不同,构成结构单元的低分子化合物称为单体,例如:聚乙烯的单体是乙烯$(\text{CH}_2\text{=CH}_2)$,聚丙烯的单体是丙烯$(\text{CH}_3\text{—CH=CH}_2)$。高分子化合物由于相对分子质量很大,就表现出低分子化合物所没有的物理特性:① 通常以固态或凝胶态存在,不易挥发,不能蒸馏;② 具有较好的绝缘性和耐腐蚀性,因为分子中的主链以共价键相连;③ 具有一定的韧性和耐磨性,这是因为分子链很长、分子间的作用力很大所导致的;④ 具有较好的可塑性和高弹性,因为高分子化合物的长链通常卷曲成线团状;⑤ 溶解过程缓慢,溶解得到的高分子溶液有较大的黏度。

(一) 人类对高分子材料的认识

高分子化合物指天然高分子和合成高分子。天然高分子存在于棉、麻、毛、丝、角、革、胶等天然材料,以及动植物细胞中,基本物质统称为生物高分子。合成高分子包括通用高分子(常用的塑料、合成纤维、合成橡胶、涂料、黏合剂);特殊高分子(具有耐高温、高强度、高模量等特性);功能高分子(具有光、电、磁等物理特性以及催化、螯合等化学性能);仿生高分子(具有模拟生物生理特性);高分子复合材料。高分子科学建立于20世纪30年代,但人类对天然高分子化合物的认识和利用与人类的文明史几乎同时。因为天然高分子化合物与人类的物质生活密不可分:作为食物的蛋白质、淀粉,作为织物的棉毛丝,作为涂料用的油漆与天然树脂等都广泛地应用在人类生活的各个方面。就合成高分子而言,世界上的三大合成材料(指塑料、合成纤维、合成橡胶)的产量增长十分迅速,表4-9足以显示出高分子材料在国计民生中的重要地位。

表4-9　高分子三大合成材料年产量　(单位:百万吨)

种类 ＼ 年	1970	1975	1980	1985	1990	2000
塑　　料	27	46	53	75	107	175
合成纤维	4.9	8.6	12	18	24	35
合成橡胶	5.5	9.4	13	16	23	44
总　　计	37.4	64	78	109	154	254

人类对高分子化合物的认识经过了一个从对天然高分子的认识和利用,到对天然高

分子化合物进行改性,而后进行人工合成高分子化合物的过程。

19世纪中叶,为了适应工业生产、生活的需要,开始了对天然高分子化合物的化学改性。20世纪30年代进入了人工合成高分子的时代,于是高分子化学逐步形成一门相对独立的学科。

(二)橡胶工业

最早是中美洲的土著人开始利用橡胶这种物质。1735年法国科学院考察队在南美的亚马逊河谷发现了野生的橡胶树,当地人称这种树为"caoutchouc",意思是"木头流泪"。1876年橡胶被移植到英国、锡兰、马来西亚、泰国、越南等地,得以快速发展。橡胶加工工艺中首先碰到的问题是如何溶解固体生胶。1763年英国科学家用松节油溶解固体橡胶成为黏稠胶浆,把它涂在织物或其他模型上就可以得到橡胶制品,这就是橡胶加工工艺的开始。1832年,美国的一家橡胶厂的厂主古德意受到焦炭加到熟铁中可以改善铁的性能的启发,开始对橡胶进行各种添加实验,在偶然中发现橡胶与硫黄、少量铅粉共煮会变得弹性好、不发黏、硬度适中。这就是最早将线型天然橡胶分子用硫黄做交联剂使其形成网状结构的成功尝试。硫化橡胶的进一步发展是硫化促进剂和补强剂的应用。1916年炭黑已成为橡胶的补强剂,二苯胺、二苯胺硫脲成为硫化促进剂。随着汽车工业的发展,迫切需要大量橡胶,这就提出了人工合成的课题。这项研究是从天然橡胶的化学组分和结构分析开始的。1826年英国化学家法拉第对橡胶的组分进行了分析:化学组成为 C_5H_{88},1892年才确定了天然橡胶是异戊二烯的聚合物。德国杰出的化学家施陶丁格(Hermann Staudinger,1881—1965)为论证他的聚合高分子做了大量的开创性的工作,使高分子化学成为20世纪发展最迅速、应用最广泛的新兴学科之一。施陶丁格由于对高分子化学的开创性贡献获得了1953年的诺贝尔化学奖。天然橡胶是由相对分子量很大的异戊二烯聚合物构成的,于是人们开始转入不饱和有机化合物的合成和聚合反应的研究。随着研究的不断深入,发现凡是有共轭双键的二烯烃化合物都可能聚合成橡胶类似物,由于异戊二烯不易制得,各国的研究都转移到丁二烯的制取上。1927年,苏联设计了世界第一个制造丁二烯的工厂,开始了大规模的丁钠橡胶生产。1925年美国科学家纽兰德(J. A. Nieuwland)等人研制出氯丁橡胶,1932年杜邦公司实现了它的工业化。1930年,德国化学家用过氧化物作引发剂在水乳液中反应,丁二烯与苯共聚合制得丁苯橡胶(SBR);丁二烯与丙烯腈共聚合制得丁腈橡胶,至今是合成橡胶中的最大品种。1924年,美国研制出特种橡胶,即用二氯乙烷与多硫化钠作用合成出聚硫橡胶,这种橡胶有优异的耐油性,由于没有不饱和双键而具有优良的抗老化作用,密封性能也较好。同时还合成出既能硫化、气密性能又好的丁基橡胶。目前全世界所用橡胶的70%已是人工合成的橡胶。

(三)合成纤维工业

合成纤维工业是在对天然纤维改性的研究中发展起来的。1846年,瑞士化学家申拜恩用硝酸-硫酸的混合物处理纯净纤维素得到了火药棉,即硝化纤维。硝化纤维溶于有机溶剂中就可以用来制造人造丝。人造丝的想法是受自然界生物的启示。一些动物学家曾研究过吐丝的蝶、蛾类的生理构造,发现它们的体内有许多黏稠状液体,通过它们的小口吐出,遇到空气便会凝结成丝。英国物理学家胡克就曾设想:用人工的方法仿制出类似的黏液,然后通过小孔进行抽丝。1890年,德国的弗雷梅里(M. Framer)等人利用这个原理,先制成铜氨溶液,将它喷射到碱或酸中,就会凝固成为细丝,进一步用酸或碱中和后,纤维素就会再生出来,称为再生人造丝,这种纤维素称为铜氨人造丝。1890—1900年德国开始生产这种人造丝,这种丝纤细、柔软、强度高,适合做高级丝织物,后被质量好价格便宜的粘胶人造丝取代。1892年英国的克劳斯(C. F. Cross)等人发现,用从廉价木材浆中提取的纤维素代替棉纤维,用烧碱浸渍得到碱纤维,让它与CS_2反应,生成纤维素磺酸钠,纤维素大分子中引进了磺酸基,削弱了纤维素分子中的氢键,使它能溶解在碱溶液中成为黏液,当这种溶液的细流接触到稀硫酸时,就凝固成丝,同时纤维素磺酸钠发生分解,于是生成人造丝。由于纤维素磺酸钠溶液的黏度很大,故称为"黏胶",所得到的人造丝称为"黏胶人造丝"。1900年英国建成年产1 000 t的黏胶人造丝厂。20世纪50年代是这种纤维素生产的黄金时期,产量超过天然羊毛的产量。用它做轮胎帘子线,性能超过优质棉纤维。合成纤维工业的真正突破点是聚酰胺纤维的合成,商业名叫"尼龙"(Nylon),中国商品名称为锦纶。1930年美国化学教授卡罗瑟斯用己二胺和己二酸生成的聚合物较理想,命名为Nylon-66(两个"6"分别代表己二胺、己二酸中的碳原子数目),尼龙-66生产规模发展很快。美国的杜邦公司用"我们生产和钢丝一样结实、像蜘蛛那样纤细的具有美丽光泽的尼龙丝"的广告吸引顾客。各国纷纷建厂投产,其他类型的聚酰胺纤维也迅速发展起来。1941年英国化学家温费尔德等人用苯二甲酸和乙二醇为原料进行缩聚,得到了强度、弹性都很好的聚酯纤维。1950年杜邦公司购得专利权并投产,命名"Dacron",中国商品名称"涤纶"。由于聚酯纤维织品形状稳定性好,洗后能保持原形,产品主要作为衣着用的短纤维。赖恩研究用聚丙烯腈制取纤维,1942年,他发现二甲基甲酰胺可作为聚丙烯腈的溶剂,1950年投入工业生产。聚丙烯纤维的优点是蓬松,酷似羊毛,强度比羊毛大,密度比羊毛小,被广泛用于与羊毛混纺。20世纪50年代又有了更多品种的合成纤维问世。目前世界各种纤维制品中1/3是合成纤维。

(四)合成塑料工业

世界产量最大的合成塑料之一是聚乙烯,是利用乙烯在1 500~3 000大气压下通过自由基聚合而得到的高分子化合物。1935年派林等人在进行乙烯高压实验时,由于密封不好引入了空气,结果却得到了乙烯聚合物粉末,于是发现了氧催化剂,1938年得到了生产高压聚乙烯的专利权。由于它具有优良的电绝缘性,很快被用做高压电缆的绝缘材料。第二次世界大战期间,开始做高频雷达电缆,很快得到大发展,1943年,全世界产量是900 t,1953年高达113 200 t。1950年开始探讨聚乙烯低压合成的可能性。另一种聚乙烯塑料是聚氯乙烯,1872年德国化学家鲍曼(E. Baumann,1846—1896)发现氯乙烯在日光照射下会得到白色粉末状固体。1910年德国和美国都研究出氯乙烯在紫外线和过氧化物存在的条件下的聚合反应,但是这种塑料难以加工。1920年,美国的瓦克尔公司制得了聚醋酸乙烯酯,它与聚乙烯共聚后的产物易于加工,1935—1937年,美、德等国将其生产实现工业化。1937年英国卜内门公司用高沸点液体膦酸酯类增塑剂生产聚氯乙烯得到类似橡胶的物质,用它代替钢材制备化工设备,很快成为产量最大的热塑性塑料。1927年,德国罗姆-赫斯公司生产了聚甲基丙烯酸甲酯,这就是有机玻璃。塑料中的另一大类是聚苯乙烯,早在15世纪它的天然产品"香脂"树脂就为人们利用。1836年德国化学家齐蒙

(E. Simon)将香脂加以蒸馏,得到了苯乙烯单体。第二次世界大战后用于生产丁苯橡胶的苯乙烯转为民用,聚苯乙烯得到发展,在美国成为热塑性塑料的第二大产品。1947年,美国科学家达勒留(E. F. Dallied)与孔宁(C. Konini)成功地合成了聚苯乙烯的阳性与阴性树脂。70年代以后高分子合成工业向着大型化和联合化方向发展,合成出用于超音速飞机和宇宙火箭上用的高强度的高分子材料,对于高分子酶的研究取得了较大进展。

(五)功能高分子材料

功能高分子是指具有光、电、磁、生物等性能的高分子材料。20世纪70年代开始发展,形成一个重要领域。

(1)高分子分离膜材料:环境保护工作的开展,促使离子交换树脂发展为离子交换膜和反渗透膜,有效用于快速分析及分离过程,如海水淡化、废水处理、溶液浓缩、海水提铀等。薄膜反渗透技术中,中空纤维反渗透膜的发明是薄膜分离技术中的一项突出成果。1967年,美国的杜邦公司提出了第一个工业化的海水淡化尼龙-66中空纤维装置B-5;1968年,又制成合成气中使一氧化碳与氢气分离浓缩的聚酯中空纤维分离器工业装置;1970年,制成芳香族聚酰胺-酰腈类中空纤维反渗透器B-9,分离效率高,体积小;1973年制成中空反纤维B-10,经过一级反渗透处理,使苦咸的海水淡化为饮用水。

(2)光导纤维:20世纪30年代一些科学家提出利用光导纤维传递图像的设想,50年代开始研究。1970年康宁公司制成20 dB/km的低损耗的光纤;1972年日本电子技术综合研究所研制出用石英做芯子的光纤;美国1970年展出了这类光学纤维的通讯装置,1974年研制出实用光导纤维制造法。1975年日本也研制出独特的光纤维制造法。光导通讯技术受到各国重视。

(3)导电高分子材料:这是在保持高分子具有的重量轻、强度大、易加工等特性的基础上,改变高分子化合物的绝缘性为导电性的一类高分子材料。主要是导电涂料、导电塑料、导电橡胶,这类材料应用于电子工业中。

(4)生物功能高分子材料:合成高分子的人造皮肤已经能够完全代替真皮的移植,人体的其他器官、软骨、肌肉、腱、角膜、心瓣、肾、心脏等都能用高分子材料来代替。例如,美国用醋酸纤维中空纤维制成人工肾,它是一种血液透析器,可以从肾功能不全病人的血液里除去尿素、尿酸等有害物质。1984年瑞典已有人进行人工心脏的移植手术。据预测人体的大部分器官都可以用功能高分子材料来制造。

(六)高分子材料的应用

通用高分子是指量大面广的高分子。例如,塑料中的"四烯"(聚乙烯、聚丙烯、聚氯乙烯和聚苯乙烯),纤维中的"四纶"(涤纶、锦纶、腈纶、维纶)和橡胶中的"四胶"(丁苯橡胶、顺丁橡胶、异戊橡胶和乙丙橡胶),是主要的通用高分子材料。工程塑料及特种耐高温高分子材料是具有优良机械强度和耐热性能的高分子,在建材、化工、通讯、运输、农业、轻纺、医药,以及国防、宇航、计算机等领域,都有广泛地应用。

(1)工程塑料:塑料可根据其受热后性能的不同,分为热塑性塑料和热固性塑料,热塑性塑料由链型树脂组成,加热时树脂软化或变为黏稠状液体,冷却后成为一定形状的制品,加热又可软化,保持其性能不变。热固性塑料加热成形时加入固化剂或引发剂,树脂分子链发生交联,再加热不能重新熔融或塑造成形。根据塑料的用途不同,可分为通用塑料和工程塑料。通用塑料指酚醛塑料、聚乙烯、聚氯乙烯、聚苯乙烯、聚丙烯、脲醛塑料等。工程塑料指综合性能(机械性能、电性能、耐高温性能和耐低温性能)好,可代替金属使用的塑料,如聚碳酸酯、聚酰胺、ABS 树脂、聚四氟乙烯等。

(2) 合成橡胶:分为通用橡胶和特种橡胶。通用橡胶主要指丁苯橡胶、顺丁橡胶、氯丁橡胶、异戊橡胶等,可用于轮胎、皮带、密封材料、电绝缘材料及制橡胶制品。特种橡胶是用于制造在特殊条件下使用的橡胶制品的一类橡胶。例如,硅橡胶是一种有机硅高聚物,耐热、耐老化性能好,能在 $-65\,^{\circ}\!C \sim 250\,^{\circ}\!C$ 之间保持弹性,耐油、防水、电绝缘性很好,用作高温高压下的沉淀油管衬里,火箭与导弹的零件和绝缘材料等。合成橡胶由于柔软光滑,对人体无毒性,大量用于医用高分子材料。

(3) 合成纤维:纤维分为天然纤维和化学纤维两大类。棉、麻、丝、毛属于天然纤维。以天然高分子纤维或蛋白质为原料,经过化学合成的纤维称为人造纤维,如粘胶纤维(人造棉),醋酸纤维(人造丝)等。

以合成高分子为原料,通过拉丝工艺获得的纤维称为合成纤维。

重要的合成纤维的性能见表 4 - 10。

表 4 - 10 一些重要合成纤维的性能

名称	化学组成	耐晒性	耐蛀性	耐霉性
涤纶	聚对苯二甲酸乙二醇酯	优	优	优
尼龙	聚酰胺	差	优	优
腈纶	聚丙烯腈	优	优	优
氯纶	聚氯乙烯	良	优	优
丙纶	聚丙烯	差	优	优

(4) 功能高分子:在合成高分子的主链或支链上带有显示某种功能的官能团使高分子具有光电磁、化学、生物、医学等方面特殊功能和要求,这类高分子称为功能高分子。一类是医用高分子,人体中的器官大部分都可以用医用高分子材料制造。另一类是高吸水性高分子:用淀粉、纤维素等天然高分子与丙烯酸、苯乙烯、磺酸进行接枝共聚,或用聚乙烯醇与聚丙烯酸盐交联所得到的高聚物,能吸收超过自身质量几百倍的水,称为高吸水性高分子,作为保鲜袋、纸尿片、人造皮肤材料,可用作植物生长的保水剂,防止土地沙漠化的材料等。

(5) 可降解高分子材料:合成高分子由于主链结合十分牢固,性质十分稳定,难以降解,所以废弃的塑料对环境会造成"白色污染"。可降解高分子能削弱主链的结合,利用光照、化学、生物的方法可促使其降解,目前合成出了光降解、化学降解和生物降解塑料,在一定条件下废弃塑料自行降解成粉末,解决了这类物质对环境的污染问题。

(6) 有机胶黏结材料:常用的分为两类。一类是橡胶型胶粘材料:几乎所有的天然橡胶与合成橡胶用溶剂配成胶黏材料,这类材料适用于胶接热膨胀系数相差悬殊的材料,如橡胶与金属的粘接。一类是热固性树脂胶粘材料:常用的有环氧树脂、氨基树脂、聚氨酯树脂、有机硅树脂胶粘材料。这类材料的特性是粘接强度高,适用范围广。例如,环氧树脂能粘接金属、玻璃、木材、陶器等各种材料,故称为"万能胶",使用时需加入固化剂。

(七)高分子材料的发展前景

高分子化学是制造和研究大分子的科学,即由若干原子按一定规律重复地连接成具有成千上万甚至上百万倍质量的,最大伸直度可达毫米量级的长链分子,称为高分子、大分子或聚合物。制造大分子和合成方法推动了高分子化学学科的发展,促进了高分子材料的广泛应用,每一种新的反应和合成方法的出现都大大推动了高分子学科的发展。21世纪,高分子化学研究的发展方向有以下几个方面:

(1)高分子理论突破:聚合反应理论研究;新聚合方法和改性方法的研究;新型高分子(特殊功能高分子)的研究;高分子结构与性能关系研究;高分子溶液理论的研究;加工成型和应用工艺(包括防老化)理论的研究;仿生高分子及生物高分子的研究;高分子设计理论的研究及数据库的建立等。

(2)通过高分子改性,提高使用性能是今后十分重要的发展趋势,包括通过化学共聚、交联大分子基团反应、物理共混、填充增塑和复合等途径。高分子复合材料的研究,包括不同薄膜的复合,金属塑料的复合,特种纤维与塑料(或金属薄膜)的复合,泡沫塑料的复合等。

(3)特种耐热功能、仿生高分子的研究与生产:特种合成材料通常指具有耐高温或高强度等特殊性质的高分子。例如,氟高分子可制造成氟塑料、氟橡胶、氟纤维,是具有出色耐热性和化学稳定性的材料。特制塑料中,如聚酰四胺、聚砜,特种纤维中聚芳酰胺,特种橡胶中,硅橡胶、氟橡胶等都是耐热高分子材料。用含二茂铁基团的聚合物制成的纤维能较长时间耐1 200℃高温,能吸收紫外线辐射,可作为宇宙飞船涂料填加剂,有机半导体,电子交换树脂,可用于屏蔽热中子。含硼高聚物具有高度热稳定性,可作为耐热涂料在300℃～800℃使用。高分子半导体是具有特殊性能的新型材料,在电子技术中越来越占有重要地位。有人估计,高分子导体、半导体的研究,高分子磁性研究与生物高分子、分子生物学等理论研究相结合,将对"生物电路"有重大突破。感光性高分子可制成微泡胶片来代替银盐胶片,也可制造成光敏印刷片代替金属印刷版,各种感光绝缘膜将与激光化学结合,产生精确灵敏的效果,可望应用于光学信息、通讯材料等方面。光致变色及光致发光高分子能在不同波长光波照射下,改变颜色或闪光,对工业交通和国防建设有特殊用途,如变色玻璃、发光涂料、闪光衣服、掩蔽体伪装等。目前,高分子光化学与物理的研究正处于研究高潮。仿生高分子催化剂和模拟酶研究的酶分子都是蛋白质,天然酶是生物细胞中产生的高分子催化剂。酶能促使动植物细胞产生光合作用、固氮作用、血红蛋白吸收等功能,牛羊动物吃草能生活并能转化为肌肉蛋白质,是酶的特殊功能作用。对酶的高度选择性和高催化效能的深入研究,并能设计出全新的高分子酶,是实现合成粮食、合成蛋白质肉类的目标的重要保证。这是一个引起化学工业及农业生产深刻变革的重要课题,有望得到突破。

(4)智能材料的研究和开发:20世纪人类社会文明的标志是合成材料,21世纪将会是智能材料的时代。智能材料是材料的作用和功能可随外界条件的变化而有意识的调节、修饰和修复。合成某些特殊结构和要求的高分子软物质:利用外场的变化的调节作用和功能的变化是高分子智能材料研究的理论基础。"软"物质是相对于"硬"物质而言,硬物质是指金属及其他一些固体,软物质是指接触时比较柔软的物质,这包括液晶、聚合物、生物大分子、表面活性剂、胶体和复杂流体。高分子具有软物质最典型的特征,易对外场做出响应。电流致变性质是软物质对外场响应的典型例子。当施加电场时,强场诱导极化,使结构发生变化,形成的纤维状和柱状结构,在材料中起增强作用。在电场下,液晶结构被扭曲,从而产生各种光学性质,这一电致光学性质具备开关效应,使电场下液晶分子的重取向过程在光学物理和显示器技术上有着广泛的应用。又如温度场能使导电分子有序排列,成为导电功能各向异性的材料。如果此种具有各向异性功能的材料在外场的作用下,能发生结构各向异性的反转,则会产生功能各向异性的反转,从而能在不同条件下、不同方向上调节和发挥材料的功能,表现出智能性。研究合成高分子与生态的相互作用,实现高分子材料与生态的和谐活性,这些都是社会文明、环境保护、人类可持续发展对高分子化学提出的急需解决的课题。

五、生命物质与生物化学

化学是研究物质运动变化的科学,而物质运动变化的最高形式是生命,生命运动中包括物理运动和化学变化。生命物质与化学紧密相连是客观存在的。构成生命物质是哪些化学元素和分子呢?在人体中发生了什么变化?在生命中起着什么样的作用呢?

(一)构成生命的物质基础

(1)主要无机物:自然界的92种元素在生物体中常见的有20多种,构成生命核心物质的元素称为基本元素,是构成核酸和蛋白质的元素,如氢、氧、碳、氮、磷、硫等。生物体内除了基本元素以外,还有20种左右的微量元素分别发挥着不同的功能,例如:钙、钾、钠、氯是机体与细胞重要生理功能的维持者。有些元素在有机大分子中处于不可代替的核心地位,如镁在叶绿素、铁在血红蛋白、铜在血蓝蛋白、钴在维生素 B_{12}、锌在 DNA 聚合酶和 RNA 聚合酶、碘在甲状腺素、钼在固氮酶和黄嘌呤、氧化酶、锰在光合作用中发挥着关键作用。有的在生物体内起着代谢调节作用,如硒是极强的抗氧化剂,有利于抑制癌症的发生;锗有利于集体排污,提高白细胞的吞噬能力;锌能激活 200 多种对生命重要的激素和酶。此外还有硼、铬、镍、砷、锡、氟等。由于生存环境的差异,各种生物体内的微量元素和含量不一定都相同。生命诞生于原始海洋中,水是生物体的主要组成部分,植物中含水 $60\%\sim80\%$,人体中含水 $65\%\sim72\%$,所以水是生命的第一需要,水具有较高的比热容,这种特性使生物能较好地承受外界温度变化带来的冲击。生物体中的无机盐一般以离子状态存在,如 Na^+,K^+,Ca^{2+},Cl^-,HCO_3^-,OH^- 和 HPO_4^{2-} 等,它们起着维持渗透压,平衡 pH 值的作用。无机盐中以氯化钠含量较高,它和蛋白质共同承担着稳定渗透压的作用。人每天食用食盐,除了刺激舌头上的味蕾产生鲜味感觉外,主要是为了补充因流汗、排泄等生理活动而流失的氯化钠。人每天食盐的摄入量应为 5 g 左右。过多的氯化钠会引起高血压等疾病。碳酸易自动解离,$H_2CO_3 \rightleftharpoons H^+ + HCO_3^-$ 形成可以缓冲血液 pH 值变化的无机盐系统。综上所述,构成生物体的无机物,主要是一些基本元素、微量元素、水和无机盐。

(2)主要有机物:糖类(又称为碳水化合物):是含醛基或酮基的多羟基碳水化合物,以及它们的缩聚产物和某些衍生物的总称。是光合作用的直接产物,是能量来源和代谢中转枢纽。糖有单糖和多糖。最重要的单糖是葡萄糖,血液中含葡萄糖为 0.1% 左右,由血液输送到全身,在组织中代谢生产能量。较重要的六碳糖除葡萄糖外,还有果糖(味甜)、半乳糖和甘露糖。单糖中含有五个碳的重要的糖是核糖和 2-脱氧核糖,是组成核苷酸的结构单元。主要单糖的结构式见表 4-11。

表 4-11 主要单糖的结构式

结构简式	六 碳 糖	五 碳 糖	
	(葡萄糖结构式)	(核糖结构式)	(2-脱氧核酸结构式)
名 称	葡萄糖	核糖	2-脱氧核酸

(3) 双糖:两分子单糖失水缩合生成的糖是双糖,形成的化学键叫糖苷链。麦芽糖是两个葡萄糖失水缩合构成的双糖,蔗糖是由葡萄糖和果糖失水缩合而成的,乳糖是两个半乳糖缩合的产物。

(4) 多糖:3 个以上单糖通过糖苷链聚合而成。常见的多糖有淀粉糖和纤维素。淀粉是植物所储存的多糖,在种子、块根、块茎处常见。人类吃的五谷主要成分是淀粉,大米中含有淀粉多,因为米中含支链淀粉多。直链淀粉遇碘溶液显蓝色,支链淀粉遇碘溶液显紫红色。根据颜色变化,可以观察淀粉存在,直观地判断奶粉中是否含有淀粉。糖原是动物细胞储存的多糖,主要位于肌肉和肝脏中,糖原遇碘溶液变为红褐色。纤维素是植物细胞壁及木材的主要成分。棉花纤维中纤维素含量高达 90%,人体中通过进食一定量新鲜蔬菜,使食物中纤维素刺激肠道蠕动,利于及时排出粪便,降低肠癌发病的几率。脂类是生物体中难溶或不溶于水,易溶于非极性溶剂的有机化合物的总称。生物体中的脂类多种多样。主要有以下几种:脂肪是三脂肪酸甘油酯,即一分子甘油和三分子的脂肪酸构成的。人的脂肪所含脂肪酸有油酸、硬脂酸和软脂酸,在皮下、大细胞和腹膜后都有大量脂肪。需要时,送到各组织代谢而供给能量。磷脂是由甘油、脂肪酸及含氮有机碱构成的磷脂,是一切生物膜的基本结构成分。生物体中的磷脂主要有卵磷脂和脑磷脂。它们除了充当动物细胞膜的主要成分外,卵磷脂能调控动物脂肪代谢,防止脂肪肝生成;脑磷脂与血液凝固有关,这两类磷脂在脑、肾上腺、红细胞、卵黄及大豆中含量丰富。固醇是环戊烷多氢菲结构的一类化合物的总称,主要有胆固醇、7-脱氢胆固醇、肾上腺皮质激素和性激素。胆固醇是人体必需的有机物,是细胞膜和神经骨髓鞘的重要组分,人体肝脏可分成 75% 的胆固醇,其余从外界摄取,人每天摄入量一般应不超过 300 mg。人应接受适量阳光照射,因为阳光中少量紫外线的照射,使表皮中的 7-脱氢胆固醇转变为促进钙磷吸收的维生素 D_3。

(5) 蛋白质:蛋白质是由各种不同的氨基酸构成,如甘氨酸、丙氨酸、半胱氨酸、脯氨酸、酪氨酸、天冬氨酸、天冬酰酸、谷氨酸、谷氨酰胺、组氨酸、精氨酸、苏氨酸、甲硫氨酸、缬氨酸、亮氨酸、异亮氨酸、苯丙氨酸、色氨酸、赖氨酸。从苏氨酸后的 8 种氨基酸人体不能合成,称为必需氨基酸,必须由食物中摄入补充。将不同食物混合,用膳,可避免必需氨基酸的摄入不足。蛋白质是复杂的生物高分子,相对分子量可达几万(如蛋白质)、甚至几十万(甲状腺球蛋白)。正因为相对分子量极大,在细胞内就不会透出细胞膜,在血管内就不会透出血管壁,它还具有吸水性,能使细胞或血管内保持水分,这就是蛋白质的胶体渗透压。构成蛋白质成分的氨基酸至少含有一个氨基($-NH_2$)和一个羧基($-COOH$)。氨基显碱性,羟基显酸性,氨基酸具备对酸碱缓冲的作用。蛋白质分为三大类,即简单蛋白质(白蛋白、球蛋白、硬蛋白)、复合蛋白质(核蛋白、血红蛋白、糖蛋白)、衍生蛋白(水解或变性的蛋白)。

(6)核酸:是生物体内一类含有磷酸基团的重要大分子化合物,最初从细胞核分离出来,又具有酸性,称为核酸。凡是有生命的地方,就有核酸存在。核酸在细胞内与蛋白质结合成核蛋白的形式存在。天然的核酸分为两大类,核糖核酸(RNA)和脱氧核糖核酸(DNA)。核酸的组成成分和分子结构较复杂,相对分子量一般为几万到几百万。将核酸完全水解,可产生嘌呤碱、嘧啶碱、戊糖、磷酸。

(二)生物化学与人类生命

化学与生物学结合的一个重要内容是生命本质的认识。化学与生物学结合最早形成的是生物化学,生物化学是用化学的概念、原理、方法研究生命的物质基础与生命过程的科学。它的根本任务在于揭示出构成生物的基本物质结构、性质及其在生命活动过程中的变化规律。这门学科开始于 19 世纪,发展于 20 世纪。

关于生物机体内部发生的化学变化,以及根据这些变化来说明生物机能的观念,实际上是相当古老的,无论在古希腊或中国古代都有这方面的论著。柏拉图的《蒂迈欧篇》和亚里士多德的《气象学》第四卷对生理学、化学、物理学都同等重视进行了研究。炼金术士认为小宇宙(人体)的各种现象是大宇宙(外部世界)发生的事变的映像。医疗化学家帕拉塞斯曾认为有一个"阿契厄斯"专管人体中消化功能,后人又用酸碱中和一类化学反应解释人体功能。公元 4 世纪,中国晋朝的葛洪已用海藻治疗甲状腺肿大。公元 6 世纪,北魏的贾思勰在制曲中利用曲的滤液进行酿造,对酶的作用已有初步认识。威廉哈维发现了血液循环,对绿色植物的光合作用进行了早期研究。拉瓦锡、拉普拉斯对动物呼吸也进行了研究,这些研究工作为生物化学的重大发现奠定了基础。1842 年,化学家李比希出版了著名的《生物化学》一书。1865 年,德国化学家霍佩塞莱建立了世界上第一个专门生物化学研究机构,创办了第一个生理化学期刊。生物化学在这一时期有了许多重大的发现。1876 年,库恩从希腊文引进了"酶"这个名称,酶即发酵的意思。1897 年,发现磨碎的酵母菌的提取液能使糖发酵,制得了有发酵能力的酵母精,这一工作为后来的分解代谢机制的研究及酶的研究打下了基础,使人们认识到,有机体的反应需要催化剂的存在,这种催化剂就是酶。20 世纪以来由于化学、物理学对生物学渗透的加深和近代分析方法的逐步完善,对生命物质组成成分的研究取得了巨大的进展。对于蛋白质和核酸的研究,是生物化学取得进展的重要标志。蛋白质约占人体重量的一半,是建造细胞或组织器官的基本材料,蛋白质的代谢和功能是生命过程的重要环节。核酸是生命发育、繁殖、遗传的关键物质。1836 年,瑞典化学家贝采里乌斯提出了蛋白质这个名称。从 1820 年发现构成蛋白质最简单的甘氨酸后,到 1940 年,发现了 20 种氨基酸,并确认蛋白质是由 20 种左右的氨基酸组成的高分子有机物质。1907 年,菲舍尔合成的多肽是含有 18 个氨基酸的长链,并正确反映了氨基酸可用发酵法与合成法制得。为了进行多肽或蛋白质的合成,需要清楚它们的空间结构和氨基酸连接顺序,这就为蛋白质研究的进一步发展提出了重要方向。

20 世纪 30 年代,布拉格等人用 X 射线衍射法,对核酸的结构进行了分析,美国化学家鲍林对蛋白质晶体结构的研究中,肯定了氢键所起的作用及肽键是蛋白质的基本结构。1946—1955 年,英国化学家桑格等人选择结构简单的胰岛素为研究对象,弄清楚胰岛素内 51 个氨基酸排列顺序,确定了胰岛素的分子结构,为研究蛋白质及生物大分子的结构创造了条件,为此桑格荣获了 1958 年的诺贝尔化学奖。1953 年,华生和克里克用 X 射线方法在研究 DNA 的过程中认识到,一切基因都是 DNA 组成,阐明了 DNA 的结构是了解基团如何复制的关键一步,他们将维尔金斯和富兰克林对 DNA 晶体结分析的完整的数据照片、查哥夫关于 DNA 四个基两两相等的数据及鲍林关于蛋白质肽键由于氢键的作用而呈现螺旋形结构的见解这三方面的资料进行了理论计算和综合分析,最后得出了 DNA 的双螺旋结构模型。1953 年发表的《核酸的分子结构》震动了全世界,奠定了分子生物学的基础。1955 年,英国的科学家托德(A. R. Todd)确定了核苷酸,合成了低分子的核苷酸。1959 年,英国化学家佩鲁茨和肯德鲁经过多年努力,用电子计算机处理用 X 衍射法获取的关于蛋白质结构照片数据,清楚了血红蛋白和肌红蛋白的结构,从而确定了蛋白质的三级结构。1958—1965 年,中国在世界上首次人工合成了结晶牛胰岛素。此后国际上先后在生物大分子的人工合成方面完成了几项重大研究工作。总的说来,在化学与生物学交叉领域形成的生物化学 20 世纪所取得的成就,改变着生物科学的面貌,使千差万别的生物界从微生物到人类,在最基本的生物化学变化方面,不论是糖酵解三羧酸循环或是酶、辅酶和 ATP 都呈现出惊人的统一性,这不仅为进一步探讨生命的基本规律奠定了基础,而且为生命起源研究提供了化学进化的基础。生物化学还对医学的病理学和植物的生理病理产生了深刻的影响。20 世纪生物化学的发展,足以鼓舞人类沿着这条思路,打开生命奥秘的大门。

（三）生物化学发展方向

生物化学研究的对象是各种功能生物分子。生物学家多注意功能,化学家进入这个领域之后,更注意结构与功能的关系,大多采取了分离单一生物分子,测定结构,研究有关反应机理,以及结构与功能关系的研究模式。这种研究模式取得了许多重要成果,使人们对必需元素和含它们的生物分子有了更深一步的认识,但是这种研究模式受到了实际问题的挑战,药物的作用机理、中毒机理、环境物质和能损坏生物体的机理等,在这类问题的研究中,核心问题是从分子、细胞到整体三个层次回答构成药理、毒理作用的基本化学反应和这些反应引起的生物事件。这类研究促使人们把生物化学提高到细胞层次研究细胞内外的化学变化。这些化学变化是生物效应的基础。有人提出了近期生物化学发展的 8 个方面:

（1）生物大分子的序列分析方法的研究,特别是微量、快速的多糖(寡糖)序列分析方法的研究。

（2）多种构象分析方法的研究,如 NMR 多维谱、X-射线衍射、激光拉曼光谱及光圆二色散等手段在构象分析中的应用。

（3）从构象分析和分子力学计算出发的结构与功能关系的研究,以及设计合成类似物的研究。

（4）生物大分子的合成及应用研究,包括合成方法、模拟和天然活性肽、创造性功能的蛋白质分子、合成具有特殊生物功能的寡糖、合成反义寡糖核苷酸及其多肽与共轭物,并开发这些合成物质在医学和农业上的应用研究。

（5）生物膜化学和信息传递的分子基础的化学研究。

（6）生物催化体系及其模拟研究,包括催化性抗体和催化性核酸的研究。

（7）生物体中含量微少而活性很强的多肽、蛋白质、核酸、多糖的研究,包括分离、结构、功能和合成等。

（8）光合作用中的化学问题。

思 考 题

1. 简述化学物质与人类生存、生活的关系。

2. 原子-分子论在化学科学的发展过程中起到了什么作用?在日常生活中有哪些现象使我们感觉到了原子、分子的运动?

3. 化学元素在人类的发展进程中起到了哪些作用?古代、近代和现代的元素观有哪些不同点?同位素的发现给人类带来了哪些福音?化学元素与人体健康有什么联系?

4. 元素周期律的发现对于现代化学的发展有哪些实际意义?

5. 在我们的日常生活中哪些是有机化合物?哪些是高分子化合物?各起到了什么作用?对环境又带来了什么影响?

6. 生活中哪些是晶体组成的物质?哪些是玻璃态物质?哪些是液晶构成的物质?这些物质给我们的生活带来了哪些便利?

7. 你认为化学键在原子结合成为分子的过程中起到了一种什么样的作用?这个过程中有能量的变化吗?我们生活中使用的能源哪些是利用了化学反应产生的?

8. 在化学学科中,有一些实例体现了"量变到质变"和"矛盾同一律"的观点,请举出具体实例。

参 考 文 献

[1] ［美］W. C. 丹皮尔. 科学史及其与哲学和宗教的关系. 南宁:广西师范大学出版社,2000

[2] 中科院自然科学史研究所. 20 世纪科学技术简史. 北京:科学出版社,1985

[3] 化学哲学基础编委会. 化学哲学基础. 北京:科学出版社,1986

[4] 丁绪贤. 化学通考. 北京:商务印书馆,1935

[5] ［美］T. L. 布朗,H. E. 小李梅. 化学——中心科学. 北京:科学出版社,1987

[6] 赵匡华. 化学通史. 北京:高等教育出版社,1989

[7] ［英］J. R. 柏廷顿. 化学简史. 北京:商务印书馆,1979

[8] ［英］斯蒂芬,F. 梅森. 自然科学史. 上海:上海译文出版社,1980

[9] 中科院化学学部,等. 展望 21 世纪的化学. 北京:化学工业出版社,2000

[10] 郭保章. 世界化学史. 南宁:广西教育出版社,1992

第五章　地球上的生命

　　人类生活的地球,是宇宙众多星体中最普通的一员。但地球又是与众不同的,尽管人类对外星生命的探索始终没有停止过,但迄今为止还没有找到一颗像地球一样有生命存在的星球。现代科学研究已明确地向人们揭示:地球孕育了生命,而生命又创造了地球。地球上的生物及其栖息的环境共同构成了生物圈(biosphere)。由生物圈、岩石圈、大气圈和水圈组成地球的表层部分,依靠着生物和生命活动转换和储存太阳能,驱动物质循环,形成了一个相对稳定的、远离天体物理巨变的、处于热力学平衡态的巨大开放系统,而生物圈正是这个系统的中心。

第一节　生命的起源

　　生命是在宇宙的长期进化中发生的,生命的起源是宇宙进化到某一阶段之后由无生命的物质所发生的一个进化过程。地球自诞生至今已有 46 亿年的历史,但并非自诞生之日起人们生存的地球上便有生命的存在,生命在地球上的发生也经历了一个漫长的过程。生命发生的最早阶段为化学进化,即由无机小分子开始,至原始生命形成这一阶段。原始生命则是从细胞的产生开始。细胞的继续进化,即由原核细胞进化到真核细胞、由单细胞进化到多细胞等过程都是属于生物进化阶段。化学进化的全部过程又可以分为几个连续的阶段:

一、从无机物合成有机小分子

　　在生物尚未出现之前,地球大气层的成分与现在的大气层全然不同。原始大气层中含有大量的含氢的化合物(如甲烷、氨、硫化氢、氰化氢以及水蒸气等),这些气体在外界的高能作用(如紫外线、宇宙射线、闪电及局部高温)下,就有可能合成一些简单的有机物,如氨基酸、核苷酸、单糖等。美国著名化学家尤里(H. C. Urey)在 20 世纪 50 年代初首先提出了原始地球的大气主要由甲烷、氨气、氢气和水蒸气等成分构成的假说,他根据这一假说进一步提出:在地球的原始大气条件下,碳氢化合物有可能通过化学途径来合成。

1. 米勒的实验

　　在尤里假说的引导之下,美国生物学家米勒(S. Miller)(1953)用模拟实验的方法证明了在原始地球的环境条件下,无机物可能转化为有机分子。他在实验室安装了一个密闭的循环装置,其中充以甲烷、氨、氢气和水蒸气来模拟原始大气,在密闭系统的烧瓶中加上水来模拟原始海洋,然后给烧瓶加热使水变成水蒸气并使水蒸气在密闭系统中循环,同时在装置中通入电火花模拟闪电,使密闭系统中的气体发生反应(见图 5-1)。一个星期以后检测该系统中的冷凝水,发现其中溶解了多种有机物,其中包括氨基酸、有机酸、尿素等,在实验所得到的氨基酸中就有组成天然蛋白质的氨基酸如甘氨酸、谷氨酸、天冬氨酸、丙氨酸等。此后他又以类似实验得到了其他的小分子有机物,如嘌呤、嘧啶等碱基及核糖、脱氧核糖等。

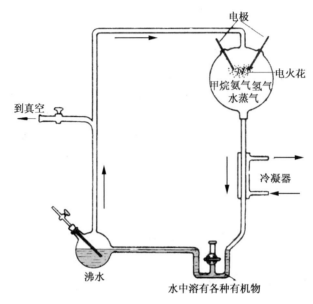

图 5-1 米勒模拟实验装置

2. 陨石中的发现

1959 年,在坠落于澳大利亚的一颗陨石上发现多种氨基酸和有机酸,这些氨基酸的构象与目前地球上所存在的不同,而这些有机物却与米勒实验中得到的有机物在种类和数量上都有着惊人的相似。这一巧合给米勒等人的设想提供了有力的证据。

模拟实验结果和陨石中有机物的发现使人们意识到,构成蛋白质、核酸等生命物质的氨基酸、核苷酸等在生命出现之前就可以在地球上合成出来。

二、生物大分子的合成

尽管有实验证明有机小分子可以在生命出现之前的地球上产生,但蛋白质和氨基酸等生物大分子才是构成生命的基石,因此生命起源的关键在于有机小分子如何形成蛋白质及核酸等生物大分子。

在米勒实验之后,研究原始地球条件下有机小分子如何进化到生物大分子便成为生命起源研究中新的课题。在这一研究过程中,相继形成生命的海相起源和陆相起源两个不同学派:海相起源派学者如美国生化学家卡尔文(M. Calvin)和卡恰尔斯基(A. Katchalsky)等人认为生物小分子在氰化氢等的作用之下可以在潮湿的环境中脱水而聚合生成生物大分子,并于 1972 年用脱水剂进行氨基酸聚合实验获得含有 50 个氨基酸的肽链,使海相起源论得到了初步证实。有许多实验可以证明,在人工模拟原始地球的条件下,也可以人工合成出核酸和蛋白质。陆相起源派重要的代表人物美国人福克斯(F. Fox)(1958)模拟原始地球的条件,将一些氨基酸溶液混合后倒入 160℃~200℃的热沙或黏土中,使水分蒸发、氨基酸浓缩,经过 0.5 h 至 3 h 后就产生一种琥珀色的透明物质,它具有蛋白质的部分特性,因此被称为类蛋白质。福克斯等认为,在原始地球不断有火山爆发的条件下,火山喷出气体中的甲烷、氨气和水蒸气等可能在高温条件下合成氨基酸,而氨基酸又可能通过热聚合反应而缩合为多肽。此外,也有人用模拟实验得到了类似核酸的物质多聚核苷酸。实验表明,在 50℃～60℃时,只要有多聚磷酸酯的存在,单个核苷酸就可以聚合为多聚核苷酸。

虽然用模拟实验的方法所得到的类似于生物大分子的产物的结构还比较简单,有序化程度比较低,功能也不够专一,与现代生命中实际存在的蛋白质和核酸相比还有较大的差距,但可以推测,在生命出现之前地球上已经有简单的蛋白质和核酸等生命物质形成了,但这些原始的生命物质也许要经过很漫长的演化历程才能形成更复杂且更有序的结构。

三、多分子体系的原始生命的出现

生物大分子还不是生命,它们只有形成了多分子体系,才能显示出某些生命现象。因此,多分子体系的出现就是原始生命的萌芽。

1. 奥巴林的团聚体假说

苏联生物学家奥巴林(A. I. Oparin)(1924)在实验的基础上提出团聚体学说(Coacervate Theory),认为生物大分子蛋白质和核酸的溶液混合在一起时可以形成团聚体,这种多分子体系表现出一定的生命现象。奥巴林将明胶(蛋白质)溶液与阿拉伯胶(糖)溶液两种透明的溶液混合在一起,混合之后溶液变为混浊,显微镜下可以看到均匀的溶液中出现了小滴,即团聚体。用蛋白质、核酸、多糖、磷脂及多肽等溶液也能形成这样的团聚体,这种团聚体直径为 1～500 μm,外围可形成膜一样的结构与周围的介质分隔开来,其能稳定存在几个小时至几星期,并表现出简单的代谢、生长、增殖等生命现象。

2. 福克斯的微球体学说

20 世纪 60 年代美国人 S. 福克斯(S. W. Fox)提出了微球体学说(microsphere theory),强调了蛋白质在生命起源中的重要作用。他将干燥的氨基酸粉末混合加热后在水中形成了类蛋白微球体,并把它看成是原始细胞的模型。这种微球体直径较均一,在 1～2 μm 之间,相当于细菌的大小。它表现出很多生命特征:其表面具有双层膜,能随着介质的渗透压变化而膨胀或收缩;能吸收溶液中的类蛋白质而生长,并能像细菌那样进行繁殖;在电子显微镜下还可以观察到它具有类似于细菌的超微结构(见图 5-2)。

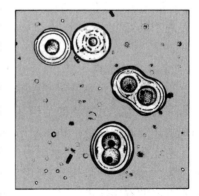

图 5-2　福克斯实验
得到的微球体

奥巴林的团聚体假说和福克斯的微球体假说是海相起源论与陆相起源论在化学演化第三阶段上的集中表现。由于两种假说各自都有一定的实验基础和理论基础,因此,福克斯在 20 世纪 70 年代曾著文认为,团聚体和微球体两者都是生物大分子向着原始细胞演化的可能模型。

虽然从团聚体和微球体等多分子体系中还只能看到一些原始的生命现象,但这足以使人们联想到,多分子体系经过一系列的进化就有可能发展成为原始生命。这一系列的进化过程必须包括几个方面:首先,多分子体系须具有一定的物理化学结构,分子有规律的空间排列,体系更加稳定,体系中的化学反应及体系内外的物质交换更能有条不紊地进行。其次,多分子体系的主要组成成分中必须包括蛋白质和核酸,有了这两类生物大分子,多分子体系才能逐步建立完善的转录和翻译机制,才能具有遗传功能。第三,多分子体系的表面还必须形成比较完善的膜结构,这样才能和外界分开,成为相对独立、稳定的体系,才有可能选择性地从外界吸收所需要的物质。

第二节　生命的基本特征与结构

一、生命的基本特征和物质基础

（一）生命的基本特征

有生命之物就是生物。生物具有多样性,有记载的生物约有 200 多万种或更多,小至病毒、细菌、单细胞生物,大至大型哺乳动物和高大的种子植物,虽然它们在形态结构、生理、生态等方面千差万别,但都具有共同的属性。

1. 化学成分的同一性

尽管生物的大小和形态结构各异,但其所含的化学元素却十分相近,都含有组成有机物的碳、氢、氧、氮、磷、硫等非金属元素,以及在生命活动中起着重要作用的钾、钠、钙、镁等金属元素。各类生物中除含多种无机物外,都含有蛋白质、脱氧核糖核酸(DNA)和核糖核酸(RNA)、脂类、糖类、维生素等有机分子。核酸和蛋白质等生物大分子在不同生物中有着不同的组成,但令人惊奇的是,从病毒、细菌到高等动物和植物,构成各种蛋白质的结构单位不外乎 20 种氨基酸,构成核酸的结构单位也不过 8 种核苷酸。DNA(有时是RNA)是一切已知生物的遗传物质,甚至连 DNA 上所携带的遗传密码在各类不同生物中都是通用的,这也正是遗传工程技术能够在不同类别的生物之间广泛应用的重要基础之一。

2. 有序的结构

生物有机体并非是用各种不同的有机分子和无机分子随机堆积而成的,而是有着严密有序的结构。生物体的结构基础就是细胞,已知的所有生物除了病毒之外都是由细胞组成的。细胞不仅是生物体的结构单位,更是其功能单位。有了细胞,就如同将有机体进行了功能分区,不同类型组织中的细胞执行不同功能。而细胞中的细胞器(如内质网、高尔基体、线粒体、叶绿体等)利用生物膜进一步地将细胞分为功能亚区。功能分区使得生命活动能够有序地进行,失去了这种有序性生命就将完结。

执行同一功能的细胞组成了组织,又由不同组织构成器官,再由器官组成个体。自然界中每一物种的个体并不是单独存在的,在个体之上还有种群、群落等不同层次的生命结构形式。

3. 新陈代谢

新陈代谢是维持生物体的生长、繁殖、运动等生命活动过程中所有化学变化的总称。生物体不断地从外界吸收物质,使之在体内发生一系列变化后又将最终产物排出体外。生物体将从食物中摄取的养料转换成自身的组成物质并储存能量,这一过程称为同化作用或组成代谢;生物体将自身的组成物质分解以释放能量或排出体外,这一过程称为异化作用或分解代谢。只要生命没有终结,新陈代谢就会进行。

4. 生长和繁殖

生物体在新陈代谢的过程中成长。生长,是生物的又一重要特性。一方面,每一细胞从产生开始要经历一系列发育过程;另一方面,生物体的生长通常要靠细胞的分裂、增长而得以实现。多细胞生物的受精卵经过多次细胞分裂形成一个幼小的个体,而后又不断地发育成为成熟的个体。

所有生物都有产生后代,并使世代得以不断延续的能力。每一个细胞、每一个个体在一步步地发育走向成熟后,又总会逐步地走向衰亡。但生物可以通过有性生殖或无性生殖过程产生具有与自身部分相同或者完全相同特征的新一代个体。生物体可以繁殖后代而使生命得以延续。

5. 遗传、进化和适应

生物不仅能繁殖出其后代,亲代的各种性状还可以在子代中得到重现,这种现象称为遗传。但亲代与子代之间、子代的个体与个体之间各种性状的改变也时有发生,这种现象称为变异。生物的遗传是由基因决定的,而基因就是DNA上的片断。基因的改变会导致生物体表型或基因型的变异。生物为了其自身的生存表现出对外界环境的适应性,反过来环境对生物又具有选择作用,使有利的基因或基因型在生物的种群中得以保留并且遗传下去,这一过程称为自然选择。变异,加上选择压力的作用促进地球上的生物在从诞生至现在这一个漫长时期中不断地发展,发生一系列不可逆转的演变,这个过程就是进化。

（二）生命的物质基础

1. 生物体的元素组成

不同生物或同一生物的不同细胞中各种元素含量是不同的,但碳、氢、氮、氧这4种元素是必须且大量存在的。碳原子构成了各种生物大分子的碳链骨架,作用尤为重要;氢和氧几乎存在于一切生物大分子中;氮元素则是构成蛋白质和核酸所必需的成分。

生物体内的元素按含量可分为常量元素和微量元素,按在细胞中的作用可分为必需元素和非必需元素。除上述4种元素外,硫、磷、氯、钙、钾、钠、镁等也是生物体内必需的常量元素。

2. 生物体的分子组成

（1）水和无机盐

生命是在原始海洋中孕育的,生命自一开始就离不开水。水是生命的介质,它存在于细胞内,也存在于细胞与细胞之间。它在生物体内有着多方面的作用:首先,水是最好的溶剂,细胞内的绝大多数生化反应都是以水为介质进行的;但水却不能溶解脂类,因此以磷脂分子为基础的生物膜又得以稳定地存在。其次,水具有较大的热容量,能起到稳定体温的作用;水具有较高的蒸发热,通过水分的蒸发也可以带走热量以保证生物体不至于因体温过高而死亡。第三,水分子本身也可以参与代谢过程,例如在光合作用中就必须有水的参与,光合作用所释放的氧气也正是来自水分子中氧原子。

细胞中无机盐一般是以离子状态存在,如 K^+,Na^+,Mg^{2+} 等阳离子,以及 Cl^-,HPO_4^{2-} 等阴离子。它们的作用包括:第一,对细胞内外的渗透压起调节作用,从而影响水分及无机质进出细胞;第二,调节 pH 值并对 pH 值变化具有一定的缓冲能力;第三,可作为酶的活化因子和调节因子,这类离子主要有 Mg^{2+},Ca^{2+} 等;第四,作为合成有机物的原料,例如,Fe^{2+} 是合成血红蛋白的原料、PO_4^{2-} 是合成磷脂、核苷酸等的原料。

(2) 糖类

糖类常被称为碳水化合物,是由碳、氢、氧三种元素构成的一类有机化合物,这三种元素的比例一般为 $1:2:1$。在生物体内,糖既是能源,又是代谢过程的中间产物,某些糖还是构成其他重要生物大分子(如糖蛋白、糖脂)的成分。生物体内的糖主要有单糖(如葡萄糖、核糖、脱氧核糖)、寡糖(如蔗糖、麦芽糖等)和多糖(如淀粉、糖原和纤维素)。

(3) 脂类

组成脂类的主要元素也是碳、氢、氧(有时含有磷、氮),但与糖类不同的是,脂类分子中氢与氧之比例远大于2。脂类是非极性物质,它们不溶于水,能溶于非极性溶剂。脂类在生物体内具有一系列重要功能:第一,磷脂是构成生物膜结构的基础;第二,脂肪含有较高能量,因而是重要的储能物质;第三,蜡质等可以作为保护层,具有保水、保温和绝缘等作用;第四,维生素、激素等重要的生物活性物质按其理化性质也可归为脂类。生物体所含的脂类主要有:脂肪和油、蜡、磷脂类、类固醇和萜类。

(4) 蛋白质

蛋白质是由氨基酸所构成的生物大分子。生物体内的蛋白是基因表达的结果,在生命活动中起十分重要的功能:第一,蛋白质作为结构物质在形成细胞膜结构和细胞骨架等方面起重要作用;第二,蛋白质作为核糖核蛋白体的组成部分在基因表达过程中发挥作用;第三,细胞中各种生化反应都是在酶的催化下进行的,而酶本身就是一类有特定功能的蛋白质;第四,某些蛋白质可以作为激素参与并调节生命活动;第五,蛋白质也可以作为储能物质供生物生长和发育之用。蛋白质的结构如图 5-3 所示。

氨基酸作为蛋白质的结构单位,是一种有机酸,其结构特点是羧基相连的碳原子上又连有一个氨基。存在于天然蛋白质中的氨基酸有 20 种,它们在亲水性、带电性和酸碱性等方面各有不同。一个氨基酸分子的氨基与另一个氨基酸分子的羧基通过脱水缩合形成肽键,并构成了一个二肽分子。肽和氨基酸、肽和肽还可再以肽键相连形成相对分子量较大的多肽链。多肽就是蛋白质分子的亚单位,蛋白质分子是由 1 条至多条多肽链组成的,由于组成肽链的一部分氨基酸是含硫的氨基酸,因此多肽链之间通常是通过二硫键相互连接的。

蛋白质是由数十个至数十万个氨基酸组成的,其相对分子量在 6 000~6 000 000 之间,每一种蛋白质都会形成其特定的空间结构。蛋白质所含多肽链的数量与多肽链之间的连接、多肽链中氨基酸的序列构成蛋白质的一级结构;多肽链向单一方向卷曲,从而形成周期性重复的构象,如 α-螺旋和 β-折叠片等,是蛋白质的二级结构;在蛋白质二级结

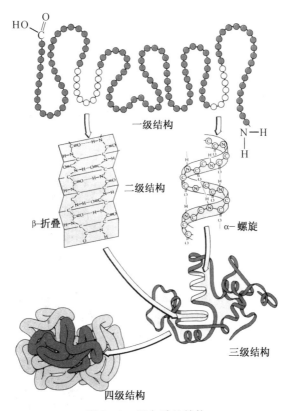

一级结构

N—H
|
H

二级结构

β-折叠

α-螺旋

三级结构

四级结构

图 5-3　蛋白质的结构

构基础上还可以形成比纤维蛋白更复杂一些的构象,如球蛋白等,其形成蛋白质的三级结构;有些球蛋白有 2 条以上多肽链,其在形成 α-螺旋的基础上,又互相挤靠在一起,并以弱键相连,就形成了蛋白质的四级结构。

　　蛋白质是重要的生命物质,但它易与其他物质发生作用而导致其本身结构发生变化并影响其活性。含 2 个以上亚单位的蛋白质分子中的一亚单位与小分子物质结合后,该亚单位使其他亚单位的构象都会因此而发生改变,从而影响整个蛋白质分子的构象和活性,这就是蛋白质的变构。蛋白质分子在重金属盐、酸、碱、尿素及紫外线等的作用下,空间结构会发生严重的改变和破坏而导致失活,这便是蛋白质的变性。

　　(5) 核酸

　　核酸是由多个核苷酸相连而成的多核苷酸分子,分为脱氧核糖核酸(DNA)和核糖核酸(RNA),它们是遗传信息的携带者或传递者。

　　核苷酸是组成核酸的结构单位,它由戊糖(核糖或脱氧核糖)分子、磷酸分子和含氮的碱基构成。核糖或脱氧核糖与碱基结合成为核苷,核苷再与磷酸结合即形成了核苷酸。构成核苷酸的碱基有两类:一类为嘌呤,包括腺嘌呤(A)和鸟嘌呤(G);一类为嘧啶,包括胸腺嘧啶(T)、胞嘧啶(C)和尿嘧啶(U)。三磷酸腺苷(ATP)也是一种特殊的核苷酸,它虽然不是核酸的组成单位,却是细胞内能量的携带者,其水解时会释放大量自由能并转化为二磷酸腺苷(ADP)和一磷酸腺苷(AMP)。

核糖核酸与脱氧核糖核酸虽然都是由核苷酸组成的长链分子,但它们所含的核糖和碱基各有不同。核糖核酸(RNA),其所含戊糖为核糖,碱基为腺嘌呤(A)、鸟嘌呤(G)、尿嘧啶(U)和胞嘧啶(C),一般为单链分子。脱氧核糖核酸(DNA),其所含戊糖是脱氧核糖,碱基则为腺嘌呤(A)、鸟嘌呤(G)、胸腺嘧啶(T)和胞嘧啶(C)。DNA 通常是由两条长链互以碱基配对(A—T,G—C)相连而形成的双链分子,呈螺旋状,这就是 DNA 的双螺旋结构。沃森(James Watson)和克里克(Francis Crick)(1953)对 DNA 双螺旋结构的发现是 20 世纪生物学领域最重大的发现之一。DNA 的分子结构见图 5-4。

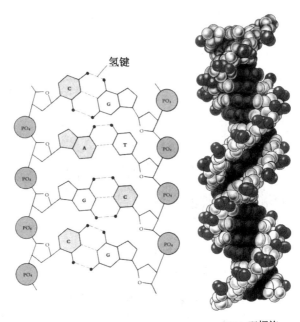

图 5-4　DNA 的分子结构

二、生物世界的基本结构及其层次性

生物世界最富有特色的性质之一就是其多层次的结构模式。根据不同的组织水平和逐级结合的关系,可以将生物世界划分为基因、细胞、器官、有机体、种群和群落等 6 个主要的结构层次。这些层次之间是一种相互依存、相互作用的关系,科学地认识生物世界的谱系结构对于学习和研究生物学有着十分重要的意义。应该看到,沿着这一谱线的任何一个环节都不可能有明显的断裂,有机体不能脱离其种群而长期存在,就如同器官不能够没有它的有机体而作为一个自持的单元。另一方面,不可否认,上一层次的单元是由下一层次的单元结合而成的,但更为重要的是,每一层次之所以能作为一个独特的层次存在正是因为其有着其下一层次所没有的特质,而不仅仅是其下一层次的简单相加。正如种群之所以作为一个层次存在就是因为它有着种群内所包含的各个单个的个体所不可能具有的特征,如种群的数量特征、空间特征、遗传特征等。

（一）基因

1. 基因的本质——DNA（或 RNA）

孟德尔(Gregor Mendol)(1866)在其所发表的著名豌豆杂交实验论文中,首先提到控制性状的"遗传因子"这一概念,丹麦遗传学家约翰逊(W. Johansen)(1909)将孟德尔的遗传因子更名为基因(gene)。1910—1925 年间,美国遗传学家摩尔根(T. H. Morgen)利用果蝇作为研究材料,证明基因是在染色体上呈直线排列的遗传单位。英国细菌学家格里菲思(Frcdrick Griffith)(1928)进行了著名的肺炎链球菌的转化实验,但直到 14 年后才由欧·埃弗里(O. Avery)(1942)用实验证明 DNA 就是转化源。此后,更多的实验结果都支持 DNA 就是遗传物质这一观点。德国科学家弗伦克·康兰特(Fraenkel - Conrot)(1956)以烟草花叶病毒为材料进行实验,发现在一些不具有 DNA 的病毒中,RNA 是遗传物质。本泽(S. Benzer)(1957)用大肠杆菌 T4 噬菌体为材料,在 DNA 分子结构的水平上,通过互补实验分析了基因内部的精细结构,证明基因是 DNA 分子上的一个特定区域,其功能是独立的遗传单位。

DNA 复制是遗传的基础。DNA 能够作为遗传信息的载体,并能在细胞的增殖和有机体的繁殖过程中保持遗传物质的稳定性,其本身的准确复制十分必要。在合成 DNA 时,决定其结构特异性的遗传信息只能来自其本身,因此必须用原来存在的分子作为模板来合成新的分子,DNA 的双链结构对于维持遗传的稳定性和复制的准确性都是极为重要的。DNA 的复制是在细胞分裂的间期进行的,其复制方式是一种半保留式复制,这就是说,并非是从原来的 DNA 分子上产生一个全新的 DNA 分子,而是 DNA 的双链经过解螺旋过程而分开,每一条链作为一个模板通过碱基配对方式而配上一条新链。这样形成的两个 DNA 分子,每个都有一条旧的链和一条新的链。DNA 的半保留复制正是维持遗传物质稳定的有利因素之一,这与其遗传功能是相符合的。但遗传物质的稳定性并不是绝对的,因为配对的误差、DNA 分子的损伤,以及基因突变等都有一定的发生频率。

2. 基因的表达

虽然 DNA 携带着基因并可以遗传,但细胞中的一切生化反应都要在酶的催化下才得以完成,而酶本身就是一种蛋白质。基因只有表达为蛋白质时才能发挥其作用。过去,曾有"一个基因一个酶"或"一个基因一个蛋白质"的说法,但更准确的表述应该是"一个基因一条肽链"。而由基因到肽链的形成包括转录和翻译两个过程。

基因的定义是:一个基因是编码一条多肽链或功能 RNA 所必需的全部核苷酸序列,它不仅包含编码多肽链或 RNA 的序列,还包括保证转录必需的调控序列,以及位于编码区上游的非编码序列、内含子和位于编码区下游的非编码序列。基因的种类较多,至少包括三种类型:① 结构基因和调节基因,都可以翻译为多肽,而调节基因可调控其他基因的活性;② rRNA 基因和 tRNA 基因,这两类基因只转录为相应的 RNA,而不翻译为多肽;③ 启动子和操纵基因,前者是转录时 RNA 聚合酶与 DNA 的结合部位,后者是调节基因的产物与 DNA 的结合部位,它们并不转录,确切地说不应称为基因。

把 DNA 分子所携带的遗传信息准确无误地转移到 RNA 中的过程称为"转录"。各种 RNA 分子都是从 DNA 转录而来的,而携带蛋白质合成信息的 RNA 为信使 RNA(mRNA)。转录过程也要经过 DNA 解螺旋及碱基配对的过程,但与 DNA 分子的复制过程不同的是,从 DNA 双链分子转录为 RNA 的过程是采用全保留式的,即转录的结果是产生一段单链的 RNA 分子,而 DNA 却仍保持原来的双链结构。从 DNA 上直接转录下来 RNA 链还要经过一些修饰,切去不编码氨基酸的部分,再把编码氨基酸的部分拼接起来,才能成为 mRNA。基因的表达请见图 5-5。

mRNA 的碱基序列决定了蛋白质的氨基酸序列,依照 mRNA 的碱基序列所携带的遗传密码合成蛋白质的过程称为"翻译"。RNA 分子上有四种碱基,而组成蛋白质的氨基酸有 20 种,在 RNA 分子上三个相连的碱基决定一个蛋白质分子的一个氨基酸,这就是三联体密码。这种编码方式被尼伦佰格(M. Nirenberg)和欧乔阿(S. Ochoa)(1959)用实验证实,此后,20 种氨基酸的三联体密码全部得到破解并被证明在所有生物中都是通用的。而细胞内蛋白质的合成要依靠一种细胞器——核糖体,核糖体"阅读"mRNA 的遗传密码后,由另一种 RNA——转移 RNA(tRNA)携带各种不同的氨基酸并依次连接成肽链。

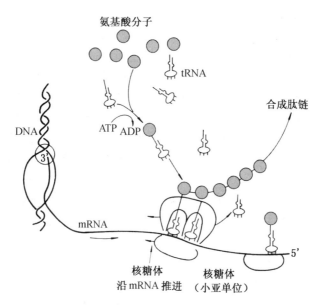

图 5-5　基因的表达——从 DNA 到肽链

(二) 细胞

1. 细胞的大小和形状

细胞(cell)是生物有机体的基本结构单位。目前已知的最小细胞为支原体,直径 $0.1\,\mu m$;最大的为鸟类卵细胞,直径可达 150 mm;植物中纤维细胞最长的可达 100 mm。大多数细胞直径在 $10\,\mu m$ 至 $100\,\mu m$ 之间,需要借助于显微镜才能观察到。

不同生物体所含的细胞数目各有不同。单细胞生物(原生生物)的每一个体仅有一个细胞。据估计,个体最大的多细胞生物的每一个体所含细胞可达 10^{15} 个。

在各类生物或在同一生物不同部位的细胞形状变化极大。一般说来,单个的或者游离的细胞多为球状、接近球状或其他不规则形态,结构致密的组织中细胞常为多面体或其他形态如纤维状、柱状、片状等。

2. 细胞的结构

细胞有两种主要类型：原核细胞与真核细胞。细菌和蓝藻的细胞是原核细胞,细胞内的遗传物质(DNA)没有以核膜包围着的细胞核,细胞中的其他部分也相对简单。大多数生物的细胞都是真核细胞,其结构包括如下几部分。

(1) 细胞膜和细胞壁

细胞膜：也称为质膜,位于原生质体表面,厚度 7~8 nm,为单层的生物膜结构,其主要成分为磷脂和蛋白质。细胞膜具选择性透性,可以控制物质进出细胞。细胞膜上有负责细胞内外物质转运的蛋白质分子,细胞膜的表面则携带有作为细胞识别的分子及某些生物活性物质如激素等的受体。

细胞壁：是植物、细菌、真菌等所具有的细胞结构。植物细胞壁的主要成分为纤维素及半纤维素,次生加厚的细胞壁则有木质、栓质等成分;两相邻细胞壁之间为胞间层,主要成分是果胶质;相邻细胞壁间有小孔并有胞间连丝(原生质丝)穿过,详见图 5-6,5-7。细菌、真菌等虽然也有细胞壁,但其成分与植物细胞壁存在很大差别。

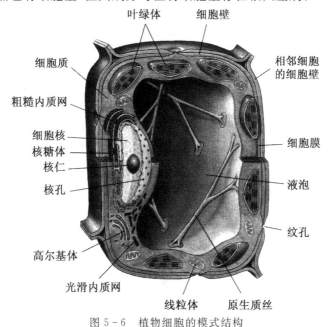

图 5-6　植物细胞的模式结构

(2) 细胞核

细胞核是真核生物细胞中的特有结构,是由核被膜将核物质包裹起来而形成的,遗传物质主要存于细胞核中。细胞核在细胞中占有显著位置,可以将其认为是细胞中最大和最重要的细胞器。大多数细胞只有一个细胞核,有的也有多个细胞核。原核生物虽然也有核物质,但不具备细胞核这一结构。

核被膜是核的外层,包括核膜和核纤层。核膜为双层的单位膜结构,两层膜间有宽10~50 nm 的核周腔;外膜上常附有核糖体并与内质网相连;膜上有核孔。核膜与核孔对物质进出细胞核起选择和调控作用。核纤层位于核膜内,成分为纤维蛋白,在细胞分裂过程中对分裂形成的子细胞核膜的重新组装起重要作用。

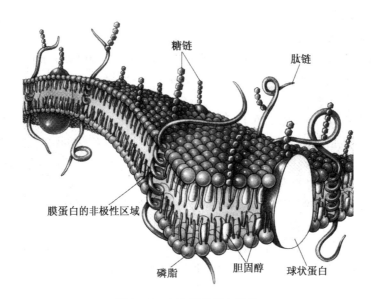

图 5-7　生物膜的模式结构

染色质是核被膜内的主要结构,真核细胞染色质的成分为 DNA 和蛋白质及少量 RNA,其染色后在光学显微镜下呈丝状交织并有染色更深的团块。丝状者为常染色质,是 DNA 长链分子的伸展部分;团块状者为异染色质,是由 DNA 长链分子紧缩盘绕而成的。细胞分裂时,染色质收缩为光学显微镜下更为明显可见的染色体。

在光学显微镜下核内有折光更为强烈的区域(染色后更为明显),这就是核仁。它是由某一个或几个特定染色体的核仁组织区及蛋白质和 RNA(核糖体 RNA,即 rRNA)分子构成,核仁组织区内的一部分 DNA 为转录 rRNA 的基因。

细胞核内还有由蛋白质构成的网状核基质,它是支持染色质的结构,核基质网孔中还充满液体。

(3)细胞质和细胞器

细胞质是细胞膜内除细胞核外的部分,包括胞质溶胶和多种细胞器。胞质溶胶为透明、黏稠状,具有胶体性质而且呈流动状态,汇集了细胞中 25%～50% 的蛋白质,其含有多种酶,是代谢活动的主要场所之一。细胞质中还含有储藏物质,如植物胚乳细胞中的淀粉粒、糊粉粒(蛋白质的储存形式)和动物肝脏细胞中的糖原等。细胞器是存在于细胞质中的微小结构,通常只有借助于电子显微镜才能看清其结构。细胞中的细胞器一部分是由生物膜围成的结构,另一部分则是非膜结构。

内质网和高尔基体:内质网是细胞溶质中由单位膜构成的相互沟通的管、腔系统,与细胞核的外膜及核周腔相通。内质网分为光面内质网和糙面内质网两种,前者膜上无核糖体颗粒,与合成脂类有关;后者膜上附着核糖体颗粒,与蛋白质合成及运输有关。高尔基体由一系列扁平的小囊及小泡所组成,是细胞分泌物加工和包装的场所,它本身不具备合成蛋白质的功能。从内质网上断下的分泌小泡与高尔基体融合,分泌物在此加工后形成分泌泡。分泌泡又从高尔基体脱落并移向细胞膜,与细胞膜融合而将分泌物排出细胞外。

线粒体:它是一种短杆状的囊状细胞器,长为 2～8 μm,直径为 0.2～1 μm,由双层生物膜构成。其外膜平整,内膜向囊内折叠成嵴,有球状具柄的 ATP 合成酶复合体,囊中有液状基质。线粒体是细胞呼吸和能量代谢的中心。同时,线粒体自身也含有环状 DNA分子及核糖体,即有一套相对独立的遗传系统。由于线粒体在大小和结构方面与细菌存在较多类似之处,故有细菌被细胞吞噬而演变为线粒体之假说。

质体:它是植物细胞特有的一类细胞器,包括白色体、叶绿体和有色体。叶绿体是光合作用的场所,在高等植物中主要分布于叶肉等绿色组织的细胞中,每个细胞含数十个。叶绿体也是具有双层生物膜的囊状结构,内含基质及膜系统构成的扁平类囊体,光合作用的色素和电子传递链就位于类囊体膜上。此外,叶绿体中也有环状的 DNA 和核糖体。由于叶绿体在大小和结构方面与蓝藻细胞类似,因此也有蓝藻被细胞吞噬而演变为叶绿体之假说。

溶酶体:它是细胞中单层膜包裹的小泡,内含多种酶,最初是由高尔基体产生的初级溶酶体,与细胞吞食食物形成的食物泡融合,在细胞消化、吸收食物之后就形成了次级溶酶体,而后再移向质膜,与质膜融合而使残留物排出细胞外。

液泡:是存在于植物细胞中的一种细胞器,由单层膜包围细胞液构成,细胞液为具有较高渗透压的溶液,含有无机盐、氨基酸、糖类及各种色素(尤其是花青素)。液泡是囤积代谢废物的场所,具有维持细胞膨压的作用,液泡中的花青素决定了花瓣等器官的颜色。

核糖体:也称为核糖和蛋白体,是一种非膜结构的细胞器。它是合成蛋白质的结构,呈颗粒状,含有 RNA 和蛋白质,直径为 $17\sim23$ nm。每个细胞中有核糖体数达百万之多,其除了附着于内质网上之外,也有一些游离于细胞溶质中。

微管和微丝:两者共同构成了细胞的骨架。微管是由两个亚基的微管蛋白盘绕而成的中空管状纤维,直径约为 24 nm,它们在细胞中成束存在,起支持和运输作用。微丝是由肌动蛋白构成的实心纤维,直径约 $4\sim7$ nm,具有收缩功能。微管和微丝在细胞分裂过程中起着至关重要的作用。某些细胞具有的鞭毛、纤毛和中心粒等结构也都是由微管组成的。

3. 细胞的分裂

细胞是在地球由非生命世界向生命世界演变过程中由生物大分子逐渐形成的一种多分子体系,这种演变是在特定的气候条件下发生的,现今地球上自然条件下可能已不再具备由生物大分子直接组装为细胞的条件。因此,早在 1858 年德国细胞学家魏尔啸(R. Virchow)曾提出这样一个著名的论断:“细胞来自细胞。”

生物有机体中总有一部分细胞走向衰亡,而又有一部分新的细胞产生。新细胞产生的方式主要是通过细胞分裂,细胞分裂是生长、发育和繁殖的基础。

细胞分裂也就是细胞一分为二,但经过一个又一个生活周期(从受精卵发育为成熟个体,再产生精子和卵,经过受精作用又形成下一代的受精卵)后必须维持该物质的稳定,因此,每一次细胞分裂前细胞内都会有一个 DNA 复制的过程。

细胞分裂主要有两种方式:有丝分裂和减数分裂。有丝分裂是在有机体整个生活周期中,尤其是在营养生长过程中出现的一种分裂方式,在分裂间期细胞核中的 DNA 复制一次,细胞分裂时 DNA 长链反复缠绕、紧缩为一条条染色体(每条染色体含两条相同的染色单体),在由微管组成的纺锤丝的牵引下每条染色体的两条染色单体被分配到两个子细胞中,而后染色体又变回染色质丝并恢复到细胞核的形态。经过一个细胞周期后,细胞中无论染色体数目还是核物质的总量都维持不变。减数分裂总是伴随着有性生殖过程而发生的,通常在配子(精子和卵)或配子体产生前进行,只有少数生物的减数分裂发生在受精作用之后。由于有性生殖过程中必然有受精作用,即精子与卵的细胞融合,这一过程会使核物质和染色体数加倍,因此必须通过减数分裂使染色体减半。减数分裂之前的细胞间期中细胞核中 DNA 复制一次,但细胞分裂却接连进行两次,因而经过减数分裂后细胞中的染色体数减少至分裂前的一半。

(三) 器官

尽管有数以万计的单细胞生物,如细菌、原生动物和单细胞藻类植物等,生物界中绝大多数生物还是多细胞生物。对单细胞生物而言,并非所有的细胞都执行相同的功能,而是通过细胞分化构成不同的组织(tissue),再由不同的组织构成器官(organ)并形成器官系统。

具有一定形态结构并执行一定功能的细胞群就是组织。在植物中有分生组织、薄壁组织、保护组织、机械组织、输导组织和分泌组织,在动物中则有上皮组织、结缔组织、肌肉组织和神经组织等。虽然组织是功能单元,但无论在植物中还是在动物中它们却都不能构成独立的结构单元,而总是存在于不同的器官中,正如输导组织并不是单独存在而是分布于植物的根、茎、叶、花、果实等器官中,而结缔组织在动物体内的各器官中也是无处不在。因此,由细胞构成的组织在生物谱系中并不是一个独立的结构层次。

多细胞生物的器官是由不同的组织按照一定方式组成的结构和功能单位。植物的根、茎、叶、花、果实、种子,动物的眼、耳、鼻、心、肝、胃内脏等都是器官,它们不仅各自执行特定的功能,而且彼此又都是相对独立的结构单位,是生物谱系中重要的结构层次之一。

(四) 有机体

生物有机体(organism),又称为个体。除非是在实验条件下,器官是不能脱离其母体而长期单独生存的。个体由器官组成,而个体却是能在较长时期内单独生存的最小单位。毫无疑问,个体是生物谱系中的基本结构层次之一。

尽管生物有机体大小差异甚大,但是,一棵树、一只鸟、一个人……表面上对个体的区分是轻而易举的,实际上,克隆繁殖(clonal reproduction)的存在给个体的界定带来极大的困难。克隆就是用无性繁殖方法得到遗传上完全一致的生物学单位,基因可以被克隆,细胞可以被克隆,有机体也可以被克隆。如果说哺乳动物的克隆在当今还是生命科学领域的一项引人注目的高新技术,那么,在自然条件下高等植物中本来就普遍存在克隆繁殖现象,正如一株草莓可以通过其匍匐茎繁殖出一株甚至数株新的草莓植株,一株百合可以利用其珠芽通过无性方式繁殖产生多个新的百合植株,这类繁殖方式通常也称为"营养繁殖"。由于克隆繁殖的新个体所携带的所有基因与其母体是完全一致的,那么,到底应该将形态上相对独立的单位看做是一个个体,还是应该将遗传上一致的所有生物学单位都看做一个个体?区分形态学的"个体"相对容易,但要真正识别每一个遗传学上的个体却是十分困难的。就像区分一株一株的百合相对容易,但如果把遗传基因完全一致的单位全部看做一个个体,要确定哪些百合植株是由同一母株无性繁殖而来,则是比较困难的。

(五) 种群

种群(population)也被系统和进化生物学家称为"居群",或被遗传学家称为"群体"。

它是指一定时间、一定区域内某一生物物种的所有个体的总和。

种群虽然是有不同的个体组成的,但它本身也是一个有机的整体。种群不单是一般意义上的群体的含义,而是一个具有空间和时间性的实体,它具有五个方面的性质:首先,种群具有一定的结构和组成;其次,种群有其自身的"个体"发育,表现出生长、分化和分工、生存、衰老及死亡等过程;其三,种群有其遗传属性;其四,种群是由作用成相互依存机制的遗传和生态两方面因素整合起来的;其五,种群也像一个有机体一样,作为一个整体单位而受到环境的影响,这种影响导致其自身发生变化,而最终又会对其生境产生影响。

种群有其数量特征、空间特征和遗传特征。种群的数量特征包括三个层次,最基本的参数是种群大小和密度,影响种群大小的参数有出生率、死亡率、迁入率和迁出率这四个次级种群特征,而影响次级种群特征的因素又有种群的年龄结构、性比、增长率、遗传组成和分布式样等。种群的空间特征,是指组成种群的个体在空间上的分布及其动态。任何一个个体都有一个最小的空间需求,而任何一个种群所能占据的空间又总是有限的,因此种群的数量特征与空间特征是密切相关的。种群内个体的分布格局可以粗分为随机的、均匀的和聚集的三种类型。所谓随机分布,就是每一个体在种群内的各个点上分布的机会是均等的,同时,某一个体的存在并不影响另一个体的分布。均匀分布是指种群内的各个个体基本呈等距离的分布,这种式样往往在由于个体间竞争导致产生相等的空间间隔的地方可以观察到。聚集分布是指种群内个体成群或成团分布,绝大多数情况下种群都是呈现出这种分布型,因为这种分布格局对个体的生长和繁殖都较为有利。种群是由同种的个体组成的,但这些个体在遗传上却不一定是一致的,它们可能都有自己特定的基因型。种群具有一定的遗传组成,构成一个基因库,其中的每一种基因都有一定的比例,即基因频率,由基因组合成的基因型在种群中也有一定的出现频率,即基因型频率。

此外,种群还有其繁育特征。同一种群内的个体生活在一起,有着更多的相互交配的机会,个体与个体之间有较多的基因交流,它们彼此依靠血缘纽带紧密地联系着。

种群还与进化过程直接相关。进化,就是亲代种群与子代种群之间相异性的发展。个体可能发生变异,个体的变异却与进化无关,变异如果发展到了种群水平就有可能导致进化。种群作为一个整体来接受外界环境的影响,使自身的数量结构、空间结构或遗传结构发生变化,在一定的时间和空间内,或是走向兴盛,或是走向衰亡,更多的是在不同的交配机制的控制下基因型频率向着特定的方向变化。如果把个体理解为生存的最小单位,那么种群就是进化的最小单位。

(六)群落

地球上的生物并非是一个个种群而独立存在的,也就是说,并非每个区域只生活着一个种群。只要具备适宜的条件,地球上表面的每一个空间都会挤满生物,而且常常是许多种生物共同生活在一起。虽然由于自然条件不同,生活在各处的生物种类也不尽相同,但在任何一个特定的区域内,只要那里的气候、地形及其他自然条件都基本相同,那里就会出现一定的生物组合,即由一定的生物种类所组成的生态功能单位,这种功能单位就是群落(community)。群落是一定空间和时间内的各种生物个体的总和,换句话说,群落就是一定空间和时间内的多种生物种群的复合体。群落可以是指某一时间某一空间中所有生物种群的集合,包括所有的植物、动物和微生物种群,也可以是特指某一时间某一空间某一类生物种群的集合,如植物群落、动物群落和微生物群落。

自然界中的生物群落并不是任意物种的随意组合,生活在同一群落中的各个物种都是通过长期的历史发展和自然选择而保存下来的。生活在同一群体中的物种也不是独立的、互不相干的,这些生物彼此之间存在着一定的相互关系或相互作用,如竞争、捕食和共生等,这种相互依存和相互制约的关系使群落内的各物种处于一种动态的稳定之中。群落中的生物彼此之间的相互作用不仅有利于它们各自的生存和繁殖,而且也有利于保持群落的稳定性。

实际上,群落就是各种物种适应环境及彼此相互适应的产物。因此,群落的性质是由组成群落的各种生物对环境条件(如土壤、温度、湿度、光照和营养物质或食物等)的适应性,以及这些生物彼此之间的相互关系(如竞争、捕食和共生等)所决定的。生物群落的基本特征主要有以下几个方面:第一,生物组成的多样性。一个群落总是包含着多种生物物种,其中有植物、动物及微生物,但组成不同群落的物种成分及其多样性水平往往有较大的差异。第二,群落的层次性。不同群落常常具有极不相同的外貌,群落中个体的物种总是占据不同的空间位置、利用不同的空间资源,这就决定了群落结构的层次性。第三,优势现象。在组成群落的许多物种中只有少数能凭借自己的大小、数量和活力等对群落产生重大影响,这些物种就是优势种,这些物种有高度的生态适应性,其存在往往影响着其他生物的存活和生长。第四,相对数量。群落中各种生物的数量各不相同,表现出在多度、密度、盖度、频度、体积和重量等多个指标上的差异。第五,营养结构。群落中的各种生物在取食关系上各有其特定的位置,而这种取食关系决定着物种和能量的流动方向。

就像有机体的生长和发育一样,生物群落也会发生演替。群落演替是指群落中的一些生物种类逐渐取代另一些生物种类,使得一种类型的群落逐渐演变为另一种群落的过程,这一过程直到出现一个顶极群落才会终止。群落的演替是一个有规律、有方向性和可以被预测的自然过程。

群落与其所处的环境就构成了生态系统(ecosystem)。生态系统是指在一定空间内生物成分和非生物成分通过物质循环、能量流动和信息传递而互相作用、互相依存所构成的一个有自组能力和自我调控能力的生态学功能单位。地球上存在许多大大小小的生态系统,大至整个生物圈,小至某个池塘……正是因为生态系统除生物成分外,还包含有非生物成分,因此通常不把它作为生物世界的一个基本结构层次来理解。

第三节 生 物 的 进 化

地球上生活着的生物物种有数百万种之多,绚丽多彩的生物界是在原始生命的基础上长期进化发展起来的,而生物进化这一思想的产生也经历了十分漫长的认识过程。在历史上很长一段时间,神创论一直主宰着人们的思想,形形色色的生物被认为是在某一时刻被一次创造出来的,而且一旦形成就永远不再改变。进化思想,即一个物种是由另一个物种演化而来的,实际上在古代即有萌芽,尤其是在 18 世纪至 19 世纪初,法国人布封和拉马克(Jean Boptiste Larmark)及英国人 E. 达尔文(Erssma Darwin,C. Darwin 之祖父)都曾考虑过生物进化的可能性,但都未能提出令人信服的证据。直至 C. 达尔文

(1858)《物种起源》的发表,才宣告生物进化理论的确立。

一、生物进化的证据

(一)生物的变异

1. 变异的普遍性

变异,是指子代与亲代之间或者同一世代的个体与个体、群体与群体之间的差异。只要对自然界稍作仔细的考察就会发现,在生物界中变异是普遍存在的。生物是千差万别的,不仅不同种与种之间有差别,即便是同一物种内的种群与种群之间、个体与个体之间总会不同程度地存在着变异。种内变异的存在本身就是对认为物种不变的神创论的否定。同一类群的种与种之间除存在着一定差异外,又总能找到某些相似之处,这会使人很自然地推测:这些不同的物种可能是由一个共同的祖先分化而来的。

达尔文在 1831—1836 年间参加英国海军舰艇贝格尔号探险航行的过程中,观察了多个地区的生物区系,特别是对只有约100万年历史的加拉帕戈斯群岛的考察,发现这样一群年轻的岛屿中竟然分别栖息着许多种相似而又不完全相同的龟和鸟,这些发现成为其自然选择学说中的重要证据。

2. 变异的性质和来源

人们通常能观察到的是生物表型的变异。表型变异包括两种类型:可遗传的变异和不遗传的变异。可遗传的变异是由基因型来决定的;不遗传的变异是环境对表型的修饰作用造成的,也称为环境饰变。用一个简单的公式来表示,即:表型＝基因型＋环境饰变。只有可以遗传的变异才与进化有关,而下列几个方面的因素均可形成可遗传的变异。

基因的重新组合:每个基因在染色体上都有其特定位置,即基因位点,同一位点上的基因为等位基因。绝大多数生物的体细胞都是二倍体,它们的细胞核中有来自其父母双方的各一套染色体。依照孟德尔的遗传学定律,生物在繁殖过程中等位基因可以自由分离和重新组合。等位基因的重组就有可能产生新的基因型组合,而不同的繁殖方式对基因重组却有着直接的影响。

染色体结构变化:正是由于基因位于染色体上,染色体结构变化可使个体发生遗传变异,严重时也可能导致个体的死亡。染色体的变化均起源于染色体断裂,发生断裂的染色体可能恢复原来的状态,也可能与另一染色体断裂片断相连而使染色体发生畸变。染色体畸变主要有以下几种:① 缺失,染色体的断裂而失去一段;② 重复,一条染色体的断裂片断连到与其同源的另一染色体的相应部位,使后者产生一段重复基因;③ 倒位,一段染色体的断裂片断颠倒位置后再连接上去;④ 易位,染色体的断裂片断连接到非同源染色体上。

染色体数目变化:除了染色体结构变化外,生物体的染色体数目也会发生变异,这包括:① 整倍体变异,一般生物都是二倍体,但有时体细胞染色体数会成整倍地增加而变为三倍体、四倍体、六倍体甚至八倍体;② 非整倍变异:体细胞中染色体数目变化主要表现为个别染色体的增减,这是由配子形成之前减数分裂的错误造成的。多倍体个体在产量或品质等性状上都有可能与二倍体个体有很大差异,异源多倍体的产出甚至直接导致新物种的形成。染色体的非整倍变异所引起的遗传性状改变比整倍体变异时更明显,但通常没有进化意义。

基因突变：染色体畸变和染色体数目变异只改变了基因的组合或数量,基因突变是基因自身的改变,它可以发生在生殖细胞并遗传给后代,也可以发生在体细胞而不遗传给后代。基因突变有两种形式：① 替换,即 DNA 碱基序列中的一个碱基被另一个碱基所替代,它只影响单个遗传密码。② 移码突变,即在 DNA 的碱基序列上插入一个至几个碱基或者失去一个至几个碱基,这可能会使全部遗传密码都发生改变。自然界中存在的多种物理因素如 γ 射线、紫外线、过高或过低的温度以及某些化学物质,如黄曲霉素等,都有可能导致基因突变。

（二）生物进化的化石证据

对现存的生物谱系进行分析,得到的只是生物进化的间接证据,而生物进化的唯一直接证据是由化石记录来提供的。现存生物在长期的进化过程中曾产生过一些中间过渡类型,这些过渡类型要么演变为不同的生物而在地球上继续生存下去,要么不能适应环境而灭绝,只有在化石中才能找到它们的踪迹。根据岩石中的放射性同位素的衰变速率可以较为准确的判断和计算出化石地层的年龄,从而推测出各类生物在地球上出现的年代及不同类型生物出现的前后顺序,见图 5-8,表 5-1。

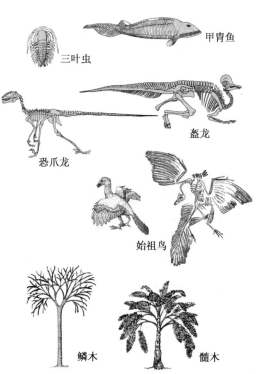

图 5-8　化石生物举例

表 5-1　地质年代和生物的历史演进

宙	代	纪	世	距今时间/(百万年)	气候状况	生物演进
显生宙	新生代	第四纪	全新世	0～0.01	冰期已过,气温回升	被子植物繁茂,草本植物发达,人类发展
			更新世	0.01～2	冰期和冰川反复出现,气温下降	多种大型哺乳类动物绝灭,直立人、早期智人出现
		第三纪	上新世	2～5	喜马拉雅山、安第斯山、阿尔卑斯山形成,大陆各洲成型,气候冷	被子植物取代裸子植物并形成大规模森林,传播花粉的昆虫等动物辐射适应,鸟类和哺乳类大发展,类人猿出现
			中新世	5～25		
			渐新世	25～38		
			始新世	38～55		
			古新世	55～65		

续 表

宙	代	纪	世	距今时间/(百万年)	气候状况	生物演进
	中生代	白 垩 纪		65～144	造山运动,火山活动频繁,大陆分开,后期冷	裸子植物衰退,被子植物发达,恐龙及多种有袋类绝灭,有胎盘哺乳类及鸟类兴起,灵长类出现
		侏 罗 纪		144～213	温暖,湿,有内海,大陆漂浮	裸子植物以松柏类为主,原始裸子植物逐渐消逝,被子植物出现,恐龙多样化,始祖鸟和有袋类哺乳动物出现
		三 叠 纪		213～248	气候温和干燥,晚期湿热	大型蕨类继续衰退,真蕨类繁茂,裸子植物成林,恐龙等爬行类占优势,无尾两栖类和原始哺乳类动物出现
	古生代	二 叠 纪		248～286	造山运动频繁,干热	大型蕨类开始衰退,苏铁类、银杏类裸子植物繁茂,昆虫多样化,爬行类辐射适应,三叶虫及多种无脊椎动物绝灭
		石 炭 纪		286～360	造山运动,气候温湿	大型蕨类植物形成森林,裸子植物兴起,陆生软体动物和昆虫辐射适应,两栖动物兴盛,爬行动物兴起
		泥 盆 纪		360～408	陆地扩大,干旱炎热	蕨类植物繁盛,鱼类、昆虫、两栖类兴起,三叶虫减少,晚期曾发生大规模绝灭
	新生代	志 留 纪		408～438	造山运动,陆地增多	植物水生向陆生发展,裸蕨类等原始维管植物产生,无颌类脊椎动物多样化,节肢动物侵入陆地
		奥 陶 纪		438～505	浅海广布,气候温和	海产藻类植物占优势,其他各门类的无脊椎动物及原始的无颌类脊椎动物出现,晚期发生大规模绝灭
		寒 武 纪		505～590	浅海扩大,气候温和	藻类、三叶虫繁盛,大多数门类的无脊椎动物出现

续　表

宙	代	纪	世	距今时间 /(百万年)	气 候 状 况	生 物 演 进
		元　古　宙		590～1 500	温暖浅海	真核生物出现,后期低等无脊椎动物
		太　古　宙		1 500～3 800	大气圈和水圈	细菌、蓝藻出现
		冥　古　宙		3 800～4 600	初级大气圈	化学进化开始

二、生物进化与物种形成

(一) 自然选择理论

达尔文历经 5 年的环球探险航行,对南太平洋岛屿上的生物类群及其变异作了一系列的考察,此后经过 20 余年的研究,并借鉴了马尔萨斯(Thomas Malthus)《人口论》中的若干思想写成了《物种起源》这一划时代的巨著,他用自然选择来解释生物的进化,这一学说主要内容可以归纳如下。

遗传与变异:遗传是生物界普遍存在的特征之一,它能使物种稳定,但变异在生物界也是普遍存在的,同一物种内没有两个个体是完全相同的。在达尔文看来变异是随机产生的,而拉马克则认为变异是按需要向一定方向发生的。

繁殖过剩:各种生物都有强大的繁殖能力,但事实上自然界中各种生物的数量在一定时期内都能保持相对稳定,这就存在繁殖能力的过剩。

生存斗争:达尔文认为,所有物种始终都处于生存斗争之中,生存斗争包括种内斗争、种间斗争,以及生物与环境条件的斗争。正是因为生存斗争才使得每一物种不至于数量大增。

适者生存:每个物种都可以产生不同的变异,有的变异使生物在生存斗争中得以生存,有的变异却使生物不能生存而遭淘汰。凡是生存下来的生物都有它的适应性变异,适应是在选择中逐步积累而成的。生存斗争和适者生存都被达尔文认为是自然选择的过程。由于生存斗争和自然选择的不断进行,物种的变异就被定向朝一个方向积累,性状逐渐与原来的祖先种有所不同,从而形成新的物种。

(二) 对自然选择理论的解释和修订

20 世纪 20 年代以来,随着遗传学尤其是群体遗传学的发展,自然选择理论得到了科学的解释、阐述和补充,并形成了现代综合进化论。

1. 进化的生物学基础

(1) 基因频率及其改变

杜布赞斯基(T. Dobzhansky)(1953)曾十分透彻地给进化下过一个定义:进化,就是亲代种群与子代种群之间相异性的发展。变异是进化的基础,但个体的变异与进化无关,变异只有发展到了种群的水平才能导致进化。因此,种群是进化的单位。

按照遗传学的理论,性状及其变异是由基因或基因组合(基因型)来决定的。一个物种的种群中所有个体所携带的基因构成一个基因库。在基因库中,各基因位点上的基因或基因型都有一定的组成比例,这就是基因频率或基因型频率。种群水平的变异实际上就是基因库中基因频率的改变,影响种群基因库改变的因素也就是引起种群进化的因素。

在一个足够大的随机交配种群中,如果没有基因突变或新基因的加入,那么也就没有自然选择的作用,各基因位点的基因频率或基因型频率在一代一代的遗传过程中总保持不变。事实上,自然界中的每一个种群的基因频率或基因型频率总是会发生变化的。除基因突变、新基因加入、非随机交配和自然选择等因素外,引起基因频率或基因型频率发生改变的原因主要是种群大小,一个种群中的个体数一旦减少到一定水平,一部分基因就会丧失,基因频率也会因此而改变,这就是遗传漂变(genetic drift)。隔离等因素使大种群变为小种群并各自向不同方向发展,即有可能出现新性状甚至产生新物种。小种群的遗传漂变及其所导致的基因贫乏更有可能使种群对环境变化的适应下降并走向衰亡。

(2)基因传递

亲代种群的基因以何种方式向子代种群传递对子代与亲代之间基因或基因型频率的改变有着重要的影响,而交配方式则决定了种群水平的基因传递,构成了子代种群与亲代种群的纽带。随机交配并不改变种群中基因或基因型频率,但自然界中生物的交配系统(mating system)是多样化的,只有很少的种群是严格意义上的随机交配,选型交配在高等动物中广泛存在,而在高等植物中则有专性异交、专性自交以及自交与异交混合的交配方式。自交会使种群内的杂合基因型发生分离而增加纯合型频率,而在环境的选择作用下某一基因位点上的多个纯合基因型最终往往只能有一个得以保留。因此,高水平的自交会造成种群内个体之间遗传的一致性,同时又加剧了种群与种群之间的遗传分化。相反,异交可以使来自不同纯合型亲本的配子(精子或卵)结合为杂合型合子(受精卵)并产出杂合型的子代个体,高水平的异交维持了种群内的遗传多样性,同时相应地减弱了种群与种群之间的遗传分化。

(3)选择压力与适应

选择压力(selection pressure)是指在两个性状之间使其中一个性状被选择而生存下来的自然力,或者在两个等位基因或两个基因型之间使其中一个比另一个更能遗传下去的一种潜在自然力。自然选择使某些基因型得到保留,而淘汰另一些基因型,从而改变种群的基因或基因型频率。在自然界中,当选择压力足够高时,在短时期内就可以形成新的品系。例如,金黄葡萄球菌(*Staphylococus Aureus*)对青霉素的抗性系就是在青霉素的选择作用下形成的。实验证明,选择并不是诱导出某种基因而只是通过淘汰具有某些基因的个体来提高种群中另一种基因的频率。正如上述金黄葡萄球菌的实例中,具有抗青霉素基因的细菌个体本来就是存在的,在青霉素的强选择压力下无抗性的个体无法生存,而下一代菌群中抗性基因的频率就大大增加了。

自然选择有三种类型:定向性选择淘汰一个极端的基因或基因型而使基因或基因型的频率向着一个特定的方向变化;稳定性选择即淘汰两个极端的基因或基因型,因而是对抗基因突变或遗传漂变而使种群的基因频率或基因型频率趋于稳定的选择;分离选择即淘汰中间类型而保持两个极端类型的选择,这种类型的自然选择在种群分化中有着十分重要的作用,但现实中极少发生,如图5-9所示。

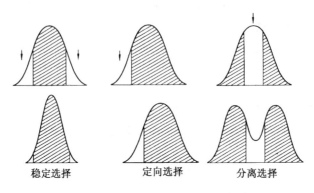

稳定选择　　　　　定向选择　　　　　分离选择

图 5-9　自然选择的 3 种类型

　　适应是种群在选择压力的作用下基因或基因型频率向着有利于种群生存的方向发展。在亲缘关系上相差甚远的类群适应于同一种环境条件的选择压力,可以产生出类似的性状,这就是趋同演化。例如,鲸类属于哺乳动物,由于适应于水中的游泳生活,故与鱼类有着类似的体形;仙人掌科和大戟科是被子植物中亲缘关系较远的两个科,但沙漠中生长的某些大戟科植物却与仙人掌类植物一样有着储藏水分的肉汁多浆茎。反之,有些生物虽然出于同源,但在进化过程中适应不同的环境条件而使彼此间变得很不相同,这就是趋异演化。趋异演化是进化的主流,其结果可能是一个物种适应于不同的环境条件而分

化为多个在形态、生理和行为上各不相同的种,形成一个同源辐射状的进化系统,即适应辐射(adaptive radiation)。地球上现存的数量极多的生物类群如昆虫等可能都是历史上发生剧烈适应辐射而形成的。达尔文在加拉帕戈斯群岛的 15 个岛屿上发现的 14 个地雀姊妹种就是适应辐射的产物(见图 5-10)。

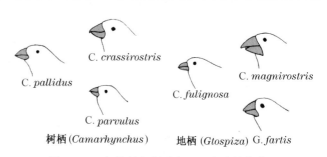

C. crassirostris

C. pallidus

C. magnirostris

C. fulignosa

C. parvulus

树栖(Camarhynchus)　　　地栖 (Gtospiza) G. fartis

图 5-10　加拉帕戈斯群岛上地雀喙的分化

　　2. 现代综合进化论

　　现代综合进化论是随着生命科学发展而产生的,其是建立在实验和定量分析基础上的比达尔文自然选择学说更为精确的进化理论,它对进化理论的发展主要体现在以下几个方面:首先,它强调进化主要表现在种群遗传组成的改变上,认为不是个体在进化,而是种群在进化;而在达尔文看来,进化的改变仅仅体现在个体上。其次,它认为不只是繁殖过剩所带来的生存斗争在进化过程中起作用,生物之间的一切相互作用,包括捕食、竞争、寄生、共生及合作等,只要能影响到种群基因频率或者基因型频率的变化都有进化价值;没有生存斗争,没有"生死存亡"的大问题,自然选择也在进行。第三,它对变异作出了科学的界定,把变异分为可遗传变异和不可遗传的环境饰变,而只有可遗传变异在种群中的积累才被认为与进化有关。

1968 年，日本人木村资生（M. Kimura）根据分子生物学的研究，又提出了分子进化中性学说，这一学说认为多数突变都是中性的，即无所谓有利的或不利的，因此对于这些中性突变而言，不存在自然选择和适者生存的情形，生物进化主要是中性突变在自然种群中进行随机遗传漂变的结果，而与选择无关。

（三）物种的形成

1. 隔离在物种形成中的作用

隔离将一个种群分隔成了多个小种群，种群被分开并变小之后，种群中各种基因或基因型频率就可能因为偶然的因素而发生改变。基因频率或基因型频率的改变，加上不同环境的选择，使各个小种群向不同的方向发展，这样就可能形成新的物种。

隔离有两种机制：地理隔离和生殖隔离。地理隔离将一个物种内的种群分离开来，使各种群之间因不能互相交配而使基因交流受到阻碍，种群间的差异就会加剧，而差异逐渐积累的结果可能导致生殖隔离。生殖隔离一旦产生，就意味着两个种群即便处于同一地点彼此之间也不能发生交配，种群之间也就完全没有基因的交流了，因此，生殖隔离通常被认为是新物种形成的主要标志之一。鹅掌楸属（*Liriodendron*）的两种植物，鹅掌楸（*L. chinense*）和北美鹅掌楸（*L. tulipifera*）就是一个很好的实例，它们本是一个物种且种群是相对连续的，后来由于大陆的漂移而被远远分开，一部分种群在东亚、一部分种群在北美，长期的地理隔离使彼此之间已出现明显的形态分化而最终被定为两个物种。

2. 物种形成的方式

物种的形成通常有两种主要模式：异地物种形成和同地物种形成。先有地理隔离，再有生殖隔离，这种形成新物种的方式称为异地物种形成，它是生物进化过程中一种最主要的物种形成方式。有时没有地理隔离也可以产生新的物种，这是因为同一地理区域内可以有不同的甚至极端不同的生态环境，如果生活于某一区域的某一物种因遗传变异而适应于不同的生态条件并向着各自不同方向发展，其结果是该物种也可能分化为不同的物种，这就是同地物种形成。

不论是异地物种形成还是同地物种形成都是属于渐进式的，渐进式的物种形成一般需要很久的时间，其一般在数万年或数十万年以上。而物种形成还有一种更快的途径——多倍体途径，由于多倍体生物一旦形成，它与原来的物种就发生了生殖隔离，因而它也就成为一个新的物种。这种途径只需经过一两代就可以完成物种形成过程，因此被称为爆发式的物种形成。多倍体的发生在动物界十分罕见，但在植物界中却相当普遍。普通小麦（*Triticum aestivum*）就是一种异源多倍体的物种，它的产生过程大约发生在 6 000 年以前，首先是具有 14 条染色体（二倍体）的小麦属植物一粒小麦（*T. monococcum*）与一种山羊草属（*Aegilops*）植物杂交并经过染色体加倍而形成具 28 条染色体的二粒小麦（*T. dicoccoides*），二粒小麦再与另一种具有 14 条染色体的山羊草属杂交并进行染色体加倍，从而形成含有 42 条染色体的普通小麦。由此可见，普通小麦是含有不同来源的 3 个染色体组的异源多倍体。根据同样的原理，中国农业科学院工作者将普通小麦与含 14 条染色体的黑麦（*Secale cereale*）进行人工杂交并用秋水仙素对染色体进行加倍，从而获得了一个异源八倍体作物——小黑麦。

3. 物种的客观真实性

物种,也称为种(species),是生物分类的最基本单位。尽管已有过科学描述的物种数以百万计,但实际上不同学者对物种概念的理解和对物种划分的标准把握并不一致。有趣的是,虽然 C.达尔文以《物种起源》闻名于世,提出了渐进式物种形成理论,认为种与种之间有许多中间类型,中间类型消失后会造成连续性的间断,但他本人却自始至终没有给物种概括出一个明确的定义。

物种通常是由生物分类学家根据形态性状和地理分布划分出来的,这就是分类学种(taxonomic species)。但分种的标准却并不统一,分类学家划定种的大小和范围往往有较大差异,在历史上曾产生过"大种派"和"小种派"这两大流派,大种派划分的一个种有可能被小种派细分为数个种。典型的例子如春蓇莴(*Erophila verna*),在大种派看来它就是一个物种,但却被小种派分为 200 多个种。

生物学种(biological species)概念的提出给物种划分提供了严格的标准:能相互交配并能产生后代的才是同一个物种,不同物种之间则存在着生殖隔离。生殖隔离标准在动物界中可能是严格的和适用的,但在植物界中形态上具有显著差异的种之间进行杂交且能产生可育后代的例子却屡见不鲜。现代生物学对种的概念则认为,物种是共享一个基因库的"孟德尔式群体",基因可以在这一群体中自由流动。这一概念强调了同一物种的个体在自然状态下的互相交配和基因交换,而排斥了把没有杂交机会的物种通过人工杂交实验来确认物种划分的做法。但 20 世纪中后期在进化生物学领域却有一个令人意外的重要发现:许多生物尤其是植物群体中的基因流实际上是极为有限的。这就彻底否定了物种就是一个孟德尔式群体的假说。

由于难以找到一个适合于整个生物界的分种标准,关于物种的客观真实性问题就引起了较为激烈的争议,不少学者包括著名的生物学家都对物种客观真实性给予了否定或提出了怀疑。争议的焦点可以归结为:每一物种与另一物种之间在各种性状上到底是否存在明显可辨的间断?根据物种形成的方式可以看出,物种的形成是既连续又间断的,而且又是非同步的,因此,在每一个时间截面上既可以看到一些能轻而易举地与其他物种决然分开的"好种",也可以看到一些彼此之间尚未形成严格间断的"种",但是,只要有"好种"的存在,就不能否认物种的客观存在。

三、人类的起源与进化

(一)人在分类系统中的地位

人有特别发达的大脑、直立行走、能劳动、能制造工具,区别于其他一切生物。但从生物学的观点来看,人仍是动物界中的一员,是由其他动物进化而来的。

在动物界的分类系统中,人作为一个物种,隶属于脊索动物门、哺乳动物纲、灵长目、人科、人属。人与猩猩(*Pongo pygmaeus*)、大猩猩(*Gorilla gorilla*)、黑猩猩(*Pan troglodytes*)的亲缘关系较近。3 种猩猩属于大猿科(Pongidae),它们与人共属于人猿超科(Hominoidea)。

各种现代生物学手段包括血清学和分子生物学手段的研究都能证明,人与猩猩、大猩猩、黑猩猩在血统上十分接近。据推测,人与 3 种猩猩的分支可能发生在 700 万年至

1 000 万年前(见图 5 - 11)。

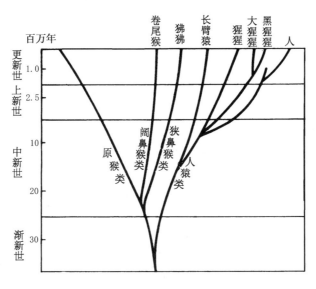

图 5 - 11 灵长类的演化谱系

(二) 人的起源和演化

动物解剖学家早已知道,人在形态结构上与类人猿有着很大程度的相似性。根据达尔文(1858)的《物种起源》,人们相继提出人来源于古猿的设想。达尔文(1871)的另一部著作《人类的由来》中又相当详细地讨论了人类的起源与进化问题。但这些设想和讨论都不是建立在考古学发现的基础之上的。

100 多年以来,经过人类学家的不断研究,已经将人类的历史向前推移到 300 万年至 400 万年前。随着古人类化石的不断发现,现在人们可以重建 400 万年以来从南方古猿到现代人的几乎没有中断的人类进化过程,包括南猿阶段、能人阶段、直立人阶段和智人阶段。

1. 南猿阶段(400 万年至 100 万年前)

1924 年在南非发现的南方古猿化石,以及后来在东非大裂谷一带发掘出的大量人科化石,是生活于 400 万年至 100 万年前的古人类化石。南方古猿已能直立行走,但脑量还处于猿的水平,这是已知的最早的人科成员。但最早的人科化石与最晚的古猿化石(约 1 000 万年前)之间尚有约 500 万年的化石记录尚属空白,只有不断填补这一空白,才能真正破解人类起源之谜。

2. 能人阶段(200 万年至 175 万年前)

1961 年在坦桑尼亚的奥杜韦峡谷找到一种比南猿更进步的距今 200 万年至 175 万年的人种化石。这种人的脑量很大,可能已有语言能力,能制造石器,颅骨和趾骨也更接近于现代人。他们被归属于与现代人相同的属——人属(*Homo*),并被称为能人(*Homo habilis*)。

3. 直立人阶段(200 万年至 20 万年前)

直立人(*Homo erectus*)化石人类物种最早是根据爪哇人和北京人化石确定的,但这类化石广泛分布在非洲、亚洲和欧洲。直立人的骨骼支架和现代人很相似,但颅骨还带有原始的特征,如头骨低矮、有粗壮的眉脊、牙齿粗大等。其脑量已与现代人接近,有迹象表明,他们已有一定的语言能力。旧石器时代的早期文化主要是由直立人创造的。

4. 智人阶段(25万年前至今)

经过直立人阶段之后,人类进入到智人阶段,现代人就属于智人(*Homo sapiens*)。智人又分为早期智人(古人)和晚期智人(今人)两类(两个亚种)。早期智人生活在距今25万年至4万年间,其化石广布于亚洲、非洲和欧洲许多地区。最早发现的化石是发现于德国尼安德特河谷德的尼人,尼人已能制造出比较进步的石器工具并能人工取火。晚期智人从距今4万年开始出现,他们和现代人属于智人这一物种中的同一个亚种:*Homo Sapiens Sapiens*。最早发现的晚期智人化石是发现于法国的克罗马农人,他们在形态上非常接近于现代人。中国境内发现的山顶洞人也属于晚期智人。

(三)人的种族及其形成

人的种族(race)是根据体质可以遗传的性状划分的人群。通常根据肤色、发型等特征将全世界人种划分为四个种族:① 蒙古利亚人,或称为黄种人,肤色黄、发直、脸扁平、鼻扁、鼻孔宽大;② 高加索人,或称为白种人,肤色白、鼻高而狭、眼睛颜色和发型多样;③ 尼格罗人,或称为黑种人,肤色黑、唇厚、鼻宽、头发卷曲;④ 澳大利亚人,或称为棕种人,皮肤棕色、头发棕黑色而卷曲、鼻宽、胡须及体毛发达。

实际上,各个种族都没有特有的基因,而只有基因频率的不同,种族与种族之间有过渡类型的存在。各种族的肤色、鼻形等体质特征可能是由于适应气候环境而形成的:黑色素有吸收阳光中紫外线的能力,生活在赤道附近的人有着深色皮肤可以减少紫外线的伤害;生活在高纬度地区的白人有较狭长的鼻子,可以帮助暖化和湿润进入肺部的空气。各个种族的特征大约是在化石智人阶段形成的,由于人类物质文化的进步,大多数种族特征早已失去了适应上的意义。

第四节 生物的多样性

一、生物多样性及其价值

(一)生物多样性的概念

生物多样性(biological diversity 或 biodiversity)可以简单地表述为:生物之间的多样化和变异性及物种生境的生态复杂性。它包括整个地球上所有的植物、动物和微生物的所有物种和生态系统,以及物种所在的生态系统中的生态过程。

生物多样性通常被认为有3个水平,即遗传多样性、物种多样性和生态系统多样性。遗传多样性是遗传信息的总和,它包含在栖息于地球上的植、动物和微生物的个体的基因内。物种多样性是指地球上生命有机体的多样化。生态系统多样性与生物圈中的生境、生物群落和生态过程的多样化有关,也与生态系统内部由于生境差异和生态过程的多种多样所引起的多样化有关。更通俗地讲,地球上生活的生物是多种多样的,这就是物种的多样性;同一物种内的个体或群体也是千差万别的,这就是遗传多样性;而物种所处的生境差异以及不同物种及其环境所构成生态系统的差异也就是生态系统多样性。

（二）生物多样性的价值

1. 生物多样性的直接经济价值

生物多样性的直接价值也就是其使用价值或商品价值，是给予人们直接收获和使用的那些产品的价值。它包括消耗性使用价值和生产性使用价值。像薪柴和猎物那样的用于自用而并不出现在国内外市场上的生物产品的价值就是消耗性使用价值。事实上，有大量的生物物种被消耗性使用，例如在中国被用作药材的生物物种有 5 000 多种，亚马逊河盆地则有 2 000 多种。生产性使用价值是赋予产品的一种商品价值。这类生物产品从野外获取之后，会作为商品拿到国内外市场上进行销售。从自然环境中获得并在市场上去销售的产品种类极多，但主要有：薪柴、建筑用材、药用植物、野果和蔬菜、纤维、藤条、海草、天然染料、天然香料、树脂和树胶、鱼和贝类、蜂蜜、蜂蜡、野生肉类和皮革、象牙、动物饮料等。木材是人类从自然环境中获取最多的一种产品，其价值为每年 750 亿美元以上。

2. 生物多样性的间接经济价值

生物多样性具有多方面的间接经济价值。人类可以享用生物多样性对环境和生态系统带来的公益，而无需采收和损耗。

（1）非消耗性的使用价值

生物群落提供了许多通过非消耗性使用而获得的各方面的环境协议，包括：

① 作为生态系统的生产力：植物的光合作用吸收太阳能并储存于其组织中，而植物体也是连接食物链的起点。

② 保护水资源：水对人类及其他一切生物的生存都至关重要，生物群落在保护集水区、抵御山洪、缓冲干旱及保持良好水质等方面发挥着重要作用。

③ 保护土壤：土壤对生物群落的生产力至关重要，生物群落能保持和保护土壤，植物的根系和真菌的菌丝把土壤颗粒结合起来，使之不易被水冲走。

④ 调节气候：植物群落在调节地方的、区域的甚至全球的气候方面都是重要的。

⑤ 处理废物：环境污染是全世界都面临着的一个难题，而生物群落能分解和固定某些因人类活动而制造并释放到环境中的污染物如重金属、农药和污水等。

⑥ 维持物种关系：在生态系统中，物种与物种之间存在着十分复杂的关系，有些物种的存在是要以另一些物种的存在为前提的。因此，一种对人类几乎没有直接价值的野生物种的减少或消失可能导致另一种对人类有着重要经济价值的物种的相应减退或消失。

（2）选择价值

生物多样性的选择价值是其潜在的为人类社会在将来某一方面能提供的一种经济效益。某些物种在目前还没有认识到它对人类有何利用价值，但在将来，它有可能会满足人们某一方面的需要。为了得到对治疗癌症、艾滋病和其他人类疾病有功效的化合物，卫生机构和制药公司在收集和筛选物种方面作了大量的努力，在紫杉属（*Taxus*）植物中发现的颇具疗效的抗癌药物紫杉醇（Taxol）就是近年来在药用方面的众多发现中的一例；另一个例子是银杏（*Ginkgo biloba*），从其叶中提取的物质在亚欧被广泛用作治疗血液循环系统疾病和中风等药物。在农业领域，最著名的例子有如普通野生稻（*Oryza rufipogon*），这种多年生草本植物是栽培水稻的野生亲缘种，它曾在中国南方各省区较广泛分布但通常被作为"草芥"而遭铲除,后来发现它在水稻育种方面有重大作用,杂交水稻的培育成功也与一株自然雄性不育的野生稻的"传奇式"发现直接有关,但不幸的是,当人们开始重视这种珍贵植物资源时它却已经处于濒危状态。

具有选择价值的不只是物种的多样性,更重要的是由自然生境所保存下来的基因库(gene pool)。上述普通野生稻的例子正好说明了这一点:由于普通野生稻与栽培水稻是互交可育的,因此可以将它们归并为一个生物学种,栽培水稻经过长期的选育过程后已丧失了一部分遗传多态性,而只有自然生境中的野生稻还保存着相对完整的基因库,正是这个基因库可以提供将来的水稻育种所需要的基因。可以预见,随着科学技术的发展,人类将来对生物资源的利用将从对生物体的利用转变成更为直接的对基因的利用,因而对生物的遗传多样性的重视和保护显得越来越重要。

(3)生存价值

用于保护生物多样性的投入,特别是在发达国家,每年都有数亿美元之多,这种人们愿意拿出来用于防止物种灭亡的资金的数量就表明了物种和群落的存在价值。生物物种的生存价值与人们对野生动植物及其保护的关心程度有关。某些特殊物种,如大熊猫、狮子、大象和许多的鸟类作为"魅力动物",它们的存在会引起人们强烈的关注,每年政府、组织、企业和私人都提供大量的资金用于这些物种的保护工作。一些生物群落如热带雨林和珊瑚礁,它们的生存价值也逐渐得到体现,人们和组织正逐渐增加捐助来保证这些生境的存在。

3. 生物多样性的伦理价值

虽然生物多样性的经济价值愈来愈受到人们的重视,但应该看到终归有一些物种是没有明显的经济价值的。但不管经济价值如何,所有物种的存在都有其伦理价值。生物多样性的伦理价值是以崇尚尊重生命、珍视生物界、理解自然的内在价值等观念为基础的,因而易于为公众所接受。关于生物多样性价值的伦理学观点主要有:① 每一物种都有其生存的权力,人类无权损坏任何物种;② 所有物种都是相互依存的,一个物种的损失可能对同一群落的其他物种产生深远的影响;③ 人类必须与其他物种生活在同一个生态学范畴之内,人类在其活动中必须小心从事,进而最大限度地减少对自然环境的损害;④ 人们必须对他们的行为负责,在从环境中得到对自身需求的满足时,更应对保护生物多样性负责;⑤ 人们必须对未来的后代负责,利用资源应该努力采取可持续的方式;⑥ 生物多样性是一种有限的资源,不应该浪费;⑦ 尊重人类生活及人类的多样性与尊重生物多样性是一致的;⑧ 自然具有超越经济价值的精神和美学的价值,生物多样性的丧失会削弱人类叩开灵感源泉的能力;⑨ 生物多样性对确定生命的起源是必要的,生命的起源是哲学和科学界的中心奥秘,物种的绝灭就逐渐丢失了解开这奥秘的线索。

(三)生物多样性的现状与保育途径

1. 生物多样性现状

(1)生物多样性分布的重要地区

地球表面的生境条件的优劣有着较大的差异,导致各个局部的生物多样性水平的显著不同。就国家和地区而言,生物多样性绝不是在世界上 168 个国家和地区中均匀分布的。综合了物种总数和特有性程度,有关的国际组织将世界上的 12 个国家列为高度多样性国家,这些国家是:巴西、哥伦比亚、厄瓜多尔、秘鲁、墨西哥、扎伊尔、马达加斯加、澳大利亚、中国、印度、印度尼西亚和马来西亚。仅这些国家的生物物种就占了全世界总数的60％～70％甚至更多。上述国家中以巴西、哥伦比亚、印度尼西亚和墨西哥的物种最为丰富,而马达加斯加和澳大利亚的物种特有性程度极高。中国等国家拥有很大的国土面积而具有高度的生物多样性,但同样为面积最大国家之一的俄罗斯、加拿大和美国却没有这么丰富的生物物种,这是因为生物多样性更多地是由地形、气候及隔离状况决定的,而不是由面积的大小来决定的,见表5-2。

表 5-2　拥有各类选列生物物种数最多的国家及其拥有量

(1)哺乳动物		(2)鸟类		(3)两栖动物	
国　家	物种数	国　家	物种数	国　家	物种数
印度尼西亚	515	哥伦比亚	1 721	巴西	516
墨西哥	449	秘鲁	1 701	哥伦比亚	407
巴西	428	巴西	1 622	厄瓜多尔	358
扎伊尔	409	印度尼西亚	1 519	墨西哥	282
中国	394	厄瓜多尔	1 447	印度尼西亚	270
秘鲁	361	委内瑞拉	1 275	中国	265
哥伦比亚	359	玻利维亚	±1 250	秘鲁	251
印度	350	印度	1 200	扎伊尔	216
乌干达	311	马来西亚	±1 200	美国	205
坦桑尼亚	310	中国	1 195	委内瑞拉	197
				澳大利亚	197
墨西哥	717	印度尼西亚	121	巴西	55 000
澳大利亚	686	中国	99～104	哥伦比亚	45 000
印度尼西亚	±600	印度	77	中国	27 000
巴西	467	巴西	74	墨西哥	25 000
印度	453	缅甸	68	澳大利亚	23 000
哥伦比亚	383	厄瓜多尔	64	南非	21 000
厄瓜多尔	345	哥伦比亚	59	印度尼西亚	20 000
秘鲁	297	秘鲁	58～59	委内瑞拉	20 000
马来西亚	294	马来西亚	54～56	秘鲁	20 000
泰国	282	墨西哥	52	苏联	20 000
巴布亚新几内亚	282				

　(2)生物多样性受威胁的现状和原因

　　全世界各个地区生物多样性受到威胁的状况正在不断加剧。自从生命第一次出现在远古时代开始,在新的物种产生的同时又有物种不断地灭绝,这已成为一种事实。但问题在于,现阶段物种灭绝的速率是大大加快了。按照最粗略的平均计算,过去2亿年中平均每个世纪有90种脊椎动物灭绝,过去4亿年中平均每27年约有1种植物灭绝。但据估计,现在每年有上千种生物(多数是昆虫)在地球上消失,而在最近二三十年中约有1/4的生物都处于濒临灭绝的危险之中。在物种消失速率加快的同时,生态系统多样性受到的破坏也十分令人关注。对生物多样性的威胁主要来自以下几个方面:

第一,生境的交替:通常是从一个高度多样化的自然生态系统到很少变化(如单种作物栽培)的农业生态系统,自然生态系统面积的减少意味着原有的生境变得支离破碎,这不可避免地导致物种和遗传多样性的丧失。

第二,过度收捕:对自然生境中植物或动物采收或捕猎的数量高过被收捕的种群自然生殖能力所能承受的比率,这不仅使所收捕的物种受到破坏,而且影响到收捕对象所在的生态系统。

第三,化学污染:二氧化硫、氧化氮等造成大气污染,又通过酸雨的沉降直接危害植被;农业化学品过度使用通过河流使湿地生态失去平衡,也伤及野生生物;重金属及其他有毒物质的释放,影响了陆地、淡水和近海的生物。

第四,气候变化:全球二氧化碳积累等带来的气候变化正以历史上最快的速率进行,改变着世界上的生物群落的边界。

第五,引进物种:不适当的引进物种会破坏本地生态系统已有的平衡,并使本地种灭绝,因此,外来种的生态入侵作为一个十分严重的生态学问题,已越来越受到关注。

2. 生物多样性的保育

生物多样性的保育涉及产业政策的制定,教育、科学研究等多个方面。在人力、物力资源有限的情况下,各国政府有关部门都会确定生物多样性保育的优先策略,包括优先保护的重点地区和重点物种。优先保护的物种通常都是濒危物种,其保育途径有以下几种。

(1)就地保护

就地保护就是要保护濒危物种所在的生境,使这些濒危种类能长期生存。

自然保护区的设立是就地保护的典型模式。

(2)迁地保护

在就地保护无法实施的情况下,迁地保护可以作为一种补充的途径。迁地保护就是将濒危种类从自然生境中迁移到一个相对"安全"的环境中。植物园、动物园等是迁地保护的典型模式。

二、生物多样性的处理——生物分类学

(一)生物分类学的目的

经历了数十亿年的发展和演化,地球上的生物形成了一种丰富多彩的局面,人类如何有效地认识和利用这数以百万计动物、植物及微生物?

认识和利用生物多样性,要求对自然界的生物进行分类。

生物分类学是生物学领域中最为古老的学科之一。早在远古时代,人类的祖先为了在地球上生存,需要了解哪些动植物是可以食用的,哪些动植物可以作为药物来治病,就开始认识其周围的生物并对其进行简单而实用的分类。古代西方科学家出于纯粹的对自

然进行探索的目的,在距今 2 000 年以前就开始对动植物进行纯科学意义上的分类,建立起分类系统,并将所考察的物种的特征描述放到分类系统的框架之中。自瑞典的生物分类学大师林耐(Carl Linnaeus),于 1753 年的经典工作开始,世界各国一代又一代的生物分类学家不断地努力,试图建立既能包容地球上所有生物类群,又能反映出生物类群与类群之间所具有的相似性或者符合自然的亲缘关系的分类系统。到了现代,分类学家们更是将生物学的各分支学科包括形态学和解剖学、生物地理学、细胞学、分子生物学等各领域的成果和方法用于生物分类学中。生物分类的实质就是要建立一个信息存取系统,将与所涉及的类群相关的信息都存入这一系统框架中,并让人们能够方便地查询或取用。

(二)分类阶元系统

分类学家在对生物进行分类时,给类群设立了一系列等级:界、门、纲、目、科、属、种。这些分类等级由高而低依次排列为阶梯状,即分类阶元系统(hierarchy)。每个高级阶元的类群中可以包含一至多个低一级阶元的类群,低级阶元的类群中又可包含一至多个更低一级阶元的类群,构成一个多层次结构。分类阶元系统的应用是为了给人们提供一种信息,从中能判断出类群之间的亲疏远近的关系。

以人(*Homo sapiens* L.)和水稻(*Oryza sativa* L.)为例可以说明这种阶元系统(见表5-3)。

表 5-3 生物分类阶元系统举例

阶元等级		举例	
中文名	英文名	例 一	例 二
界	Kingdom	动物界(Animalia)	植物界(Plantae)
门	Phylum	脊索动物门(Chordata)	被子植物门(Angiospermae)
纲	Class	哺乳动物纲(Mammalia)	单子叶植物纲(木兰纲,Magnoliopsida)
目	Order	灵长目(Primates)	莎草目(Cyperales)
科	Family	人科(Homonidae)	禾本科(Gramineae)
属	Genus	人属(*Homo*)	稻属(*Oryza*)
种	Species	智人(种)(*Homo sapiens*)	稻(种)(*Oryza sativa*)

在阶元系统中可以找到每一特定类群的位置并判断出其可能的亲缘类群。从上述实例可以看到这两种生物所处的系统位置,在哪一个目、哪一个科、哪一个属……在现存的生物中,已经找不到与人同属、同科的物种;但在稻属中可以找到水稻的亲缘种,如普通野生稻(*Oryza rufipogon*)等。

三、生物的主要类群

长期以来,人们已习惯于将生物分为动物与植物两大类,这实际上就是两界系统。两界系统比较简便,但有时不能反映生物界的复杂性和演化关系。德国生物学家海克尔(E. Haeckel)(1886)曾提出三界学说,把生物分为植物界、动物界和原生生物界,原生生物界中包含单细胞生物和一些简单的多细胞动物和植物。魏特克(R. H. Whittaker)(1969)提出了五界分类系统,根据细胞结构与其他生物的显著差异将具原核细胞的细菌和蓝藻等归为原核生物界,又因营养方式的差别将真菌类从植物界中分出而成为真菌界。

由于病毒类是无细胞生物,不应归类于原核生物界中,因而某些学者主张在五界系统的基础上增加一个病毒界而成为六界系统。另一方面,由于单细胞植物与多细胞植物、单细胞动物与多细胞动物之间存在着天然的密切的联系,因而在实际应用中,植物学家和动物学家通常并未将单细胞生物从植物界或动物界中拿出来放到原生生物界中。我国著名动物学家陈世骧也提出了一个六界系统,他把生物界分为三个"总界":无细胞生物总界,包括病毒界一界;原核生物总界,包括细菌界和蓝藻界两界;真核生物总界,包括植物界、动物界和真菌界共三个界。

(一)病毒界

1. 病毒

病毒(virus)是一类不具细胞结构的生物,它们仅仅由核酸和蛋白质构成,因此也被称为"分子生物"。自然界中病毒种类很多,但已知的仅1 000余种。病毒形态多样,主要特征有:第一,个体微小,尽管病毒大小差异甚大,但大多数介于10~300 nm之间,通常要借助于电子显微镜才能观察到。第二,结构简单,绝大多数病毒仅由核酸和蛋白质构成;蛋白质在外,称为"衣壳";核酸在内,它只能是DNA或RNA中的一种,不可能两者兼而有之。第三,严格的专性细胞内寄生,不能脱离其特异性寄主的细胞而在一般培养基中生活。第四,对抗生素不敏感。

病毒的蛋白质衣壳由数量不等的相同或不同的亚单位构成,它们按一定的规律排列而使病毒具有不同的外部形态。有时在衣壳之外还有一层脂膜包被,但这种脂膜在结构与功能上都与细胞膜有很大的差异。

每个病毒中只含一个DNA分子或一个RNA分子。根据所含核酸的不同,可以将病毒分为DNA病毒和RNA病毒。不同的病毒中,DNA分子或RNA分子有为单链者,也有为双链者。

根据病毒所寄生的细胞的不同,又可将病毒分为植物病毒、动物病毒和噬菌体(phage)。噬菌体是寄生在细菌体中的一类病毒,它们的形态结构较前二类病毒稍复杂一些,有头、尾两部分,头部常为多角形或螺旋状,DNA或RNA就为位于头部的中心。

病毒侵入寄主细胞后,常将其DNA插入到寄主细胞的DNA分子的特定部位上,成为寄主细胞DNA的一部分,并随寄主的DNA复制而一同复制。如果是RNA病毒,病毒中的RNA分子进入细胞后,在反转录酶的作用下从RNA反转录出互补的DNA,而后插入到寄主细胞到DNA分子上,在一定条件下病毒DNA会同寄主DNA一同转录出RNA。在病毒DNA或RNA在细胞内复制的同时,细胞中的代谢结构在病毒DNA的指导下制造病毒的衣壳蛋白,而后将DNA或RNA组装为新的病毒(见图5-12)。

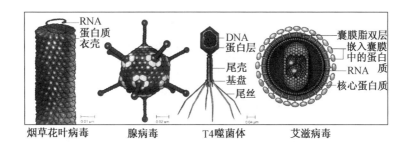

图 5-12 病毒形态结构举例

2. 类病毒

类病毒(viroid)是一类比病毒更为简单的分子生物。它仅为裸露的 RNA,无蛋白质衣壳。目前已经被发现的类病毒仅有数十种。

3. 朊病毒

朊病毒,即朊粒(prion),它只含蛋白质而不含核酸。朊粒能侵入寄主细胞并在细胞中繁殖,引起寄主中枢神经系统病变而死亡。疯牛病的致病因子即是朊粒。朊粒是否属于一类生物尚有争议:它们不含核酸,不具复制和转录功能,与一般生物存在极为显著的差别;但朊病毒有信号分子的作用,能使寄主细胞制造出新的朊粒,因而具有作为生物应有的繁殖能力。

(二)原核生物界

原核生物包括细菌和蓝藻等类群,它们有完整的细胞结构,但细胞为原核细胞,即细胞内虽然有 DNA 作为遗传物质,但没有被包装成细胞核这一结构。

原核生物,加上病毒、真菌及原生生物,通常被统称为微生物(microorganisml)。实际上,微生物并非一个自然类群,而是一个人为组合。

1. 细菌

细菌(bacteria)是一类微小的单细胞的原核生物。其个体大小通常在 500~2 500 nm 的范围,虽较病毒大,但明显小于一般真核细胞,借助于高倍的光学显微镜也仅能观察到它们的外形。根据外形可将细菌分为球菌、杆菌和螺旋菌。

与病毒不同的是,细菌是有细胞结构的生物。细菌的细胞有以下特点:① 除支原体外,所有种类都有细胞壁,但壁的成分是乙酰胞壁酸和肽聚糖,而不含纤维素;② 细胞膜具有与真核细胞膜相似的类脂双分子层结构;③ 无细胞核这一结构,只有一个环状的双链 DNA 分子,它位于细胞内的特定区域,但与周围的细胞质之间没有明显的界限;④ 细胞中无线粒体等细胞器,只有散在的核糖体。此外,部分细菌还有荚膜、鞭毛、菌毛等结构。细菌的模式结构与形态类型见图 5-13。

除不存在吞噬营养外,生物界中的其他各种营养方式在细菌中都存在。多数细菌为异养的,它们必须从自然界中直接摄取有机物,寄生于动植物体内的细菌也属于异养细菌。少数细菌是自养的,其中一类为光合细菌,另一类是化能自养细菌。光合细菌含光合色素,能利用光能,将无机物合成为有机物,但其光合效率远比真核细胞低,而且并不释放

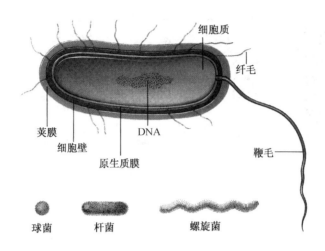

图 5-13　细菌的模式结构与形态类型

氧气。化能自养细菌能将自然界中的无机物氧化,从中获取能量将二氧化碳还原为糖类。

　　细菌通常以细胞分裂的方式进行繁殖,而且分裂能力异常强大,在适宜条件下,每 20 min 就可以繁殖一倍。在条件不良时,多种细菌都可以产生孢子以度过不良环境。

　　自然界中存在的细菌已描述的约有 4 000 多种,除根据大小和形态来区分它们外,通常所说的革兰氏阳性菌和革兰氏阴性菌就是用革兰氏染色法做出的鉴别。此外,放线菌、衣原体、支原体和立克次氏体也是属于细菌类中的特别类群。

　　多数细菌是人、家畜、家禽及作物的病原体,某些细菌是作为共生菌而存在于人的消化系统中并能帮助维持体内微生态环境,某些细菌在工农业生产、环境保护等方面发挥重要作用。

　　2. 蓝藻

　　蓝藻是一类自养的原核生物,它们的形态方面与藻类植物类似,过去常被列入藻类植物中。但由于蓝藻有很多重要的特征与细菌更为一致,尤其是同为原核生物,因此很多学者主张它们应是细菌中的一类,故蓝藻又被称为"蓝细菌"。

　　地球上至少在 30 亿年以前就有了蓝藻,蓝藻进行光合作用产生氧气,这是大气中最早出现的氧气的主要来源,对此后生物界的繁盛有重要作用。

　　现存的蓝藻约有 1 500 种,多生于淡水中,也有少数生于海水者。它们有较强生活力,能在一些不适合其他生物生活的环境中生存,在水温 70℃ 以上的温泉中也发现有它们的踪迹。单细胞蓝藻通常以细胞分裂方式繁殖,丝状体的蓝藻以形成藻殖段等方式进行营养繁殖,也可以产生无性孢子进行无性生殖。常见的或重要的蓝藻类群有:颤藻属(*Oscillatoria*)、念珠藻属(*Nostocs*)等。螺旋藻属(*Spirulina*)原产非洲,是富有营养的食用蓝藻。螺旋藻的养殖和加工现已成为重要产业。

　　（三）原生生物界

　　与原核生物不同的是,原生生物与真菌、植物、动物一样具有真核细胞。真核生物的细胞都具有真正的细胞核和线粒体、内质网、高尔基体及质体等多种细胞器。在显微镜下可以观察到细胞核是一个与细胞质有明显界限的区域,有核膜、核仁等结构。真核细胞的细胞核和各种细胞器的产生使细胞内的功能分化更趋完美,真核植物是植物进化的主流,地球上现存生物中的绝大部分种类都是真核生物。

表 5-4　原生生物的主要门类及代表种类

门　类	细胞结构	光合色素	营养类型	运动能力	代　表　种　类
裸藻门 (Euglenophyta)	单细胞,无细胞壁,有载色体	叶绿素 a/b,α-/β-胡萝卜素,叶黄素	多光合自养	具鞭毛,能游动	裸藻属(眼虫属,*Eugle-na*)
绿藻门 (Chlorophyta)	单细胞、群体至多细胞,有细胞壁和载色体	叶绿素 a/b,α-/β-胡萝卜素,叶黄素	光合自养	运动或固着	衣藻属(*Chlamydo-monas*,单细胞),团藻属(*Volvox*,群体),水绵属(*Spirogyra*,丝状体),石莼属(*Ulua*,叶状体)
金藻门 (Chysophyta)	单细胞或群体,有细胞壁和载色体	叶绿素 a/c,β-胡萝卜素等	光合自养	无或有鞭毛,能游动	滴虫属(*Ochromonas*,具鞭毛),舟形藻属(*Navicula*,无鞭毛)
褐藻门 (Rhaeophyta)	多为多细胞,有细胞壁和载色体	叶绿素 a/c,叶黄素等	光合自养	常固着	海带属(*Laminaria*)
红藻门 (Rhodophyta)	多为多细胞,有细胞壁和载色体	叶绿素 a/d,β-胡萝卜素,藻红素等	光合自养	常固着	紫菜属(*Porphyra*)
粘菌门 (Myxomycota)	营养期单细胞、无细胞壁、无载色体,生殖期有细胞壁	无	吞噬性异养	营养期能作变形运动,生殖期固着	发网菌属(*Stemonites*)
根足虫门 (Rhizopoda)	单细胞,无细胞壁,无载色体	无	吞噬性异养	能作变形运动	大变形虫(*Amoeba proteus*),痢疾变形虫(*Entamoeba histolytica*)
顶复体门 (Apicomplexa)	单细胞,无细胞壁,无载色体	无	寄生性异养	不运动	疟原虫属(*Plasmodium*)
纤毛虫门 (Ciliophora)	单细胞,无细胞壁,无载色体	无	吞噬性异养	具纤毛,能游动	大草履虫(*Paramecium caudatum*)

　　原生生物与其他真核生物的区别在于前者的生命有机体的结构十分简单,其个体均为单细胞、单细胞组成的群体或为简单的多细胞结构。但原生生物各类群的特征却是复杂而多样的,有光合自养者也有其他各种异养方式者,有能运动的也有固着生活的……因此,这类生物以往常作为"藻类植物"归入植物界中,或者作为"原生动物"归入动物界中。

　　原生生物共有约 50 000 种,可分为 20 多个门,它们多生活于海洋、湖泊、池塘、溪流等各种大小水体中,也有不少种类生活于其他生物体内或体表,与其他生物形成寄生或共生关系。

（四）真菌界

真菌（fungi）是真核异养生物，它们的细胞内没有光合色素，不能进行光合自养。大多数真菌是腐食性营养或吸收营养，只有黏菌具有吞噬营养方式。

由于真菌常营固着生活，细胞具细胞壁，过去常将它们归入植物界。在五界或六界系统中，都将真菌类单独作为一个界，这是一个大的类群，已有记载的物种达 10 万种以上，它们的主要特征：① 营寄生或腐生生活，细胞内无光合色素和质体；② 细胞具细胞壁，主要成分为几丁质和纤维素，而高等种类中以几丁质为主；③ 除少数单细胞真菌（如酵母）外，大多数种类的生物体由菌丝（hyphae）构成，菌丝为纤细的管状体，不同种类的真菌的菌丝有单列多细胞组成的，有隔菌丝及含多个细胞核的无隔菌丝两种类型；④ 细胞内的储藏物质为肝糖原而不是淀粉。真菌的繁殖方式多样，除少数酵母能以细胞分裂的方式进行繁殖外，多数种类产生各种类型的无性孢子进行无性生殖，或者通过有性结合过程而产生有性孢子进行有性生殖。许多真菌在有性生殖时会产生一种结构，即子实体，蘑菇、木耳等食用真菌的可食部分就是其子实体。

根据菌丝结构及有性生殖过程中的差异将真菌亚界分为 4 个门：① 藻菌门（Phycomycetes）：约有 1 500 种，菌体为单细胞或由无隔多核的菌丝所组成。② 子囊菌门（Ascomycota）：约有 35 000 种，除酵母菌类等少数种类为单细胞类型外，都是由有隔菌丝组成的菌丝体，有性生殖时产生子囊和子囊孢子。③ 担子菌门（Basidiomycota）：是一类高等真菌，约有 25 000 种，其菌丝体都由有隔菌丝组成，有性生殖时产生担子和担孢子。④ 半知菌门（Deuteromycetes）：约有 25 000 种，目前对它们的特征尤其是有性生殖过程尚未完全了解，一旦研究清楚其有性生殖的特征后即有可能归入子囊菌门或担子菌门。

（五）植物界

植物是一类光合自养的真核生物，虽然蓝藻、自养细菌及部分原生生物（藻类）也能起同化作用，但地球上的有机物主要是由植物来制造的。植物光合作用利用光能将空气中的二氧化碳合成为有机物并放出氧气，使光能转化为有机分子的化学键能，它一方面为异养生物提供了赖以生存的食物，另一方面对维持地球大气成分的稳定起重要作用。

植物体为较为复杂的多细胞结构且都进行固着生活。植物细胞除具一般真核细胞所具有的细胞核、细胞器等结构外，还有其特有的结构：① 细胞壁，初生壁主要含纤维素，次生壁则有栓质、木质等成分，相邻细胞的壁之间以果胶层相胶连；② 质体，这是一种双层膜结构的细胞器，有白色体、叶绿体和有色体三种，叶绿体是光合作用的重要场所；③ 液泡，它是由单层膜包围着的细胞液，在成熟的细胞中可能占据一半以上的空间。

地球上现存的植物有 50 万种，可分为 10 个门。其中裸蕨植物门、石松植物门、楔叶植物门和真蕨植物门习惯上合称为"蕨类植物"，苏铁植物门、银杏植物门、松柏植物门和买麻藤植物门习惯上合称为"裸子植物"。

植物界起源于水生的藻类（可能是绿藻），逐渐向适应陆生环境的方向演化。在植物的演化历史中，发生几次重要的事件：第一，维管组织的出现，除苔藓植物外的其他各大门类植物均有了维管组织，维管组织构成了植物的输导系统，其中的木质部向上运输由根部吸收的水分和无机物，韧皮部向下运输由叶中合成的有机物，维管组织的出现是一个巨大的进步,它使得植物能更好地适应陆生生活。第二,种子的出现,胚是由合子(受精卵)发育成的植物雏体,所有植物的生活史中都要经历胚的阶段,但苔藓植物和蕨类植物的胚并未被"包装"成种子,因此其繁殖过程主要依赖与孢子的扩散;裸子植物和被子植物的雌性繁殖器官中都有胚珠,卵在胚珠中产生并经受精而发育为胚,胚由胚珠的珠被包裹而成为种子。第三,果实的出现,只在被子植物才有果实,果实由受精后的雌蕊发育而成;裸子植物虽有种子,但其种子是裸露在外的。此外,所有植物的生活史中有着孢子体世代与配子体世代的世代交替:孢子体是二倍体,其孢子囊中的细胞经过减数分裂后即产生单倍体的孢子,孢子萌发为配子体,配子体产生的配子(精子和卵)经过受精作用而形成二倍体的合子(受精卵),合子萌发又形成新的孢子体。在植物界的演化过程中,配子体逐步退化,孢子体却一步步发达起来。植物界的主要门类见表5-5。

表5-5　植物界的主要门类

门　类	归　类　及　依　据		
	维管系统存在与否	繁殖方式	是否具真正的花
苔藓植物门	苔藓植物		
裸蕨植物门			
石松植物门	蕨类植物	孢子植物	
楔叶植物门			
真蕨植物门			
苏铁植物门	维管植物		
银杏植物门	裸子植物		
松柏植物门		种子植物	
买麻藤植物门			
被子植物门	被子植物		有花植物

(六)动物界

动物是一类能运动的真核生物,其营养方式为吞噬异养,只有少数为寄生性异养。除原生动物为单细胞外,绝大多数动物为多细胞且有复杂的形态结构。动物细胞具有一般真核细胞所具有的细胞核、细胞器等结构。但与植物细胞相比,动物细胞没有细胞壁、质体和液泡等。

所有多细胞动物无论其结构多么复杂都是由一个受精卵发育而来的。由一个受精卵细胞经过许多次细胞分裂而形成一个生物幼体(胚胎)的过程为胚胎发育。多细胞动物的胚胎发育过程大致有以下几个阶段:① 受精卵开始进行同步的均等分裂(卵裂),形成一个多细胞的实心幼胚。② 实心幼胚继续发育,细胞排列到表面成一层,中央为充满液体的腔,此时为囊胚。③ 囊胚之后细胞开始分化并内褶为一新的腔,即形成了具内、外两个胚层的原肠胚。④ 在原肠胚的内外胚层之间还会发生中胚层。3个胚层继续发育分别形成各种组织和器官。低等动物(包括海绵动物和腔肠动物)只形成内胚层和外胚层两个胚层,而高等动物则发育出中胚层。

地球上的动物经历了由简单到复杂、由低级到高级的进化历程,形成许多个形态、结构不同的类群,现存的种类有150万种以上,可以分为34个门。动物界的主要门类见表5-6。

表 5-6 动物界的主要门类

门　类	胚胎发育	口的来源	脊索存在与否
多孔动物门	低等动物		
腔肠动物门	(不具中胚层)		
扁形动物门			
纽虫门			
线形动物门			
轮虫门			
软体动物门		原口动物	无脊椎动物
环节动物门	高等动物	(口来自胚孔)	
蜡虫门	(具中胚层)		
节肢动物门			
帚虫门			
腕足动物门			
棘皮动物门		后口动物	
脊索动物门		(口非来自胚孔)	脊椎动物

节肢动物门(Arthropoda)是无脊椎动物发展的最高峰,也是整个动物界以至地球上所有生物中最为繁盛的一大门类,已知的种类有1 260 000种之多,约占动物界物种总数的84%,而这其中又以昆虫类占绝大多数。脊索动物门(Phylum Chordata)是动物界中最高级的一个类群,共约有45 000种,分为3个亚门:尾索动物亚门(Urochordata)、头索动物亚门(Cephalochordata)和脊椎动物亚门(Vertebrata)。脊椎动物亚门是脊索动物门的主体,包括了圆口纲(Cyclostomata)、软骨鱼纲(Chon- drichthyes)、硬骨鱼纲(Osteichthyes)、两栖纲(Amphibia)、爬行纲(Reptilia)、鸟纲(Aves)和哺乳纲(Mammalia),见图5-14。

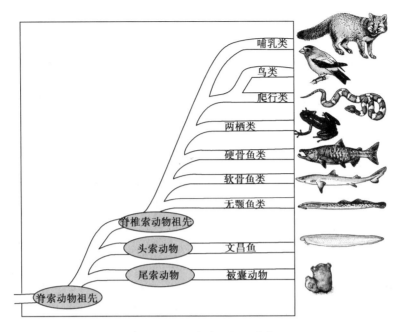

图 5-14　脊索动物的演化

第五节　生 物 与 环 境

　　生物都生活于一定的环境之中,它们不能脱离环境而生存。一方面,环境给生物提供必需的生存条件,同时对生物的生长、发育、繁殖等各方面施加影响;另一方面,生物又能反过来影响环境使环境发生改变。生物与环境之间存在着一种相互依存、相互制约的错综复杂的关系,而生态学(ecology)正是研究生物与环境的学科。

一、生物的环境制约

（一）生物的环境与生态因子

　　环境是指某一特定生物体或生物群体以外的空间及直接或间接影响该生物体或生物群体生存的一切事物的总和。环境总是相对于某一生物体或生物群体而言的,离开了主体也就无所谓环境。环境科学通常是以人类为主体,环境是指围绕着人群的空间以及其中可影响人类生活和发展的各类因素的总和。而生态学是以一般生物为主体,环境是指围绕着生物体或群体的空间及其中的一切生物的总和。

　　对于某一种生物而言,它周围的一切都属于它的环境。直接或间接地对生物产生影响的环境因素多且复杂,按其性状可以分为非生物因素(物理因素)和生物因素。

　　1. 非生物因素

　　（1）光

　　除极少数自养生物能氧化自然界中的无机物以从中获取能量外,日光是地球上一切生物的最原始的能源。地球每年从日光接受约4.5×10^{24} J 的能量,这其中约有 30% 被云层等反射到外层空间,20％为大气层所吸收,只有约50％到达地球的表面。在这50％的能量中,仅有0.1％被生物所利用。光合自养生物(主要是绿色植物)将这些光能转化为化学能,储存于有机分子中。地球上除自养生物之外的所有生命,都是依赖光合自养生物合成的这些有机分子而生长、发育和繁衍后代的。

不同波长的光对生物的作用不同。绿色植物主要吸收可见光中的蓝紫光及红光。红外光是热射线,地表的热量主要来自红外光。外热动物(变温动物)依靠"晒太阳"升高体温,主要就是依靠日光中红外光的作用。日光中含有紫外光成分,紫外光有强烈的杀菌作用,同时也有破坏核酸与蛋白质结构的能力,因而可能导致基因突变。大气中的氧气及臭氧层都有吸收部分紫外光的能力,因此对臭氧层的保护至关重要。

除光合作用外,光对动、植物的生活和生长发育都有影响。动物的热能代谢、行为、生活周期和地理分布等都直接或间接受光照的影响。夜出性动物及穴居动物需光极少,但多数动物有趋光性,只有在光照下才有活动。动物的昼夜节律以及蛰伏、繁殖、换毛等周期性活动都与光照周期的长短有关。有花植物的开花也与光周期诱导有关,有长日照植物与短日照植物之分。动物的色素是对光照的适应,对短波辐射有保护作用。

除了日光之外,自然界中的其他辐射如宇宙射线、γ射线、X射线等对生物也有一定影响。它们的能量远高于日光,其作用主要是引起生殖系统、胚胎发育以及遗传特性的改变。低等生物对这些射线常常具有较高的抗性,高等生物则较为敏感。

(2)温度

在各种物理因素中,温度对生物的影响最为显著。温度影响生物的新陈代谢过程,因而也影响生长发育的速度以及生物的数量与分布。此外,温度还常通过影响其他环境因子对生物起间接的作用。

生物的生存有一定的温度范围,和宇宙巨大的温度变化幅度相比,生命的生存幅度是很小的。干燥的细菌孢子对温度的耐受性很强,能耐受130℃的高温和－250℃的低温,但是多数生物只能生活在较窄范围内,且各类生物的抗寒与抗热能力十分不同。

在可耐受的温度范围之内,生物的生长发育及各种生理活动一般都是随温度上升而加快,在最适温度中生长发育最快,超过最适温度时,生长发育又会有所下降。植物必须在一定温度条件下才能发芽。昆虫完成一定的发育阶段需要一定积温(即温度随时间的积累),根据有效积温法则,可以推算出害虫可能发生的时期与世代数,这是常用的一种预测预报害虫发生期的方法。

低温对生物的伤害可以分为冷害和冻害。冷害是指喜温生物在0℃以上的温度条件下受到的伤害,它是喜温生物向高纬度地区引种或扩展的主要障碍。冻害是指冰点以下的低温使生物体内形成冰晶而造成的损害,因为冰晶的形成会使细胞的膜系统破裂并使蛋白质失活与变性。

温度能影响生物的行为。在炎热干旱的沙漠中,动物多在夜间活动,白天隐蔽于洞穴或阴凉处。许多动物有冬眠或夏眠的习性。但鸟类和哺乳类等恒温动物有较高的热能代谢水平,能靠自身代谢产热维持体温,因而受外界温度的影响较小。

温度也是决定生物分布的一个重要因素,因此,一些温带作物不能在热带生长、热带作物也不能在北方栽种。动物的区系分布也主要决定于温度。低温对生物分布的限制作用更为明显,对于植物和变温动物而言,决定其水平分布的最高纬度界限和垂直分布的最高海拔高度界限的主要因素就是低温,这些生物的分布界限有时十分清楚。对恒温动物而言,温度对其分布的直接影响较小,但通常能通过影响其他生态因子(如食物等)而间接影响其分布。

（3）湿度和水分

水是生物体的重要组成部分,是生物生存必不可少的条件。一般高等植物体含有 $60\%\sim80\%$ 的水分,有的甚至达 90% 以上。但另一方面,水分过多对植物反而不利,水多时土壤通气不良,含气量减少,影响植物根部的呼吸。

动物体也含大量水分。鱼类含水约 70%,腔肠动物含水量可高达 99%。初生的婴儿含水量约为 72%,成人含水量则减少到 65%。动物失水的结果常比饥饿更为严重。

动物的失水,可由减少体内水分的消耗和从体外取得水分来补偿,有些水生动物可通过体表吸收水分。两栖动物甚至可从空气中吸取水分,但主要的水来源仍是饮水及食物中的水分。另外还有一个来源为代谢水,即糖与脂肪氧化时产生的水。有些动物摄取的食物含水很少,它们主要依靠代谢水作为水源。

水分及湿度对于生物的生长发育及生殖力也有一定影响。低湿可以抑制新陈代谢,高湿可以在一定限度内加速发育。仓库害虫必须在粮食含水量达 13% 以上才能大量繁殖。但许多其他害虫在低湿情况下反而发育快、产卵多。啮齿类动物(鼠类)在食物中含水量减少时生长即受阻碍。

降雨是影响湿度及水分的一个特殊因素,同时使气温降低,因而对动物的生活有间接的影响。但暴雨可有直接作用,可以使蚜虫大量死亡,因此雨季来临后,蚜虫不会大量发生。长期的雨水,甚至会引起小型鸟类和各种无脊椎动物的死亡。相反,降雨造成的临时积水,却提供了某些动物的生活场所。

（4）化学因素

环境的化学因素是多方面的,但对不同类型的生物的影响程度有很大差异。对于陆生生物而言,环境中化学因素主要是指大气成分;而对于水生生物而言,化学因素主要是指水体中的盐分与酸碱度。

大气中,氧约占 21%,氮约占 78%,二氧化碳约占 0.03%,此外还有少量的水蒸气及惰性气体。二氧化碳是植物进行光合作用的必需原料,因而也是制造一切生命物质的碳源。二氧化碳是阻挡大气层外的紫外线辐射的屏障,但其含量过高则有抑制陆生动物生长发育的作用,甚至引起昏迷及死亡。氧是除厌氧生物之外的一切生物呼吸所必需的。氧在细胞代谢中的主要功能是作为氢的最终受体,它和氢结合而形成水。氧对脂肪、糖及蛋白质的氧化作用是动物获得能量的主要来源。氧供应缺少时,代谢率就降低,生长发育都受影响,有时甚至引起死亡。各种动物都有一些适应于摄取氧及保留氧的机能结构(如血红蛋白、昆虫的气管系统等),但这种能力是有限的。氮是生物体的主要成分,但是大气中的分子氮除固氮菌可以利用外,对于大多生物没有直接的用处。

在水生环境中,盐分是最重要的。水中盐分决定了离子浓度,因而决定了水体的渗透压,这影响到水生生物的吸水或失水。按照盐分与生物的关系,可把水生生物分为两类:变渗压的及恒渗压的。前者体液的浓度随周围水中盐分浓度的改变而改变;后者则维持一定的渗透压,不受外界盐分浓度的影响。水中盐分的多少,对于动物的大小与繁殖也有一定影响。

水的酸碱度对水生生物有重要影响。深海海水的酸碱度 pH 值约为 8 左右,大面积的淡水水域酸碱度也较稳定,pH 值在 6～9 之间。雨水由于溶解了空气中的二氧化碳,所以是偏酸的(pH5.6 左右)。沼泽地中腐殖质多,水质多为酸性(pH 值低于 5)。大多水生生物都是喜中性或微碱性的水生环境的,所以酸性的沼泽地中除一些嗜酸的植物、动物外,很少有其他生物,也有一些生物则能适应宽幅度的酸碱度。海洋和湖泊等水域有较强的调节 pH 的能力,这是由于水域中存在着碳酸—碳酸盐缓冲系统,但是如果环境污染(酸雨、酸性或碱性废水排放等)超过了水域的调节能力,水域的 pH 就要发生变化,生物的生存和发育就要受到影响。

(5) 土壤因素

土壤是由地壳表面的风化层和其中的生物以及生物死亡后分解而产生的腐殖质所构成。土壤为陆生植物提供了固着的基地,也提供了矿物质和水,为很多细菌、原生生物、真菌、多种地下动物(如线虫类)、各种地下昆虫等提供了栖息地。反过来,这些生物的生长代谢又为土壤输送多种有机质,并由此而不断地改变土壤的结构。所以土壤不仅是生物赖以栖息的环境,还是生物活动的产物。没有生物的存在和生物的代谢活动,地壳就不可能有现在这样的土壤。土壤中除空气和水外,它的固体物包括无机的矿物质和有机的腐殖质两大部分。

矿物质部分可根据颗粒大小而分为砂、粉砂和黏土三类。砂的主要成分是二氧化硅,颗粒较大,含空气多,通气性好,但含水和矿物质少,不足以供应植物生长之需。黏土由含铝的矿物质颗粒构成,颗粒极细,虽含有水和矿物质,但空气极少,根在其中呼吸困难,易于死亡。砂壤土是不同量的砂、黏土、粉砂等的混合物,因而具有各种成分的特性,既有较好的通气性,又能保存较多水和矿物质,腐殖质也较多,适于植物生长。

腐殖质是生物尸体分解过程中的产品,是各种分解产物如腐殖酸以及蛋白质、糖类等的降解产物以及生物体腐烂碎屑的混合物。腐殖质一般都是暗色的,即黑灰色或黄褐色的。腐殖质有保持土壤通气性和水分的功能。土壤中绝大部分氮化合物都是腐殖质继续分解而产生的,所以腐殖质有提高土壤肥力的作用。

土壤的酸碱度在不同地区是不同的,因而不同地区的土壤中的生物种类也有所不同。不同酸碱度的土壤往往含有不同的矿质成分。pH 值为 6～7 的微酸性土壤,含有效无机盐离子最多,因而适于植物的生长。碱性土壤中含钙较多,铁、硼、锰、锌等则较贫乏。酸性土壤中,钙、镁、钾、铁、磷、钼等均较贫乏。多数植物喜生活于中性土壤中,但有些植物喜生活在酸性或碱性土壤中。

土壤是比较稳定的环境,它的温度、湿度、酸碱度等除了表层以外都是很少变化的。所以它是不同类型生物很好的栖息场所,对于羞光动物更是一个理想的庇护所。但是土壤在一定情况下,也有可能发生温度、湿度等的巨大变化。土温太高(超过 42℃)时,土壤中栖息的某些节肢动物就会死亡。土壤温度季节性的改变,使某些土栖昆虫及蚯蚓等发生垂直性的迁移:冬季表层温度低时,它们向下迁移;夏季温度升高,它们向上迁移。土壤湿度也可引起类似的改变:湿度过高时土壤中昆虫的幼虫即向上迁移,水分过多时甚至可引起其死亡。反之,土壤过分干燥时也可引起某些动物的死亡。

2. 生物因素

每一种生物都是生活在特定的生物群落之中,它的周围总是有其他的多种生物。生物与生物之间包括同种的生物之间和不同种的生物之间的关系是错综复杂的,彼此之间产生的影响可能是有利的、有害的或者是中性的。自然界中生物之间的相互关系主要有以下几种类型。

(1)捕食

动物大多是吞噬营养的,素食动物以植物为食,肉食动物则要捕食其他动物。真菌大多是腐食性营养的,但有些真菌却是捕食性的,如土壤中的某些真菌能以菌丝缠绕土壤或水中的线虫并分泌酶液消化而后吸收之。绝大部分植物都是光合自养的,但也有食虫植物能以特化的器官(如捕虫叶)来捕捉小动物并消化、吸收之。

捕食者捕食被捕食者时,最易被捕到的是体弱或有病的个体,这实际上帮助被捕食者淘汰了弱劣个体而提高了种群基因库的质量。除了不同种间的捕食关系之外,同种之间也有自相残食的现象,尤其是在食物减少到种群数量不能维持时,这种现象就最有可能发生。这是一种适应,牺牲一部分弱劣个体而保证了种群的生存。

捕食者与被捕食者不是固定不变的,一种环境下的捕食者到了另一种环境中就可能是被捕食者。在自然界捕食者和被捕食者经常保持平衡的关系。捕食者能得到大量食物时,繁殖加快,数目增加,被捕食者数目就会越来越少,反过来捕食者又会因食物不足而数目逐渐减少,被捕食者的数目又会逐渐上升。所以两者的关系总是维持一个波动的平衡状态。但捕食者与被捕食者的动态平衡关系只有在没有人或其他外来因素干扰的情况下才能实现,人类的过度狩猎和外来种的不适当引入都有可能将这种捕食者与被捕食者之间的数量平衡打破。

(2)竞争

竞争是指不同生物争夺同一食物或同一栖息地的现象,是生物间常见的另一种关系。它可能发生在种间,也可以发生在种内。从理论上说,一生殖率高、取食力强的物种的个体可以淘汰另一生殖率低及取食力弱的物种的个体,这种情况在实验室的比较单纯的实验种群中是可以出现的。自然环境中通常没有这种单纯的环境,因而极少有竞争导致某一物种的个体被淘汰的现象。

(3)寄生

生活在一起的两种生物,如果一方获利并对另一方造成损害,这种关系就是寄生。寄居在别的生物体上并获利的一方为寄生物,被寄居并受害的一方为寄主。寄生与被寄生的关系虽然是一方受益而另一方受害的关系,但在自然界中,寄生物与寄主竞争或协同进化的结构使两者达到一种平衡:寄生物为害寄主,寄主则产生了抵抗能力。

(4)共生或共栖

自然界中有一些物种彼此之间产生了一种互相依存的互利关系,这种互利关系已达到一种非常密切的程度,如果失去一方,另一方就不能正常生存,这种密切的关系就是共生。地衣就是藻类与真菌的共生体。与共生类似的一种种间关系为共栖:两种生物生活在一起,一种受益,但对另一种并没有影响,这种关系又称为"偏利"。人的肠道中就存在许多共栖的细菌,它们一般对人体无害。

（5）化学互助和拮抗

生物与生物之间除捕食、竞争、寄生、共生和共栖等之间的关系之外,还存在一些间接的关系,如通过化学物质而实现的互助和拮抗关系。一种生物产生的化学物质能促进另一种生物或同种的生物的生长和繁殖,为化学互助。土壤微生物产生的化学物质使土壤活化、变得肥沃,有利于植物生长,这就是一种化学互助作用。如果一种生物产生并释放某些化学物质能抑制另一种或同种的另一些生物的生长和繁殖,就是化学拮抗。如青霉菌能分泌青霉素使周围的细菌死亡,青霉菌因杀死细菌除去了食物的竞争者而从中受益。

（二）生态因子的作用特点

生态因子对生物的作用有以下特点：第一,综合性,每一生态因子都是在其他生态因子的相互影响、相互制约中起作用的,任何一个单因子的变化都会在不同程度上引起其他因子的变化。第二,非等价性,对生物起作用的诸多因子不是等价的,其中必有一两个是起主要作用的主导因子。第三,不可替代性和互补性,生态因子虽然是非等价的,但都不可缺少,一个因子的缺少不能由另一个因子来代替,但某一因子的不足有时可以靠另一因子的加强来补偿。第四,限制性,生物在生长发育的不同阶段往往需要不同的生态因子或要求生态因子的不同强度,因此某一生态因子的有益作用常常只局限在生物生长发育的某一阶段。

（三）限制因子与最小因子定律

生物的生长发育涉及环境中的多种因素。在这些因素中,如果某一因素的量只是某一生物所需的最低量,而其他因素的量都比较丰富,这一最低量的因素就是该生物生长的限制因素,因为它限制了这一生物的生长。降低这一因素的含量,这一生物就不能生长。限制因素可以是一个,也可以是两个或多个。例如,在培养一种细菌时,如果在别的条件不变时,提高培养液中蛋白质的含量,细菌就长得快,降低则长得慢。蛋白质的量就是一个限制因素。如果蛋白质含量和其他条件不变,把温度从 20℃提高到 25℃,细菌繁殖加快,那么温度也是一个限制因素了。

所谓最低量定律是指各种生物的生长速度受它所需的环境因素中最低量因素的限制。例如,谷物产量往往不受水和二氧化碳含量所限,而是受控于一些需要量很少的因素,如硼、锰等。水生植物光合作用的效率不受日光和水的限制,而受水中二氧化碳含量的限制,增多水中二氧化碳就能使光合作用加快,所以在这里二氧化碳是限制因素。最低量定律一般情况下是正确的,但各种因素的互相影响也值得注意。例如,植物在阳光下生长比在阴暗处生长需锌量高。因此同一土壤中的含锌量对于阳光下的植物可能是限制因子,对于阴暗生长的植物就可能不是限制因子了。

二、生物对环境的适应性

（一）生物对温度的适应

1. 生物对低温环境的适应

长期生活在低温环境中的生物常会表现出很多明显的适应性特征,如高纬度地区和高海拔山区植物的芽和叶片常受到油脂类物质的保护,芽具鳞片,植物体表面生有蜡粉和密毛,植株矮小并常呈匍匐状、垫状或莲座状等。这些形态有利于保持较高的温度,减轻严寒的影响。生活在高纬度地区的恒温动物,其身体往往比生活在低纬度地区的同类个体大,因为个体大的动物,其单位体重散热量相对较少。另外,恒温动物身体的突出部分如四肢、尾巴和外耳等在低温环境中有变小变短的趋势,这也是减少散热的一种形态适应。恒温动物的另一形态适应是寒冷地区和寒冷季节增加毛和羽毛的数量和质量或增加皮下脂肪的厚度,从而提高身体的隔热性能。

　　2. 生物对高温环境的适应

　　生物对高温的适应性也在形态结构上表现得很明显。高温地区的植物表皮上常生有密绒毛和鳞片,能过滤一部分阳光;有些植物体则呈白色、银白色、叶片革质发光,能反射一大部分阳光,使植物体免受热伤害;还有些植物的树干和根茎生有很厚的木栓层,具有绝热和保护作用。动物对高温环境的一个重要适应就是适当放宽其恒温性,使体温有较大的变幅,这样在高温炎热的时刻身体就能暂时吸收和储存大量的热并使体温升高,尔后在环境条件改善时或躲到阴凉处时再把体内的热量释放出去,体温也会随之下降。昼伏夜出和穴居是沙漠啮齿动物躲避高温的有效行为适应,因为夜晚湿度大、温度低,可大大减少蒸发散热失水,特别是在地下巢穴中,这就是所谓"夜出加穴居"的适应对策。

　　(二)生物对水环境的适应

　　水的密度比空气大约大 800 倍,稠密的水能对水生生物起支撑作用,但即便如此,水中漂游的动物还须有特殊的结构克服下沉的趋势。很多鱼体内部有鳔,使鱼体增加浮力;水生植物的茎、叶中有细胞围成上下贯通的空腔作为通气组织,这一方面有利于气体交换,另一方面也可帮助其枝叶在水体中漂浮,生活在浅水中的大型海藻也有类似的充气器官。很多单细胞浮游植物体内含有比水密度更小的油滴,抵消了下沉的倾向;大型海洋生物常利用脂肪增加身体的浮力。

　　水具有较高的黏滞性,对动物在水中的各种运动形成较大的阻力,因此快速移动动物的体形往往呈流线型,鱼类及哺乳动物中的鲸类具有符合流体动力学原理的理想体型。由于水的浮力比空气大得多,因此重力因素对水生生物大小的发展限制较小,某些鲸类的身长可达 30 m 以上,体重可达 100 t,而陆地最大动物大象的体重只有 7 t。

　　每升水中的含氧量最高为 10 ml,这只相当于空气含氧量的 1/20,因此溶解氧是水生生物最重要的限制因素之一。在每升水含氧量为 7 ml 的情况下,水生生物每获得 1 g 氧气,必须让100 000 g的水流过它的鳃,而陆地动物每获得 l 克氧气只需吸入 5 g 空气就足够了。水生动物的鳃具有极大的表面积,因而能更有效地利用水中的氧气,但它们仍须为此付出比陆生动物更多的能量代价。相比之下,水生植物的情况要好得多,因为植物本身能进行光合作用并释放出氧气,水生植物体内的通气组织则可以保证植物体各个部分之间气体的运输和交换。

　　(三)生物的光周期现象

　　动物和植物长期生活在具有一定昼夜变化格局的环境中而形成了各类生物所特有的对日照长度变化的适应方式,这就是生物的光周期现象,如植物在一定光照条件下的开花、落叶和休眠,以及动物的迁移、生殖、冬眠和换毛、换羽等。

　　根据对日照长度的适应类型,可把植物分为长日照植物和短日照植物。长日照植物通常是在日照时间超过一定数值才开花,短日照植物通常是在日照时间短于一定数值才开花。了解植物的光周期现象对植物的引种驯化工作非常重要,引种前必须特别注意植物开花对光周期的依懒。园艺工作者也常利用光周期现象人为控制开花时间,以便满足观赏需要。

鸟类的光周期现象最明显,很多鸟类的生殖和迁移都是由日照长短的变化引起的。由于日照长短的变化是地球上最严格和最稳定的周期变化,所以是生物节律最可靠的信号系统。日照长度的变化对哺乳动物的生殖和换毛也具有明显的影响,有些种类是随着春天日照长度的逐渐增加而开始生殖的,这些种类可称为长日照兽类。还有一些种类总是随着秋天短日照的到来而进入生殖期,这些种类属于短日照兽类。此外,鱼类和昆虫也有明显的光周期现象。

三、生物的协同进化

自然界生物与生物之间存在着复杂的关系。有些生物之间的关系十分密切,如捕食者与被捕食者、寄生者与寄主、植物与传粉的动物等,其中一方成为另一方的选择力量,因而在长期的进化过程中发展出互相适应的特征。以捕食者与被捕食者为例,在捕食者的选择压力作用之下,作为被捕食者种内发生变异时防御能力较强的个体被选择而更多地保留下来,被捕食者的整个种群的防御能力就得以加强,捕食者也就会相应地发展克服被捕食者防御能力的机制,否则就要因为不能适应新的条件而被淘汰。这种生物与生物之间互相适应而导致的共同进化现象就是协同进化。

植物的花的结构对作为传粉者的昆虫的选择,也导致植物与昆虫的协同进化。植物的花靠鲜艳的花被和香气作为诱物来吸引昆虫传粉,而昆虫则得到花蜜或部分花粉等食物作为报酬。不同类群的植物产生了形形色色的花以提高虫媒传粉的效率,而昆虫则在口器等结构上产生许多变化以适应花的结构。经过长期进化过程后,有些植物的花只能适应某一类昆虫传粉。在一些热带的兰科植物中,花的结构对昆虫传粉的适应更是精妙无比,由于花的结构的特化,通常一种兰花只有一种昆虫作为专性传粉者。

思 考 题

1. 为什么说,地球孕育了生命,生命又孕育了地球?

2. 地球自诞生之日起就有生命存在吗?地球上的生命是如何形成的?

3. 生物有哪些共同属性?组成生命的物质又有哪些?生物大分子是指哪些物质,它们各自在生物体内起何作用?

4. 生命有哪些结构层次,各层次之间是何关系?

5. 基因的本质是什么?DNA 如何发挥其遗传物质的作用?

6. 细胞有哪两种基本类型,它们在结构上的区别是什么?

7. 生物膜存在于细胞的哪些部分,它的基本结构如何,能起什么作用?

8. 什么是种群,什么是群落?为什么说是种群而不是个体作为进化的基本单元?

9. 概括达尔文的自然选择学说,用现代遗传学观点分析其不足之处。

10. 物种是如何形成的？你认为它是否为客观存在的单元？
11. 人在生物界中的系统地位如何,有何生物学特征？现代人经历怎样的演化历程？
12. 生物多样性是如何发生的,它包括哪几个层次？如何理解生物多样性的价值？
13. 为什么要对生物进行分类,怎样才是好的分类？
14. 概括生物界主要类群及其主要特征。
15. 什么是环境？什么是生态因子？生态因子的作用有何特点？
16. 生物是如何适应环境的,生物与生物之间是如何相互适应的？

参 考 文 献

[1]　陈阅增. 普通生物学. 北京:高等教育出版社,1997

[2]　程红,等. 生命科学导论. 北京:高等教育出版社,2000

[3]　麦克尼利,等. 保护世界的生物多样性. 薛达元,等译. 北京:中国环境科学出版社,1991

[4]　文祯中,陆健健. 应用生态学. 上海:上海教育出版社,1999

[5]　张大勇,等. 理论生态学研究. 北京:高等教育出版社,2000

[6]　彭奕欣,黄诗笺. 进化生物学. 武汉:武汉大学出版社,1997

[7]　童鹰. 现代科学技术史. 武汉:武汉大学出版社,2000

[8]　杨继,等. 植物生物学. 北京:高等教育出版社,1999

[9]　Starr C, Taggart P. Diversity of Life. Belmont, California: Wadsworth Publishing Company, 1992

第六章　现代自然科学综述

现代自然科学技术主要指近一个世纪以来人类创建并迅速发展起来的众多科学技术,从无限小的基本粒子(点粒子)到无限大的宇宙,从宏观到微观,从简单的机械运动到复杂系统的演变,到处都是现代自然科学技术的萌生之地。相对论、量子力学、混沌学、计算机科学、空间技术和空间科学、纳米科学、生物工程技术和生命科学、材料科学等众多现代自然科学技术,展现了无穷的生命力和创造力,并促使着人类社会文明、认知水平和生活质量不断迈上一个个新的台阶。

第一节　现代自然科学思想

自然科学在现代科学发展中,表现出一些新的特征:一直作为精密科学典范的物理学对整个自然科学产生了深刻的影响;定量化、数字化研究方法在自然科学中得到了普遍应用,甚至波及社会科学领域;熵变理论、统计思想方法的应用更为广泛;交叉与边缘学科中到处显现着移植思想的身影;复杂系统的研究使整体和综合思想得到了充分发挥;基本粒子研究把人类对物质结构的认识从一个层次不断引向更深的新层次。

一、整体和综合思想

(一) 概述

物质世界,变化万千,人们对物质世界的认识过程总是遵循从简单到复杂、从宏观到微观、从表面到实质的认知过程。经典物理学取得辉煌的成就,从一定意义上可以认为,它是西方文明中得到最高发展的两种思维方法——化整为零法和隔离法的伟大功绩。化整为零可以把一个复杂系统分解成许多小的系统或单元,从而把问题大大的简化;隔离法则可以把系统受到的外界干扰置之不理(忽略),从而使问题可以在假想的理想情况下得到近似处理。实际上,上述方法对许多情况是适用的,但它却忽略了事物复杂性的一面。这一点并不是先贤们粗心,而是由于科学发展和认知过程的规律性和科技发展水平等因素所致。一方面,上述思想方法正好符合由简到繁的认知规律性,也只有首先按上述思维方法,才能使人类对物质世界的认识从一个高度逐步上升到另一个高度,而且只有当人类对简单现象有了足够深刻的认识之后,才有可能去认识复杂现象的规律性。另一方面,即使某些人发现或意识到了复杂系统及复杂现象研究的重要意义,但没有一定的科技手段的支持,也难以进行具体深入的研究。20世纪后叶计算机的广泛使用,使人类认知能力得到了极大提高,即有了用计算机去处理复杂系统及复杂现象的可能性(如复杂难解的数理方程、非线性方程、迭代方程等),才使得部分科学家抛弃了化整为零和隔离法的传统思维方法,反其道而用之,以联系的观点、整体和综合思想看问题,从而开拓出一个更为广阔解决复杂问题的新领域。而在这一新的领域中，整体观念、综合思想恰好是其思想方法的精髓。

整体和综合思想是指，在分析的基础上，通过科学的概括总结，把研究对象的各个组成部分或各种要素再组合成一个有机的整体，并从整体的角度，去把握和揭示事物本质特性和发展变化的根本规律的一种科学思维方法。

科学的综合，不是捏合，不是机械的堆砌，而是根据研究对象各组成部分之间所固有的内在联系性，将其有机地结合成一个统一的整体，并从整体的角度，全面地、深刻地去分析问题，找出关键性、本质性因素（主要矛盾），以达到从整体上全面地、深刻地认识研究对象的性质及其运动规律的目的。

（二）整体和综合思想方法的特点及应用

综合与分析相反，分析是化整为零，综合则是化零为整。任何具体事物都是诸多矛盾有机结合的统一整体，只有首先通过对各具体矛盾（可以抛弃一些非主要因素）的分析，然后将各方面的本质属性加以科学的综合之后，才能揭示出它的根本规律，从而较全面正确地认识它。因而可以说，科学综合比科学分析更深刻、更高级。

从另一重意义而言，综合就是创造。在自然科学发展史上，常出现类似情况：当感性知识对某类现象某些方面的认识和知识的积累（相当于具体的实验结果分析）达到一定程度时，就有某个人统观全局，通过综合，从整体的角度进行研究，得出重要结论或给出著名的科学假说（或理论），从而做出重大的科学发现和技术发明。如哥白尼"日心说"的建立、牛顿三定律和万有引力的建立、麦克斯韦电磁理论的建立都是运用综合方法得到的；生物进化论的创立更是如此。科学史中许多次综合都带有飞跃的性质，通过飞跃便给自然科学的发展带来新的生机，并使社会经济的发展出现新局面。例如，计算机的应用，一开始基本上仅限于科学计算。进而在自动控制方面，把控制信号（相当于某种质变中的度）转化为数字或数字运算过程，从而实现了计算机控制。这表明信息可以转化为数字，数字信息的处理可以用计算机作为有力工具。这意味着计算机是人类进行信息处理的强有力的工具。这种认识上的飞跃，导致了信息科学的诞生、发展，并使人类步入了信息时代。

上面我们从一定意义上强调了综合思想的重要性，但必须指出，综合方法的运用必须和分析方法相结合。因为综合的基础是分析，可以说没有分析，便不可能进行综合。当然，仅注重分析，不进行综合，往往会造成对事物的分析抓不住本质、找不到重点，从而难以有效地、彻底地解决问题。这就如同医生对待一个患者的疾病诊治过程一样：西医讲究的是化整为零，往往只看重局部病灶的处理，其结果是见效快，但对慢性病却只是暂时的，并且难以根治；而中药的诊断和治疗却是从患者的整体状况出发，通过分析，找出疾病的根源，然后通过对患者的整体功能调节，达到治愈疾病的目的。世界各主要国家近年来已经相当重视中医及中药研究。这一事实表明西方著名学者们在现代科学研究中已经对整体和综合思想给予了足够的重视。尤其是在现代科学的一个新兴学科——复杂性科学，无论是其中的耗散结构理论分支，还是协同学、混沌学等分支，整体和综合思想都是其主要的研究方法。耗散结构理论正是采用了从部分到整体的研究方法，才发现了众多新的自然现象，从而创立了耗散结构理论，开创了复杂性科学领域。而在材料科学中，一种新的制备方法，或者说是一种制备新材料的思维方法是：用原子组合材料，即把原子当做零件,通过有目的性的设计,把它们组装起来,以实现材料的某种功能。遗传工程中,同样使用此类思想方法,即通过 DNA 的改造或重新组装改变生物的遗传信息。这些都是现代科学中化零为整的整体与综合思想方法的应用所结出的丰硕果实。

最后值得指出的是,对于分析法和综合法,两者都是科学研究中最重要思维方法,而且两者是对立的统一体,它们相辅相成,不可分割和偏废。没有分析作基础,就不可能进行综合,没有综合,就难以发现事物的本质属性。所以对事物的一般认识过程往往都是分析—综合—再分析—再综合……的前进过程,通过前进使认识不断深化和提高。

二、层次结构思想

(一)层次结构概说

写文章讲究层次分明,自然界的物质系统的结构同样具有一定的层次。一个生态系统中的食物链具有明显的层次结构,最高层次是系统中最富有力量的肉食者,如山林中的兽中之王——虎、豹之类,而最低层次当然是靠光合作用制造营养成分的植物。人体结构同样有它的层次。从大到小可以分成不同层次。首先可以分作不同的系统,如运动系统、血液循环系统、消化系统、神经系统、内分泌系统等,进而可以细分为器官,再深入到一个层次便是组织了,还可以进一步细分,直到每一个细胞仍然可以再分下去。大到宇宙、小到原子,其结构都具有一定的层次。因此,对自然现象和自然规律的探索中,同样需要分清层次,如在研究一个宏观物体的机械运动规律时,就没有必要去考虑它的微观结构,即不需要深入到微观层次去分析和认识问题。实际上,你即便真的坚持从微观结构的角度去研究,那也只能是自找麻烦,即把简单问题复杂化了,其结果必然是徒劳无功。这种层次结构思想实际上就是要求在研究问题时按照层次进行分析,不能把不同层次的问题混为一谈。

(二)层次结构思想的应用

从物质结构的层次而言,可以从大到小去划分,也可以从小到大去划分。然而人们利用层次结构思想方法认识物质世界的过程却是从中间层次开始的。被人们首先认识的是看得见摸得着的山、水、动植物及日、月、星辰和它们的宏观结构和宏观运动规律,早期则主要是定性的经验性猜测。随着科技的进步,特别是物理学的发展及其导致的众多观测仪器的发明,不断开拓着人类认知的疆界。望远镜的发明和改进,把人类的目光引向了广阔无垠的宇宙空间;而显微镜的发明和发展,则使人类已经可以间接地观测到原子。量子理论与相对论的创建,使人类可以借助间接观测能力,了解到物质最深层次的结构。即由基本粒子(点粒子)构成核子、重子、介子等众多高能粒子的结构,这是目前最细微的物质结构组成。当然,关于原子核、原子和分子层次的结构问题已为人们所熟知,并且也不再被认为是物质结构的最深层次。上述物质结构的发现过程中,层次结构思想起到了重要作用。例如,在分子结构层次上,人们已经了解到分子由原子组成的,许多人认为原子便是构成物质的最小微粒。然而,放射性元素的发现和卢瑟福进行的 α 粒子散射实验,启发人们认识到原子仍然是有层次结构的。就原子结构本身而言,其核外电子(多电子原子)的分布也同样是有层次的,而化学反应一般仅涉及原子最外层电子的运动,而与内层电子的运动无关。这便是人类利用层次结构思想,像剥水果一样,层层剥皮,最终对物质的结构有了直至基本粒子(夸克和轻子)的认识。物质结构的层次性还表现为量变到质变的过程,当某种物质的尺寸小到一定程度(纳米数量级)时,它的物理与化学性质都会有显著变化,这是20世纪80年代被人们确认的物质结构的一个新层次。

人类对生物世界的认识同样是从中间层次开始的。目前,最深层次的研究已达到了细胞内遗传信息的携带者DNA,这已经属于微观层次的认识。而另一方面,在20世纪中,人们开始认识到生态环境问题,这种认识却是向大的方向发展的。进而人们进一步认识到地球之外的天体对地球上的生物同样具有不可忽视的影响,即它影响着整个地球的生态环境。如紫外线和宇宙射线的侵入都会对地球上生物造成不同程度的伤害,如果天空中环绕地球的臭氧层被彻底破坏的话,那么人类将无法生存。

同样,地质结构和地球的结构都有层次之分,化学中也有层次,如高分子化合物和一般有机物都属于有机物,而它们却分为两个层次,其区分是按相对分子量的大小而定的,高分子化合物有非常大的相对分子量,一个分子中可以有几千、几万到几十万个原子。

综上所述,层次结构思想在人类的认知过程中起着重要作用,在研究物质世界的特性和变化规律时,必须首先分清层次,对不同层次的问题只能在它所属的层次中去寻找答案,这正如当今科技前沿之一——纳米技术和纳米材料的研究领域中出现的问题,只能在该层次上考虑。既不能把纳米微粒当做大块物质(宏观的)来看待,也不能把它们看成是众多原子的简单集合。首先由于它的尺寸已小到足以产生量子效应的程度,而且其比表面积(表面积与体积之比)非常大,因而具有更高的化学活性(即更容易与其他元素发生化学反应),而且其物理性质,如硬度、熔点等也都有明显改变。同时它的性质又不同于单个原子,因为纳米粒子中的每个原子都在受着其他原子的作用,而不是孤立存在着。纳米材料体系尺度虽小,但却是一个异常复杂的系统,生物的细胞膜属于纳米系统,DNA同样属于纳米系统。这是一个包括复杂生物现象的物质结构层次,是21世纪科学和技术发展的重要领域,而纳米层次的规律性则有待人类逐步认识。

三、移植思想

(一)移植思想的内涵

移植思想的应用是指将某一学科领域的科学概念、科学原理、研究方法或技术应用于解决同一学科内其他分支学科或相近学科和技术领域中去,并发展成为其他分支或学科的理论和方法。因此,移植思想方法又称为"转域创造思维法"和"渗透法"。

从思维方式而言,移植思想属于侧向思维方法,因为它通过横向、纵向联想和类比等,力求从表面上看来似乎是毫不相关的两类事物、现象或领域之间发现它们的联系。例如,化学家本生和物理学家基尔霍夫合作,把物理学领域的光谱方法移植到化学研究领域,结果创立了光谱化学分析法。

移植不是照搬,是创造,它是从一个学科领域向另一个学科领域的渗透,这种移植需要通过类比、科学概括、科学想象和假设,才能把其他学科中的原理、方法或技术应用到自己的学科中去,而且需要经过改造过程,以适应于本学科的需要。因此,移植带有显著的创新性。

移植需要对两个或多个学科的研究成果有较深刻的领悟,并对其进行综合研究,使认识达到一定的深度,才能移植,否则是难以移植成功的。例如,量子力学创始人之一薛定谔在认真研究了生命运动的特性之后,把热力学的"熵"等概念移植到了生命科学中,他指出:生命"以负熵为生"等,从而为生命科学提出了新的研究方法,并导致了生命科学的新突破。

(二)移植思想的应用

移植思想应用于技术领域,可以把某一领域的技术移植到其他领域,用以研究和解决新领域中的新问题。例如,激光技术是物理学的发明,化学中用拉曼(即激光)光谱仪分析物质的化学组成,医学中用激光进行手术治疗、激光照射治疗等,测绘学中有激光测距仪,军事上用激光瞄准和激光武器(激光致盲枪与激光炮)。再如,螺旋桨技术最初是为省力船设计的推进器,在航空上导致了螺旋桨式飞机的发明,在生活中移植成了电风扇。

将移植思想应用于科学领域,可以导致新学科中新理论的诞生,如量子力学是现代物理学的支柱,移植到化学中产生了量子化学,移植到生物学中产生了量子生物学。

不仅有技术移植、理论的移植,研究方法也同样可以移植。笛卡儿将代数的研究方法移植到几何学的研究之中,结果创立了解析几何。热机中的活塞可以通过运动产生巨大的压强,这种方法移植到医学上,创造了注射器,应用到交通上,制成了打气筒。

当今,科学技术的发展中,学科的交叉日见增多,学科间的渗透也越来越强,只有对多个学科的知识及研究动态有较多的了解和较深刻的领悟,才能真正运用移植思想,把其他学科的先进技术、先进理论成果移植到本学科中来,为本学科所用,从而取得更多的研究成果。他山之石可以攻玉,正体现了移植思想的真谛。

第二节　现代基础科学的若干重大理论或前沿领域

现代科学与技术主要产生在 20 世纪,并获得了全面的迅速的发展,从浩瀚的宇宙到物质结构的基本场和相互作用,从生命的起源到思维的规律,无一不是科学探索的对象。在这约 100 年的时期内,科学与技术都发生了革命性的变化。在科学上形成了相对论、量子力学、基本粒子物质学、大地构造理论、突变理论和分子生物学等新的理论体系。

在现代科学发展中呈现出一些新的特征:一直作为精密科学典范的物理科学是最基本的科学,因而起着基础的作用,对整个科学系统产生了深刻的影响;在 20 世纪中叶,现代科学的学科重心开始转向生命科学,正在导致新的科学革命;横断科学,如信息科学、材料科学、能源科学、空间科学、系统科学、认知科学等迅速形成,各门学科间的相互交叉、融合不断加强,从而使得科学系统主要向综合性、整体化方向发展。

一、相对论

相对论是关于物质运动与时间和空间关系的理论,与量子力学合称现代物理学的两大支柱。相对论的诞生是一场科学革命,它包含着变与不变,所谓变指的是它使得物质学中的科学基础发生了彻底的改变,而不变则指安培、奥斯特、法拉第、麦克斯韦以及洛仑兹等物理学家所发现的物理定律在各种参考系中都保持其不变性。相对论革命不仅大大推动了自然科学和技术的发展,而且在哲学上也具有非常重大的意义,成为辩证唯物主义时空观的科学依据。相对论是由德国著名物理学家爱因斯坦创立的,分狭义相对论和广义相对论两大部分。

(一)相对论的孕育和诞生

1. 经典物理学的完善统一和思想禁锢的危机

牛顿奠定了力学基础,牛顿运动定律和万有引力定律深刻地揭示了自然界的运动规律,并通过精确的数学计算,惊人地预见了海王星、冥王星的轨道,并导致了它们的发现。对于低速机械运动,牛顿力学已相当完美。

法拉第奠定了电磁学的基础,麦克斯韦对电磁学的进一步发展作出了重大贡献。麦克斯韦的天才,不仅表现在他给出了已有实验结果的数学表述——麦克斯韦方程组,而且体现了他理论思维方面的天才,即提出了电场变化也产生磁场的假设。根据这一假设出发,他预言了电磁场可以在空间以波的形式传播,并预言了这种电磁波的传播速度就是光的传播速度,而光不过是波长在一定范围内的特殊的电磁波。由此,光学、电学、磁学达到了一种相当完美的统一。赫兹用实验证明了电磁波的存在,有力地证明了麦克斯韦的理论假设,并为电磁现象的应用开辟了广阔的前景。与此同时,热力学和统计物理学也在19世纪臻于完善。当时许多物理学家认为,物理学理论已经构成了一个完美的体系,不会再有不能用现有理论解释的物理现象了。这就构成了一种思想上的禁锢,即总是把所有新的物理现象的分析思路,都限定于已有物理理论框架之中。

2. 绝对时空观

19世纪,麦克斯韦电磁理论取得了辉煌胜利,但当人们把它与上世纪末早已确立的经典力学比较时,却发现了一个重大的分歧。这一分歧要从牛顿的绝对时空观谈起。牛顿指出:"绝对的、真的和数学的时间,它的等速流动是本身如此,并且依其本身就是这样,与外界任何事物无关。它的另一名称叫绵延。""绝对空间,因其与外在的任何事物无关,所以依其本质总是一样的和不动的。"总之,牛顿的时空观,体现了时间和空间的"绝对客观性",然而这种时空观从其诞生那天起就受到不少人的反对,主要原因是因为,牛顿的绝对时空框架,既不能安置在地球上(如托勒密的地心说),也不能安置在任何一个星体上,也就是说宇宙中实际上不存在可以安置绝对时空框架的地方。尽管不少人反对,但由于牛顿力学的辉煌成就,导致了早期对光波的认识中也掺杂了部分力学的色彩。19世纪人们认为光波和声波相似,即光的传播也需要一种弹性媒质,这种媒质充满整个宇宙,渗透在一切物体内部,并被称作以太,而且认为以太是绝对静止的,可以作为绝对参考系。后来,尽管这种力学性质的以太被电磁性质的以太取代了,但人们仍然把以太看做一种充满宇宙的媒质,并且认为光和电磁波在以太中的传播就如同声音在空气中传播相类似。于是根据经典力学中的相对性原理,希望用测量光的传播速度在不同惯性系中的差异来确定以太的存在和物体相对以太的速度。

3. 爱因斯坦的观念性变革

以太的不可感知决定了它作为一种客观实在的不合理性,迈克尔逊实验的否定结果,需要引入新的假说,如何考虑这一问题呢?绝对时空观很早就引起了爱因斯坦的怀疑。爱因斯坦在1946年的《自述》一文中讲述了他16岁时的一次沉思:"如果我以速度 c(真空中的光速)追随一条光线运动,那么我就应当看到,这样一条光线就好像一个在空间里振荡着而停滞不前的电磁场,可是无论依据经验或麦克斯韦方程都是不可能的。凭直觉很清楚,这样一个观察者应当像一个相对于地球是静止的观察者所看到的那样按照同样的定律进行。因为第一个观察者怎么会知道或者能够判明他是处于均匀的快速运动状态中呢?"这里清楚地表明一个问题,运动是相对的,第一个观察者相对于第二个观察者在运动中,同样第二个观察者也相对于第一个观察者处于运动状态,实际上是无法判断谁在运动、谁在静止,他们实际上处于完全等价的地位,因而应观察到完全相同的规律。这就是说应当抛弃"绝对静止和绝对运动"的观念,即抛弃旧的时空观,放弃以太假设,爱因斯坦这种顿悟,使他从时空观变革的方向找到了一个突破口,从而建立了既适用于低速运动,也适用于高速运动的"新运动学"。这种思维过程是非逻辑性的,是一种顿悟和飞跃。正是爱因斯坦在思想上打破了旧时空观的禁锢,直截了当、干脆利落地从基础科学中清除了"以太"概念。从此,宇宙中的物质成了一种独立的实在,客观物质世界不再是沉浸在假想的以太之中的世界了。

(二)狭义相对论

1905 年,爱因斯坦在否定了"以太"和"绝对时空观"后,提出了两条狭义相对论基本原理:① 狭义相对论原理——一切彼此做匀速直线运动的参考系,对于描写运动的一切规律来说都是等价的。② 光速不变原理——在彼此相对做匀速直线运动的任一参考系中,所测得的光速都是相同的。

原理一是"力学相对性原理"的推广。它说明绝对静止的参考系是不存在的,没有一种在系统中所做的实验能确定这一系统的"绝对"运动,这些实验对于运动的描述只有相对意义。原理二说明在所有惯性系中,光速与光源、光的接受者的运动状态无关。

在这两条假设下,爱因斯坦建立了狭义相对论的系统理论。这一理论体系与经典力学的本质区别在于,在经典力学中,从绝对时空观看来,十分自然的伽利略变换,必须用1895 年洛伦兹提出的洛伦兹变换代替。爱因斯坦在这一新的理论框架下,得到了许多初看起来似乎不可思议的结果。

爱因斯坦由其相对论原理导得质能关系

$$E = mc^2$$

在经典力学中,质量守恒和能量守恒定律是两条完全独立无关的定律,爱因斯坦揭示了质量与能量之间的密切关系。这一关系不仅已被实验所证实,而且已成为人类开发和利用原子能的理论依据。

(三)广义相对论

在狭义相对论中,自然定律在所有惯性系中都保持着不变的形式。然而这种理论中仍留有两个疑难:① 引力定律不能被纳入狭义相对论的体系之中;② 惯性系不是宇宙中的真实存在。爱因斯坦从建立狭义相对论的那天起就开始了有关广义相对论的探索。他把时空理论与万有引力理论结合起来作为研究的出发点,经 10 年的沉思,终于在 1916 年完善地建立了"广义相对论",并在他的《广义相对论的原理》一书中提出了著名的引力场方程,给出了对一切参考系(其中包括非惯性参考系描述运动定律的数学表达式)都适用的原理。广义相对论的建立,使人们对运动物质的时空形式的本质有了更进一步的认识。

广义相对论理论体系中的主要原理有以下三点：① 等效原理，这一原理是在物体的惯性质量和引力质量相等这个事实的基础上建立起来的。所谓惯性质量指由牛顿第二定律 $F = ma$ 所决定的质量 m，即由已知作用力和物体产生的加速度所决定的质量，引力质量则是指由万有引力定律 $F = G\dfrac{Mm}{R^2}$ 所决定的质量 m，即这种质量是由物体受到其他物体（如地球）的引力大小决定的。这两种质量相等是事实，为什么相等，经典力学却无法解释。爱因斯坦引入了"引力场"的概念，即在一个非惯性参考系中与假定在该参考系存在一个引力场是等效的。这相当于在一个自由落体的电梯中，人的失重（感觉到对电梯下面的压力的消失）是地球的引力场与非惯性系（电梯）中的引力场相互抵消的结果。这样一来，通过等效原理就可以把在以惯性系为基础的狭义相对论原理推广到非惯性系。进而爱因斯坦提出了广义协变原理，这条原理指出，自然界的定律在任何参考系中都可以用同样的数学形式描述。② 引力场中的时空是四维的。广义协变原理需要黎曼几何等很深的数学知识，即引力场中的时空特性是非欧性的。由于相对论效应，时间延缓、长度缩短等使得时间和空间都失去了绝对时空观中的意义，而且在引入"引力场"理论后时间与空间具有某种对称性，爱因斯坦的数学老师闵可夫斯基从爱因斯坦的相对论出发，在物理学中引入了"空时世界"的四维几何学。在这一四维空间中，引力场是物质产生的，四维空间某一点的物质量决定了该点的时间和空间的曲率，某点的物质越密集，曲率越大，引力不过是时空"弯曲"的效应。③ 引力场中质点沿曲线运动。在四维空间中，两点间的最短距离是曲线而不是直线，物质粒子的自由运动就是沿这类曲线运动。引力场中质点运动的这种特性，已被实验所证实。例如，按牛顿力学所计算的水星近日点的不断前移无法解释，而由广义相对论计算结果则与实际情况非常精确的吻合。按广义相对论可以推知，质量巨大的太阳，使其周围空间发生了弯曲，通过太阳周围的光线应发生偏转，其偏转角度为 $1.75''$，实际观测结果为 $1.98''$，从而验证了广义相对论。由广义相对论推知，由质量巨大的恒星上的原子所辐射的光比地球上相同原子所辐射的光频率要低，这称之为频率红移。1925 年，美国天文学家亚当斯对天狼星的光谱线观测结果验证了这种红移效应。

相对论的建立，深刻地揭示了时间、空间、物质和运动之间存在着的密切联系，揭示了物质与能量之间的本质联系，并为众多实验事实所证实。尽管某些结论是一般人难以理解和不可思议的，这有两方面原因所造成。一方面是由于我们平常所直接感知的现象都是低速运动现象，因而都符合相对论的低速极限理论——经典力学理论。另一方面则是由于广义相对论涉及的数学相当抽象和艰深，这种高度抽象的数学理论造成了一般人理解上的困难。但是，我们必须承认验证了相对论的诸多实验事实。爱因斯坦的相对论和物理学中的量子理论并称为现代物理学中的两大支柱，它们开拓了人类认识自然世界的疆界，为人类进一步探索和揭示自然界的奥秘奠定了雄厚的基础。

二、量子理论

19 世纪以前，物理学主要研究两种基本的自然力——引力和电磁力。相应地产生和形成了经典力学、经典电动力学。它们和热力学与统计物理学合在一起，统称为经典物理学或称为经典理论。经典理论研究的对象主要是以看得见、听得到或摸得着的自然现象为主,即以那些平常能够直接感知的实物和光,以及宇宙中的恒星、行星等"宏观物体"为研究对象。当我们把经典理论应用到这些研究对象上时,我们试图描述的仅仅是它们的整体行为特征,而无法深入解释产生某些现象的本质性原因,因为当时对于物质的内部结构问题尚不清楚,如原子结构问题等。所以说,经典理论所概括的仅仅是有限领域中的实验事实。事实上,19世纪末物理学的发展已经触及微观领域,如1895年发现X射线,1896年发现放射性物质,1897年发现了比原子还小的电子。这迫使人们不得不考虑到原子的结构问题,即人们不能再坚持原子是组成宏观物质最小的不可再分割的单元这一概念了。原子有内部结构,可以再分已成定论,这些发现极大地激发了人们探索原子内部结构的热情,从而把人类研究的触角延伸到了 $10^{-10} \sim 10^{-15}$ m 的尺度之中,即伸入到通常所说的"微观客体"中去了。事实上,正是这三大发现揭开了量子力学的序幕。

(一) 经典物理学的困难与量子论的诞生

1. 物理学天空中的乌云

19世纪末期,物理学理论在当时看来已发展到相当完善的阶段。那时一般物理现象都可以从相应的已有物理理论中得到说明:物体的机械运动在通常速度(比光速小得多)下,准确地遵循着牛顿力学规律;电磁现象的规律被总结为麦克斯韦方程;光现象有相当完善的波动理论,最后也归结到麦克斯韦方程之中;热现象的规律有完整的热力学以及玻耳兹曼、吉布斯等人建立的统计物理学理论概括。在这种情况下,当时有许多人认为物理现象的基本规律已经被完全揭示,剩下的只是这些理论在实际中的应用了。绝对真理是由相对真理的长河所构成,人类对自然界规律的认识永远不会终结。事实上,当时的物理理论体系只能是人类认识长河里一个阶段性认识中相对真理的组合而已。生产力随着科学技术的发展在迅速提高,也不断为科学实验提出了新的问题、新的要求,同时也提供了新的实验手段和技术,从而促使科学实验从一个发展阶段进入到另一个发展阶段。就在物理学的经典理论取得重大成功的同时,人们发现了一些新的物理现象,如黑体辐射、光电效应、原子的光谱线系,以及固体在低温下的比热容等,都是经典物理理论所无法解释的。这些现象揭示出经典物理学的局限性,突出了一个问题,那就是微观世界的规律性与宏观世界中的规律性是不同的,不能用同一模式加以描述。这些无法解释的新现象就成了笼罩在物理学天空中的乌云。

2. 黑体辐射和光电效应

精炼钢铁需要高温,为此需要知道铁在什么温度下发出什么颜色的光,这正如有经验的窑工可以通过炉火的颜色判断火候是否恰如其分一样。光的颜色由波长(或频率)标志,这就是当时的工业生产的需要给物理学家们提出的一个重大理论研究课题。1893年德国的维恩发现了一条重要规律:"物体发光,其中最强光的波长与物体的温度成反比。"用数学语言可表述为

$$\lambda_{max} T = 常数$$

式中 λ_{max} 是最强光的波长,T 为绝对温度。在任何温度下,任何物体都会发射多种波长的光,其中最强光决定了发光时物体的颜色。为确切说明这条规律,应该找一种物体进行实验,并能给出波长与温度的单纯关系而与物体自身的特性(形状、大小等)无关。因为物质

吸收的光与发射的光相同,要找到一种不受自身材料物性干扰的光源,只要找一种能发出
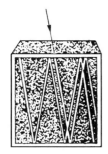
(或吸收)所有光的光源就可以了。吸收所有光的物体就是所谓的黑体。维恩设计的黑体是一个内部呈黑色且光滑的,并开着小孔的空盒子,光线由小孔射入,并在腔内经多次反射后被完全吸收,见图 6-1。维恩通过设计的黑体所进行的实验的确证实了他的发现,但黑体实验所呈现的许多事实,的确是用已有理论都无法解释的。其中黑体辐射的能量分布实验值如图 6-2 中的空心圆点(○)所示,维恩用热力学理论计算得到的曲线在短波段与实验值符合很好,但长波段明显偏离,而瑞利-金斯用经典电动力学和统计

图 6-1 黑体示意图

物理学方法得到的结果,在长波段符合较好,短波段却严重偏离。普朗克为了拟合黑体辐射的实验曲线,进行了历时两年多的理论计算工作,并于 1900 年在引进能量子的概念后才使得理论计算结果在长波段和短波段都得到与实验值吻合的结果(如图 6-2 所示)。

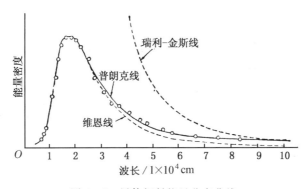

图 6-2 黑体辐射能量分布曲线

光电效应指的是,光照射金属时,金属中的电子可能会从金属表面逸出而成为光电子的现象。为解释光电效应,爱因斯坦提出了"光量子假说",并指出光既具有波动性,又具有粒子性。这也被称做光的波粒二象性假说,这一假说的提出是与经典理论相悖的。

3. 原子光谱与德布罗意假设

物理量的不连续性和粒子的波粒二象性都是微观体系最显著的特征。原子光谱由许多分立的谱线组成,这同样表明了物理量(能级)的不连续性,这种不连续性同样是经典理论无法解释的。尽管玻尔和索末菲等人用经典力学方法通过强加的一些限制性量子化条件取得了一些成就,但对稍复杂的情况便无能为力。这就迫切要求去探索微观粒子有别于经典粒子的运动规律。为此,法国年轻物理学家德布罗意(L. V. de Broglie)在研究中,受光具有波粒二象性的启示,于 1924 年在他的博士论文中提出了物质波假说,即实物粒子都具有波粒二象性。

4. 量子理论的诞生

普朗克的能量子假说是量子力学的启明星,并引入了一个"量子化"的新概念。爱因斯坦光量子假说与德布罗意物质波假说指出了实物粒子除了具有粒子性之外,还具有波动性这一与经典物理学理论截然相悖的特性。正是这些微观粒子所具有的特殊性,要求

必须建立一套新的理论体系描述微观体系的运动规律。在这种形势的迫切要求下,量子理论研究迅速取得了重大突破。

德国科学家海森堡(Heisenberg)在玻尔的原子结构量子化轨道模型遇到困难的时候,另辟蹊径,提出了全新的解决办法。他认为玻尔的电子轨道概念很可能是一种虚构。他大胆地抛弃了电子轨道的概念,代之以可观察到的物理量之间的关系,借助玻尔的经典理论与量子论之间的对应原理,运用数学中的矩阵方法,建立了一个新的力学体系——矩阵力学。即力学量用矩阵表示,力学规律则用矩阵方程表示。这一理论由玻恩、海森堡、约当进一步完善,建成了一整套理论系统。

奥地利物理学家薛定谔(Schrodinger)与海森堡同时建立起了另一套等价的量子理论。他由德布罗意的物质波假说出发,设想,正如几何光学与波动光学的近似一样,经典力学可能是波动力学的近似,两者可以构成象征性的比例关系,即:经典力学∶波动力学=几何光学∶波动光学。根据这种类比,他成功地把德布罗意波(对自由粒子而言)推广到非自由粒子的情况中,经过努力建立了微观粒子满足的运动方程——薛定谔方程,这一方程是一个微分波动方程,通过求解该运动方程,简捷地给出了原子能级,进而建立了一整套波动力学的量子理论。海森堡的矩阵力学和薛定谔的波动力学似乎是风马牛不相及的两种理论,但实质上却是同一理论的两种不同的表述形式,并可通过数学变换从一种形式转化为另一种形式,这表明它们是完全等价的。

另一位量子理论的创建者是狄拉克,他把量子体系的状态抽象为一种函数矢量空间的态矢量,创造性地定义了右矢和左矢,这种右矢和左矢特称为狄拉克符号。通过这种特殊定义的符号,狄拉克把量子力学原理以最简捷最明了的形式进行了表述。如果一个物理工作者不知道狄拉克符号及其应用就谈不上对量子理论有较深入的了解,当然更谈不上应用量子理论去开展科研工作了。狄拉克在量子理论的建立中更大的贡献就是在薛定谔和海森堡创建的量子理论基础上,又创建了相对论量子力学理论,从而使量子力学发展成为一套完整的理论体系。

(二)量子力学基本原理

量子力学是研究有关量子现象的物理学理论体系。尽管这种理论体系主要应用于微观体系的研究,但是不能认为量子力学规律与宏观世界毫无关系,如超导现象就是一种宏观量子现象。事实上,量子力学的规律不仅支配着微观世界,也支配着宏观世界,只是在大量的宏观现象中,由于不直接涉及物质的微观组成问题,量子效应不显著,因此应用经典理论去处理就足够精确了。这正如经典理论是相对论的低速近似一样,也可以说经典理论也是量子理论的一种近似。这就是说,不能用"宏观"和"微观"作为经典力学和量子力学适用范围的分界线,而应根据量子效应重要与否加以判断。即当研究的物理现象中量子效应完全可以忽略时,应采用经典力学方法去研究和分析,但当量子效应不能忽略时,就要用量子力学方法去处理。

(三)几种主要的量子现象

1. 力学量取值的量子化现象

到目前为止,在涉及微观结构的研究中,微观体系的稳定状态(简称定态)中的束缚态(即体系被束缚在一定范围内的状态)能级为断续谱,所谓断续谱就是指体系的能量本征值是不连续的,即只能取一系列特定值。这种现象称为能量的量子化。除能级之外,角动量的取值也是量子化的。正因为体系能级的量子化才使得原子与分子体系,也包括目前世界科学研究的重点——纳米材料体系的光谱一般为线状光谱。

2. 量子隧道效应

量子隧道效应是微观粒子所特有的一种效应。这种效应可以通过求解薛定谔方程加以理解,如果定性地说明它,则可以做一种比喻:假定在我们前进的道路上有一座很高的山(或墙),我们无法从上面跳过去,因为我们不可能产生那么大的动能飞跃山顶,但是我们可以挖一条隧道穿过它,许多火车隧道不就是如此吗。然而,对于微观粒子而言,即使粒子的能量不足够大,甚至远小于类似墙壁的势垒(即越过阻挡层的能量),按经典理论,粒子无论如何都是无法穿过阻挡层的,这正如电子要穿过绝缘层而导电一样。然而当阻挡层足够薄(微观尺寸)时,奇异的现象将发生,对粒子而言,就如同阻挡层具有隧道一样可供粒子穿过。这相当于我们把粒子看做运动的子弹,按经典理论子弹的动能不足以穿透相当于势垒的一定厚度的钢板,但对于微观粒子而言,按量子力学理论则可得出,粒子有穿过去的可能,实验结果同样证实了这种可能性,这种现象便被称为量子隧道效应,即相当于势垒(钢板)中有可供粒子穿过的隧道存在。人们利用量子隧道效应制造出的半导体元件——隧道二极管已被广泛地应用到各种电子产品之中。当然,任何现象都具有不利和有利两个方面,目前电子计算机的微型化几乎走到了尽头,其原因就在于这种量子隧道效应,这里指的是集成电路中的绝缘层的厚度如果再进一步减小的话,那将可能产生电子的量子隧道效应。一旦产生了这种效应,绝缘层将无法再起到绝缘作用了,计算机的记录将会变得一团糟。因此有人预言,计算机技术新的革命将是利用量子效应制备的纳米尺寸量子元件组装成计算机,而这些元件正是利用量子效应制备出来的,因此不用担心其量子隧道效应,所以其尺寸可以非常之小。

3. 超导现象

超导现象实际上是一种宏观量子现象。某种材料在温度降低到很低的某一温度时,其电阻突然迅速地降为 0,这种现象便被称为超导现象。这是因为这种材料中的电子在该温度下都已按一定的规律成对的结合起来,它们的运动只能沿大小相等、方向相反的形式进行,而且运动中不再有任何能量损耗,因为其能级已经不能再降低了。但是,如果外界给予一个微小的能量,便会打破电子的配对耦合,从而造成电子对崩溃,一旦电子对崩溃之后,电阻将迅速上升。这一现象是由于受到量子力学的泡利原理限制而造成的,因此说它是一种宏观量子效应。

4. 自旋

微观粒子一般都具有自旋,电子、质子、中子的自旋均为 $\frac{1}{2}\hbar$。这是量子力学理论中的一个全新的物理量,在经典力学中没有对应的物理量。原子能级中的精细结构就是由于电子具有自旋的原因造成的,许多磁性材料所具有的特殊性能(如顺磁性、反磁性等)都与微观粒子的自旋取向的规律性排列相关。但什么是粒子的自旋呢?在此只能作一个形象的比喻来说明,地球有绕太阳公转的运动,同时也有绕自身自转的运动,电子在原子中的运动可以简单地理解为,它既绕原子核公转,又绕自身自转,后者便称为电子的自旋。

（四）量子力学的应用与发展

量子力学创建于 20 世纪初,它揭示了微观领域中物质的运动规律,可以毫不夸张地说,量子力学是所有试图从微观结构层次上了解物质的一切性质和现象所必需应用的理论基础。相对论和量子理论的创立,给物理学带来了崭新的局面,这便是被统称为现代物理学的各种理论体系的产生和发展,其中包括固体物理学、粒子物理学、现代光学、量子场论等,而且量子力学的应用不仅限于物理学范畴,同时涉及化学、材料科学、生物学、医学,甚至近年来在社会科学(如经济学中)亦有应用。由于量子力学在多领域中的应用,也同时促进了量子力学向更深刻和更广泛的方向发展着。有些权威人士认为,由于化学和生物学的进一步发展,必须从微观结构的角度去深入地研究各种现象产生的机理,如遗传基因 DNA 的研究。因此,21 世纪将是量子力学广泛应用的时代。作为自然科学工作者都应该把量子力学作为一门必修课进行学习,而作为社会科学工作者也应该对量子力学有所了解。

三、粒子物理学

粒子物理学是研究最深层次微观物质(称为基本粒子)的存在形式、性质、转化和运动规律的学科。为研究这一层次,需要把粒子加速到很高的能量,因此也称为高能物理学。

哪些粒子是基本粒子,答案是逐渐变化的。19 世纪末,人们以为几十种原子就是最基本的粒子,也就是说,基本粒子是指构成物质的最基本(即最小的)单元。但是,当电子和原子核被发现之后,原子就不再被看做基本粒子了,因为它是由更基本(更小)的粒子所构成的。以后又发现了质子、中子,还发现了反粒子,如正电子等。到 20 世纪 60 年代,就已经找到了 50 种左右的比原子还小得多的粒子。面对这些为数众多的粒子,究竟哪些粒子可称为基本粒子呢? 最早曾把质子、中子等重子和电子、正电子等轻子视为基本粒子,但后来又发现重子仍具有内部结构,它们是由夸克(亦称为层子)所构成,所以它们也从基本粒子的队伍中退了出来。从 20 世纪 60 年代开始到 20 世纪末,发现了数以百计的介子和重子,它们又被统称为强子,因为它们都参与强相互作用,但它们都不是基本粒子,都是由夸克组成的。究竟哪些粒子才是基本粒子呢? 尽管按哲学观点,物质无限可分,但就目前的研究结果而论,到 20 世纪末,普遍认为通常理解的物质是由夸克和轻子两类基本粒子构成的。实验已经证实了理论预言的六种夸克,它们是上夸克、下夸克、奇异夸克、粲夸克、底夸克和顶夸克。轻子也有六种,它们是成对出现的,分别为电子 e^-,μ 子,重轻子 τ^-;与它们对应的是 e 中微子 v_e,μ 中微子 v_μ 和 τ 中微子 v_τ。

四、分子生物学

20 世纪中期至今,以分子生物学的兴起为主体的生物学革命是现代生物学革命的主旋律。由于 DNA 是遗传物质载体的证实、DNA 双螺旋结构的发现、遗传密码的破译、生物大分子的人工合成等一系列重大成就的取得,使得分子生物学革命成为当代科学史上的一场最为激动人心的科学革命。

分子生物学可以说是 20 世纪初兴起的现代遗传学的直接继续和发展,而物理学和化学向生物学中的全面渗透无疑是分子生物学兴起的直接条件。而美国遗传学家艾弗里

(O. T. Avery)(1944)在事实上已经以 DNA 是基因物质载体这一重要发现为分子生物学的兴起打下了更为直接的科学基础。

在这种背景之下,分子生物学如同即将分娩的婴儿在母体中躁动,而 DNA 是遗传信息的载体的再一次证明则如助产士一般更直接地推动了分子生物学的诞生。德尔布吕克(M. Kelbruck)等(1952)首创了同位素标记的实验技术,用同位素硫和磷分别标记噬菌体的蛋白质外壳和其中的 DNA 分子,然后让噬菌体感染大肠杆菌,发现蛋白质外壳留在大肠杆菌的菌体之外而只有 DNA 分子才能进入菌体之内并进行繁殖,噬菌体的 DNA 分子不仅能进行自我复制而且带有合成蛋白质外壳的全部信息。这一实验证明遗传信息的载体是 DNA,从而推翻了统治生物学长达 100 年之久的认为只有蛋白质才有可能是遗传物质载体的这一旧的传统理论。

更为重要的是遗传信息的物质载体 DNA 得到确证,分子生物学革命的火炬也就被正式点燃了。此后,研究 DNA 分子结构问题便成了分子遗传学的一个中心课题。在这一新的中心课题上,美国遗传学家沃森(J. Watson)和英国晶体学家克里克(F. H. C. Crick)最先取得了突破性进展,他们在其他科学家对 DNA 结构已有的初步认识的基础上,于 1953 年提出了 DNA 双螺旋结构模型的基本理论:DNA 分子由两条走向相反的呈螺旋状的长链构成;两条长链的外侧为磷酸基团,内侧为四种碱基;四种碱基以腺嘌呤(A)和胸腺嘧啶(T)、鸟嘌呤(G)和胞嘧啶(C)两两配对,并在两两配对之间形成相互配对的氢键;两条长链之间存在着相互制约的互补关系。这一模型一经提出立即在国际遗传学界乃至整个生物学界产生强烈反响,虽然 DNA 分子双螺旋结构直到 1989 年才被美国的研究者用隧道扫描电子显微镜直接观察到,但双螺旋模型假说提出的 1953 年通常被认为是分子生物学的诞生之年。

既然已知 DNA 是遗传物质,DNA 分子上所携带的信息可以指导蛋白质的合成,在 DNA 结构模型研究取得进展以后,遗传密码的破译问题马上就成为分子生物学界新的中心课题。所谓遗传密码,是指 DNA 分子中的四种核苷酸(或四种碱基)以什么样的排列组合方式来构成蛋白质分子中的 20 种氨基酸的编码问题。伽莫夫(G. Gamov)(1956)通过对四种核苷酸与 20 种氨基酸的关系的分析,提出每种氨基酸的密码都是四种核苷酸中某三种构成的三联体,这一假说通常被称为遗传密码的三联体假说。随后,伦贝格(M. W. Nirenberg)(1961)发现苯丙氨酸在核糖核酸(RNA)上的密码是 UUU,在 RNA 分子中有一种碱基与 DNA 分子中不同,以鸟嘧啶(U)取代了 DNA 分子中的胸腺嘧啶(T)。此后,其他氨基酸的遗传密码的破译实验在许多实验室竞相进行。1963 年,20 种氨基酸的遗传密码全部被测出;1969 年,64 种遗传密码的含义又全部被破译。至此,一部完整的遗传密码终于被编制出来。

遗传密码的破译是自分子生物学诞生以来所取得的最重大的实验成果,它具有十分重要的科学意义:首先,在分子生物学方面,它大大加深了人们对基因的理论认识,此前人们认为基因本身就是决定遗传的最小物质单元,遗传密码破译之后人们才认识到基因是 DNA 大分子上的一段多核苷酸序列,基因的突变、重组及其表达等功能都是核苷酸序列变化的结果。其次,在生命起源方面,遗传密码的破译进一步揭示了生命的物质统一性,从而为生命起源的研究提供了分子生物学基础。第三,在生物化学方面,遗传密码的破译使得蛋白质的起源和结构之谜终于被揭示出来。正是由于有上述重要意义,遗传密码表在生物学上的意义完全可以与元素周期表在化学上的意义相媲美。

破译了遗传密码,就是解决了基因自身的物质构成及其含义问题。那么,紧接着的又一个新的重要问题是:基因通过什么途径来调节和控制遗传? 早在三联体密码假说提出之初,克里克(1957)就提出遗传中心法则的假说,其基本内容是:在 DNA 与蛋白质之间,RNA 可能是中间受体,遗传密码的传递途径可能是 DNA→RNA→蛋白质。后来,克里克(1958)又发展了这一假说,认为作为模板的 RNA 与蛋白质之间可能还有一种中间受体。法国分子生物学家雅可布(F. Jacob)和莫诺(J. Monod)(1961)证实了 DNA 与蛋白质之间的第一种中间受体实为信使 RNA(mRNA)。美国的一些青年生物学家也用实验证实了克里克所预言的 RNA(mRNA)与蛋白质之间的另一种中间受体转移 RNA(tRNA),而且每一种氨基酸都有其相对应的 tRNA。这样,一个有关 DNA 和蛋白质之间的遗传密码信息的传递过程与传递规律的基本法则,即中心法则,就被完全揭示出来:DNA 一方面以自身为模板进行自我复制,另一方面转录为 mRNA 和 tRNA 这两种中间受体,由它们控制合成蛋白质。后来,特明(H. M. Temin)和巴尔蒂摩(D. Baltimore)(1970)又发现从 RNA 到 DNA 的逆转录过程,从而使遗传中心法则更加完善。

在遗传密码破译问题提出后不久,柯拉那(H. G. Khorana)即开始进行人工合成 DNA 的研究并于 20 世纪 60 年代相继合成了四种核苷酸的三联体的 64 种可能的遗传密码。柯拉那等(1972,1976)在合成了含有 77 个核苷酸酵母丙氨酸 tRNA 的基因之后,又第一次成功合成了具有生物活性的基因——含有 206 个核苷酸的大肠杆菌酪氨酸 tRNA 基因。值得一提的是,中国科学家在生物大分子人工合成领域也做出了令世人瞩目的工作,他们在 20 世纪 60 年代中期最先合成了一种具有生命活性的蛋白质,即含有 51 个氨基酸的牛胰岛素,80 年代初又成功地进行了酵母丙氨酸 tRNA 的人工合成。生物大分子的人工合成的一次次成功进一步推动了整个分子生物学的发展。

分子生物学引起的生物学革命从根本上改变了现代生物学的面貌,即把整个现代生物学的水平从现代遗传学为中心的发展水平推进到以分子生物学为中心的发展水平。目前分子生物学已渗透到生物学的各个分支学科之中,DNA 测序技术的发展所提供的大量的分子信息以及基于聚合酶链式反应(PCR)技术的各种 DNA 分子标记在各个领域都得到广泛的应用。分子生物学甚至已渗透到生物分类学这样的最为古老的学科中,使之产生出分子系统学这样的崭新的生长点,分子生物学作为生物学领域的微观学科又与生态学这样的宏观学科紧密结合形成分子生态学这样的交叉学科。有一位获得诺贝尔奖的著名生物学家曾说过这样一句话:"只有一个生物学,这就是分子生物学!"这一说法因为忽视了生命结构的层次性而在生物学界遭到了广泛的非议,但它也真实地反映了分子生物学对整个现代生物学的影响和冲击之深度和广度。

分子生物学本身也还在飞速地发展。现在,DNA 片段的序列测定、DNA 的人工合成已是轻而易举的事情并且已经商业化,分子生物学家已把研究工作放在基因的定位、功能分析、表达即调控等方面。规模浩大的"国际人类基因组计划"已告完成。2007 年 11 月,第一个完整中国人基因组图谱绘制完成。作为植物遗传学、发育生物学研究的"模式种"的拟南芥(Arabidopsis thaliana)的基因组的研究也已完成,中国学者也已发表了水稻的基因组图谱。分子生物学家们在兴奋的同时又把目光转向蛋白质组学研究。

分子生物学的兴起不仅对于推动现代生物学发展具有重大的科学意义,而且对以遗传工程为核心的新的生物工程技术的兴起具有重要的技术意义,它为人类在分子水平上操纵基因打下了牢固的科学基础及相关的实验技术基础,在此基础上,以基因工程技术为核心的新的生物工程技术得以迅速发展。

第三节 现代技术的前沿领域

现代技术已发展成为一个庞大的复杂系统,主要有三大基本技术:即物质变化技术、能量转换技术和信息控制技术。物质、能量和信息构成了世界的三大要素,由此考察技术活动则可以从纷繁复杂的技术类别中发现其主要脉络。迄今尚无公认的技术分类标准,因而此处仅就一些与日常生产和生活及人类的未来密切相关的现代技术前沿领域加以论述。这些技术主要有:信息技术(包括电子技术、光电子技术和计算机技术)、材料技术、生物工程技术、能源技术、纳米技术、环境工程技术、海洋技术、空间技术等。

一、信息技术

(一) 信息技术概论

人类伊始就离不开信息活动,但作为一门科学,却始创于 20 世纪 40 年代后期。N. 维纳指出:"信息既不是物质、又不是能量,信息就是信息",即提出了"信息"是存在于客观世界的第三要素的著名论断。美国学者 C. E. 仙农创造了不同于先前所有物质单位体系的信息单位"比特"(Bit),从而第一次系统地给出了信息的定量描述,并用数学公式把信息传递过程中的物质、能量和信息之间的相互作用和依存关系统一起来。维纳和仙农在物理性空间之外,又揭示出一个信息空间,这是人类认识史上一次重大的飞跃。

"信息"的定义,至今众说不一。可以简单地理解为"消息"或"信号",在信息论中,信息的定义则为信源的不确定度。它的意思是,如果某一信源只能产生一个消息,且始终不变,则说它发出的信息量等于零,实际上这便是从信息量的角度给信息的一种定义。

"信息技术"是指获取、传递、处理和利用信息的技术。如果从信息学的角度则可把信息技术分为信息获取技术、信息传递技术、信息处理技术、信息利用技术和信息技术的支撑技术。

1. 信息获取技术

它包括信息测量、感知、采集和存储技术,特别是直接获取自然信息的技术。信息测量包括电与非电性的信息测量,如何把自然的电信号、磁信号,以及其他的非电磁性信号测量出来,这包括利用传感技术、接收技术等测量技术,这种测量本身实际上也包含着信息的转换,因为通常的测量过程,往往是把自然信息通过传感器转化成光的或电的信息,以便记录与存储。信息的存储主要包括典型的磁存储和光存储。信息的感知包括文字、图像、声音识别,以及自然语言的理解等。信息的采集既包括上述用传感器方法进行采集(或测量)获取信息的方法,也包括对社会信息或机器信息的人工采集,即由人去直接感知和收集。

2. 信息传递技术

它包括各种信息的发送、传输、接交、显示、记录技术,特别是"人-机"信息交换技术,这门技术的主体是通信技术。通信技术则包括电话(有线的或无线的)通讯、电报通信和网络通信等。从物理学的角度看,则可分为有线和无线电通信、声通信和光通信等。

3. 信息处理技术

它包括各种信息的转换、加工、放大、增殖、滤波、提取和压缩技术,特别是数字信息处理与知识信息处理技术。这门技术的主体是计算机技术,包括计算机系统技术,软、硬件技术等。

4. 信息利用技术

它包括利用信息进行控制、管理、指挥、决策等,特别是"人-机"协调的智能自动控制和管理技术。实际上,现代科学仪器中都配备有计算机系统,自控机床中也配备有专用计算机,这些都是实现信息利用的实例。此外,自动化管理系统,办公自动化系统则是计算机技术、通信技术、管理科学和行为科学等结合而成的一种信息利用技术。

5. 信息技术的支撑技术

这是指实现信息技术所涉及的技术。当前信息技术的主要支撑技术是电子技术,特别是微电子技术,另一支撑技术则是激光技术,它与通信密切相关。当然,信息技术的支撑技术还包括一些其他方面,如激光信息技术、生物信息技术等。

由于信息的获取、传递和利用及支撑技术都与计算机技术、电子技术、光电子技术等密切相关,下面我们将对这三种技术分别予以阐述。

(二) 计算机技术

计算机技术泛指计算机领域中所运用的技术,如计算机系统与网络技术,软、硬件技术等。由于计算机已被广泛应用,这里仅作简单论述。

1. 计算机的基本组成

计算机是通用的信息处理工具,可以处理数据、文字、图形、图像、声音等多种类型的信息。当今计算机已进入处理多媒体信息的时代,它的输入和输出都可以采用声音、文字、图形和图像形式。

计算机系统由硬件和软件两大部分组成。硬件包括输入、输出系统、存储系统、处理机子系统和通信子系统。软件部分包括操作系统、数据库管理系统、网络软件等各应用软件。大的计算机系统,如通信计算机系统可以包括许多处理机互联网形式构成,甚至一个系统可多达上万个子处理机。这样的计算机系统还需要配置许多外围设备,如磁盘机、光盘机等。

2. 计算机系统的分类

计算机是按存储程序控制运行的。程序分许多指令,在执行时计算机将指令按一定顺序执行。在计算机中存在着两类信息流,即"指令流"和"数据流"。由此,计算机可分为:单指令流——单数据流 SISD 系统,个人用 PC 机就属此类;单指令流——多数据流 SIMD 系统,此类计算机系统主要用于专门数据处理(如科学计算等);多指令流——多数据流 MIMD 系统,这类 MIMD 最简单的形式是主机——外围机系统,复杂形式是计算机网络系统。大规模并行处理 MPP 巨型机系统,一般采用 SIMD 和 MIMD 系统。

3. 计算机硬件技术

计算机硬件包括输入设备、输出设备、存储器、处理机四大部分。

输入设备包括文字与数字输入设备，如键盘输入设备、光学阅读机等；图形输入设备，如自动扫描仪，人工输入设备等。

输出设备包括打印机、显示器、机电绘图仪等部分。

存储器一般包括高速缓冲存储器（缓存）、主存储器和辅助存储器。主存储器一般由大规模储存成电路存储芯片构成，是由中央处理器直接随机存取的存储器。辅助存储器目前一般采用磁盘和光盘两种，此外还有磁带存储器，它的优点是可脱机保存数据。高速缓冲存储器是介于中央处理机和主存储器之间的，和主存储器一起构成的一级存储器。

处理机是计算机的核心，它包括运算器、控制器、中断系统和通用寄存器和堆栈等。其中通用寄存器和堆栈是指用于直接与运算器联系的最快速的小容量存储器，它是计算机中最高层次的存储器。

4. 计算机软件技术

计算机软件是指计算机系统中的程序和有关的文件。它可分为三类：系统软件、支援软件和应用软件。应用软件指应用领域的专用软件。支援软件是支援其他软件的编辑用软件，如绘图软件、程序编辑软件等。系统软件则与具体应用无关，如操作系统软件等。

（三）光电技术

在信息技术领域光电技术主要指光存储技术与光通信技术，这两种技术都是激光技术的应用，当然激光技术还有其他多种应用技术，如激光医疗、激光测距等。因此，我们将对激光及上述两方面的应用进行论述。

1. 激光与激光器

激光是原子受激发而辐射的光被放大而成，原来称为"LASER"，音译"莱塞"，为揭示激光的物理本质，1964 年经科学院讨论，定名为激光。

激光与普通光相比，具有单色性（单波长）、方向性、高强度三大特征，这些特征决定了激光的强相干性。单色性决定了激光的时间相干性，方向性决定了激光的空间相干性。高强度又称高亮度，即激光容易通过聚焦而获得很细的光束，以至其亮度可高达太阳亮度的 10^{14} 倍。正因为激光具有上述特征，才使得激光在众多领域中得到广泛应用。

激光器有多种类型，按产生激光的材料可分类气体激光器、固体激光器、半导体激光器、固体可调谐激光器、自由电子激光器、化学激光器、X 射线激光器及多级激光放大器。常见的氦-氖激光器、二氧化碳激光器、氩离子激光器为气体激光器；红宝石激光器、YAG 激光器为固体激光器；目前讲课时用的激光指示器为半导体激光器。当前，激光器研制技术的前沿主要集中于三个方面：一是特大功率激光器的研制，即激光炮的研制，利用它可在瞬间摧毁导弹之类的飞行器。另一个前沿则是飞秒激光器或亚阿秒激光器的研制，即激光器的脉冲宽度在 10^{-15} s（飞秒）数量级或更高。第三个前沿领域是 X 射线激光器的研制。由于 X 射线激光器的波长非常短，应用前景极为广阔，如生物活细胞的全息摄影、X 射线显微镜、微探测等。X 射线激光器属于激光家族的新成员和高贵阶层。

2. 光存储技术与光盘

利用光子与物质的相互作用将各种信息，如图像、语言、文字等数据记录下来，需要时再将其读出的技术称为光存储技术。照相和电影是光学存储技术早期的伟大成就。20世纪80年代光子存储技术获得了突飞猛进的发展,其声盘(CD)、影碟(VCD)和多用途光盘(DVD)的问世标志着光存储时代的到来。这是因为光存储器密度大、容量高,一张容量为 4.7 GB 的单面单层 DVD 可播放 133 分钟电影,相当于一部故事片。另外,光全息存储技术是容量更为巨大的研究和开放方向,光盘是面存储,全息存储器是体存储。光盘存储器是在光盘表面烧制出光斑制成的,光斑直径约为 $1~\mu m$,甚至 $1~\mu m$ 以下,所以光盘的存储量非常大,即 $1~cm^2$ 的面积上就有 $10^8 \sim 10^9$ 个光斑(即记录点)。然而,全息存储器是体存储,每立方厘米可存储 $10^{12} \sim 10^{13}$ 个数据,这还是指在可见光波段而言。全息存储器还具有许多普通光盘所没有的优点,它不仅存储量巨大,而且存储信息不会丢失。即使某一部位有较大损伤也不会造成信息的丢失,这是因为它像全息照片一样,每一小块都保留着记录的全部信息,而且它是体存储,信息是在材料的内部记录的,因此不易因磨损而丢失。此外,全息存储的读、写速度极快,采用的是并行写入和读出方式。不同于光盘是串行写入与读出方式,每次只能读(写)一个记录,然后通过高速扫描提高读(写)速度。并行方式指一次便可读(写)许多记录,数据传输速率可达 10^9 比特每秒。但这种方法制作技术难度比光盘要大得多,目前尚达不到实际应用阶段,但它是光存储技术的发展方向,也是世界科研领域的一个研究热点。

3. 光通信技术

光通信是 20 世纪最伟大的科技成就之一。光通信的应用克服了电子通信的频带瓶颈,使超大容量太比特(10^{12} 比特)通讯成为现实。而超大容量通讯则是实施多媒体信息技术的保证。现在人们常说的信息高速公路的核心技术便是光通讯技术。现代光通讯技术依仗两项科技进步,一项是激光的发明,特别是半导体激光器的发明,它为光通讯技术解决了光源问题。另一项是光纤的发明,特别是 20 世纪 80 年代掺铒光纤放大器的问世,它把光信号直接放大,使超长距离通信中继技术既可靠又简单,从而将电子通信彻底挤出地面长距离通讯。

光通信有六大特点:① 极宽的通信带宽,可传送极巨大容量的信息,仅以目前利用的近红外(波长为 $0.75 \sim 5~\mu m$)、可见光($0.4 \sim 0.75~\mu m$)和紫外($0.2 \sim 0.4~\mu m$)波段光波而言,其通信容量应比微波(电通信使用的厘米波和毫米波)大上万倍以上。② 光纤尺寸小,重量轻,方便运输和敷设。③ 传输损耗低,可长距离传输,并节省能源。④ 抗电磁干扰力强,即不怕外部电磁干扰。⑤ 保密性能强,信号不会泄露,无法窃听。⑥ 节约有色金属,价格低廉。

光纤通信原理与电子通信原理基本相似,不同之处在于它是以光波为信息载体并通过光纤传输的,其原理框图如图 6-3 所示。

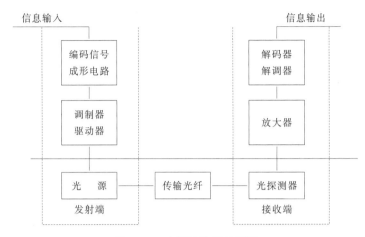

图 6-3 光纤通信原理框图

光通信技术是高技术,存在一系列技术难题,是光通信市场竞争中的主要问题。例如,对已经应用于光通信中的高性能半导体激光器的进一步研制和开发,以及对光纤质量(色散影响的克服)的进一步提高等。

4. 激光的其他应用

激光除上述重要应用外,在许多领域都有着广泛的应用,下面简单介绍一些应用实例。

激光加工:即主要利用激光的高强度、方向性好进行工业加工,如激光精密打孔,可打出极细、又深又直的孔,目前已打出直径仅为 $0.5\mu m$ 的细孔;激光切割与裁剪,这种切割,切口极窄、可随意设计切割曲线、精度高、便于自动控制、无噪声;激光焊接不受材料限制,工艺精细,焊缝质量高;此外,激光还常用于雕刻、材料表面改性处理,以及微电子技术和纳米材料技术等方面。

激光医疗:包括激光手术刀的应用、激光心血管成形术、激光照射(治皮肤病和癌症)、激光针灸术、激光美容术等。

(四) 电子技术

1. 电子技术概论

电子技术的物理基础是电子学,电子学的研究对象是关于电子(包括带电粒子)、电磁波,以及它们之间的相互作用的物理现象及规律。电磁波是获取信息的主要手段之一,更是远距离无线传输信息的唯一载体。电子信息技术是当今电子技术的最重要的方面。其中包括电子通讯技术和信息处理技术。电子通讯始于 20 世纪初,如电话、电报、广播、电视等。20 世纪 50 年代,由于半导体晶体管和电子计算机的发明,以及大规模集成技术的发展,电子信息技术如虎添翼,得到了迅猛的发展和应用。90 年代以后我国开始广泛应用的卫星电视、"全球通"移动电话等都属于电子通信。信息处理的元器件不断更新换代,第一代为电真空器件(尺寸为厘米级)、第二代为晶体管(毫米级)、第三代为集成电路(微米级)、第四代为超大规模集成电路(亚微米级)、第五代将为分子电子器件和单原子操作技术(纳米级)。电子元器件必须组装成各种电子电路才能应用,基本电子电路有:振荡器、放大器、调制器、解调器、变频器,以及各种专用电路等。而复杂的电子系统,如通信系统、计算机系统、自动控制系统、遥感遥测系统等,则都是由基本电子电路组成的。

总之,电子技术作为信息技术的物理和技术基础,它的发展速度是惊人的,并深刻地影响着科学技术和社会的发展。

2. 基本电子元件和基本电路

电子元器件是一个种类繁多的巨大家族。最重要和最常用的基本电子元件有:电阻器、电容器、电感器、变压器和各种电子管(即真空电子管)、晶体管等。

基本电路包括:整流稳压电路、放大电路(或称放大器)、振荡器、调制器、解调器等。

整流稳压电路:作用是将交流电转换成直流电并保持电压稳定,这是所有电子系统工作稳定的先决条件。

放大器:作用是将输入信号的幅度或电压放大,它是所有电子系统中最重要的电路之一。目前多数为晶体管放大器,其核心是晶体三极管或场效应晶体管,常用三极管放大电路如图6-4所示。

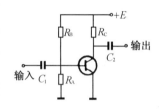

图6-4 共发射极放大电路

振荡器:是将直流电能转换成交流电压或电流的幅度随时间周期性等幅度变化的交流电能的电路,利用振荡器可以产生正弦波、矩形波等电信号,其频率范围从音频一直覆盖到毫米波、亚毫米波。振荡器广泛应用于通信、广播、雷达、计算机和电子测量仪器中。

调制器:在广播、通讯等系统中用来传送信息的电磁波一般频率很高,称为载波,即载有信号的电磁波,把信息载入载波的电路称为调制器。调制器分三种:① 调幅器,它是使载波的振幅随信号变化;② 调频器,它是使载波的瞬时频率随信号变化;③ 调相器是调制载波相位的电路。

解调器:它的功能与调制器相反,它是把载波中的原信息提取出来的电路。

3. 主要的电子技术

电子技术主要包括:半导体技术、集成电路技术等。

半导体技术:半导体器件是20世纪40年代发展起来的,通常的半导体材料为元素周期表中第Ⅲ和第Ⅴ主族中的一些元素及其化合物,如锗、硅、砷化镓、磷化铟等。半导体器件则是用它们极高纯度(99.999 999%～99.999 999 9%)的晶体通过特殊掺杂制成PN结及其他结构而成,典型的半导体三极管结构如图6-5所示。除半导体三极管外,还有双极型晶体管、场效应晶体管、波二极管、雪崩二极管、变容二极管、半导体传感器、超导器

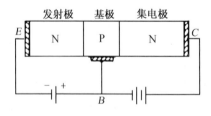

图6-5 结晶晶体三极管

件等多种元器件。在半导体技术的发展中,微型化是发展中的关键性问题之一,由此也发展微电子加工技术。把微电子加工技术与机械和自动控制技术相结合又发展起来一种微电子机械,据报道一些先进国家已经可以制造直径小于1 mm的微型机械人。它在医学、国防、实现各种机电系统内部不停机检修等方面都具有极其诱人的应用前景。

集成电路技术:集成电路,特别是大型和超大型集成电路已被广泛应用于计算机和各

种电子设备之中,平面半导体工艺是集成电路技术的基础,利用集成电路的制备技术可以把极为复杂的电子电路系统构筑在一小块晶片上,从而使电子技术越来越向微型化方向发展。微电子技术中的刻蚀技术和掺杂技术是两种关键性技术。刻蚀线条极细,最细线宽仅 $2\sim3\ \mu m$,精度要求极高,误差不得超过 $\pm0.5\ \mu m$。同时材料掺杂的浓度和区域的精密控制也是一项极其复杂的技术。当然晶体生长技术中的高纯度要求是集成电路性能的保证,目前国内半导体晶体纯度低,一般达不到制备高性能集成电路的要求。

总之,电子技术是一种应用广泛的十分重要的现代技术,电子技术的微型化是研究的主要前沿,然而,目前集成电路的进一步微型化已经遇到了不可逾越的障碍,即尺寸已接近极限,当刻蚀线宽步入纳米量级后将可以发生量子效应,因此各主要国家已把电子技术的进一步发展寄托于第五代电子器件的发明和工业化生产。这也是人类的梦想之一。目前已有量子电子器件问世,但仍处于实验室阶段,可望在不久的将来有所突破。当分子电子器件、量子电子器件进入应用阶段时,据估计一台专用的微型计算机控制的机器人可在人的血管中自由迈步,清理血管壁上沉积的垃圾和打通血管栓塞等工作将可以轻而易举地完成,当然它还可以进入人体内部器官,消灭癌细胞,有效地治疗多种疾患,除此之外,在其他领域同样有非常诱人的应用前景。

二、新材料技术

(一) 概说

材料是人类制造各种产品和工具的物质基础,18 世纪的第一次工业革命——大机器生产是以钢铁工业的发展为基础的,20 世纪中叶以电子技术为代表的第三次工业革命中,硅单晶材料起着先导与核心作用。可以说,每一种主要材料的发明、发现和应用都对人类的进步起着巨大的推动作用。因此,我国政府对新材料的研究非常重视,两届 863 高科技发展计划中新材料技术都被列为七大重点研究领域。

新材料生产具有三大特点:① 综合利用高科技成就、知识密集、多学科交叉、投资大;② 往往生产条件为极端条件,如高压、超高压、高温、超高温、低温、超低温、超净、急冷等;③ 生产规模小、品种多、更新换代快、价格昂贵、技术保密性强。因此,新材料生产属难度较大的产业。

新材料按成分可分为金属材料、无机非金属材料、高分子材料、复合材料四大类。当前最引人注目的新材料可分为光电子信息材料、先进复合材料、先进陶瓷材料、新型金属材料、新型高分子材料、超导材料六种。

由于新材料品种繁多,涉及面广、内容十分丰富,限于篇幅只能对金属材料、无机非金属材料、高分子材料、复合材料和超导材料的基本知识作简单介绍。

(二) 金属材料

1. 金属材料及其分类

金属材料是指纯金属与合金材料,通常也把金属和半金属(特性介于金属与非金属之间的元素,如硼、硅、砷、硒、碲、钋、锗)为基础的金属键化合物(包括碳化物等)归类于金属材料。

金属材料种类繁多,常用两种方法分类:一种分类法是把金属材料分为金属结构材料和金属功能材料两大类。结构材料主要分为承力结构(起支撑作用)、高低温结构、耐蚀结构材料。功能材料则是利用材料的物理与化学性能特征,如磁性、电学性能、弹性等制作功能元器件的材料。第二种分类法是把金属材料分为黑色金属材料和有色金属材料两大类。黑色金属材料特指铁、锰、铬及其合金等黑色金属材料,其余金属材料则为有色金属材料。

2. 金属材料的制备、加工与处理技术

金属材料一般是由矿石冶炼提取出来的,如钢铁的冶炼;也有用湿(水)法冶炼(把矿石溶解萃取的方法)的,如黄金。金属的高纯度冶炼技术性强,如真空冶炼、区域熔炼(金属棒局部熔融且熔融部位以一定速度移动)等方法。

合金制备有两种方法。一种为液态制备法,在主体金属液中按一定比例配加各金属元素即成合金;另一种称为粉末冶金法,即将两种或两种以上金属或粉末置于高能球磨机中经球磨混合并合金化制成,这种方法制备合金,成分任意选择、均匀、性能高,但成本也高。

金属的加工有金属铸造、金属锻造、冷轧加工。高温合金可采用定向结晶法,使晶粒沿散热方向定向结晶。此外,还要精密铸造,塑性变形加工(如冲压、成形)等加工方法。

金属处理技术主要是对金属的热处理、表面处理而言的。热处理包括退火、正火、淬火(加热温度相同,冷却速度递增)之分。淬火后必须回火,回火有高、中、低温回火之分。一般高温回火可使金属韧性增强、硬度降低,低温回火则硬度大、韧性差。表面处理有表面淬火、表面化学处理、表面涂层(如电镀、化学及物理气相沉积等)处理等。

3. 黑色金属材料

黑色金属主要是对钢铁(包括合金钢)而言的。钢铁材料可分为铸铁和钢,钢又可分为碳钢与合金钢两类。在黑色金属中还有超合金材料。

合金钢是由碳钢中加入一定量的其他金属制成的,有铬钢、锰钢、硅钢、镍钢等,品种繁多。钢的成分不同,热处理方法不同,物理与化学性质也不同。

超合金又称高温合金,即在高温下仍具有持久强度、疲劳强度和优质的耐蚀性合金,此类材料分铁基、镍基和钴基三类。铁基使用温度最低($700℃\sim750℃$);钴基使用温度最高($1\,100℃\sim1\,200℃$)。现今又有新型的金属陶瓷(由金属铬、钴等和耐高温氧化物、硼化物制成)问世,它们不仅具有金属强度与韧性,而且有陶瓷的高硬度抗氧化、难熔等优点,是归于高温合金钢中的新品种。

4. 有色金属材料

有色金属材料种类很多,可分为轻、稀有、放射性和稀土金属几大类。轻金属材料中的铝材应用已十分广泛,据报道,镁合金性能远超铝材,属高科技产品。贵金属主要指金、银、铂,因其产量稀少、价格昂贵而得名,其电学性质、化学稳定性极佳,常用作特殊电路的连线等,艺术品、装饰品也常用。稀土金属共17种,它们为钪、钇和镧系金属,几乎各类材料中都可掺入它们而得到良好效果,应用极其广泛,如稀土肥料、稀土合金等,我国稀土资源丰富,开发利用价值巨大。

5. 金属功能材料

具有光、电、磁、声、热等物理化学特性的各种金属材料称为金属功能材料,主要有半导体材料、磁性材料、光功能材料、超导材料、弹性合金、导电材料、敏感材料等,其应用非常广泛,主要依据其特性应用于不同方面。

6. 金属结构材料与低维金属材料

金属结构材料主要包括非晶态金属材料(如金属玻璃)、金属键化合物、形状记忆合金、金属隐身材料、金属多孔材料、金属医用材料等。

金属低维材料指极薄(厚度为微米级)的金属薄膜材料、极细(直径 1 μm 至 1 mm)金属纤维材料及金属纳米(1～100 nm)粉而言。这类材料的特殊尺寸具有特殊用途,甚至因此发生性能变化而获得优异性能,如熔点降低、塑性增强等。

(三)无机非金属材料

无机非金属材料中的新材料主要有先进陶瓷、新型玻璃、人工晶体材料三大类。

1. 先进陶瓷

20 世纪 90 年代,陶瓷科学异军突起,迅速导致了全球性陶瓷热,并出现了种类众多、功能各异的新型先进陶瓷材料。按其功能大致可分为两大类:结构陶瓷和功能陶瓷。

结构陶瓷(又称工程陶瓷),是指发挥其机械、热、化学等功能,主要应用于耐高温、耐腐蚀、耐磨损部件,如机械陶瓷工具、球阀、缸套、航天器外部保护层等。

功能陶瓷(又称电子陶瓷),是指利用其电磁、声、光、热等性质或其耦合效应实现某种使用功能的先进陶瓷,其特点是品种多、产量大、价格低、应用广、功能全、更新快。通常以民用为主,其中压电陶瓷为大家熟悉,也用于军事和其他方面。

2. 新型玻璃

新型玻璃也称为特种玻璃,指二氧化硅含量在 85% 以上或 55% 以下的硅酸盐玻璃或非硅酸盐玻璃。新型玻璃是高技术领域重要新材料之一,特别是用于制造光纤的新型玻璃材料最引人注目,因其需求量大、资源丰富、成本低,发展十分迅速。目前已有在可见光、红外、紫外区导光、传像的产品问世。电子玻璃是新型玻璃的另一类,如基板玻璃、熔封玻璃、快离子导体玻璃等,主要用于制作集成电路。新型建筑玻璃的功能不仅可满足采光要求,还可保温隔热、节能、调制光线等。主要产品有变色玻璃、吸热玻璃、热反射玻璃、中空玻璃、电致变色玻璃等。

3. 人工晶体材料

人工晶体材料也称合成晶体,主要有激光晶体、人工水晶、人造金刚石和光学晶体等。

激光晶体:激光晶体是固体激光器的光源,使用最广泛的是掺钕钇铝石榴石和红宝石,随着科技的进步,人工制造的掺钕钇铝石榴石尺寸越来越大,国外已超过 ϕ90 mm× 200 mm,它是研制大功率激光器的关键性材料。

人工水晶又称石英晶体,天然石英资源匮乏,大尺寸单晶尤为稀少,因此一直作为战略物资受到各国控制。随着人工生长水晶技术的发展,水晶用量与日俱增。水晶具有优良的压电性能,一直为军用电子设备利用,其优良的光学性质则成为次要方面的应用。

人工金刚石:金刚石硬度最高,而且还具导热、不导电、透光、低摩擦系数等优良特性,因而被广泛应用于机械、电子、地质、冶金等许多行业。天然金刚石产量很低,因而价格十分昂贵,尺寸大的价值连城。人造金刚石用高压法制备,有静态和动态(即爆炸)高压法两种,近年来又创造出了一种新的气相沉积法制备人造金刚石薄膜(多晶体)的新工艺。不过到目前为止仍无法人工制备大尺寸金刚石单晶,据报道人工制备的金刚石尺寸最大只有几毫米。

光学晶体:指在光路中起反射、折射、处理和接收光作用的晶体材料,如棱镜、偏光元件、滤光元件、透光窗口等元件使用的材料,以及制造光纤和光波导等光信息传输用元器件的晶体材料。目前重要的光学晶体主要有金属卤化物晶体,特别是氟化物晶体。某些半导体晶体(锗、砷化镓等)、硫化物晶体和高温氧化物晶体(三氧化二铝单晶)等。氟化物晶体透光光谱宽,硫化物晶体是中红外材料,高温氧化物晶体耐高温,广泛应用于空间技术。

(四)高分子材料

高分子材料已遍及人们的衣、食、住、行之中,它同钢铁、水泥、木材并称为四大基础材料。目前世界年产量已超过亿吨级。20 世纪 30 年代兴起后,其发展一浪高过一浪,持久不衰。目前仍是材料技术中的主角之一。

高分子材料有天然高分子材料(如橡胶)和人工合成高分子材料(如各种化纤及塑料)。

高分子材料具有密度小、化学稳定性强、绝缘性能好、方便加工等优点。根据其用途可分为塑料、橡胶、纤维、涂料和黏合剂五类。

众所周知,白色污染已严重威胁到人类的生活质量,天然的棉织品、毛织品重新让化纤产品臣服,油漆也成为环境污染源之一,一个宾馆装修一新,富丽堂皇,但室内空气的气味异常,实在让人难言其佳,据报道,这种空气污染还有致癌作用。如何发展无污染的高分子换代材料是该领域重要的研究课题和发展方向。

(五)复合材料

复合材料是指把两种或两种以上的材料组合在一起形成的性能互补的材料,如石棉瓦就是由复合材料制成的。一般复合材料既保持原组分的优点,还可能产生新的优点。

按其组分分类,常用复合材料主要有高聚物基复合材料、金属基复合材料、陶瓷基复合材料。按使用目的分类有功能复合材料和结构复合材料两大类。

(六)超导材料

1. 超导现象

人们通常认为金属是导体,陶瓷是绝缘体,其实它们都有电阻,只不过金属电阻率比陶瓷低得多。因此,把金属铜和铝作为导线使用,但在电流的输送中,导线仍会发热而损耗电能。研究发现,金属的电阻随温度升高而升高,人们幻想如果导线没有电阻该有多好。1911 年荷兰科学家卡麦林·昂内斯(Onnes)发现液氦温度条件下汞的电阻完全消失,处于环路中的电流持续实验了一年以上不见衰减,这就是超导现象的发现。材料电阻在某一温度下等于零的现象称为超导现象,开始出现超导现象时的温度称为超导材料的临界温度。

2. 超导材料

超导现象发现后,接着人们对多种材料进行了超导实验,发现常压下有 28 种元素,近 5 000 种合金和化合物具有超导电性。而有的元素只有在高压下才有超导电性。但是早期发现的超导材料温度太低,最高者 $Tc=23.3$ K,应用十分困难。1986 年,贝德诺兹

(J. G. Bednorz)和谬勒(K. A. Muller)发现 $Tc=35$ K 的氧化物超导材料 $La_{2-x}Ba_xCuO_4$，1987 年初，美国、中国和日本科学家相继独立地发现了 $Tc=92$ K 的氧化物超导材料 $YBa_2Cu_3O_7$，年底又发现 Tc 高达115 K 的 Bi-Sr-Ca-Cu-O 系列材料和 $Tc=125$ K 的 Tl-Ba-Ca-Cu-O 系列超导材料。1986 年后发现的这些超导材料均属陶瓷类，由于临界温度 Tc 有大幅度提高，因而被称为高温(实际上仍在 $-148℃$ 以下)超导材料。

进一步研究发现，超导材料不仅有金属、陶瓷超导材料，某些高分子材料、碳素材料在高压下也可以转变为超导材料。超导材料家族的另一位新成员是富勒烯 C_{60}。C_{60} 是 20 世纪 90 年代初发现的新型材料，当 C_{60} 与一些碱金属(第 I 主族元素)结合成化合物时可成为超导体。其中 $Rb_{1.0}Tl_{2.0}C_{60}/C_{70}$ 的临界温度为 48 K，为高温超导材料。有人估计碳素家族中的富勒烯 C_{540} 可望达到室温超导。

3. 超导电性的基本特征

(1)完全导电性。即在超导体形成的闭合环路中的电流可长期持续流动而不衰减，这可用环流产生的磁场进行测量确定。

(2)完全抗磁性。指外磁场无法进入超导体内部，而且当原来材料体内有磁性时，在转变为超导体后，内部磁性也被完全排出。

4. 超导材料的应用

利用超导体具有的超导电性和完全抗磁性可制作成强磁体，称为超导磁体。利用超导线圈制成的磁体可以把发电机的磁场强度提高到 5～6 万高斯，超导发电机可使单机发电容量比普通发电机提高 5～10 倍，达到 1 万 MW，而体积可减少一半，而且发电效率可提高 50%。

通常输电，线路损耗约占 15%，用超导体输电，几乎无线路损耗，可节约大量电能。

利用超导体的完全抗磁性可发展磁悬浮列车，磁悬浮列车前进时，整个车体呈悬浮状态，不与轨道接触，因而可无摩擦地高速行驶，列车时速可达到 500 km 以上。目前美国、日本等发达国家都已有实际应用的超导磁悬浮列车，我国也已经在上海建成了一条磁悬浮列车运输线。

三、能源技术

能源技术是开发、转换、利用和管理能源的一类技术的总称。目前人类利用的能源有煤炭、石油和天然气、核能、电能、太阳能、风能、地热能、氢能、燃料电池能和生物能。

(一)常规能源技术

常规能源技术包括煤炭技术、石油与天然气技术、核能技术、发电技术、高效能源技术与清洁能源技术等。

1. 煤炭技术

煤炭技术主要是对煤炭开采技术和选煤技术而言的。煤炭一般采用露天开采和井下开采两种方式。

2. 石油天然气技术

石油主要成分是碳氢化合物，多为烃类有机物。天然气主要为烃类气体，包括甲烷、乙烷、丙烷、丁烷和戊烷等。油气的勘探和开采技术是石油天然气技术的主体。目前油气勘探中采用三个主要环节:地震法勘探、钻探和井下作业。地震法是指地面选点打孔爆炸,造成人工小区域性地震,利用仪器测量的地震波的记录,经计算机求解偏微分方程,了解地下油气埋藏情况。在此基础上,按计算给出的估计位置钻井考查,当钻出油层时,可进行井下勘探,一般采用放射法和井下电视照相法探测储量。

石油的开采要根据油田情况而定,通常多为自喷,当井下压力不足时,可采取注水法加大压力。海上采油与陆地采油略有不同,因风浪大,需要安装钻井平台并解决设备防腐问题。

3. 核能技术

核能的和平利用是 20 世纪内能源技术的主要成就之一,关键技术是核反应堆,它是维持控核裂变链式反应的装置,一般由堆芯、控制棒反射层、堆容器和支持机构组成。堆芯是核心,含有核燃料、慢化剂、冷却剂和中子吸收体。用中子吸收体——控制棒改变堆芯内的中子密度,从而实现核反应的控制。

核燃料有三种元素:铀、钍和钚,其中铀 235、铀 233 和铀 239 为易裂变材料,铀 238 和铀 232 为可转换材料(俘获中子后转换为铀 239 和铀 233)。慢化材料有轻水、石墨等,它们有良好的中子慢化性能。控制棒通常用含硼材料,是强中子吸收材料。核能利用中的最大问题是核废料的安全处理。

4. 发电技术

电能使用方便、无污染,但它属二次能源,发电技术是利用发电机将其他形式的能,如机械能、化学能、核能,以及太阳能、风能、地热能、水能、海洋能等转换为电能。到 20 世纪 90 年代中期,主要发电形式是水力、火力和核能发电,近年来由于煤和石油的短缺,火力发电所占比重逐年减少,核能发电越来越受到重视。

火力发电的关键技术是如何提高能量的转换效率。到 20 世纪 80 年代,世界最好的火电厂的热能也只有 40% 左右转换成电能。

水力发电是无污染能源,开发水电可节省储量有限的煤炭和石油等矿物燃料(它们同时又是重要的化工原料)的消耗。水电站的开发还兼有防洪、灌溉、航运等综合效益。三峡工程是当今世界最大的水利枢纽工程,总装机量 1 820 万 kW,年发电量 846.8 亿 kW 时,相当于 6 个半葛洲坝电站和 10 个大亚湾核电站。

发电站发出的电经变电所升压,用高压输电线路送入供电网,由供电系统合理分配给有关用户。

(二)新能源与再生能源技术

新能源和再生能源主要包括太阳能、生物能、风能、氢能、地热能、燃料电池能等。

1. 太阳能利用技术与风能技术

太阳能是一种清洁、可持久供应的自然能源。但由于太阳能在地球表面的功率密度低,因而不易利用。太阳能技术分三大类:① 直接转换为热能,如太阳能热水器等;② 转换为电能,如太阳能电池;③ 间接转换成电能,如太阳能发电机。

风能是太阳能的一种转化形式,风能虽为清洁能源,储量大,分布广,但利用率很低,这是由于其能量密度小、不稳定所致,因此,目前只有少数地区采用风力发电。

2. 生物能技术

主要是对沼气技术而言。将秸秆、木材等直接燃烧不仅使生物质能的利用效率低,而且污染环境,当然也就谈不上技术了。用沼气池将生物质(可包括树叶、酒厂和纸厂废渣、粪便等)转化为沼气(主要为甲烷 CH_4)再进行燃烧。这样既可以净化环境,又可以高效利用生物质能,发酵后的废液还可作为有机肥料使用,一举三得。

3. 地热技术、氢能技术和燃料电池技术

地热主要来自放射性元素(地球内部)释放的核能,只有存在温泉的地方才能利用。一方面可直接利用,如温泉浴池、地热采暖等;另一方面可用于发电。

氢能是一种清洁再生能源,氢能技术主要是对制氢技术而言的。

燃料电池是将氢、天然气、煤气等燃料的化学能直接转换成电能的化学电池,优点是转换效率高,可达 80% 以上;清洁(无有害气体生成)无公害,但技术含量高,近年来,美、日、中等许多国家都将大型燃料电池的开发作为重点研究项目。至 1994 年,世界最大燃料电池功率已达 1.1 万 kW。燃料电池和普通电池基本相同,不同点是它要求连续供给反应物,以保持连续供电。

四、海洋技术

海洋占地球表面的 71%,它既是地球生命的起源地,又是人类的一个巨资宝库。海洋中的可开采石油和天然气储量比陆地大得多;金属资源可供世界使用万年以上;在淡水资源处处告急的今天,海水资源却是用之不竭的;海水中铀的储量是陆地的 4 000 多倍;潮汐能、波浪能等可供开发利用的相当于目前世界总发电量的几十倍,且为无污染能源;鱼虾类的潜在产量为 15 亿吨。但海洋水深、风大、浪高,险象环生,开发利用困难重重。正是由于上述困难,发展海洋技术、保卫海疆和开发海洋资源就成为 21 世纪世界高技术领域的主要前沿之一。目前国际上海洋竞争日益激烈,在某种意义上,这种竞争也是海洋技术的竞争,我国拥有辽阔海疆(300 多万 km^2),但海洋技术相对落后,必须尽快缩短与他国的差距,因此海洋技术被列入 863 高技术计划之内。

海洋技术包括诸多方面,如海岸工程技术、海底(浅海和深海)资源开发技术、海洋生物资源开发技术、海水资源开发技术等。

(一)海洋空间的保卫和海运

海岸工程是为海岸防护、海岸带资源开发和空间利用而进行的工程设施,主要包括围海工程、海港工程、河口治理工程、海岸防护工程等。

海洋空间需要强大的海军保卫,在现代战争中,不是人力的对抗,而是技术的对抗,战争已立体化,多为闪电袭击,因此舰艇(包括航母)制造技术、侦察通信技术与现代化武器和指挥系统都需要以大量高新技术为基础,只有在海洋空间得以保卫的前提下,才谈得上海洋空间和海洋资源的开发和利用。

海运是传统的海洋空间利用之一,海上运输量大、成本低、耗能少,是其他方式无法相比的。国际物资交流主要靠海运,而将来海上资源开发也需要海运的支持。远洋海运采用巨轮,巨型油轮的载重也达 70 万 t,沿海和隔海(近距离)客运正在向快速发展,其中水翼船时速可达 90 km,地效翼船几乎离开水面,船速可达 150~500 km/h。为便于船舶停靠,海港工程(包括码头、船坞、深水航道等)是必不可少的,大型海港的建造同样存在诸多需要解决的技术难题。海上机场、海上工厂,甚至海上城市的构想都将随科学技术的发展逐渐变为现实。

（二）海底资源开发技术

海底有丰富的油气资源,还有丰富的矿产(铁、金红石、金、铂、金刚石等)资源都有待开发,但需要高新技术的支持。要想开发,当然第一步是勘探,因此我们不妨从勘探谈起。

1. 海底探测技术

海底探测技术包括海底地形地貌的探测和海底资源勘测两个方面,因此一般可分为浅海探测和深海探测。

浅海探测,是指靠近大陆架的浅海区的探测,一般采用直接潜水探测和间接潜水探测。这需要发展潜水技术。目前国际上直接潜水最大模拟实验深度已达 686 m,但这需要特殊的潜水设施和技术的支持,这种先进的直接潜水技术称为"饱和潜水",潜水员潜水前需经加压舱预先加压到预定深度的压力,到预定深度再出舱工作,工作完成后回加压舱,经减压后回到常压环境。间接潜水是指采用抗压潜水服进行潜水,目前最大潜水深度可达 605 m。

深海探测最有效的方法同样是潜水探测法,但这需要使用深潜器。深潜器分为载人潜水器和无人潜水器两种。潜水器安装有水下电视、声纳和水声通讯设备、机械手、照明设备等。早期载人潜水器追求下潜深度,"的里雅斯特"号和"阿基米德"号曾先后下潜到 10 911 m 的马利亚纳海沟进行实地观察。20 世纪 70 年代后大量发展用于海底资源勘测和开发的潜水器,20 世纪末期,美、法、俄、日等海洋大国又开始建造大深度(6 000～6 500 m)、多功能载人潜水器,可以对海底锰结核(含镍、铜、钴、锰等 76 种元素的鹅卵石状矿体)、钴矿床、热液矿床和海底地形地貌进行勘测。这种技术的竞争实际上是深海资源开发权的竞争。无人遥控潜水器(水下机械人)的发展也十分迅速,我国已完成 6 000 m 无人无缆潜水器,达到国际先进水平,并用于海底锰结核的勘查。2011 年 8 月,我国自主设计、自主集成的深海载人潜水器"蛟龙"号(设计最大下潜深度 7 000 m)顺利完成 5 000 m 级海试任务,标志着中国具备了到达全球 70% 以上海洋深处作业的能力。

2. 海洋油气开发技术

海洋油气勘探有三种方法:地震法、重力法和磁力法。地震法为最常用的方法,近年来使用双船多缆(船上拖有多条装有多达 960 道接收换能器的电缆)作业,通过接收到的各个岩石层反射回来的地震波,自动成像,计算机评价。海底地震仪测量横波等技术,得到三维的深层地质图像,用数字模拟估计石油储量。为了证实海底油田,在物理探测的基础上还必须进行打井探测,通过岩芯,了解海下地层的真实结构、油层厚度与分布,从而确定是否具有开采价值。

在确定一口油井储量丰富,值得开采以后,就需要把原来的钻井平台扩大成生产平台,生产平台甚至可以是人工岛。建造海上平台耗资巨大,近年来出现了把整个采油系统、油气分离装置、贮油装置完全置于海底的采油装置,采油过程是由陆地或船上的人遥控进行的。为了完成勘探、采油、贮油和输油一整套工程,水下施工技术、水下观察技术、水下信号传递和遥控技术等都是必须发展的。

3. 海底矿产资源的开发技术

此类技术分近海采矿技术、深海采矿技术。近海采矿相对简单,但仍要比陆地采矿技术要求高得多。在近海除石油和天然气之外,矿产资源也很多,有海滨沙矿、近海磷灰石、硫酸铁、海绿石等。露出水面的海滨沙矿可露天开采。浅海沙矿可用各种采矿船开采。固态基岩矿可由岛屿、人工岛或岸上打竖井,通过巷道开采,但必须有高质量防水措施。

深海矿产丰富,仅多金属(70 多种元素)的锰结核储量就达 3 万亿 t,而且仍在不断增长,专家认为,只要开采得当,锰结核将是取之不尽用之不竭的金属资源。此外,还有海底热液矿床,其主要成分是钴、铜、锰、镍、铂、金、银、铅和锌等。最近在海底又发现一种新能源——海洋天然气水合物,其主要成分是甲烷,是甲烷在深海底部高压低温条件下形成的特殊水合物,储量也十分丰富。

海底锰结核的开采迄今仍处于实验阶段,一般认为比较适用的有三大类:① 流体提升采矿系统;② 链斗采矿系统(目前已被冷落);③ 自动采矿系统,由机械人到海底采矿。

(三)海洋生物资源开发技术

世界面临人口众多,陆地蛋白质资源不足,而海洋生物资源数量巨大,在不破坏生态平衡的条件下,每年可提供足够 300 亿人口的食用品,向海洋要蛋白,有着重要的战略意义。

海洋捕捞技术近年来发展很快,用遥感技术可发现鱼群,用光、声等可使鱼群集中,用泵可将鱼吸入船内,还可海上加工。但是,许多地方已发现捕捞能力过大,以致渔业资源濒于灭绝(如大、小黄鱼等)。因此,必须加强管理,如我国每年规定 3~6 月为休渔期。为充分发展和利用海洋生物资源,人工海水养殖受到很大重视,我国 1994 年海水养殖量达 345 万 t,居世界首位,形成了世界最大的海带、对虾、扇贝养殖业,并且以高档鱼类及鲍鱼、海参等海珍品为主要标志的第四次海水养殖浪潮正在形成。但是也存在着技术问题,1993~1994 年暴发性对虾病害曾造成几十亿元的损失。如何合理养殖,保持良好的海洋生态环境是一个十分复杂的研究课题。

海洋生物还为人类提供了许多天然药物,海马参是众所周知的药材,"脑黄金"实际上是由海鱼内脏和骨头中提炼出的不饱和脂肪酸,因此说海洋生物还为人类提供了新的医药途径。

五、空间技术

空间技术又称为航天技术或宇航技术,它是自 20 世纪 50 年代以来得到飞速发展的一项高技术。它对科技进步、经济繁荣和人类生活都产生了很大影响。空间技术的兴起和发展使人类的活动领域从陆地、海洋和大气层飞跃到了广阔无垠的太空。至今,全世界共进行了约 4 000 次成功的发射,约 5 200 个不同种类的航天器(包括卫星)送入太空轨道,进入太空的航天人员约有 400 多名(其中 12 名曾登上月球)、800 多人次。现今全世界有 60 多个国家和地区从事或参与航天器的研制,200 多个国家和地区使用各类人造卫星,航天事业受到世界各国的关注。

(一)太空资源

太空是指海拔 100 km 以上的空间,那里的大气异常稀薄,飞行器所受的空气阻力几乎为零。太空中几乎没有任何物质,那么太空资源指的是什么呢?那就是广阔无垠的特殊空间,因为那里没有空气,超洁净,微重力,在那里可以进行地面上无法进行的高真空超净实验、失重情况下的实验,即极端条件下的实验,这在材料、药物制备和生命科学等领域具有极大的应用前景。太空之高,可以利用其高度对地球进行全方位观测,可以利用其高度实现全球通信。可以利用它观察天体,接收来自其他天体的电磁辐射信号,因为信号未经大气层的衰减和阻挡,因而比地面上的信号强得多,也丰富得多,这更有利于人类对宇宙的认识。太空中的太阳能密度高于地球表面,可以利用。而月球上的资源却是物质的,月球上有丰富的矿藏,有核聚变燃料^{3}He。月球上土地中有氧,这可能成为人类在月球上工作和生存的物质条件。要开发利用太空资源就必须以航天器进入太空轨道为前提,从这个角度看,发展航天器工程系统(运载系统和任务系统)的技术是关键。

(二) 航天运载系统

航天运载系统由航天运载器、航天发射场和运载器飞行测量系统(测控网)组成。

1. 航天运载器

航天运载器分两种,一种是多级火箭,另一种是可重复使用的航天飞机。航天运载器的功用是把航天飞行器送入预定太空轨道的工具。航天运载器一般由地面发射场以垂直于地面的状态起飞,但也有从飞机上于空中水平发射的。

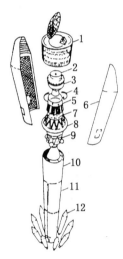

图 6-6 航天运载器
组成示意图

1—卫星 2—卫星连接器
3—第三级火箭发动机 4—
第三级火箭分离绑带 5—旋
转平台 6—整流罩 7—制
导系统 8—第二级火箭支架
9—第二级火箭动力系统
10——一级间段 11—第一级
火箭 12—固体助推器

多级火箭式运载器是由有效载荷、箭体系统、推进系统、制导系统、电源系统、安全系统、遥测系统和外弹道测量系统等组成的复杂工程系统,有效载荷是对运载器所要运载的航天器(可以是卫星、飞船、太空实验室等)而言的。图6-6中,给出了一个运载卫星的航天运载器的组成。由图中不难看出,火箭分为三级。火箭是航天器推进的动力之源,它使用的是固态或液态燃料,利用反冲作用推动航天器前进。多级火箭一般多为串联式,按其工作的先后顺序分级。一级火箭发动机点火,系统起飞。一级火箭燃料燃尽熄火即与系统脱离,并使二级火箭点火工作,每一级火箭工作完毕,便即时与系统脱离并点燃下一级火箭,直至最后一级火箭把航天器送至预定轨道。实际使用的多级火箭最多为4级,再多时结构过于复杂。多级火箭分两种类型,如图6-7所示,图(a)为串联式三级火箭示意图;(b)

图为带有捆绑助推器的两级火箭示意图,火箭发动机推力室结构简图如图6-8所示,推力室外装有推进剂(化学燃料)贮箱、推进剂输送系统等。航天器太空轨道速度非常大,绕地球飞行的航天器(卫星、航天飞机等)的最小速度——第一宇宙速度为7.91 km/s,而逃逸速度(脱离地球引力范围的最小速度)——第二宇宙速度为11.19 km/s。因此,火箭不仅要求燃料高级,而且火箭设计时必须尽量压缩除燃料和航天器之外的质量才能实现发射目的。航天运载器自苏联于1957年10月发射世界第一颗人造卫星以来,至今发展出20多个系列、200多种型号的火箭系统。最小的运载器起飞质量为10.2 t,飞行器(卫星)质量仅有1.54 g。由此可见航天发射的困难程度之大,消耗能量之多,此外,还必须有精确的制导系统和地面监控系统才能使航天器入轨(进入预定运行轨道)。

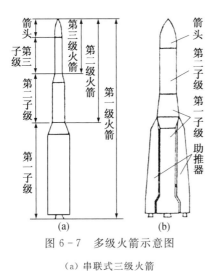

图 6-7 多级火箭示意图

（a）串联式三级火箭

（b）捆绑助推器的串联式两级火箭

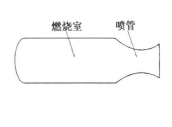

图 6-8 化学火箭发动机
推力室的结构

制导系统包括控制与导引系统，其功用为：实时测量和控制运载器的飞行状态、位置和速度，保证运载器姿态稳定沿预定轨道前进。地面监控系统则是一个对航天运载器和航天器的发射进行跟踪、测量和控制的网站，负责接收运载器和航天器发送回来的信号并为它们传送指令。

除火箭运载器之外，另一种运载器是航天飞机，它是可重复使用的航天运载器，它兼具航天器和航空器功能，又称太空运输系统。它是运载火箭技术、航天器技术相结合的产物。其上升段类似多级运载火箭，轨道段类似航天器，着陆段类似飞机的飞行。

（三）航天器

1. 航天器的分类

航天器的分类如图 6-9 所示：

图中给出的分类中，卫星数量最多，它可以进一步分类，其中科学卫星用于探测研究太空环境和进行开发利用太空资源的实验。它包括天文卫星、空间环境探测卫星和科学实验卫星等。技术试验卫星用于在太空轨道上进行航天新技术实验；应用卫星最多，主要有三类：一类为通信卫星；一类为探测地球陆地、海洋和大气层信息的观测卫星；另一类是确定地面、空中物体位置和速度的导航定位卫星。这些卫星又可按其抽象任务分为侦察卫星、气象卫星、通信卫星、资源卫星等。

太空实验室和空间站都是供航天员巡访的载人航天器，不过实验室规模小，寿命较短，技术也较简单，而空间站更高级，可供航天员长期居住和工作，并具有一定的生产和实验条件。大型空间站是分批送入太空，然后对接组合而成的。

2. 航天器系统的组成

航天器是一个复杂的工程系统，其一般组成由图 6-10 给出。

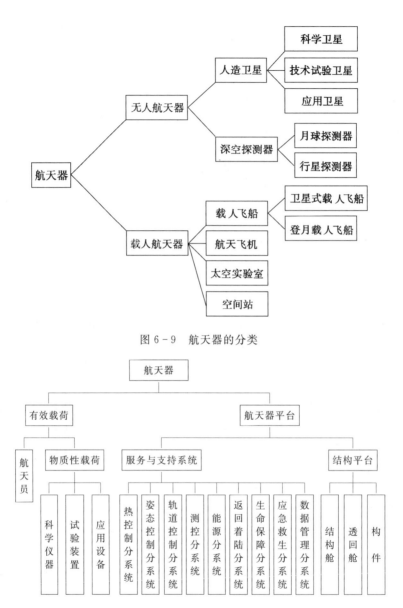

图 6-9　航天器的分类

图 6-10　航天器系统组成

3. 航天器的运行轨道

航天器的轨道一般近似为开普勒椭圆轨道(有偏离),但随着运行时间的增长,偏离程度增加。这是因为太空中不只有一个地球,还有其他星球引力的影响,此外地球也绝非一个绝对的球体,因此它对卫星的万有引力也是不能当做一个质点简单看待的,这就造成了卫星轨道相对开普勒轨道的偏离。不过卫星也有一些特殊轨道:极地轨道、太阳同步轨道、地球同步轨道、复现轨道、地球静止轨道,圆形轨道是卫星常用的具有特点的轨道。其中最特殊的轨道为地球静止轨道,地球静止轨道在赤道平面上,形状为圆,与地球自转角速度相同,在地球上看如同静止一样。

（四）中国的空间事业

中国于 1958 年开始人造卫星的研究,1970 年 4 月 24 日发射第一颗人造卫星——东方红 1 号。现已发射卫星 100 多颗,成功率 80% 以上,返回成功率 94% 以上。宇宙飞船的发射成功,使我国成为世界上第三个掌握载人飞船技术的国家,体现了我国空间技术水平。截至 2016 年 10 月,我国已进行了六次载人航天飞行和多项空间科学研究。2011 年 11 月,"神舟"八号飞船与目标飞行器"天宫"一号完美实现空中交会对接,标志着我国航天技术和太空探索进入了新的历史阶段,2016 年 10 月"天宫"二号发射成功,并与神舟十一号顺利对接。2019 年 1 月 4 日,嫦娥四号着陆器与"玉兔二号"巡视器顺利分离,在月球背面留下人类探测器的第一道印迹。2018 年 12 月 27 日,中国自主建设独立运行,与世界其他卫星导航系统兼容共用的全球卫星导航系统正式提供全球服务。

六、纳米技术与纳米材料

（一）纳米科学与纳米技术概论

纳米是什么?纳米是一个长度单位,简写为 nm,1 nm＝10^{-9} m。1 nm 的长度相当于 10 个氢原子紧挨着排成一条直线时的长度。纳米科学是研究纳米尺寸(1～100 nm)下的物质特性与变化规律的科学。纳米技术则是指制备纳米尺寸材料及纳米尺寸材料的组装技术、应用技术等。纳米尺寸材料的类型有三种:一种为纳米微粒,指粒子的最大粒径为纳米尺寸;一种是纳米纤维;第三种称为纳米薄膜材料,纳米材料还包括由纳米尺寸材料组装成的大块材料。纳米科技是 20 世纪 80 年代初刚刚诞生并迅速发展起来的一个科技新领域。它的发展受到了世界科技界和各国政府的广泛重视,其主要原因是纳米材料具有与大块(尺寸越过亚微米 100 nm)材料不同的特殊性质,如光电特性、机械特性、化学特性等。所有特性都可能得到某种应用而生产出新的高科技产品来。而且还发现了一些前所未有的新物质和新现象,如富勒烯 C_{60},C_{70} 等,纳米材料已经成为材料科学中重要的生长点,未来分子电子元件,光电原件及超微型计算机的希望只能寄托于纳米技术。另一重要原因是,生物的进化与遗传,生物工程中许多问题都属于纳米科技的范畴,因为细胞膜属纳米薄膜,DNA 属纳米线,叶绿素、叶黄素等都属于纳米功能体系。正因为上述原因,探讨纳米尺寸下物质的特性和变化规律,探讨如何用原子构筑或组装成纳米功能材料,并制备出纳米尺寸的元器件(光电器件、生物器件等)和相应的设备来,就成为科技发展的重要方向。纳米材料另一突出优点是节省资源、经济效益不可估量。因此,许多科学家都认为:21 世纪将是纳米科技的大发展和广泛应用的时代,纳米科技必将成为 21 世纪的主导科技之一。

（二）纳米材料的优异性能

1. 新发现——碳素新家族

仅由碳原子构成的物质有多种,碳原子相互键合起来可以构成石墨,也可以构成金刚石,这是人们早已熟知的。1984 年,罗尔芬等人用质谱仪研究在超声氦气流中被激光汽化的石墨聚集物时,发现了一族全新的碳原子团簇 C_{30}—C_{100}。团簇中碳原子数目均为偶数。C_{60} 占的比例最大,其次是 C_{70}。60 个碳原子,它们是以怎样的方式结合成一个大分子的呢?1983 年,霍夫曼使用电弧法也制成过 C_{60},但是谁都不知道 C_{60} 为何物。这种新物质引起了科学界高度的研究热情,1989 年 C_{60} 的研究终于取得了突破性的成果,受美国设计师富勒设计的圆形穹顶结构的启发,英国科学家克劳托与美国科学家柯尔、斯莫利教授合作设计的足球 32 面体结构(见图 6-11)被证实。因此,C_{60} 这一类笼状碳原子团簇被命名为富勒烯家族。

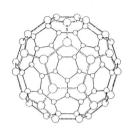

图 6-11 C_{60} 结构

理论和实验都证明了 C_{60} 有很高的对称性,是富勒烯家族中最稳定的分子,分子直径为 0.71 nm。C_{60} 家族之所以引起科技界极大震动,是因为 C_{60} 家族的特性具有非常大的潜在发展前景。

C_{60} 和 C_{70} 溶液具有光限性,即光强较小时,溶液是透明的,但当光强大于某一限度(阈值)时,溶液立即就变得不再透明。这一性质可以用作数字处理器中的光开关或光保护敏感器。C_{60} 可以生成单线态氧,可治疗癌症。C_{60} 掺碱金属具有超导电性。C_{60} 也是合成金刚石的理想材料,更令科学家们思绪万千的是,C_{60} 中有 60 个可以与其他原子或原子团相结合的悬挂键(即空着的键合位置)。众所周知,有机物中一大批化合物的碳呈线性结构(一维的),而环状结构的化合物更为丰富(芳香族),因为它呈二维结构,而富勒烯是立体结构,每一个悬挂键上都可以连接不同的基团(如羟基、羧基等),那将产生出多少种新的化合物呢?可以认为有无穷多种,其中也绝不乏重要应用价值的新物质。综上所述,仅 1 个 C_{60} 家族就足够我们去遐想了,因为它确实可能成为未来分子计算机中的重要成员(光开关),也可能是室温超导体的主要原材料(经与其他物质组装而成),还可以造就出无穷多新的化学物质,其应用前景是无法估量的。

除了富勒烯家族外,还在用电弧法制备 C_{60} 的同时还发现了另一类新的碳素家族,它们均呈现管状结构,被统称为碳纳米管。碳纳米管也分多种,有单层管,有多层管,最细的碳纳米管的直径为 0.4~0.5 nm,粗的可达到几十纳米。一开始人们对碳素家族的新成员的研究热情主要集中在 C_{60} 上,尽管人们已经知道了碳纳米管的存在,到 1991 年碳纳米管的特性研究又震撼了科技界。碳纳米管是由石墨的正六边形网状结构卷曲而成的,它具有极高的强度,单层碳纳米管的强度估计为钢的 100 倍,而密度只有钢的 1/3。近年来中国科学院物理研究所谢思深等人成功地制备出长度为 2 mm 的碳纳米管。这些纳米管形成了超长定向碳纳米管阵列,据称有希望用这些碳纳米管阵列制备成超薄型显示屏。诚如是,我们电视机将会像一幅壁画一样装在墙壁上。此外,据研究表明有的碳纳米管是很好的导体,也有的是半导体,甚至有的碳纳米管具有超导电性。碳纳米管还具有明显的压电效应和其他一些电磁特性及光学特性,利用它的特性可以制备出多种纳米尺寸的功能材料,这在超微电子技术方面将有广泛的开发应用前景。特别是这种材料是人工制备的一维量子线,又可形成整齐的管状陈列,这对组装成各种功能器件来说是大有好处的。

实际上纳米材料中不断有新结构材料出现,无论是笼式结构材料,或是管状材料,都不只是碳素家族所特有,人们还发现某些金属也有这种笼式结构。某些金属氧化物也可以形成纳米管,如 TiO_2(二氧化钛)纳米管也被用化学方法制备出来,它具有与大块材料不同的光学特性,其吸收谱已展宽到可见光区域。

2. 纳米材料的尺寸效应

纳米材料的尺寸效应又被称为小尺寸效应,这是指超微颗粒的尺寸不断减少时,在一定阈值会引起材料宏观物理、化学性质上的突变,即由量变到质变的现象,这就是所谓的小尺寸效应。

例如,陶瓷材料在通常情况下硬而脆,而由纳米超微粒制造的纳米陶瓷材料却具有极佳的韧性,即它可以像黄金一样被延展成薄片,这便是目前的一些展销会上推出的所谓"摔不碎的陶瓷碗"。美国学者报道,CaF_2 纳米材料在室温下可大幅度弯曲而不断裂,人的牙齿之所以有很高的强度,就是因为它是由磷酸钙等纳米材料构成的。纳米金属固体的硬度要比传统金属材料高 3～5 倍。纳米材料的热学性质也会有明显的尺寸效应,平均粒径为 40 nm 的纳米铜粒子,熔点由 1 053℃降到了 750℃。大块银熔点为 690℃,纳米银熔点变为 100℃,即在沸水的温度下便可熔化。再如,金属有光泽,但所有的金属纳米颗粒都是黑色的,颗粒愈小,色彩愈黑。利用这一特征可制作高效光热、光电转换材料,可用于太阳能的利用、红外隐身材料等。再如尺寸效应还表现于材料的磁性上,20 nm 的纯铁粒子的磁性矫顽力是大块铁的 1 000 倍,但当尺寸减小到 6 nm 时其矫顽力反而下降为零。更为普遍的小尺寸效应是纳米微粒的量子效应,大块材料的能量结构是带状结构,即分段连续的能量结构,这是指材料中的电子的能量可处于分断连续的能量范围内,而当材料的尺寸下降到某一值时,其能量结构就变成了离散的能级结构,即能量取值不再连续。目前电子计算机尺寸已经接近到极限尺寸的原因也是这种量子效应所致,即绝缘层的尺寸再减少,到达 100 nm 以下时将可能产生量子隧道效应,这种效应将会使得本不应导通时发生导通现象,这种情况的出现将会使计算机中存储的数据一片混乱而无法应用。

3. 纳米微粒的表面效应

化学家们更关心的是纳米微粒的表面效应。表面效应是指纳米粒子的表面原子与总原子数之比随纳米粒子的尺寸减小而大幅度地增加,粒子的表面积及表面张力也随着增加,粒子中的表面原子的化学活性也大大增加。

以球形颗粒为例,其表面积与直径的平方成正比,其体积与直径的立方成正比,故其比表面(表面积/体积)与直径成反比,即粒子直径小 10 倍,比表面则大 10 倍。直径为 10 nm 时的比表面将比直径为 1 μm 的比表面大 100 倍。又由于纳米微粒表面原子具有更高的化学活性,这便可使得许多金属纳米粒子成为化学上高效的催化材料及储氢材料等。所以刚刚制备出的纳米超微粒材料,如果不经过特殊处理(钝化),在空气中就可能发生自燃。

(三) 纳米材料的制备技术

由于纳米材料制备过于专业化,而且属于高技术领域,方法又很多,在有限的篇幅内难以详细介绍,因而在此仅作简单的基本原理性介绍。

纳米材料的制备技术可分为三大类,即物理制备法、化学制备法和生物制备法。生物本来就一直在制备着纳米粒子。实际上纳米材料已经在物质世界中存在了几亿年,它们就是生物体制备的,如牙齿上的磷酸钙纳米粒子,植物体内的叶绿素,生物体中最为人熟知的蛋白质、RNA 及 DNA 等。RNA 和 DNA 则可称为纳米机器,因为它们可以生产(再生出)细胞中需要的纳米材料。所以说生物制备法是未来纳米材料制备中最有发展前景的方法,因为它是最有效、最廉价的(设备低廉)也是最自动化的(由生物体自行控制)方法,但目前尚无成熟的技术,一般认为,这需要特种细菌去完成。而物理方法和化学方法则是目前通常使用的人工制备法。下面我们仅对这两类方法予以简介。

1. 物理制备方法

物理方法中的一类方法是:将某种物质应用物理手段变成气相(即蒸汽或等离子体)状态,然后让它们在冷的表面上凝聚成为纳米粒子或纳米薄膜材料。这类方法主要有四种:① 热蒸发技术,即把高纯原料加热使之汽化形成 $5\sim15$ nm 范围的纳米蒸气,然后让其在液氮冷却的冷凝壁上凝结,这种方法主要用于金属;② 粒子溅射法,即用高压惰性气体或脉冲激光束,打到靶材料上,导致材料的蒸发;③ 用电子束代替激光束使材料产生蒸气;④ 用高压电弧使材料产生等离子体制备纳米粒子,如崔作林等人设计的多电极氢电弧等离子体法纳米材料制备装备(获国家发明二等奖),该技术已投入工业化生产。另一类方法是机械球磨法,它属于粉末冶金技术,这种方法仅限于硬而脆材料,其主要缺点是纳米材料表面易受污染,此外是纳米粒子尺寸分布不均匀,优点是产量高,工艺简单。

2. 化学制备方法

用化学方法合成纳米粒子,这种方法的优点是可以设计合成多种多样纳米粒子,化学均匀性好,易于工业化生产,但可能造成环境污染,此外形成的纳米粒子间可能发生自凝聚而成为大块材料。例如,还原法制贵金属超细粉末,可以用贵金属的盐溶液,用氢气还原,只要金属离子浓度足够高或 pH 值足够高(强碱性溶液),几乎所有的金属盐均可被氢还原。此外还有溶胶—凝胶法等纳米粒子制备法。

(四) 纳米材料的应用

纳米材料的发展史虽然很短,而且就目前的研究现状而言,还主要集中在实验研究方法。相应的理论研究还相当薄弱,因为纳米结构材料都是由众多原子构成的,是一个相当复杂的体系,目前的理论只能作一些定性计算(个别的简单团簇问题除外)。但是,纳米材料目前已经被广泛地应用于化工、环保、医药卫生、电子工业等多个领域。

1. 在化工产品中的应用

纳米粒子具有很高的比表面和化学活性,因此人们首先想到的便是它在化工产品生产中作催化剂,因为催化作用主要是在催化剂的表面进行的,而催化作用又恰巧是由催化剂的化学活性决定的。因此,纳米粒子就自然成为高效催化剂。例如,在火箭发射的固体燃料中添加约 1% 的超细 Al 或 Ni 微粒,可使每克燃料的燃烧热增加一倍。超微粒子作为液体燃料的助燃剂,既可提高燃烧效率,又可降低排污。

2. 在环保方面的应用

纳米 ZnO,Fe_2O_3,TiO_2 等半导体纳米粒子的光催化作用在环保方面有广阔的应用。例如,其中的 TiO_2 作为耐久的光催化剂已被应用到多种环保方面。文献表明,TiO_2 对于破坏微观的细菌和气味很有用,另外还可以使癌细胞失活。TiO_2 的吸收谱在紫外区,因此其光催化作用只能在紫外光照射下起作用,由河南大学研究人员制备成的 TiO_2 纳米管的吸收谱已经展宽到可见光范围,因而可望直接在可见光下实现 TiO_2 的光催化作用。使用发光半导体进行污染处理的方法,已被成功地应用于各种化合物,例如:烷烃、脂肪醇、脂肪羧酸、酚醛、芳香族羧酸、染料等。

3. 在医药卫生领域的应用

中药是我国古老文明中的宝贵财富,据目前的研究,许多中药中的有效成分大多是那些在中药的熬制过程中形成纳米颗粒的部分,即中药粉碎成纳米颗粒后,制成中成药将会大大地提高其药效,因而目前的中药研究与纳米技术和纳米材料的研究密切相关。

有些纳米金属粒子是嗜菌体;纳米半导体氧化物是抗菌体;在卫生领域有广阔的应用前景。

4. 在电子工业中的应用

纳米材料在电子工业中有许多重要应用。磁记录是目前信息储存与处理的重要手段,随着科学的发展,要求记录密度越来越高。利用 Fe,Co,Ni 等金属超微粒制备高密度磁带已成为历史,而利用超微颗粒的大比表面积可制成气、湿、光敏等多种传感器的研究同样是信息工程的重要研究课题。

纳米粒子对电磁波和光波有强烈的吸收作用,它可以用作防红外线、防雷达探测的隐身材料,在军事上有重要应用。例如,用 WCo 微粒、铁氧体微粒制成的吸波材料,在美国已实用化,1991 年的海湾战争中,美国的隐身战斗攻击机 F - 117A 共执行 1 270 次空袭任务而无一损伤。

在微电子加工、生物分子器件和分子电子器件中,纳米材料具有更广泛的应用前景。利用纳米技术,依靠单个分子改变形状或位置就能用于储存信息。以分子自组装为基础制造分子电子器件,是一种完全抛弃以硅半导体为基础的电子元件,将为未来的纳米计算机的设计与制造奠基。美国加利福尼亚大学的研究人员开发出一种纳米电池,100 个电池放在一起也没有一个人体细胞大。可利用这种电池研究纳米尺度上的电化反应——腐蚀作用。

综上所述,纳米技术和纳米材料应用前景十分诱人。纳米科技和纳米材料的研究方兴未艾,它给世界带来的冲击一浪高过一浪,它将带来第四次产业革命,即人工的用一个个原子去构筑千变万化的新产品,未来的时代必属于纳米时代。

七、遥感和地理信息系统技术

(一)遥感技术

遥感(RS)是指利用动载工具所携带的各种仪器,远距离无接触地收集地面目标物的电磁波信息以识别其性质的技术,包括对遥感信息的接收、记录、传输、处理和分析判释等全过程。目前遥感技术已发展成为一门包括多个分支的技术学科。

现代遥感技术形成了有可见光、红外、多光谱、微波等遥感手段和设备的航空技术系统。同时,航空遥感的应用也从军事领域迅速扩展到各民用生产部门,成为自然条件和自然勘察与研究的一个重要手段。当时的遥感以航空摄影和航空相片的判读为主要内容,称为图像遥感。1957 年之后,随着世界上第一颗人造地球卫星的发射成功,航天技术迅速发展,同时各种传感器也得到不断的改进和创新,数据接收处理系统相继发展并不断完善,使遥感技术逐步形成了一个由地面到空间立体化的动态的探测、传输与处理信息的技术系统,从而使遥感进入了航天遥感的新阶段。航天遥感为人类所提供的遥感信息主要是地面遥感数据信息,故又称之为数字遥感。目前,遥感技术的蓬勃发展,已使其成为一类影像遥感和数字遥感相结合的综合性探测技术,形成了一个从遥感物理基础、技术特性、研究对象到应用领域庞大复杂的技术体系,并向多平台、多波段、多时机、多应用目标以及多学科综合、系统分析和动态监测发展。

现代遥感技术包括以下三个方面的研究内容：① 地表各种目标物的波谱特性和大气传输特性；② 有关信息获取、数据处理的机制、设备、技术和方法；③ 遥感信息的综合分析其应用的有关理论、技术和方法。遥感技术系统包括遥感平台、遥感器、信息处理等观测技术，现已成为一个多平台、多层次的立体化观测系统。与传统的勘察、观测技术相比，它具有四个方面的技术优势：① 从高达 36 000 km 处对地观测，半个地球几乎一览无余，视野辽阔，便于宏观分析；② 具有瞬时成像、实时传输、快速处理和周期观测的能力，有助于快速获取目标信息和对环境进行动态监测；③ 遥感影像形象逼真，信息丰富，能够高精度地进行定性分析、定量测量和专题制图；④ 可利用各种波段探测不同地物，特别是某些波段的电磁波，具有对云雾、水、冰、植被、干沙土等透过性强的特点，可深层次观测目标。

目前遥感技术拥有众多的研究领域，按照不同的依据可将其作不同的类别划分。遥感按运载工具可分为地面遥感（或近地遥感）、航空遥感（或机载遥感）和航天遥感；按遥感器工作方式可分为主动式遥感（主动地向被探测目标发电磁辐射，接收并记录目标散射的回波信息）和被动式遥感（用传感器被动地直接接收地面物体）；按工作波长可分为可见光遥感、红外遥感、紫外遥感、微波遥感和多波段（多光谱）遥感；按应用领域或专题可分为宇宙遥感、环境遥感、资源遥感、海洋遥感、气象遥感、农林遥感、地质遥感等。

（二）地理信息系统

地理信息系统（GIS）即处理地理信息的系统，这里的"地理信息"包括了地理数据因素和属性数据因素。地理信息系统有着多方面的技术优势，GIS 具有一般信息处理系统所没有的一些特殊功能，即空间叠加分析操作等显著优点。

地理信息系统的发展历史已有 50 余年，第一阶段为起步阶段。1956 年奥地利测量部门率先用计算机来收集、贮存和处理与土地利用空间差异有关的数据，并建立了地籍数据库，形成了土地信息系统（LIS）。1963 年，加拿大测量学家汤林逊（R. F. Tomlinson）首次提出地理信息系统的概念，建立了世界上第一个地理信息系统，即加拿大地理信息系统。20 世纪 60 年代中期之后，地理信息系统的诸多组织和机构纷纷建立，如国际地理联合会（IGU）于 1986 年设立的地理数据收集和处理委员会（CGDSP），美国于 1966 年成立的城市与区域信息系统协会（URISA）等，并召开了一系列专业的国际性学术讨论会，极大地推进了地理信息系统的发展。第二阶段为快速发展阶段。70 年代后，随着计算机软件和硬件技术的飞速发展，一些专业性的地理信息系统得以建立。例如，日本、瑞典、法国等都相继建立了一些地理、地质、多种资源信息等专业性的地理信息系统。同时，大学和研究机构也开始重视地理信息系统研究，并开始探讨遥感与地理信息系统统一应用的可能性、接口和系统的构成等问题。第三阶段为普及应用阶段。进入 80 年代，地理信息系统全面推向应用。其主要表现有：地理信息系统研究和应用的广泛展开，众多发展中国家显示出了强劲的超前发展势头；地理信息系统向多功能、共享智能化方向发展；应用领域进一步拓展，开始用于全球性环境问题研究，如沙漠化、酸雨、全球变暖等；软件开发量剧增，达上千种之多，并涌现出一些有代表性的软件，地理信息系统理论研究得到重视。

地理信息系统自诞生以来，发展迅猛，应用广泛，并迅速成为一门独立的信息产业，年产值约 30 亿美元，并且近年来的增长速度保持着 16%～40% 的强劲势头。

（三）3S 集成系统

3S 集成系统是指遥感技术系统（RSS）、地理信息系统（GIS）和全球定位系统（GPS）有机结合成的高层次遥感信息复合系统。

RPS 即数字图像系统，是 3S 系统中关键的主体系统，主要功能有图像预处理、增强处理、自动分类识别等。GIS 是以处理矢量形式的图形数据为主进行制科分析，同时也对栅格形式的数据进行叠加分析。GIS 的特别是可以对同一地区以统一的几何坐标为准、对不同层面上的信息进行处理。在集成系统中，GIS 的作用是将预存入图像图形数据库中各种数据进行多层面的管理和分析。GPS 是一种高精度的世界范围内的导航和地理定位系统。空间中有一个分布在 6 条轨道上的 24 颗 GPS 卫星组成的卫星网，利用这个 GPS 卫星网，可对地球上任一地点实时定位。一般单个 GPS 接收机的平面定位精度约在 $\pm15\sim50$ m，用双机位精度能达到 2 m。大区域的卫星遥感实况调查和导航，单机定位已能满足要求，而大比例尺航空遥感则可采用双机精确定位，并可在集成系统中进行数据的叠合显示和综合快速分析。总之，三者的工作对象都是空间实体，在 3S 集成系统中相辅相承，都占有不可或缺的重要地位，共同发挥着强大的综合作用。

八、生物工程技术

广义的生物工程技术，是指人类以一定的经验和科学知识为基础改造、利用生物物种及其功能的一项技术，植物的引种、动物的驯化、优良品种的培育（包括杂交育种）、酿酒、制糖等均属于这一范畴。

严格地讲，现代意义上的生物工程技术是指人类以现代生物学、生物化学等学科特别是以 20 世纪 50 年代后兴起的分子生物学的理论和方法为基础，在细胞水平和分子水平直接改造生物物种及其功能的新兴生物工程技术。这就是现在通常所说的生物工程技术。

生物工程技术是以生物学的发展成果为基础的，因而是随着生命科学的发展而发展的。自 20 世纪初以孟德尔定律的重新发现为起点，以摩尔根学派的形成为主要标志的现代生物学革命兴起之后，特别是 50 年代初兴起的分子生物学革命把现代生物学革命进一步引向深入之后，即逐渐形成一个以现代生物学、现代化学和现代物理学的相互渗透为基础的新兴综合科学——生命科学。具有综合科学特征的生命科学的形成，可以说是新兴生物工程技术奠基的一般科学基础。此后，DNA 分子的双螺旋结构的发现、遗传密码的破译、遗传中心法则的发现等一系列重大成果就使得分子生物学成为新兴生物工程技术奠基的前导科学和直接科学基础。20 世纪 70 年代初，由于在基因的剪切、重组、复制等技术方面取得重大突破，使得人们有可能根据自己的需要对基因进行各种操作，这就为以基因工程为主体技术的新兴生物工程技术奠定了直接的技术基础。

正是在上述科学基础和技术基础相继形成的 20 世纪 70 年代初，以基因工程、细胞工程为带头技术的新的生物工程技术的革命也就随之兴起。与此同时，生化工程、发酵工程等技术也得到了显著发展。这样，新兴生物工程技术也就形成了以基因工程、细胞工程、生化工程、发酵工程为基本分支的技术格局，并在各方面取得显著成就，这些成就已使生物工程技术成为与微电子技术、信息工程技术、材料工程技术和能源工程技术等现代技术并列的新兴产业。

（一）基因工程技术

基因工程又称遗传工程，它是在分子水平上由人工直接操纵遗传基因以改造旧的遗传性状，并进而创造新的遗传性状的一项新兴的技术。基因工程技术既可以说是整个生物工程的前沿技术，也可以说是整个生物工程技术的主体技术。生物工程技术之所以成为新技术革命的主体技术领域之一，并成为当代的高技术领域之一，首先是因为基因工程在其基础技术和应用技术方面取得了一系列重大的技术进展。

遗传工程的基础技术取得重大突破是在 20 世纪 70 年代初期。在这一时期，美国的一些分子生物学家在基因的操作工具、基因的运载工具、基因的重组宿主等研究方面取得一系列重大突破，从而为遗传工程技术的兴起奠定了基础技术。在基因的操作工具方面，美国人在 1973 年前后发现了可对基因进行操作的各种限制性内切酶、外切酶、连接酶、聚合酶、末端转移酶等工具酶。酶是一种在生化反应中起催化剂作用的特殊蛋白质，DNA的复制及 DNA 长链的断开、连接等过程都需要酶的参与，限制性内切酶等工具酶的发现，使分子生物学首次获得了在生物大分子水平上对基因进行操作的"分子手术刀"。有了这样的手术刀，人们就可以用它们识别、切断、拼接、重组 DNA 双链上的特定的片断。这也就在分子水平上为人工直接操纵基因解决了操作工具这一重大的基础技术问题。从这个意义上来说，各种工具酶的发现，可以说是基因工程技术兴起的直接起点。美国的一些分子生物学家在这一时期还发现，质粒可以作为基因的运载工具，而大肠杆菌可以作为基因的重组宿主。质粒是细菌的细胞中除染色体之外的一些小的环状 DNA 分子，人工获得的 DNA 片段不能直接进入细胞，但可以连接到质粒上引入到细菌中随着细菌繁殖而增殖。这样，基因工程的基础技术就得以从操作工具、运载工具和重组宿主三个方面形成配套的基础技术。

基因工程技术一般包括几个主要步骤：第一，获得 DNA 片段，主要方法是用限制性内切酶切开作为基因供体的生物的 DNA 链以获得含目的基因的片段，也可以用目的基因的信使 RNA(mRNA)经过反转录过程得到 DNA，或者用物理方法（如超声波）使供体生物 DNA 断裂而得到 DNA 片段的混合物，用化学合成的方法也可以直接得到已知核苷酸序列的 DNA 片段。第二，将 DNA 片段与载体相连接以获得重组体 DNA。由于外源DNA 很难透过细胞膜进入受体细胞或进入受体细胞后容易被分解，因此要将所获得的DNA 片段先连接到载体上，载体一般是质粒也可以是温和的噬菌体（寄主为细菌的病毒），将载体的环状 DNA 用限制性内切酶切开而后在连接酶的作用下即可将 DNA 片段连接上去而成为重组体 DNA。第三，将外源 DNA 片段引入到受体细胞中。将所获得的重组体 DNA 引入到受体细胞如大肠杆菌中，外来基因就可能在大肠杆菌中表达而产生所需要的产品，如胰岛素的生产就是利用重组体 DNA 在大肠杆菌中表达而实现的。通过不同的载体也可以将外源 DNA 转到真核细胞中通过细胞培养得到产品，或者直接得到转基因动物或转基因植物。第四，目的基因表达，目的基因在受体细胞中能准确地转录和翻译，产生出人类所需要的蛋白质，即标志着基因工程的成功。

基因工程技术已在各个方面得到广泛应用并取得极大的效益。在医药方面，基因工程技术相继在生长素、胰岛素、干扰素等医药生产中得到发展，而且广泛应用于乙型肝炎疫苗、尿激酶、流感疫苗、小儿麻痹疫苗等多种药物生产中。基因诊断和基因治疗是近年来在医学中应用的热点,已取得重大进展,预计可给人类的健康带来福音。在农业领域,利用基因工程技术将外源基因导入到动植物细胞中得到转基因动物或转基因植物已成为育种工作的一种崭新的途径,大多数作物和重要的畜、禽、鱼类中都有成功的运用,转基因食品已摆上市场的货架并成为人们的盘中餐。

(二)细胞工程技术

细胞工程是指在细胞水平上,定向改造生物的旧的遗传性状,培养新的遗传性状的一种生物工程技术,其中细胞融合技术、细胞核移植技术和细胞器移植技术可谓细胞工程技术的三大主体技术。

虽然植物细胞融和技术已有近百年的历史,但从总体上看,细胞工程技术是现代细胞生物学发展的直接结果,特别是20世纪60年代末和70年代初细胞生物学取得迅速发展的结果。1975年,英国人运用细胞融和技术,最先获得了单克隆抗体。这一成就曾被誉为免疫学上的一次技术革命。联邦德国和美国的细胞生物学家也在细胞融和技术方面取得重大进展。1979年,联邦德国运用细胞融和技术培育出了兼有西红柿和马铃薯性状的新品种,1983年,美国运用细胞融和技术培育出了尾似山羊、躯干和四肢像绵羊的新羊种。

在细胞工程技术方面,近年来发展最为迅速的领域要首推克隆技术。克隆,就是用无性的途径复制出与母体在遗传上完全一致的生物学结构,基因、细胞、器官和有机体都可以作为克隆的对象。在高等植物中克隆繁殖(即营养繁殖)是一种普遍存在的自然现象,低等动物的"再生"现象也相当普遍。但高等动物的克隆直到近年来才获得突破,它实际上是一种以核移植技术为基础的细胞水平的遗传工程技术。1997年2月,英国首先报道成功地克隆出第一只克隆羊"多莉"之后,克隆牛以及其他克隆动物相继问世。由于克隆技术兼有遗传工程技术和细胞工程技术两方面的技术优势,所以克隆技术将会有进一步发展,也将会对人类的生产和生活产生深远的影响。

(三)生化工程技术

生化工程又称为酶工程,它是以酶作为生化反应的催化剂使一种化合物迅速转化为另一种化合物的技术。目前已发现的酶有2 000余种,按其所起的催化作用的性质的不同可以分为还原酶、水解酶、转移酶、裂解酶、连接酶、异构酶六大类。就工程技术的类型而言,酶工程技术可分为酶的制取技术和酶的固化技术两类。其中制取技术主要包括酶的产生和分离;而固化技术则主要包括酶制取的固化技术和酶在细胞中的固化技术。近年来,酶工程已在酱油和啤酒等生产中得到应用,并使生产周期大为缩短而产品质量相应提高。

(四)发酵工程技术

发酵工程又称微生物工程,它是以各种微生物为载体的工程技术,其内容包括微生物菌种的选育、微生物菌种的生产、微生物菌种的应用等技术环节。就发酵工程应用技术而言,它又可分为微生物菌体细胞的利用和微生物代谢产物的利用两方面。事实上,发酵工程也是一项起源较早的工程技术。早在以基因工程为代表的新兴生物工程技术革命兴起之前,发酵工业已有悠久的历史。在基因工程技术兴起前后,发酵工程技术也有显著的发展，因此它也就同生化工程一样成为新兴生物工程的一个组成部分。

　　微生物菌体利用是微生物应用技术的一个主要技术领域，近年来在细菌肥料、细菌治虫、污水净化、单细胞蛋白生产方面取得较大发展。单细胞蛋白生产技术的兴起，可谓微生物菌体细胞利用技术的一大突破。据报道，加拿大近年来以发酵工程技术处理啤酒生产和纸浆生产中的废液，能从中提取含量高达 72％的蛋白质，这一含量比一般植物的蛋白含量高 4～6 倍。在微生物代谢产物的利用方面，除了在抗菌素和氨基酸的生产方面有相继发展之外，以微生物发酵工程技术生产酒精的技术在近年来也有新的发展。20 世纪80 年代初，巴西以发酵工程技术为基础，以甘蔗和木薯为原料，生产出了大批可替代汽油作汽车燃料的酒精。

　　以基因工程为主体的生物工程技术使人类得以从认识生物，利用生物，进而转入到创建新的遗传性状和生命形态的发展阶段。虽然生物工程技术的这一新阶段的历史帷幕还只是刚刚拉开，但生物工程技术已在医药、农业、能源、冶金、化工、环保、食品等生产技术领域展示了广阔的发展前景。因此，国外不少科学家预测，21 世纪将是生物工程技术全面兴起的时代。

　　但也应看到，生物工程技术在给人类的生存和发展带来美好前景的同时也给人们带来种种忧虑。生命科学与技术发展之迅速，使人们甚至在尚未来得及审视和思考时，一些问题就突如其来地出现在面前。在多种动物被克隆出来后，人类不能不正视克隆人的面世。转基因生物则让人们不得不考虑的是生物安全问题，尽管走上餐桌的转基因产品大多是经过严格实验和论证的对人体无害的产品，但转基因生物可能造成的基因的"逃逸"进而带来的环境问题正越来越受到广泛关注。生物工程技术的迅猛发展，将一系列科学的、哲学的和伦理学的课题不断地摆在人们面前，有待思考和解决。

思　考　题

1. 试简要说明复杂性科学研究的内容和现实意义。其中是如何体现整体和综合思想的。
2. "相对论"效应有哪些？
3. 简述量子力学基本原理。
4. 究竟哪些粒子是基本粒子？中子、质子是基本粒子吗？
5. 光通信有哪些优点，其基本原理是什么？
6. 你知道有哪些新材料？它们有什么特殊功能？
7. 为什么说海洋是人类的资源宝库？人类应如何合理开发海洋资源？
8. 目前使用的能源有哪些？其中哪些是要大力开发的，哪些是需要控制的？为什么？
9. 就你的了解，谈谈纳米科技和纳米材料的发展和应用前景。
10. 简述计算机的系统的结构和应用。
11. 信息处理系统的功能有哪些？地理信息处理系统有哪些特殊功能？
12. 简述 3S 系统各子系统的功能。

参 考 文 献

[1] 李志才,等.方法论全书(Ⅲ).南京:南京大学出版社,1998

[2] 张志琨,崔作林.纳米科技与纳米材料.北京:国防工业出版社,2000

[3] 周光召,等.现代科学技术基础(上、下册).北京:群众出版社,1999

[4] 栾玉广,等.科技创新的艺术.北京:科技出版社,2000

[5] 张礼,等.近代物理学进展.北京:清华大学出版社,2000

[6] C.格里博格,J.A.约克.混沌对科学和社会的冲击.杨立,等译.长沙:湖南科学出版社,2001

[7] 姚玉洁,等.量子力学(上、下册).长春:吉林大学出版社,1988

[8] 李蕴才,等.高等量子力学.郑州:河南大学出版社,2000

[9] 罗绍凯,等.物理学的潜科学分析.北京:科学技术文献出版社,1999

[10] [比]伊利亚·普里高津.确定性的终结——时间、混沌与新自然法则.湛敏,译.上海:上海科技教育出版社,1998

[11] 张功耀.相对论革命.长沙:湖南教育出版社,1999

[12] 王西川,等.环境遥感.郑州:河南大学出版社,1991

[13] 袁中金,等.土地信息系统.西安:西安地图出版社,1997

图书在版编目(CIP)数据

自然科学概论 / 李红敬，文祯中主编. — 4 版.
—南京 ：南京大学出版社，2019.1(2025.1 重印)
ISBN 978 - 7 - 305 - 21610 - 7

Ⅰ. ①自… Ⅱ. ①李… ②文… Ⅲ. ①自然科学－高
等学校－教材 Ⅳ. ①N43

中国版本图书馆 CIP 数据核字(2019)第 017839 号

出版发行　南京大学出版社
社　　址　南京市汉口路 22 号　　　　邮　编　210093
书　　名　**自然科学概论**
　　　　　ZIRAN KEXUE GAILUN
主　　编　李红敬　文祯中
责任编辑　刘　飞　蔡文彬　　　　编辑热线　025 - 83592146
照　　排　南京南琳图文制作有限公司
印　　刷　江苏凤凰通达印刷有限公司
开　　本　787 mm×1092 mm　1/16　印张 16.75　字数 400 千
版　　次　2019 年 1 月第 4 版　2025 年 1 月第 4 次印刷
ISBN 978 - 7 - 305 - 21610 - 7
定　　价　42.00 元

网址：http://www.njupco.com
官方微博：http://weibo.com/njupco
官方微信号：njupress
销售咨询热线：(025) 83594756